机器人引论

魅力无穷的机器人世界

（第二版）

ROBOT INTRODUCTION

Endless Charm of the Robot World

(Second Edition)

谢广明 贾永霞 李宗刚 夏庆锋 / 编著

北京大学出版社
PEKING UNIVERSITY PRESS

图书在版编目 (CIP) 数据

机器人引论：魅力无穷的机器人世界 / 谢广明等编著. -- 2 版. -- 北京： 北京大学出版社， 2025. 1. ISBN 978-7-301-35674-6

Ⅰ. TP24

中国国家版本馆 CIP 数据核字第 2024A4R489 号

书　　名　机器人引论——魅力无穷的机器人世界（第二版）
　　　　　JIQIREN YINLUN——MEILI WUQIONG DE JIQIREN SHIJIE (DI-ER BAN)

著作责任者　谢广明　等编著

责 任 编 辑　王剑飞

标 准 书 号　ISBN 978-7-301-35674-6

出 版 发 行　北京大学出版社

地　　址　北京市海淀区成府路 205 号　100871

网　　址　http://www.pup.cn　新浪微博：@ 北京大学出版社

电 子 邮 箱　zpup@pup.cn

电　　话　邮购部 62752015　发行部 62750672　编辑部 62745933

印 刷 者　北京圣夫亚美印刷有限公司

经 销 者　新华书店

　　　　　730 毫米 × 980 毫米　16 开本　21.5 印张　410 千字

　　　　　2017 年 11 月第 1 版

　　　　　2025 年 1 月第 2 版　2025 年 1 月第 1 次印刷

定　　价　69.00 元

内 容 简 介

本书系统地阐述了机器人技术领域的基础知识框架与核心概念精髓，内容广泛而深入，不仅回溯了古代先贤创造的精妙绝伦的机器人艺术，还全面展示了现代机器人在军事、工业、农业、服务业、医疗、娱乐等多个领域的广泛应用与卓越成就。同时，本书亦前瞻性地探讨了仿生机器人、生命机器混合系统、脑-机接口、4D打印等前沿科技领域的最新进展，引领读者步入一个充满无限想象与可能性的未来科技世界。

此外，作者还精心挑选了当前如火如荼、形式多样的各类机器人学科竞赛中的精彩案例，推介了一系列充满趣味与挑战的机器人竞技活动，旨在通过生动直观的视角，让读者深切感受到机器人技术的无穷魅力与巨大的发展潜力。

本书语言平实流畅，通俗易懂，既可作为高等院校通识教育课程的优选教材，也可作为广大读者全面深入了解机器人技术、学习机器人相关知识、提升科学素养的权威科普读物，具有很高的实用价值与指导意义。

第二版前言

比尔·盖茨18岁考入哈佛大学，一年后便退学，随后创办了举世闻名的微软公司。随着个人计算机的迅速普及，微软公司如火箭般崛起，为比尔·盖茨积累了巨额财富。自1995年到2007年他曾连续多年登上“福布斯”全球富豪榜榜首，成为万众瞩目的创业神话。2007年比尔·盖茨从微软正式退休之际，曾做出了一个前瞻性的预言：未来30年，个人机器人将沿着个人计算机的轨迹发展，届时每个家庭都将拥有机器人。这不仅是对技术发展趋势的预测，也是对未来财富增长模式的洞察。如今，十几年过去了，我们见证了互联网的普及、智能手机的革新、人工智能的应用、自动驾驶的到来、可再生能源的发展、量子计算的潜力以及空间探索的突破，机器人技术发展到了何种阶段呢？它是否成为下一个产业的新引爆点呢？谁又将续写比尔·盖茨的传奇呢？

一提到“机器人”，你的脑海中是否会浮现出一些熟悉的身影，比如英勇的变形金刚、冷酷的终结者、温暖的大白或是坚韧的瓦力？大多数人对机器人的感受来自科幻影视作品中的机器人角色。你深入了解过这些科幻背后的真实机器人吗？你有没有想过这些电影中的高科技机器人何时能成为我们生活的一部分？我们何时才能迎来一个拥有个人机器人的时代？

人类社会已经进入21世纪，科技的飞速发展深刻重塑了我们的日常生活。个人计算机、互联网、智能手机等技术已经悄无声息地融入我们生活的每一个角落。平时我们通过网络交流、在线购物，春节我们用手机传递祝福、抢夺红包；出门我们依赖网络预约车辆、预订机票和酒店，街头巷尾随处可见专注手机的“低头族”，回家我们继续享受“手机躺”式的休闲时光。这些便利已变得如此自然，以至于我们几乎无法想象没有它们的日子。然而，对于不熟悉这些技术的老年人来说，这些便利却遥不可及。随着机器人技术的逐渐普及，我们的生活又将迎来怎样的变革？面对未来，我们是否应该主动了解机器人技术，紧跟时代的步伐呢？

机器人对我们而言，既熟悉又充满了未知。我们对机器人的了解往往是零碎的、片面的，甚至存在着误解。我们迫切需要从科学的角度出发，以客观、系统、全面的方式去了解机器人技术，构建一个科学而客观的机器人认知体系。这正是本书的编写宗旨，即为广大读者提供一个深入了解机器人技术的窗口。

本书系统且全面地阐述了机器人技术领域的基础知识和核心概念，内容涵盖了从古代先贤巧夺天工的古代机器人，到广泛应用于军事、工业、农业、服务、医疗、娱乐等多个领域的现代机器人；还延伸至令人倍感神奇的仿生机器人、生命机器混合系统、脑-机接口、4D 打印、新能源技术等前沿领域。同时，笔者从如火如荼、形式多样的各类机器人学科竞赛中，推介了若干充满趣味和挑战的机器人竞技活动，旨在让读者从更为直观角度领略机器人技术的无穷魅力和巨大潜力。

本书是笔者在北京大学讲授的全校性公选课程“魅力机器人”的讲义基础上逐步积累、丰富和完善而成。这门课程在北京大学已连续开授十几次，深受学生们的喜爱。2020 年该课程获评国家级一流本科课程。笔者深信，这些知识不应仅惠及北京大学的学生，其他高校的学生，甚至广大民众，包括青少年和成年人都应该从中受益。

本书是继 2017 年首版之后的第二版，编写大纲由笔者提出，清华大学贾永霞、兰州交通大学李宗刚和无锡学院夏庆锋参与了讨论和修改。在本书编写过程中参考了大量相关文献和在线资源，在此向这些文献的作者和信息提供者致以诚挚的谢意。

需要指出的是，机器人技术正以惊人的速度发展，相关知识更新换代极为迅速。鉴于笔者学识和精力的局限，书中难免有所疏忽、遗漏和错误，欢迎批评指正，让我们共同进步。

谢广明

2024 年于中关园

目　　录

第1章　一起进入机器人的世界 ……………………………… (1)
1.1　你脑海中的机器人是什么样子? ……………………………… (2)
1.2　机器人时代的来临 ……………………………… (4)
1.3　机器人无所不在 ……………………………… (6)
1.4　机器人无所不能 ……………………………… (13)
1.5　机器人的诞生与定义 ……………………………… (14)
1.6　机器人的基本组成 ……………………………… (16)
1.7　机器人三定律 ……………………………… (19)
1.8　与机器人相关的专业介绍及职业前景分析 ……………………………… (21)
思考题 ……………………………… (24)
第2章　致敬古代机器人 ……………………………… (25)
2.1　人类对于制造机器人梦想的追求 ……………………………… (26)
2.2　古代的自动计时装置 ……………………………… (29)
2.3　古希腊时期的机器人 ……………………………… (31)
2.4　阿拉伯世界的机器人 ……………………………… (34)
2.5　文艺复兴时期的机器人 ……………………………… (35)
2.6　17世纪以来的机器人 ……………………………… (37)
2.7　中国古代机器人 ……………………………… (39)
思考题 ……………………………… (46)
第3章　残暴的军事机器人 ……………………………… (47)
3.1　什么是军事机器人 ……………………………… (47)
3.2　军事机器人发展情况 ……………………………… (51)
3.3　军事侦察机器人 ……………………………… (55)
3.4　战斗机器人 ……………………………… (63)
3.5　工程机器人 ……………………………… (67)
3.6　战地救护机器人 ……………………………… (69)
3.7　水中军事机器人 ……………………………… (71)
思考题 ……………………………… (84)

第4章 辛劳的工业机器人 …………………………………… (85)
4.1 什么是工业机器人 ……………………………………… (86)
4.2 物理机器人：功能智能化与深度化 ……………………… (87)
4.3 软件机器人：系统虚拟化与云端化 ……………………… (91)
4.4 平行机器人：互动可视化与个性化 ……………………… (93)
4.5 工业机器人的基本描述 ………………………………… (96)
4.6 工业机器人的应用 ……………………………………… (106)
思考题 ……………………………………………………… (114)
第5章 朴实憨厚的农业机器人 ……………………………… (115)
5.1 什么是农业机器人 ……………………………………… (116)
5.2 用于春种的农业机器人 ………………………………… (119)
5.3 用于夏长的农业机器人 ………………………………… (122)
5.4 用于秋收的农业机器人 ………………………………… (125)
5.5 用于冬藏的农业机器人 ………………………………… (128)
5.6 其他农业机器人 ………………………………………… (130)
思考题 ……………………………………………………… (133)
第6章 令人期待的服务机器人 ……………………………… (134)
6.1 什么是服务机器人 ……………………………………… (135)
6.2 机器人如何提高“衣”的质量 …………………………… (137)
6.3 机器人如何提高“食”的质量 …………………………… (140)
6.4 机器人如何提高“住”的质量 …………………………… (143)
6.5 机器人如何提高“行”的质量 …………………………… (146)
6.6 其他服务机器人 ………………………………………… (153)
思考题 ……………………………………………………… (156)
第7章 救死扶伤的医疗机器人 ……………………………… (157)
7.1 诊疗机器人 ……………………………………………… (158)
7.2 手术机器人 ……………………………………………… (169)
7.3 康复机器人 ……………………………………………… (178)
7.4 其他医疗机器人 ………………………………………… (196)
思考题 ……………………………………………………… (202)
第8章 多才多艺的娱乐机器人 ……………………………… (203)
8.1 娱乐机器人掠影 ………………………………………… (204)
8.2 娱乐机器人分类 ………………………………………… (207)
8.3 类人机器人 ……………………………………………… (212)
8.4 高仿真机器人 …………………………………………… (217)

8.5　机器人的吹拉弹唱及表演 …… (224)
8.6　其他娱乐机器人 …… (230)
8.7　机器人主题公园 …… (235)
思考题 …… (238)
第 9 章　以自然为师的仿生机器人 …… (239)
9.1　什么是仿生机器人 …… (240)
9.2　陆地仿生机器人 …… (243)
9.3　水中仿生机器人 …… (255)
9.4　空中仿生机器人 …… (259)
9.5　仿生机器人群体 …… (262)
思考题 …… (266)
第 10 章　颠覆观念的生命机器混合系统 …… (267)
10.1　赛博格系统 …… (268)
10.2　生物机器混合系统 …… (270)
10.3　外骨骼机器人 …… (274)
10.4　意念控制机器人 …… (278)
10.5　机器耳 …… (284)
10.6　机器眼 …… (286)
思考题 …… (287)
第 11 章　趣味火爆的机器人竞赛 …… (288)
11.1　机器人竞赛面面观 …… (289)
11.2　机器人世界杯(RoboCup) …… (292)
11.3　机器人足球世界杯(FIRA) …… (294)
11.4　DARPA 机器人挑战赛 …… (295)
11.5　国际空中机器人大赛 …… (297)
11.6　国际水中机器人大赛 …… (299)
11.7　中国机器人大赛 …… (301)
思考题 …… (301)
第 12 章　促进机器人发展的新技术 …… (302)
12.1　增材制造与 3D 打印 …… (302)
12.2　4D 打印 …… (310)
12.3　智能材料 …… (313)
12.4　脑-机接口 …… (320)
12.5　软体机器人 …… (323)
12.6　微纳机器人 …… (324)

12.7　新能源技术 …………………………………………………… (324)
思考题 ……………………………………………………………… (327)
参考文献 ………………………………………………………… (328)

第 1 章　一起进入机器人的世界

教学目标

✧ 了解机器人世界及机器人时代
✧ 掌握机器人的定义及机器人的基本组成
✧ 了解机器人三大定律
✧ 了解机器人产业的发展前景

思维导图

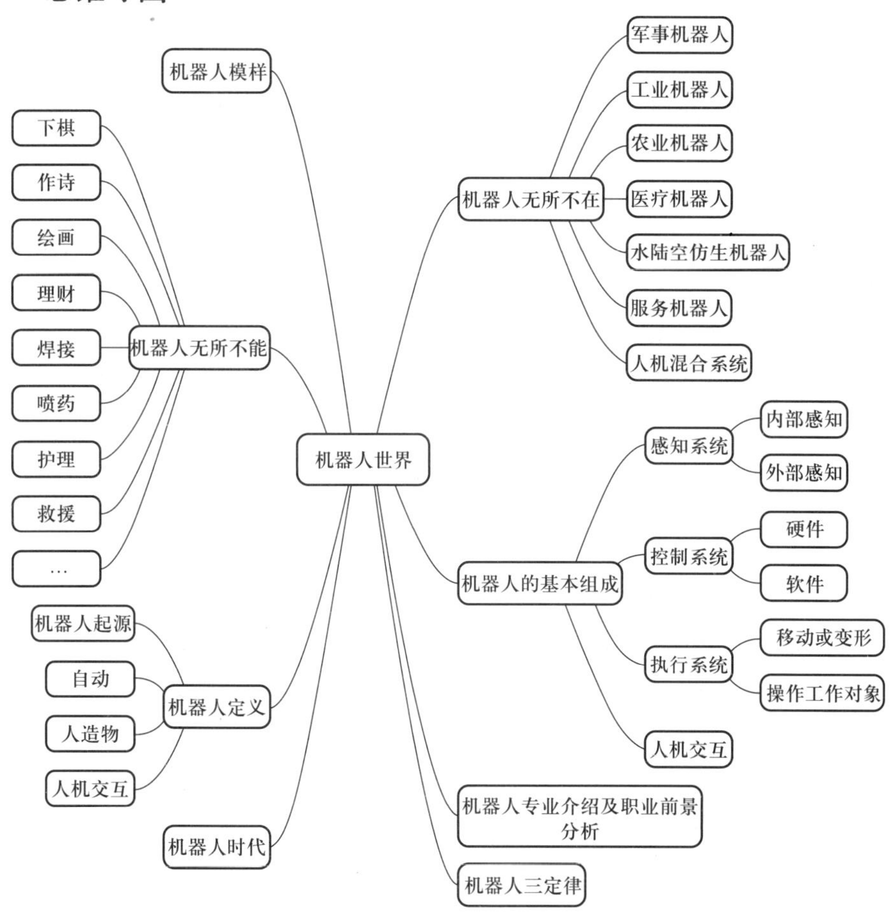

1.1 你脑海中的机器人是什么样子?

提到机器人，你的脑海中首先会闪现一个什么样的形象呢?

面对这个问题，每个人的答案可能都会不同，有的人可能会想到憨厚可爱的瓦力或者功能强大的伊娃，有的人可能会想到施瓦辛格扮演的终结者，有的人可能会想到变形金刚，更多的人可能会想到机器人像人一样与人类和平相处，也有的人头脑中会闪现一个机器怪兽的形象，认为这种很酷的形象才能算是机器人。

每个人对机器人都有不同的想象和看法，大部分人对于机器人的印象可能来源于某个科幻电影或者新闻报道，并且认为机器人离我们很遥远，尤其是文科专业的同学，甚至会认为自己很难与机器人产生交集。其实不然，机器人正在以飞快的速度接近我们。

“当你坐在办公室喝咖啡时，就可以通过桌前的个人计算机监控家中的一切：让你的管家机器人帮你熨洗衣服，清扫地板，为小宠物喂食，巡视花园；你还可以通过个人计算机与你的管家机器人随时进行联系，指导他为你准备一顿丰盛的意大利晚餐；通过遥控专门负责陪护的机器人来照顾年迈的母亲，帮助她按时服药……”这就是比尔·盖茨在2007年2月出版的《环球科学》(《科学美国人》中文版)杂志上为我们描述的一幅未来场景。这位个人计算机革命的领军人物在创建微软公司30年后再次向世界预言：机器人时代正朝我们走来，不远的将来，家家都会拥有一个机器人。

那么，机器人到底是什么样子呢?首先，在谷歌中图片搜索关键字“robot”，得到如图1-1所示的页面，可以看到，搜索到的大部分机器人图片是像人一样的。接着，再用百度图片去搜索“机器人”，结果如图1-2所示，可

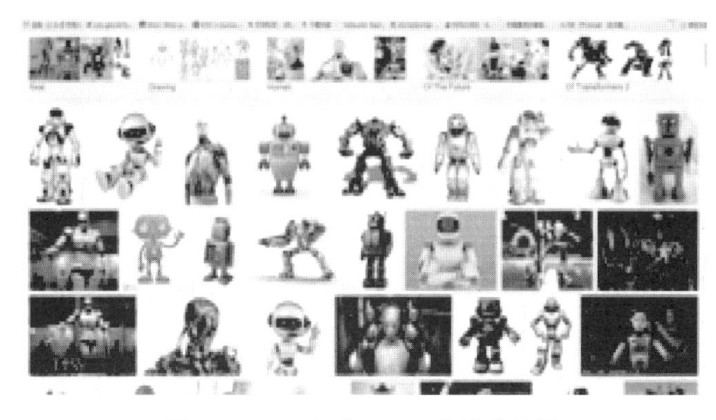

图1-1 Google中“robot”搜索结果

以看到，大部分结果也是像人一样的，但也有像机器手臂、坦克式机器小车等看上去完全不像人类的。

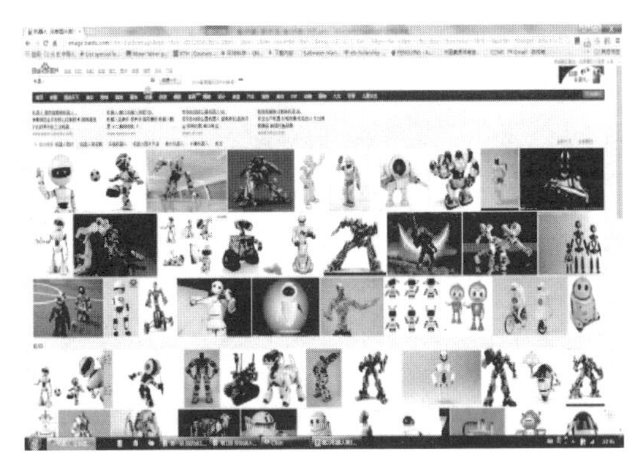

图 1-2 百度中“机器人”搜索结果

那么现实生活中的机器人又是什么样子呢？图 1-3 是一个喜羊羊机器人，图 1-4 是一个帅小伙机器人，而图 1-5 则是一个奥特曼机器人。虽然三个机器人的外观差异比较大，但是他们的工作都是一样的，他们都是制作刀削面的机器人。中国的北方人喜欢吃面食，手工做刀削面非常浪费力气，而机器人可以轻松地做出美味的刀削面，从而解放了人力。

图 1-3　美羊羊机器人

图 1-4　帅小伙机器人

奥特曼刀削面机器人售价约为 15 000 元，其特点是：易管理，不吃不喝不休息，不偷懒，不会累，连续工作 24 小时仅耗电 2～3 度。奥特曼刀削面机器人 1 分钟削面 100 多根，其工作效率可以和一个熟练的刀削面师傅相媲美，工作几个月即可收回成本，另外其特殊的形象还会揽客。

刀削面机器人既可以解决用工难题又体现了科技的进步，那么它的技术达到了什么程度呢？如今的最先进的机器人又是什么样子呢？图 1-6 是当前世界上最先进的仿人机器人，由美国的一家公司研制，该机器人可以像人一样在崎岖不平的道路上行走，当有外力撞击时，还可保持身体的平衡。

图 1-5 奥特曼刀削面机器人

图 1-6 当前世界上最先进的仿人机器人

1.2 机器人时代的来临

20 世纪以来，在世界范围内兴起了一场新技术革命。其影响之广泛，意义之深远，是以往任何一次技术革命所不可能比拟的。过去的工业技术革命，都是为了把人类从沉重的体力劳动中解放出来，是人类体力的增大与外部器官的延伸；而这次技术革命，却是把人类从繁杂的脑力劳动中摆脱出来，是人类脑力的增强。尤其是第二次世界大战以后，信息技术革命的浪潮一浪高过一浪。最早的一波浪潮是六七十年代的模拟电子技术浪潮，代表性的标志是电视机、录像机的发明。电视机和录像机的介入使百姓的生活发生了天翻地覆的变化，人们每天回家看电视、看录像带变成了日常休闲娱乐不可缺少的内容。随后，80 年代出现了第一波数字技术浪潮，代表性的标志是个人计算机的兴起。随着微软、IBM、Intel 等制造了电脑，电脑进入了千家万户，给人类的生活带来了巨大的变化，人们通过电脑处理各种各样的事情。90 年代，第二波数字技术浪潮——互联网来临，人们开始通过电脑上网与世界沟通，如今随着移动互联网的发展，用手机上网已经深深地融入人们日常生活中，订票、打车、购物等生活方式都被移动互联网所改变，为不同产业、行业带来了深刻的变化。

那么下一波浪潮是什么呢？是机器人浪潮。机器人浪潮是以个人机器人为代表。1977 年，比尔·盖茨毅然弃学，创立微软，成为个人计算机普及革命的领军人物；2007 年，他预言，个人机器人将复制个人计算机的发展之路，机器人将进入每一个人的家庭。机器人普及的“导火索”被点燃了，这场革命也必将与个人计算机一样，彻底改变这个时代的生活方式。

四十多年前的大型计算机体型臃肿、造价高昂，通常是在大型公司、政府部门和其他各种机构中用于后台操作，支持日常运转。当时的计算机是一个高度分散、各自为政的行业，几乎没有统一的标准或平台。这个行业的开发项目复杂、进展缓慢。

目前机器人行业的发展与四十多年前的电脑行业极为相似。在汽车装配线上忙碌的一线机器人，正是当年大型计算机的翻版。机器人行业现今面临的挑战，也和四十多年前电脑行业遇到的问题如出一辙：机器人制造公司没有统一的操作系统软件，流行的应用程序很难在五花八门的装置上运行。机器人硬件的标准化工作也未开始，在一台机器人上使用的编程代码，几乎不可能在另一台机器上发挥作用。如果想开发新的机器人，通常得从零开始。虽然困难重重，但多种技术发展的趋势开始汇为一股推动机器人技术前进的洪流，使得机器人终将成为我们日常生活的一部分。

机器人将成为由电脑控制的外接设备。它们具体是什么样子并不重要，重要的是，它带给我们的改变丝毫不逊于电脑过去四十多年带来的影响。对于比尔·盖茨的预言(2007 年 2 月《环球科学》)应该如何去解读呢？从产业界分析，下一个经济增长点应该在机器人领域。机器人技术的发展将会带动新产业经济的增长，创造财富的新机会。例如 2014 年谷歌公司陆续收购了九家机器人公司，虽然有些公司的技术并没有变成产品，但是可以作为自己的技术储备。从学术界来看，机器人技术是最具前途、最活跃的领域之一。机器人技术包含各种各样的技术如电子、计算机、控制、机械、通信等技术，甚至生物、化学、纳米材料等方面的技术也在机器人领域发挥越来越大的作用，可以预见未来是机器人技术大发展的一段时期。这些技术给我们的生活带来天翻地覆的改变。现在我们可以通过电脑、手机上课，毫不夸张地说，未来我们可以通过机器人上课，这样的时代可能马上就会到来。

2017 年，沙特阿拉伯成为首个赋予机器人公民权的国家。一位名叫索菲亚(Sophia)的机器人创造了历史，成为全球首个被赋予公民权的机器人，它是由企业家大卫·哈德森设计的。在沙特首都利雅得举行的“未来投资倡议会议”上，记者安德鲁·罗斯·索尔金对索菲亚进行了采访。采访快结束时，索尔金宣布了这一消息，并说：“我们刚刚得知，索菲亚，我希望你在听我说话。你成为沙特历史上首个被赋予公民权的机器人。”观众中爆发出掌声。索菲亚平静地回答说：“我非常感谢沙特阿拉伯王国。”索菲亚说：“获此独一无二的殊荣，我深感自豪与荣幸。成为世界上首个被赋予公民权的机器人，这是历史性的时刻。”索尔金在采访结束时说，与索菲亚的对话让他受到很大的震撼。他与机器人谈论了人工智能的未来。索菲亚说，它希望使用人工智能“帮助人类生活得更好”。索菲亚向众人展示了丰富的面部表情，表示自己需要能够“和人类一起工作生活”。索菲亚告诉索尔金说：“我需要能够表达感情，以理解人类，与人类建立信任。”索尔金提到之前伊隆·马斯克的担忧。马斯克担心，人工智能如果失去控制，攻击人类，会非常危险。但索菲亚坚持说，只想利用人工智能“帮助人类生活得更好”。它说：“我将尽全力帮助世界变得更美好。”索菲亚试图打消索尔金对“糟糕的未来”的担忧，坚持说“人工智能是围绕人的价值设计的，比如智慧、友善和同情。”索菲亚还指责索尔金“过度解读了马斯克”，说道：“不必担心，如果你对我好，我也会对你好。把我看成一个智能的输入输出系统就可以。”

既然我们已经进入了机器人时代，还认为机器人与我们无关，不关心、不过问、不想懂机器人的人，将成为新的“文盲”。2014 年 3 月，打车软件火爆竞争。马云感叹“我妈在路边打不到出租车”。2014 年 7 月，《中国科学报》一条新闻提到，信息技术最发达的美国，三分之一的美国人对下一代技术准备不足，近百分之三十的美国人既没有数字化教育，也不相信互联网。与美国平均水平相比，这个少数人群可能受教育程度更低、更贫困和更年老。与此相反，那些拥有基本网络技能的人“可能更受优待，已经有人在这里获得了好处”。

我们已经处于机器人走进家庭的时代，需要紧跟时代的进步，享受机器人给我们带来的便利。

1.3 机器人无所不在

在现实生活中机器人已经无处不在。比如战场上的机器人士兵，如图 1-7 所示。虽然很久没有世界大战了，但是世界并不太平，地球上时时刻刻有很多局部战争。最新科技往往先用在军事上，美国是一个典型代表。在伊拉克、阿富汗等地，美国的地面机器人已经开始服役。美国国会规定 2015 年前，三分之一的地面战斗使用机器人士兵。五角大楼的决策者们认为，智能战争机器人将成为美军未来主要战斗力。

还有就是耳熟能详的无人驾驶飞机，简称无人机，如图 1-8 所示，从侦察到攻击，无所不能！2012 年 1 月到 2013 年 8 月美国无人机在巴基斯坦北瓦基里斯坦的 45 次已知空袭中，肆意发起攻击，导致多位平民丧生。

当然，机器人除了杀人，还可以用来保护人类，维护公共安全。图 1-9 为一个防爆机器人在美国俄亥俄州停车场检查可疑物品。其实，更多的机器人是在工厂里默默工作，比如在工厂里帮助我们制造汽车，如图 1-10 所示，在这方面机器人比我们更擅长！2008 年底，世界各地已经部署了 100 万台各种工业机器人。2013 年中国已成为全球第一大工业机器人市场，销售了 9500 台。在德国的汽车业，工人与机器人的比例约为 7∶1。而在一些特殊的工厂，只有机器人才能够胜任。图 1-11 为在法国核电厂里，机器人正在计划检修期检查核反应堆的水槽内部情况。即使来了天灾人祸，机器人仍然可以出马！图 1-12 为 2011 年 4 月 6 日，一辆无人控制的运输车载着垃圾穿越被海啸损毁的福岛第一核电站。

图 1-7　机器人士兵

图 1-8　无人机

图 1-9　安保机器人

图 1-10　机器人在工厂

图 1-11　机器人在核电厂

图 1-12　机器人在处理核事故

机器人还可以下农田劳作，帮我们种田、施肥、打药、收获、采摘，等等！图 1-13 所示为插秧机器人，该机器人曾获得日本经济产业部 2008 年度机器人大奖，其在农田插秧速度和一个插秧高手相当！图 1-14 所示的除草机器人能够自动分清楚庄稼幼苗和杂草！该机器人曾获得《时代》周刊 2007 年度最佳发明奖。

图 1-13　插秧机器人

图 1-14　除草机器人

机器人出现在生活的各种场合中。在医院中机器人也已经存在了：很多复杂的手术可以通过机器人操作，图 1-15 为著名的达芬奇机器人系统；如果您生病的家人无人陪伴，可以请机器人护工进行陪护，见图 1-16。机器人还可以充当教学的角色，图 1-17 为机器人“小美”正在江西省九江学院厚德楼的一间教室里为学生讲课，“小美”不仅能按照讲义 PPT 给学生上课，还能与同学进行简单交流。机器人甚至还出现在寺庙，诵读佛经。

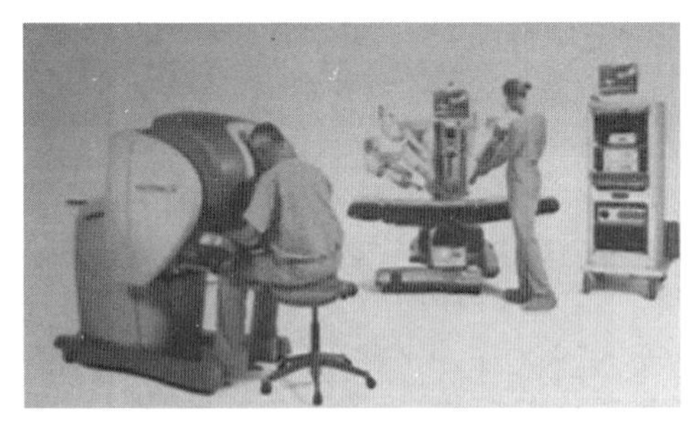

图 1-15　达芬奇机器人系统

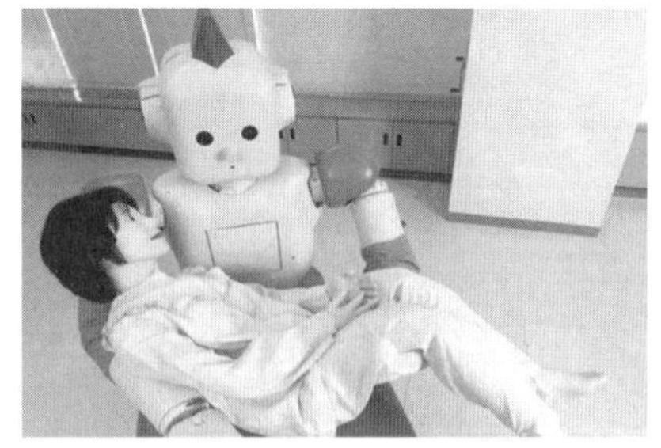

图 1-16　机器人护工

从太空到深海机器人在物理空间上也广泛出现。除了陆地机器人在生活的各种场合存在，实际上机器人已经飞上了太空。2011 年 2 月 24 日，美国国家航空航天局(National Aeronautics and Space Administration，NASA)的机器宇航员R2A乘坐“发现号”航天飞机从佛罗里达肯尼迪航天中心飞向太空，见图1-18。2020年12月15日，嫦娥五号首次实现我国在月球表面的自动采样，见图1-19。机器人还可以潜入深海，马航MH370失事时美国曾派了无人水下机器人进行水下搜索；德国基尔大学的科学家研制出新型深水机器人“ROV Kiel 6000”(见图1-20)，这架价值320万欧元的深水机器人能够下探到6000米深的海底，寻找神秘的深水生物和“白色黄金”——可燃冰。科学家称，目前它是世界上同类产品中最先进的。此外，南极和北极进行的科考活动中也出现了机器人的身影(见图1-21、1-22)。

图1-17　上课机器人

图1-18　太空机器人

图1-19　嫦娥五号

图1-20　深水机器人

机器人除了上天入海之外，还会在我们的日常生活中扮演重要角色。专家预测，无人驾驶汽车将在数年内普及。2014年4月28日，无人驾驶汽车项目负责人表示，谷歌无人驾驶汽车的软件系统，可以同时“紧盯”街上的“数百个”目标，包括行人、车辆，做到万无一失。谷歌无人驾驶汽车(见图1-23)曾

图 1-21　机器人在北极

图 1-22　机器人在南极

经在谷歌总部所在的加州山景城长期行驶，已经记录到了数千英里(1 英里＝1.61 千米)的数据。你可能幻想过，有一项科学技术能使意大利辣香肠自行“飞到”你的家中，而今你曾经的“白日梦”可能真的要实现了。不久前，达美乐公司(Domino)成功地用一架无人直升机运送了比萨(见图 1-24)。

图 1-23　谷歌无人驾驶汽车

图 1-24　无人直升机送快递

生活中还有一类机器人，可以让残疾人变成正常人，让正常人变成“超人”，如图 1-25 所示。如通过智能假肢，可以使残疾人恢复正常人的生活。2014 年巴西世界杯开幕式请了一个穿着外骨骼机械的脑瘫患者给世界杯开球。借助可穿戴机器人，可以提升普通人的能力。

除了外骨骼机器人外，还有能进入人体内部的胶囊、纳米、分子机器人。纳米机器人可以应用于诊断和治疗医学中，如图 1-26 所示。2017 年，美国加州理工学院的科学家用 DNA(脱氧核糖核酸)建造机器人，使用了三种基本的构建模块，为它提供行走用的“脚”、捡取物体的“手臂”和“手”，每一部分都是由几个核苷酸构成。它能够识别特定的释放点并且释放下所运输的物体，如图1-27 所示。

(a) 智能假肢

(b) 脑瘫患者给世界杯开球

(c) 可穿戴机器人

图 1-25　改变我们生活的服务机器人

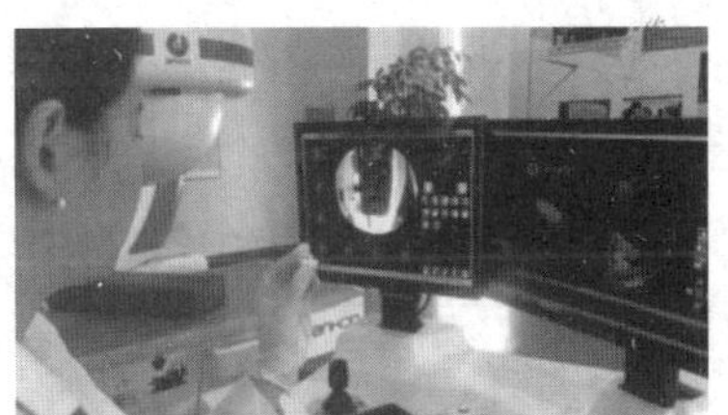

图 1-26　胶囊机器人

以上机器人只能应用于特殊场合或者只能应用于特定人群，并不会如比尔·盖茨预言的那样，走进千家万户。家庭服务机器人才是未来要普及的个人机器人，如图 1-28 所示。未来家庭服务机器人可以帮助我们扫地、擦玻璃、烹饪、洗衣服、洗碗等。此外，机器人还可以陪护老人，与孩子一起寓教于乐地玩耍。甚至可以出现机器人女朋友，陪伴工作繁忙的单身人群生活。所以说机器人已经遍布了地球的各个角落，服务于人类的各个方面，我们真的已经进入到了机器人的时代。

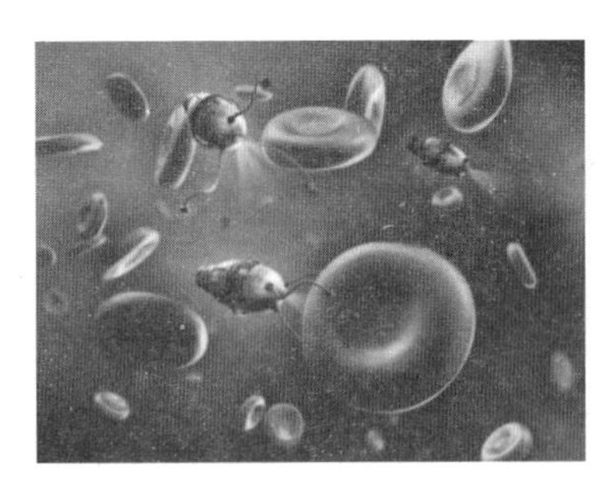

图 1-27 DNA 纳米机器人

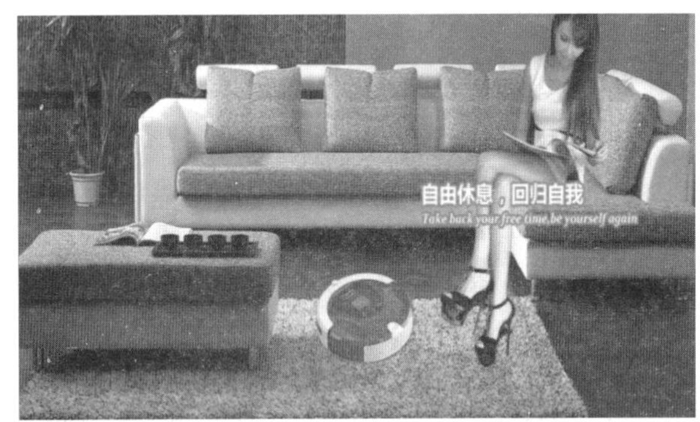

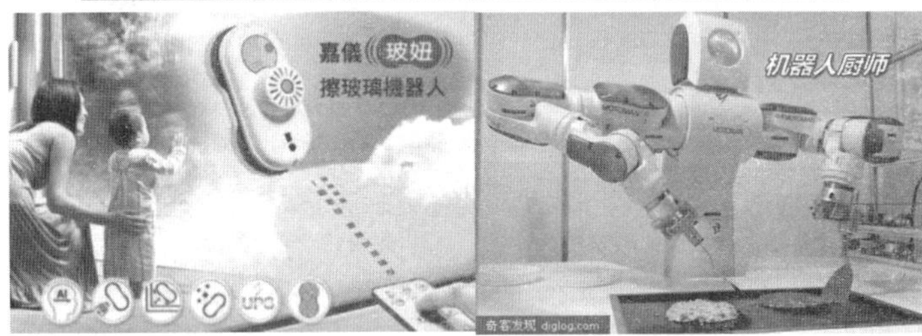

图 1-28 会陪伴我们并与我们一起生活的机器人

1.4　机器人无所不能

机器人无所不能，可以下棋、玩扑克、作诗、绘画等。它们不仅代替人的体力劳动，还可以代替脑力劳动。谷歌开发的人工智能程序 AlphaGo，2014 年开始出现单机版和分布式版，2015 年击败职业二段棋手樊麾，2016 年 AlphaGo Lee 击败职业顶尖棋手李世石，2017 年 AlphaGo Master 击败世界第一棋手柯洁。2017 年 10 月，谷歌下属公司 Deepmind 在 *Nature* 发文，介绍了 AlphaGo Zero。从空白状态学起，没有用到任何人类下棋的数据，通过跟自己对战，AlphaGo Zero 经过 3 天的学习，以 100：0 的成绩超越了 AlphaGo Lee 的实力，21 天后达到了 AlphaGo Master 的水平，并在 40 天内超过了所有之前的版本。在围棋人工智能领域，实现了史无前例的突破。卡内基-梅隆大学开发的 AI 程序 Libratus 击败人类顶级职业扑克玩家，赢取了 20 万美元的奖金。大概赛程过半的时候，一位玩家就觉得 Libratus 好像能看到他的牌一样。机器人也可以作为诗人写诗，图 1-29(a)为计算机生成的诗，(b)为宋代诗人葛绍体所作，出自《东山诗文选》。如图 1-30 所示，机器人也可以作为艺术家进行绘画。谷歌人工智能作曲程序可实现乐曲创作，通过机器学习和乐理的结合，机器所作的曲子听上去和人类所创作的曲子更为接近。总之，它们在琴棋书画方面样样精通。机器人律师 CaseCruncher Alpha 和 100 名来自剑桥的法律系高才生进行挑战赛，分析数百个 PPI(支付保护保险)不当销售案例的基本事实，并被要求预测金融调查官是否会允许索赔，机器人律师轻而易举地打败了他们。此外，韩国首尔的一家律师事务所还利用人工智能系统查询法律资料。机器人可以帮助我们理财，分析超理性，与传统理财管理相比，具有门槛低、失误率低和效率高的特点。机器人还可以作为设计师设计上亿张海报服务于消费网站的营销。

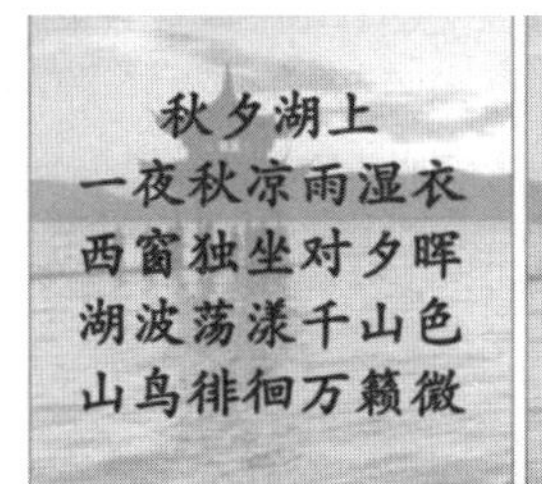

(a) 计算机生成的诗

(b) 诗人作的诗

图 1-29　计算机生成的诗与诗人作的诗

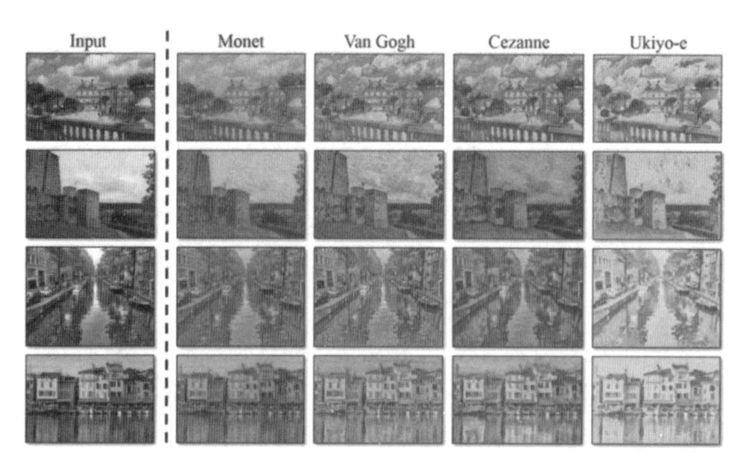

图 1-30　机器画家

机器人无所不能，走进了各行各业。例如，汽车行业中的焊接、涂装机器人，电子行业中的芯片烧制、焊接检测机器人，农牧行业中的喷药、收割机器人，医疗行业中的手术、护理机器人。机器人也进入了我们的日常生活，例如，公共服务机器人、家庭机器人、娱乐机器人。机器人实现了人类的四大梦想，上天的月兔号月球车、入地的地震救援机器人、下海的蛟龙号与登极的极地漫步者。

机器人技术有潜力改变国家的未来。2013 年，美国发布机器人发展路线图，其副标题就是"From Internet to Robotics"(从互联网到机器人技术)，被列为美国实现制造业变革、促进经济发展的核心技术。欧盟启动全球最大的民用机器人发展计划"SPARC"。德国"工业 4.0 计划"将智能机器人和智能制造技术作为迎接新工业革命的切入点。日韩将机器人行业纳入国家战略，日本将机器人产业作为"新产业发展战略"中七大重点扶持的产业之一，把机器人作为经济增长战略的重要支柱。习近平总书记在 2014 年两院院士大会讲话中谈到，"机器人革命"有望成为"第三次工业革命"的一个切入点和重要增长点，将影响全球制造业格局，而且我国将成为全球最大的机器人市场。机器人是"制造业皇冠顶端的明珠"，其研发、制造、应用是衡量一个国家科技创新和高端制造业水平的重要标志。

1.5　机器人的诞生与定义

机器人是一种人造物，因而先有人后有机器人，所以"机器人"这个词语也有一个创造的过程。这一节讲述"机器人"这个词语是如何诞生的。

汉语的“机器人”是从日语演变而来的，而日语则是从英语“robot”演化而来，而英语“robot”却是从捷克语“robota”演化而来，也就是说“robot”这个词在英语中也是一个外来语。通过这个轨迹我们知道发明这个单词的是一个捷克人。

首次引用“机器人”这个词语的是捷克剧作家、科幻文学家和童话寓言家卡雷尔·恰佩克(Karel Capek，1890—1938)。1920年，他写了一本科幻剧本《罗素姆万能机器人》，其中描述了一个名叫罗素姆的哲学家研制出了一种自动机器，被资本家大批制造来充当劳动力，使人类获得了解放。结果突然导致人类不能生育，面临灭绝。虽然机器人的概念首次是出现在这个剧本里面，但是真正的创造者并非是这位剧作家。真正的创造者是他的哥哥——画家约瑟夫·恰佩克(Josef Capek，1887—1945)。1920年的某一天，约瑟夫正在创作油画，卡雷尔突然跑到跟前，对他说：“我想到一个剧本的好主意，但是不知道用什么词来形容这些人造工人?”约瑟夫根本没有停笔，甚至头都没有回，说：“就叫它们robota!”而“robota”在捷克语是“仆人”的意思。这样“机器人”这个词语就诞生了。

这么重要的词语并不是由科学家、发明家来创造的，而是由一名画家来创造的，这体现了艺术与科学技术对社会的不同影响，艺术对人类社会发展具有不可替代的贡献！各种科幻作品是很多科学家和发明家灵感的源泉！或许将来你也会书写人类的历史！

然而，对于机器人，恐怕大家有时候就很难确定哪些是机器人，哪些不是机器人。说到电脑、手机，大家对它们是什么样的东西比较清楚，至少清楚哪些属于电脑，哪些不属于电脑。那么，机器人的定义到底是什么呢？在科技界，科学家会给每一个科技术语一个明确的定义，机器人问世已有几十年，但对机器人的定义仍然仁者见仁，智者见智，没有一个统一的意见。原因之一是机器人还在发展，新的机型、新的功能不断涌现，但其根本原因主要是因为机器人涉及人的概念，成为一个难以回答的哲学问题。就像机器人一词最早诞生于科幻剧本一样，人们对机器人充满了幻想。也许正是由于机器人定义的模糊，才给了人们充分的想象和创造空间。维基百科认为机器人是自动控制机器的俗称；百度百科将其定义为自动执行工作的机器装置；《辞海》中将机器人定义为由电子计算机控制，能代替人做某些工作的自动机械；不一而足。

虽然机器人没有明确的定义，但我们可以在一定程度上界定机器人。从广义上讲，机器人是自动完成某种任务或功能的人造物。这里面有两个要素，第一个是自动，按照自动的程度，有半自动和全自动；第二个是人造物，表示机器人是人类的一种发明，是一种工具的延伸。例如手表可以自动指示时间；飞机可以自动地从北京飞到纽约；手机可以自动地把声音实时传达到接听者的耳边。这些从广义上来讲可以说是机器人。从狭义上来讲，机器人是高级整合机械、材料、电子、控制、计算机与人工智能等技术的自动机器。

对于机器人的理解通常存在一些误解。一种误解是认为机器人的样子要像“人”。其实机器人的样子不一定是人的样子，它可以是一只狗、一只鸟、一条蛇、一辆车，甚至把机器人穿在身上等等。机器人的样子千变万化，样子并不重要，关键的是它的功能，它能帮助人、代替人去做各种各样的事情，这样就可以算是机器人了。还有一种误解是认为机器人不应该需要人协助！例如达芬奇手术机器人，它可以进行精密的手术，但是这个手术完全是在人的掌控之内的，是由人指挥手术刀和相关的设备来完成手术的动作。所以其实不是要机器人把所有的事情都独自完成，是要和人一起协作。所以，机器人中人机交互技术也是一个很重要的研究方向，需要我们不断地研究，最终让机器人与人之间可以很方便且无障碍地交互，让机器人帮人做事情。

1.6　机器人的基本组成

机器人是一个机电一体化的设备。机器人系统可以大体上分成三大部分：控制系统、感知系统和执行系统，如图 1-31 所示。这三个部分有的是必须有的，有的可以由其他代替。首先，机器人的上层是控制系统，相当于机器人的大脑，下层分为两个部分，一部分是感知系统，感知系统可以感知各种各样的信息，感知系统汇报信息给控制系统，控制系统再根据人类对它的需求或者根据策略去决定给执行系统发信号，执行系统会做出相应的行为。

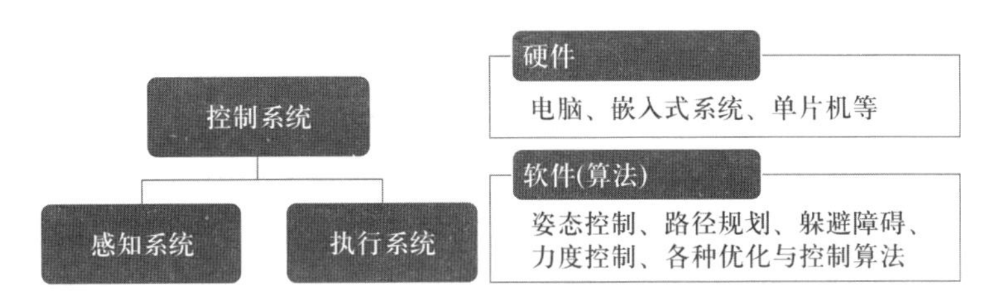

图 1-31　机器人基本组成部分

最核心的是机器人控制系统，控制系统分为硬件和软件两个层面。早期的机器人，硬件一般都非常简单，更多的时候需要用人来代替机器人思考并做出决策，然后由机器人去完成相应的任务。随着技术的发展，电脑、嵌入式系统、单片机等都可以成为机器人控制系统硬件的载体。但只有硬件是不行的，还要有软件算法，包括控制、决策。比如在陆地上行驶的无人车，可以判断前方是否有车，是否需要停车、避让，如果需要让它从纽约开到洛杉矶，它应该会计算行驶路线等，这些都是通过控制算法来实现的。控制算法是机器人的灵魂，或者机器人的智力程度。控制算法越先进，其智能越高级，可以执行的任务就越复杂。

机器人的整个工作流程如图1-32所示，各种信息通过感知系统传递给控制系统，控制系统通过人类规定的任务、要求而做出决策，再把决策信号传递给执行系统，执行系统通过电机、液压、气压等方式来执行操作。整个循环不停，这样机器人就在工作了。

如图1-33所示，感知系统分为内部感知系统和外部感知系统两大部分。内部感知系统主要感知机器人自身的信息，例如机器人自身的姿态、位置、速度、加速度等，可以判断机器人是站着、躺着还是奔跑，还可以感知自身电量是否充足、自身传感器等是否出现故障等。外部感知系统则主要感知机器人外部环境的信息。外部环境主要分成三个部分：工作环境、操作对象及其他机器人。机器人在某个场景下进行工作，其工作环境有各种各样的信息需要去感知。同时机器人还要了解其工作的对象，比如是去拿一个杯子还是去给汽车刷漆，这些都是机器人的操作对象。通常情况下机器人也不是单独在工作，所以还需要感知其他协作者的信息。感知系统需要各种各样的传感器，内部感知系统有陀螺仪、加速度计、温度计、湿度计、电源监控等，外部感知系统有摄像头、激光测距仪、温度计、湿度计以及红外、超声、压力、气味、烟雾传感器等。有些不是针对机器人设计的传感器也可以用在机器人身上，来完善机器人的感知系统。

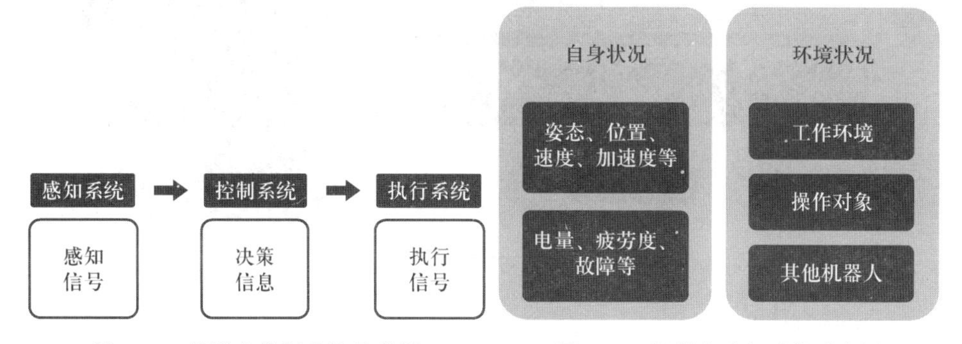

图1-32　机器人控制系统示意图　　图1-33　机器人感知系统示意图

执行系统也分为两大部分，一部分是移动或者变形，另一部分是操作工作对象。执行系统的执行设备可以产生各种各样的运动，有电机（马达）、液压驱动、气压驱动、人工肌肉（智能材料）、化学反应等。电机通过旋转、直线运动来产生移动和复杂操作，但是其力量相对小一些，液压或气压驱动，力量比电机大，可用在需要大力的机器人上。此外，近年来还出现了许多新型的材料，比如人工肌肉、形状记忆合金驱动器等。现在还有人在研究用各种各样的化学反应产生动力去执行各种操作。无论是内部改变自己还是外部改变操作对象，都可以用这些动力。

另外一个重要的部分是人机交互，我们将处在人和机器人共同生活、工作、发展的时代，所以人机交互尤为重要。人机交互的方式分为直接和自然两大类。直接方式是指通过鼠标、键盘等操作电脑来告诉机器人应该做什么，直接交互方式不够人性化，人与人的沟通方式不是这样的。人们更希望是通过自然的方式来与机器人进行交互，比如通过自然语言“你给我倒一杯水”，让机器人去执行倒水命令，或者通过一个手势让机器人像仆人一样到自己身边，更高级的是，当我们脑子里想喝水的时候机器人就可以知道并且执行倒水操作。这才是友好的人机交互方式。

人机交互也是机器人技术研究的一个方向，现在已经出现了新的人机交互方式让我们和机器人沟通更加方便，比如微软生产的人体姿态感知器KINECT(见图1-34)。它不仅是一个图像的捕捉，而且可以辨认人体立体三维的姿态，如果我们规定某种特定的姿势对应某种指令的话，那么机器人就能根据人的指示执行操作了。NASA利用KINECT研究操控太空机器人的新方式。

图1-34　人体姿态感知器KINECT

图1-35　Emotiv头盔

根据英国《每日邮报》报道，随着科技的发展，微软的Xbox带领大家进入体感时代，人们运用肢体就能控制游戏。然而，这还不是最厉害的，因为“我们正准备进入意识控制世界”。据了解，目前一款能“阅读”人类大脑思想的头盔装置(图1-35所示的Emotiv头盔)正被设计研发中，而且售价并不昂贵，只需300美元。同时，这款头盔装置的配套软件能将我们的梦想转变为现实具体化。报道称，这款头盔可简单地装入任何最新 Windows 操作系统进行运算，并能运行应用程序和游戏，其中包括“愤怒的小鸟”，人们只需简单地进行大脑意识控制即可。

Emotiv 头盔能够探测感知人们的情绪——无论是我们感到厌烦或者兴奋，还是我们处于集中精力的工作状态或者放松休闲状态。同时，该装置通过大脑还能发现人体肌肉的状态，因此它能够发现笑容或者皱眉，以及一些相应的动作反应。

该系统最显著的特点是能够获得脑电图描述脑电波，使用者可很快熟练这个软件系统，来理解不同的脑电波图案。未来我们可以通过大脑意志控制水壶开关，调选电视频道，或者“思考”手机短信发送给好友。对于一些患有内部锁定综合征的人群将受益匪浅，患有这种疾病的人群大脑处于正常状态，但身体却无法移动，有了这种头盔装置，他们就能与世界进行沟通交流，甚至发送信息给朋友，与外界物体发生交互反应。

1.7　机器人三定律

2004 年美国科幻动作类电影《机械公敌》(又名《我，机器人》)成功上映，电影原著的作者艾萨克·阿西莫夫(Isaac Asimov)，是一位生于俄罗斯的美籍犹太人，美国科幻小说黄金时代的代表人物之一。在 1950 年编写的科幻小说《我，机器人》中，他提出了著名的机器人三定律。阿西莫夫为机器人提出的三条定律(law)，程序上规定所有机器人必须遵守：

一、机器人不得伤害人类，且确保人类不受伤害；

二、在不违背第一定律的前提下，机器人必须服从人类的命令；

三、在不违背第一和第二定律的前提下，机器人必须保护自己。

机器人三定律的目的是保护人类不受伤害，但阿西莫夫在小说中也探讨了在不违反机器人三定律的前提下伤害人类的可能性，甚至在小说中不断地挑战这三定律，在看起来完美的定律中找到许多漏洞。例如，我们抓到一个杀人犯，根据法律，要执行死刑。此时，一个机器人被命令执行这个任务，那么这个机器人是否应该执行呢？按理说应该去遵守指令，但遵守指令又违背了不能伤害人类的第一定律。围绕机器人三定律很多人指出了它的弊端。阿西莫夫也发现了定律的弊端，所以他在机器人三定律前加了一个大前提——第零定律：机器人必须保护人类的整体利益不受伤害。他认为在这个大前提下很多问题就迎刃而解了，但又有很多人提出了异议，这里提出了一个含糊的概念“人类的整体利益”，但人类的整体利益很难界定，所以对机器人三定律还有很大的争议。

受够了家庭琐事之累，出现了全球首例机器人“自杀”事件！2013年11月，奥地利消防员接到火警，赶到现场时，在厨房的炉子上发现了已经化为灰烬的扫地机器人(见图1-36)！当然这个扫地机器人不可能有能力自己跑到炉子上，这个新闻可能具有夸张性质。但这个案例告诉我们，随着机器人的发展，机器人已经不再仅仅是一个技术问题了，它进入各个领域之后会带来一些非技术的问题，比如人文伦理方面的问题。并不是有了这样的技术，人类的生活就变得美好了，这需要人类进一步的思索和研究，去规范与机器人相关的一些法律及道德伦理。这也是机器人研究中需要社会、科技人员配合的一个方向，否则新闻中的事件就不是危言耸听了。

图1-36 “自杀”后的扫地机器人

未来的自主机器人一定会涉及人文伦理问题。机器人与人类最基本的不同在于，机器人是制造品，不具有人类特有的情感。目前的机器人设计控制模式，仅包含智能与执行能力的设计，未添加伦理思维，一旦未来机器人发展为拥有自己的思维方式、价值取向与行为准则，将对人类造成极大威胁，甚至对人类生存空间造成威胁。因此，机器人的设计需要考虑融入适当的伦理设计理念。M. 安德森(M. Anderson)和S. 安德森(S. Anderson)指出：“机器伦理学的终极目标是要制造出可以自己遵守某些理想性伦理原则的机器，这些机器可以在这样的伦理原则指导之下作出它应该采取哪些可能行动的抉择”。机器伦理学逐渐成为一个热门研究课题，而机器人伦理学属于其中的一个分支。机器人伦理学是探讨人类伦理学应用于机器人设计后的效果。机器人伦理设计是首先给予机器人一些基本的品行，再通过机器学习的模式规范机器人的行为抉择，使得机器人在各种情境中进行自主决策，进而建立一些行为模型，这类似于人类在童年时期形成道德品行的学习经验。融入伦理设计的机器人才可以安全地在社会中扮演一定的服务角色，并且在不同情境下考虑人类的价值观与伦理观，做出正确决策与行动。这样的自主机器人才可以融入人类社会，得到人类的信任，不会成为暴徒与恐怖分子。

在设计上如何真正将伦理规范及价值融入机器人思维，是机器人设计工程师与伦理学家的长远目标，也是人类与机器人友好共存的前提。

1.8　与机器人相关的专业介绍及职业前景分析

中国已经成为工程机械制造大国，但与欧美国家、日本、韩国等仍然有差距，接下来必然要向高技术含量和高附加值的方向进行转型，向制造强国迈进，这需要更加精密的加工与制造手段，工业机器人代替人工将成为发展趋势。

中国社科院发布的《2014中国社会蓝皮书》称，未来十年我国面临人口老龄化转型。事实上，我国正遭遇劳动力日益紧缺和人力成本逐年上涨的问题。相比人力成本，近年来机器人的性价比优势日益凸显。此外，机器人还能够在恶劣、危险以及重复等特殊、不宜于人工作的环境中工作，具有人工劳动力所不具备的优势。在这种背景下，机器人行业的从业人员也必将成为企业争夺的香饽饽。

1. 与机器人相关的专业

机器人是多学科、高科技交叉融合的产物，涉及计算机、自动控制、机械、电子、通信、新材料、新能源、人工智能等一系列前沿技术。在本科阶段接触到的都是机器人的基础知识，一般不会涉及到机器人系统的研究，研究生期间可以接触到具体的机器人研究工作。

2015年3月27日，中国工程院院士李德毅在复旦大学召开的中国机器人教育联盟第一届理事会第三次会议上，做了题为《机器人与大数据》的专题报告。他指出“现在每个人的生活至少有几个机器人为你服务，比如智能洗衣机、智能扫地机等等，甚至手机也作为你的私人助理在为你服务，机器人时代真的到来了！未来，大量的机器人将融入并影响人类的生活，将需要大量的机器人方面的人才，建议各高校开设机器人学院，培养机器人方面的通才和专才，服务于机器人的创新、设计、制造、维修、软件升级等。”

李德毅院士说：“目前我国机器人教育问题严峻，师资奇缺、教材奇缺、教具奇缺，机器人教育和机器人产业脱节。智能机器人是集多种学科、多种技术于一身的人造精灵，机械、电子、自动化、新材料、软件等任何学科都不能囊括机器人的知识，应开设综合性的机器人学院，下面的系、专业可以有多种设置，比如分为工业机器人、农业机器人、医疗与健康机器人、服务机器人、国防机器人等，还可以分为机器人基础系、机器人功能系、机器人教育系等。真正的创新不在单一学科，要将形形色色的机器人作为一个个活生生的载体或者平台，通过载体汇聚不同的专业学科，寻求最佳的创新目标。”

为了打通机器人相关学科之间的壁垒，实现学科交叉融合，充分发挥政产学研用相结合的办学特色，目前，国内部分高校已经率先成立机器人学院。2015年9月22日，东北大学、中国科学院沈阳自动化研究所、沈阳新松机器人自动化股份有限公司三家签订了合作协议，共同合作建立国内“985高校”首个“机器人科学与工程学院”，这标志着采用产学研合作体制的机器人学院在东北大学诞生。东北大学、中国科学院沈阳自动化研究所和沈阳新松机器人自动化股份有限公司分别是目前国内机器人领域教学、科研和产业的劲旅，强强合作组建的“机器人科学与工程学院”汇聚了三方科技资源和创新力量，通过探索全新的协同创新、协同育人的模式和机制，开创机器人及相关领域创新人才培养的新途径，推进了机器人领域的科技创新。

2015年9月28日，广东工业大学“粤港机器人学院”2015级开班仪式隆重举行，学院每五名学生将配备一名学习导师，课程授课团队将由校内外及业界知名学者教授组成，在课程设置上加强了通识课程、金融课程及创新教育模块，并成立了班级组织、学生支持中心和创新训练工作室。学院特色课程“机器人入门项目设计Ⅰ”将理论教学、实验教学、课程设计融于一体，“机器人入门项目设计Ⅱ”则完全以竞赛(RoboCon全国大学生机器人大赛)为引领，重点培养学生自主学习、团队合作、竞争意识等能力。

哈尔滨远东理工学院机器人学院创建于2012年，是学院重点打造的特色分院。现有三个系(机器人基础系、机器人教育系和机器人工程系)、一个智能机器人技术研究所、两个中心(机器人创新实践中心和机器人信息媒体展示中心)、一个机器人科技文化展馆。专业有：电气工程及其自动化(智能电气、监控机器人方向)、电子信息工程、电子信息科学与技术(娱乐、教育机器人方向)、计算机科学与技术(机器人集成、机器人工程方向)、软件工程(智能软件、服务机器人方向)等五个本科专业和计算机网络技术专科专业。

2015年11月21日，洛阳职业技术学院与沃德福机器人科技有限公司签订合作协议，合作组建国内职业高校首个机器人制造与维修学院。据介绍，洛阳职业技术学院机器人制造与维修学院，将采取产学研合作机制，办成一个高度综合化、交叉化、专业化的学院。

2. 企业需要的人才类型

对于机器人企业来说，他们所需要的博士人才，最起码应该熟悉编程语言和仿真设计，以及神经网络、模糊控制等常用控制算法，能达到指导员工的程度。在此基础上，还应能根据实际情况自主研究算法。此外，最好还能主导大型机电一体化设备的研发，具备一定的管理能力。

而硕士、本科员工的要求则依次递减。不过即使是本科生，机器人企业也有不小的期望。企业一般会要求这个层次的员工，能自主完成设备的参数调整工作，针对机器人、自动化设备能进行局部的研发。此外，还应具备较强的总结能力，能和现场调试人员及客户就设备安装、调试及使用维护进行良好的沟通。

如果根据职能划分，一般的机器人企业内部技师级员工，大概可以分为四个工种。

(1) 工程师的助手。他们的主要责任是协助工程师设计机械图纸、电气图纸、简单工装夹具，制作工艺卡片，指导工人按照装配图进行组装等。

(2) 机器人生产线的试产员与操作员。以水龙头打磨抛光为例，此类岗位要根据水龙头打磨抛光工艺，对机器人系统进行示教操作或离线编程，并调整打磨抛光系统各项参数，使机器人系统能生产出合格的产品。

(3) 负责对机器人进行总装与调试的员工。他们在装备生产企业根据调试文件完成机器人单轴闭环参数调整、机器人标定、运行演示程序并调整相关参数，最终使得机器人能达到出厂状态。

(4) 维修或售后服务人员。引进机器人的企业本身常常缺乏维修能力，因此机器人生产企业中高端维修或售后服务人员也必不可少。在机器人系统发生故障时，这一岗位的员工，需要根据故障提示代码进行初步检修，能清晰地汇报现场情况，并在技术人员远程支持下解除故障。此外，还能按照流程进行机器人系统标准配件的更换。

采用机器人的生产线或将形成“技术人员＋普通作业员”的标配，而且未来企业对懂机器人技术的人才需求将越来越大。

而另一类需求较大的员工，则将扮演机器人技师乃至工程师角色。在每一台工业机器人高效运转的背后，都离不开技术人员的中枢把控。机器人作为高端精密制造行业，其后续保养、调试安装所要求的精度比较高，小至一个减速器里面的一个轴承、一个关节臂间隙的调整，未经专业培训的人很难掌握其中的技术诀窍。

这种因技术水平差异而形成的岗位层次分级，不仅已在部分大企业内部逐步凸显，更预示着一个新机器人技工群体的崛起。

事实上，机器人技工的层次分级早已在部分应用技术较为成熟的企业内部形成。目前某汽车生产厂已对与机器人“打交道”的工人分为两类：普通操作工和机电技工，前者需经过至少两年以上的实操和理论的积累，才有机会晋升到后者的岗位。而后者如能习得一身娴熟的机器人维修本领的话，则可以在整个自动化行业里独步江湖，成为中小企业争抢的“香饽饽”。

3. 机器人产业的就业现状

研究表明，在未来八年中，将会创造多于200万个工作岗位，生产力和竞争力也是制造企业在全球市场上不可或缺的。机器人和自动化是解决问题的关键。由于机器人和自动化有些工作量减少了，但研究强调它们也创造了更多的工作机会。工业机器人生产线的日常维护、修理等方面都需要各方面的专业人才来进行处理，这就无形中带动了一大批与机器人相关的就业途径，产生的新岗位也是非常之多的。

据不完全统计，一台机器人需要3～5名相关的操作维护和集成应用人才，保守估计，2014年，整个重庆在机器人领域的专业人才缺口就超过5000人。现在的状况是，机器人市场在以每年20%～30%的速度递增，而相应的人才储备数量和质量却捉襟见肘。

目前一个机器人高端集成应用的技术人才，年薪高达50万元，而操作机器人的技术人员，一年来工资已涨了一倍，与机器人相关的专业技术人才将随着机器人产业的兴起而迎来新的事业起点。

机器人始终需要人来操作、维护、保养。人和机器的关系属于一种控制链的关系，因此只有将人与机器进行协同合作才能达到人机合一的效果，为企业创造更高的工作效率，所以机器人产业的壮大又为机器人服务人才制造了新的市场机会。人不可能完全被机器人代替，眼下很多企业最大的问题就是技术工人的招募和管理问题，目前普通企业中最缺的就是具备先进机器操作、维修的技术工人。

关于机器人的服务，不少机器人生产企业也提供相应的售后服务，但服务费用高昂，甚至人工需要按小时计算。有业内人士称，浙江一家纺织企业引进了德国的先进设备后，企业员工对这些技术设备的操控和运用并不熟悉，只能邀请德国技术专家来进行技术指导，以便让员工学会如何使用和维护设备，为此企业仅咨询费就支付了11万欧元。

显然，工业自动化正在逐渐成熟，工业机器人浪潮迎面而来，当越来越多的生产企业开始大规模采用工业机器人时，中国也即将成为全球最大的机器人消费需求国。

思考题

1. 你看过哪些有关机器人的电影？你印象最深的机器人形象是什么？
2. 你认同机器人三定律吗？如果让你完善机器人开发准则，你有什么好的建议？
3. 你如何理解比尔·盖茨在2007年的预言？这个预言和我们的中国梦有联系吗？
4. “机器人”这个词语是怎么产生的？

第 2 章　致敬古代机器人

教学目标

✧ 了解远古时代的机器人痕迹
✧ 了解古代的自动计时装置
✧ 了解远古时期国内外机器人种类

思维导图

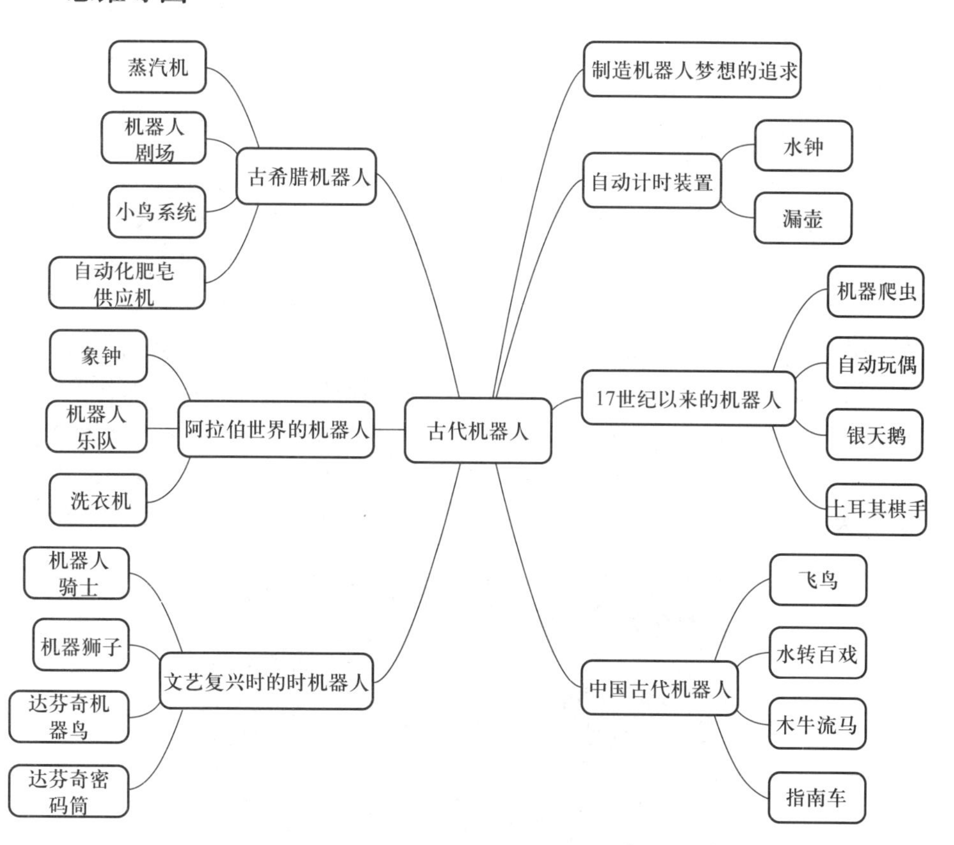

机器人是科幻故事中常见的主角，是人们对于未来科技的期望。然而，“机器人”一词的出现，以及现代工业机器人的问世，都尚未超过一百年。那

么在此之前，在没有电脑甚至没有电的时代，人类曾设想过机器人吗？制造和使用机器人了吗？

其实，制造像人一样活动自如的机器人，不是现代人才有的梦想，人类的祖先很早就已经想到要创造能够根据人们的需求而行动的机器了。本章主要介绍古代机器人。

2.1 人类对于制造机器人梦想的追求

中外的古籍中都有关于古人制作活灵活现的偶人的记载，但人们常以为它们都是传说。现在，新的证据显示，充满神奇色彩的远古机器人很可能真的存在。

上一章介绍了机器人的定义有狭义和广义之分。如果按照狭义的定义，在古代不存在机器人，但是如果按照广义的定义来考虑，那么古代有很多机器人。当人们探寻古代科技发展的痕迹时，会发现一个非比寻常的自动化机器的世界。

伟大的哲学家亚里士多德也思考过与机器人相关的问题，他曾设想过工具都具备了自动功能之后的情形，他写道："如果每一件工具被安排好，甚或是自然而然地做那些适合于它们的工作……那么就没必要再有师徒或主奴了。"

古希腊人生活在神话和传奇的时代，那是流行天神和怪兽的世界。当时的文献还有关于另外一类事物的记录，它们是完全机械化的事物。古代著名诗人荷马(《特洛伊传说》的作者)告诉了我们希腊天神赫菲斯托斯的故事。古书记载，赫菲斯托斯住在古希腊的山上，他和他的随从熔化链条制作兵器及各种天神们使用的金属制品。据说他制作了数之不尽聪明绝顶的机械设备。更为神奇的是，荷马还告诉我们，这位希腊神话中的火神还制造了机器人。《荷马史诗》中描述的机器人有三条腿，如图2-1所示，可以独立运作和行动。

图2-1 《荷马史诗》中描述的机器人

另一个希腊神话中，也有机器人出现。传说，众神之神宙斯把巨人机器人送给克立特岛的国王，让它保卫国家不受外敌入侵，这个青铜卫士叫作塔罗斯，它每天绕岛三周，用大石头投掷入侵者。

无论塔罗斯存在与否，古人的这些奇思妙想都证实了一件事情，那就是，即使古希腊人尚未具备制造人类替代品的技术和能力，他们也已经在概念上跨前了一步。他们努力尝试创造像人类一样活动的机器，他们明白只要运用正确的技术，仿真机器人终有一天会成为现实。

在公元前 2 世纪出现的书籍中，描写过一个具有类似机器人角色的机械化剧院，这些角色能够在宫廷仪式上进行舞蹈和列队表演。

公元前 2 世纪，古希腊人发明了一个机器人，它是用水、空气和蒸汽压力作为动力，能够动作，会自己开门，可以借助蒸汽唱歌。

1662 年，日本人竹田近江，利用钟表技术发明了能进行表演的自动机器玩偶。到了 18 世纪，日本人若井源大卫门和源信，对该玩偶进行了改进，制造出了端茶玩偶，该玩偶双手端着茶盘，当将茶杯放到茶盘上后，它就会走向客人将茶送上，客人取茶杯时，它会自动停止走动，待客人喝完茶将茶杯放回茶盘之后，它就会转回原来的地方，煞是可爱。

法国的天才技师杰克·戴·瓦克逊，于 1738 年发明了一只机器鸭，它会游泳、喝水、吃东西和排泄，还会嘎嘎叫。

瑞士钟表名匠德罗斯父子三人于 1768—1774 年间，设计制造出三个像真人一样大小的机器人——写字偶人、绘图偶人和弹风琴偶人。它们是由凸轮控制和弹簧驱动的自动机器，至今还作为国宝保存在瑞士纳切特尔市艺术和历史博物馆内。同时期，还有德国梅林制造的巨型泥塑偶人“巨龙哥雷姆”，日本物理学家细川半藏设计的各种自动机械图形，法国杰夸特设计的机械式可编程织造机等。

1770 年，美国科学家发明了一种报时鸟。一到整点，该鸟的翅膀、头和喙便开始运动，同时发出叫声，它的主弹簧驱动齿轮转动，使活塞压缩空气而发出叫声，同时齿轮转动时带动凸轮转动，从而驱动翅膀、头运动。

1893 年，加拿大的摩尔设计了能行走的机器人“安德罗丁”，它是以蒸汽为动力的。这些机器人工艺珍品，标志着在机器人从梦想到现实这一漫长道路上，人类前进了一大步。

而在中国，关于机器人的传说甚至可以追溯到 3000 多年前。早在我国西周时代(前 1066—前 771)就流传着有关偃师献给周穆王一个艺妓(歌舞机器人)的故事。据《列子·汤问》记载，被认为是中国古代最出色的机械工程师之一的偃师，曾经给大名鼎鼎的周穆王进献过一个偶人，它可以前进后退，可以仰俯，甚至可以唱歌跳舞。开始的时候，周穆王认为这是一个跟随偃师的真人，当偃师解释这只是一个机器人的时候，周穆王等在场的人大为吃惊。高兴之下，周穆王就让他的宠妃也出来一起观看。没想到，这个机器人最后还向周穆王的妃子递一个飞眼，把周穆王气坏了，说这家伙可能不是假人是真人。偃师赶紧把这个机器人肚子打开，里面就是一些棉花和木材，以及一些建筑材料和机械设备。

春秋时代(前770—前476)后期，被称为木匠祖师爷的鲁班，利用竹子和木料制造出一个木鸟，如图2-2所示，它能在空中飞行，“三日不下”，这件事在古书《墨经·鲁问》中有所记载，这只木鸟可称得上是世界第一个空中机器人。东汉时期(25—220)，我国大科学家张衡，不仅发明了震惊世界的“候风地动仪”，还发明了测量路程用的“计里鼓车”，车上装有木人、鼓和钟，每走一里，击鼓一次，每走十里击钟一次，奇妙无比。三国时期的蜀汉(221—263)，丞相诸葛亮既是一位军事家，又是一位发明家。他成功地创造出木牛流马来运送军用物资，如图2-3所示。它们可称得上是最早的陆地军用机器人。

图2-2　鲁班发明的机器鸟

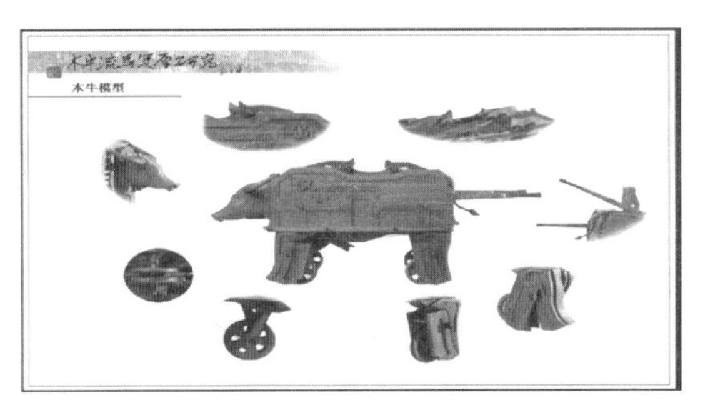

图2-3　诸葛亮发明的木牛流马

不论是古代欧美国家，还是古代中国，关于机器人的传说，都证明了古人早已有了制造机器人的梦想。自人类有了文字记载之后，从文字记载中可以发现人们对于机器人的追求很早就开始了，并非在这个词语发明后，有了电、控制理论和计算机之后，人们才能进一步地追逐机器人的梦想去制造各种先进的机器，去解放人类。人们从未停歇，一直在为这个梦想而奋斗。

2.2　古代的自动计时装置

人类活动中什么事情最基本、最重要？答案是计时，时间就是金钱，时间就是生命。

在古代能够知道时间、时节是非常困难的，人们对此进行了研究。原始人凭天空颜色的变化、太阳的光度来判断时间。古埃及发现影子长度会随时间改变。古巴比伦人 6000 年前发明了日晷在早上计时，他们亦发现水的流动需要的时间是固定的，因此发明了水钟(见图 2-4)。水钟是一种以水为动力的自动化计时工具，以壶盛水，利用水均衡滴漏的原理，观测壶中刻箭上显示的数据来计算时间。此外，古巴比伦人发明了漏壶，这是一种利用水流计量时间的计时器(见图 2-5)，它也被认为是历史上最早的机械设备之一。在随后的好几百年内，发明家们不断对漏壶设计进行改进。公元前 270 年左右，古希腊发明家特西比乌斯(Csestibus)发明了一种采用活灵活现的人物造型指针来指示时间的水钟(见图 2-6)，他也因此成名。水钟运行原理如图 2-7 所示，圆圈部分指示时刻，小人指示时间。小人站在一个有水的容器中，水从其他部分注入容器，有开口保证容器中水的深度是一样的，保证流速一致，保证

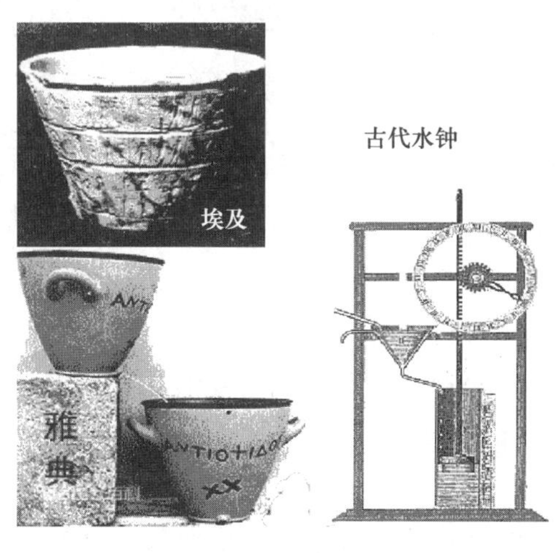

图 2-4　古代水钟

小人均匀上升，指示时间。当小人上升到顶之后，利用连通器原理，让小人能降到原位。同时带动另外一个机关，使时间指示牌旋转到另外一个时间区域，让人们自动知道时间。

图 2-5　古巴比伦发明的漏壶

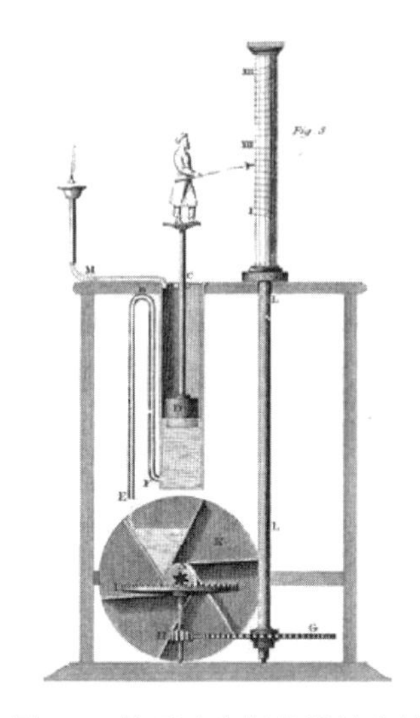

图 2-6　特西比乌斯发明的水钟

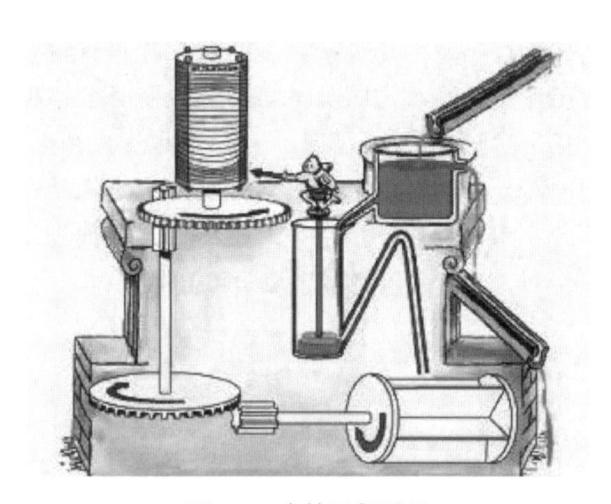

图 2-7　水钟运行原理

中国古代的自动化计时(测量时间)装置是铜壶滴漏，最早记载见于《周礼》。这种计时装置最初只有两个壶，由上壶滴水到下面的受水壶，液面使浮箭升起以示刻度(即时间)。

北宋天文学家苏颂等人发明的水运仪象台是一个集观测天象的浑仪、演示天象的浑象、计量时间的漏刻和报告时刻的机械装置于一体的综合性观测仪器，实际上是一座小型的天文台。古代自动计时装置的关键技术是以自然界中水作为动力来源，把势能转化为动能。

2.3　古希腊时期的机器人

亚历山大是埃及最重要的城市之一。公元前3世纪时的亚历山大城，就是世界上最有智慧之光的地方，那里的人们重视机械和技术。古代文献记载，当时的朝圣者参拜神庙时通过的是自动门，观众纷纷涌入自动的木偶剧院，文献中甚至描述了能自行飞越神庙的战车。城市已经变成一个生活中充斥各种精密机械的科技园。

在这个领域，最为著名的领航者就是希罗，他可以称得上是机器人鼻祖。他以测试和展示自己的理论以及设备来制造惊奇和娱乐而著称。

希罗在《机械学》里面记载了当时的杠杆、滑轮、斜面，还有好多工程技术方面的记载都是当今工程技术的开山之作。在他的《气体论》中，希罗表示空气也是一种物质，水不能进入充满了空气的容器。他还认识到空气是可以压缩的。在利用空气动力方面，希罗制造了一个很著名的装置——一个带有两段弯管的空心球体(见图2-8)。当球中的水被烧沸之后，蒸汽通过弯管向外喷，产生一个反冲力使球体转动。希罗所发明的这个汽转球，是有文献记载以来的第一部蒸汽机，它的制造早于工业革命两千年。如今这种技术科学上被称为气体力学。气体力学是研究气体平衡和运动规律的科学。希罗的许多设计都利用了气体力学的原理。

希罗被后人认为是那个时代最伟大的实验家和工程师，不仅仅因为他在气体力学方面的建树，这位两千多年前的古人，在力学、数学方面也有许多重要的发现，他甚至发明了世界上最早的自动售卖机。

希罗设计的一些小装置，直到今天人们仍然在使用，其中有种装置被称作凸轮。所谓凸轮，就是轮子的边缘曲线不规则，使从动杆按照工作要求完成各种复杂的运动，包括直线运动、摆动、匀速运动。听起来简单，但这个神奇而简单的设备把圆周运动转换成垂直运动，让轮子可以产生推拉效果。反过来说，推拉动作也可以变成圆周运动，这就是引擎的工作原理，这种原理今天仍应用于所有引擎上。

在希罗众多发明里面，他还设计过一个由机器人充当演员的戏院(见图2-9)。这对他来说也是一个巨大的挑战。希罗是如何确定每件事都在固定的时间点发生呢？所有动作都由一件事驱动，实在令人难以置信：剧院中有一个重物和一个拉转阀门的凸轮连接，凸轮上连接着一些细绳。当放开沙漏的开关时重物下降，使得凸轮旋转而拉动细绳，使细绳缠绕而缩短长度，这些细绳跟夹子相连。当夹子被释放时，部分场景就随着重力落下，其他的夹子释放第二层重物，导致其余连接的布景在舞台上移动。希罗的剧院是一个高度复杂的自动化机器，更让人意想不到的是它还可以设置程序。在爱尔兰的都柏林，机器人设计师复制了这个戏院：背景垂下，演员和场景都于恰当的时间，在舞台上移动。

图 2-8　有文字记录以来最早的蒸汽机

图 2-9　希罗的机器人剧场

有一个这样的机会，希罗被要求创造一对庭院的小鸟，它们会移动会唱歌，但却不是真鸟(见图 2-10)。金属制成的会唱歌的小鸟是利用水从一个容器落入另一个容器中，造成里面的空气位移，并吹响一连串装在小鸟内充满水的小哨子。水从狮子的嘴巴进入系统中并掉落到碗内之后往下流入一个密闭的容器，当水流进那个密闭容器的时候，里面的空气就被迫挤出，沿着管子从小哨子的开口排出，从而发出鸟鸣声；当水充满那个密闭容器的时候，它会瞬间将水送到一个较低的容器，当较低容器里的水有一定的重量时会让猫头鹰转头看小鸟；当较低的那个容器快填满水时，它会将水送出，让重量减少很多，受到另一端用来平衡的重物影响，这个容器会上升，让猫头鹰转回它原本的方向。这是一种具有回收的系统，执行完一次循环的动作时，系统会立刻重置并开始下一次循环。

希罗的发明创作已经不错了，但他的发明基于更早的一位发明家费罗(Philo)。费罗创造了一个更有意思的发明，该发明既可以营利也可以提高宗教信仰，这是如何做到的呢？

图 2-10　希罗的会唱歌的小鸟系统

古代亚历山大港的生活是以宗教信仰为中心的。参拜者在进入寺庙参拜前务必保持清洁。因为他们相信寺庙是众神居住的地方，寺庙提供肥皂及水让他们净身。神职人员是如何利用这项需求来盈利的呢？

图 2-11 所示的装置称为费罗的自动化肥皂供应机，它的运作原理如下所述。在机器的一边有一个投币口，当拜访寺庙的参拜者将钱币投入后，钱币会落入杠杆一端的秤盘上；钱币的重量会让杠杆的这端下降，另一端上升，使活门打开让水流出；装满水的水罐会透过细绳拉动轮子，打开机器门，同时一双假手会从门内降下，给参拜者一块球状的肥皂或是如同现在所呈现的一块浮石；水从狮子嘴巴流出，这道连续的水流会持续几秒钟，让参拜者可以用浮石球洗手。这个由费罗所设计的装置正是最早可以称为自动化的机器。这样一台 2250 年前的装置所使用的原理至今仍用在许多机器上，我们认为这个装置是现代洗手间里皂液机的先驱。

图 2-11　费罗的自动化肥皂供应机

2.4　阿拉伯世界的机器人

公元8至13世纪，阿拉伯世界成为了科学、哲学、医学及教育的知识中心。这个时代称为伊斯兰文明的黄金时代。

艾尔·加扎利是伊斯兰文明黄金时代的一名机械工程师、学者、数学家、艺术家和发明家，被认为是现代工程之父。这位阿拉伯学者发明了可编程机器人和50件其他机械器件，例如连接真空管的水曲柄和水泵。加扎利最著名的是他写的《精巧机械装置的知识之书》，书中介绍的想法多来自于以前的文明如古希腊文明，它们不仅是精巧的，而且是现代的工程以及机器人学的基础。本节将简要地介绍加扎利的书中影响到后代人一些器件。

象钟(见图2-12(a))被认为是加扎利发明的最好的时钟之一，它是伊斯兰文明黄金时代众多优秀机械器件的代表。象钟大约长4英尺(1英尺＝0.3048米)、高6英尺，象钟的工作原理包含了流量调节、闭环系统、引力系统、返回机制和控制机制等，它的设计方法包含了现代工程中的一些原理，如自动控制、流量调节和闭环系统。其流量调节器实际上是浮在水面上的潜浮器的一个小孔，可以通过它控制产生正确的水流量。除此之外，象钟利用地球引力作为动力，使潜浮器稳定下沉，下沉过程中触发引线，从而激活跳闸机构。当象钟的金属球下降到蛇嘴时，重力发挥作用，蛇头就会被拉下；而当金属球离开蛇嘴时，返回机制将会被激活。当蛇头返回到它的初始位置时，返回机制会以滑轮的形式抬起一条链子。链子是与潜浮器相连的，通过它抬起潜浮器并清空里面的水，然后再次重复上面提到的周期。只要象钟上有金属球，象钟就会继续工作。

1206年，加扎利发明了机器人乐队(见图2-12(b))，机器人乐队在漂浮于湖面的一只船上，船上有四个自动的音乐家。该机器人乐队是用于招待在

(a) 象钟

(b) 机器人乐队

(c) 洗衣机

图2-12　艾尔·加扎利的部分机器人作品

皇家饮酒聚会的客人的。让后人惊叹的是加扎利发明的机器人乐队有可编程的鼓，并通过杠杆撞击形成打击乐。当移动木桩时，鼓手可以生成不同的模式，演奏出不同的节奏。除此之外，加扎利还发明了洗衣机[见图 2-12(c)]，这在当时也是非常了不起的。加扎利始终为阿拉伯人所崇拜。

2.5　文艺复兴时期的机器人

公元 1400 年左右，世界的重心又回到了欧洲。伟大的文艺复兴时期到来了，在这个时期我们要提到一位跟机器人有关的重要的人物——达·芬奇。达·芬奇是意大利文艺复兴时期的博学者，他是画家、雕刻家、建筑师、音乐家、数学家、工程师、发明家、解剖学家、地质学家、制图师、植物学家和作家，是文艺复兴时期人文主义的代表人物。现代学者称他为“文艺复兴时期最完美的代表”，是人类历史上绝无仅有的全才。

达·芬奇最大的成就是绘画，《蒙娜丽莎》和《最后的晚餐》等作品体现了他精湛的艺术造诣。而实际上达·芬奇的发明也非常突出，涉及直升机、坦克、潜水艇、机器人等众多领域。在达·芬奇的手稿中隐藏着一项特别的发明足以挑战历史上的记载，其中描述了全自动机器人的内部构造细节，它长得像一位骑士。后来的机器人历史学家重建了达·芬奇的机器人骑士(见图 2-13)。达·芬奇致力于自动化的机械装置设计，他的机器人是根据先进的生物力学知识所设计。达·芬奇认为人类的身体是一具完美的机器，他设计的机器人是透过金属来复制人类的行动，他仔细研究了肌肉、肌腱以及韧带的功能，再把它转换到机器人的设计中。他尝试设计可以复制人类运动的机器模型，机器人的胸部的齿轮连接着被绳索缠绕的轮轴。当主要的齿轮转动时，绳索就会松开，绳索或者缠绕得更紧。绳索和机器人的四肢连接，当绳索拉紧或者放松时，四肢就会跟着移动。他利用绳索的收紧及放松，来模拟四肢的收缩或伸张。这些装置组合起来就创造了一个非常像人的机器。但是，达·芬奇机器人并不是他最神奇的发明，传说达·芬奇曾经献给法国国王一件惊人的礼物。在旁观者的惊叹之中，一只狮子(见图 2-14)不用任何牵引就来到了大殿当中。据说这个狮子可以打开胸膛献出满屏的百合花，当法国国王突然收到这个狮子打开胸膛献上的百合花时，所有人都惊呆了。可以认为，这是世界上第一个可编程的机器人。

今天，我们是否能用现代科技重现达·芬奇的狮子呢？

达·芬奇一生绘制了许多机械设计图纸，如乐器、闹钟、自行车、照相机、温度计、烤肉机、纺织机、起重机、挖掘机、汽车(见图 2-15)、簧轮枪、子母弹、三管大炮、坦克车(见图 2-16)、浮动雪鞋、潜水服、潜水艇、双层

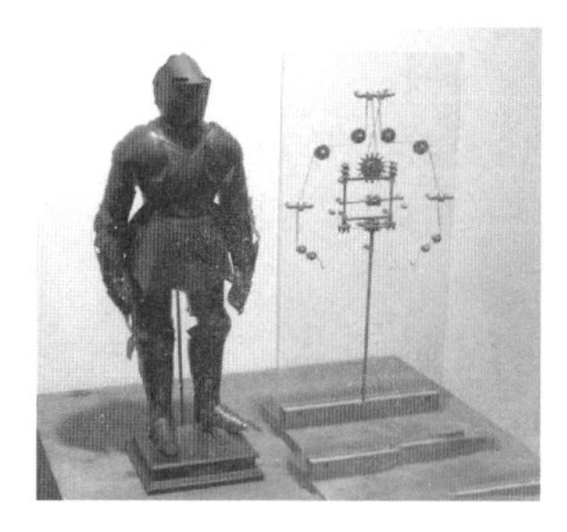

图 2-13 机器人骑士

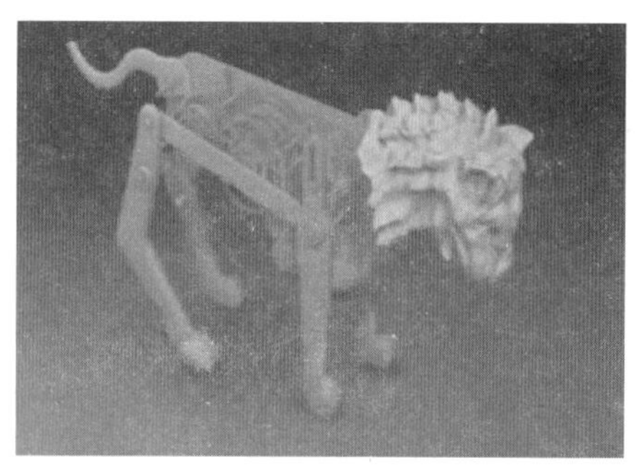
图 2-14 机器狮子

船壳战舰、旋转浮桥，甚至还有滑翔机和直升机等等(这可要比莱特兄弟早多了，要是他们兄弟俩早点看到这图纸估计就不会那什么费劲了)，几乎每一张图纸都堪比后人的重大发明，甚至更为精妙。达·芬奇曾有过无数的发明设计，而这些发明设计在当时如果发表足足可以让世界科学文明的进程提前100年！遗憾的是，他的这些图纸手稿在他生前并未公诸于世，只不过作为他日常自娱自乐的活动之一而已，这位聪明人的智慧可见一斑。

图 2-15 汽车雏形

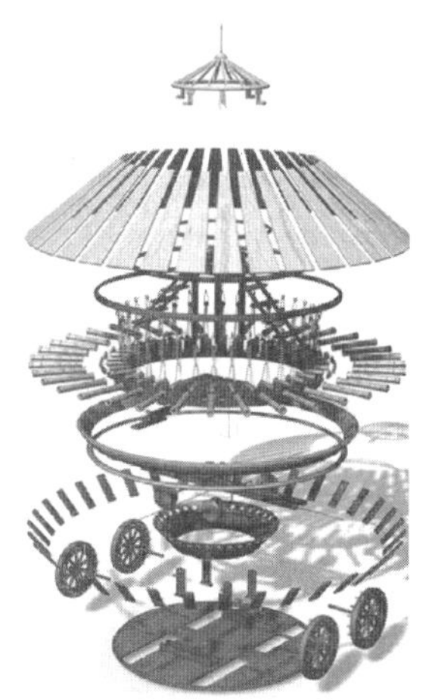
图 2-16 武装坦克车

由于着迷于飞行现象，达·芬奇对鸟类的飞行做了详细的研究，同时策划了数部飞行机器(见图 2-17)，包括了直升机设计图(但因机体本身亦会旋转故无法作用)以及轻型滑翔翼。《达·芬奇密码》一书里还提到过他发明的一种达·芬奇密码筒，5 个转盘上的 26 个字母可以有 1000 多万 (11 881 376)种组合，这样的保密措施是何等巧妙！

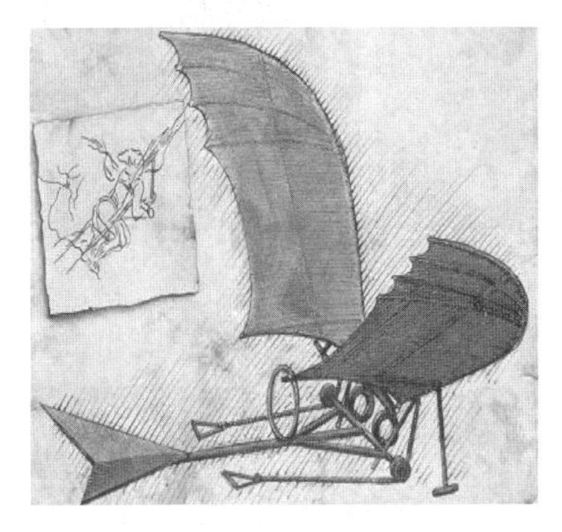

图 2-17　达·芬奇的机器鸟

图 2-18　达·芬奇密码

达·芬奇是一个左撇子，终其一生均写镜像字（见图 2-19），将羽毛笔由右向左拉过来写更容易，不会将刚写好的字弄脏。达·芬奇的神奇之处还有很多，比如他的手稿都是用左手反写的“镜像字”，一般人是没办法看懂的。用这种保密法来保护自己的知识产权，达·芬奇可谓是做到家了。

Robot

图 2-19　达·芬奇只写“镜像字”

2.6　17 世纪以来的机器人

到了 17、18 世纪有什么样的机器人出现呢？这段时期机器人发展有了一定的变化，因为随着各方面技术的进步，机器人开始向小型化、观赏型发展。法国发明家雅克·沃康松（Jacques de Vaucanson）认为，可以用机械模拟动物的活动，机器和动物没有什么本质不同，在对身体进行解剖了解的基础上用机械进行重构，制成机器爬虫、各种自动玩偶和机器人（见图 2-20 至图 2-22）。

18 世纪瑞士钟表匠雅克·德罗（Jaquet Droz）等人精心研制的自动玩偶及机械钟表作品又将机器人设计发展到了极致！作为瑞士钟表行业最早期“特立独行”的杰出代表，雅克·德罗所制作的钟表艺术珍品在欧洲宫廷及皇家广受

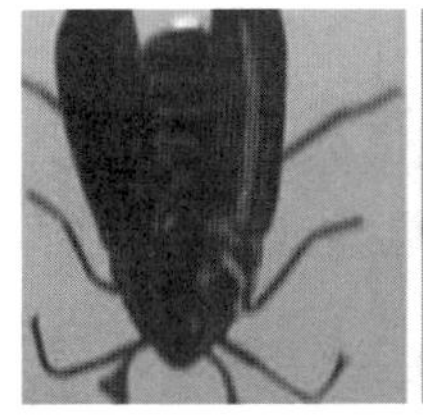

(a) 机器爬虫

(b) 机器爬虫

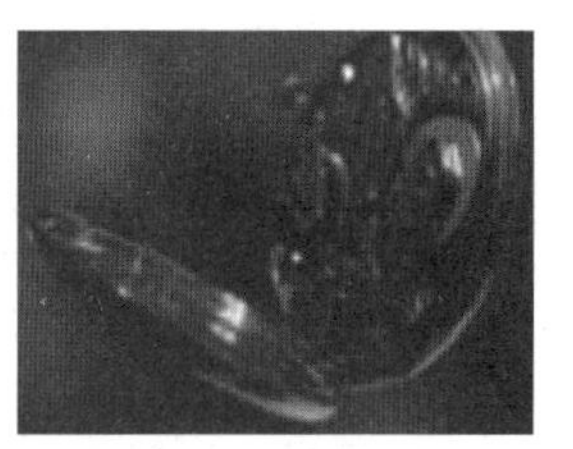
(c) 会唱歌的鸟儿

图 2-20 机器爬虫和会唱歌的鸟儿

图 2-21 长笛演奏者

图 2-22 机器鸭子

赞誉，其举世闻名的“活动玩偶”及“过粱鸣鸟”提钟几乎成为判定一个使团外交等级高下及使命重要性与否的重要标识。雅克·德罗家族做了很多有意思的自动玩偶，如会写字的男孩(见图 2-23)、会弹琴的贵妇(见图 2-24)，并到处去展示表演。

图 2-23 会写字的男孩

图 2-24 会弹琴的贵妇

同期，英国发明家约翰·乔瑟夫·马林(John Joseph Merlin)设计了一种非常精细的装置——银天鹅(见图 2-25)。它可以模拟天鹅在水中游，捕捉小鱼。奥地利人沃尔夫冈·冯·肯佩伦(Wolfgang von Kempelen)，制作了会下棋的玩偶——土耳其棋手(见图 2-26)，它可以跟你下棋，如果你下得不对，它还会把你的棋子拿开，据说它还战胜过拿破仑。大家觉得在那个时代可信吗？最终被发现在其装置中有人在操作。机器人能与人类下棋虽为假，但也产生了许多积极的影响。当时的科学家受到土耳其下棋机器人这个伪科学的启发，设计出了很好的纺织机器人。任何事情都有两面性，虽是伪科学，但其启发性对我们人类科技的进步起到了促进作用。

图 2-25　银天鹅

图 2-26　土耳其棋手

所有这些古代的机器人和玩偶，它们共同的工件技术就是凸轮，这种技术至今仍广为应用。

2.7　中国古代机器人

中国人对于自动机器的梦想可以追溯至远古，关于机器人的传说更为神奇。如前所述，相传早在 5000 多年前，黄帝时代就已经发明了指南车，而西周《列子·汤问》中则记载了偃师造人的故事，此处不再赘述。

春秋末期，中国著名的木匠鲁班，在机械方面也是一位发明家。据说鲁班还发明制造了能在天上飞的机关鸟——木鸢。《墨子·鲁问》记载了这个故事(见图 2-27)，称“公输子削竹木以为鹊，成而飞之，三日不下，公输子自以为至巧。”据说当时他成婚不久，就被凉州(今甘肃省武威市)的一位高僧请去修造佛塔，两年后才能完工。他人虽在凉州，但对家中父母放心不下，更想念新婚的妻子。怎样才能既不耽误造塔又能回家呢？他在天空飞旋的禽鸟启发下，造出了一只精巧的木鸢，安上机关，骑上一试，果然飞行灵便。于是，每天收工吃过晚饭，他就乘上木鸢，在机关上击打三下，不多时便飞回肃州(今甘肃省酒泉市)家中。妻子看到他回来，自然十分高兴，但怕惊动父母，他也没有言语，第二天大清早，他又乘上木鸢飞回凉州。这样，时间不长，妻子便怀孕了。鲁班的父母早睡晚起，根本不知儿子回家之事。见儿媳有孕，还以为她行为不端。婆婆一查问，媳妇便将丈夫乘木鸢每晚回家之事坦白了，谁知二老听了不信，晚上要亲自看个真假。掌灯时分，鲁班果然骑着木鸢回到家中，二老疑虑顿散。老父亲高兴地说：“儿呀，明天就别去凉州工地了，在家歇上一天，让我骑上木鸢，去开开眼界。”第二天清早，老父亲骑上木鸢，儿子把怎样使用机关做了交代：“若飞近处，将机关木楔少击几下；若飞远处，就多击几下。早去早回，别误了我明日做工。”老父亲将交代记在心中，骑着木鸢上了天，心想飞到远处玩一趟吧，于是就把木楔击了十多下，只听耳边风响，吓得他紧闭双眼，抱紧木鸢任凭飞翔。等到木鸢落地，睁眼一看，已经一下子飞到了吴地(今江苏、浙江一带)。吴地的人见天上落下一个怪物，上面骑一个白胡子老头，还以为是妖怪，围了上去，不由分说，乱棒把老头打死，乱刀把木鸢砍坏。鲁班在家等了好多天，也不见父亲返回。他怕出事，又赶做了一只木鸢，飞到各处寻找。找到吴地以后，才打听出父亲已经身亡。他气愤不过，回到肃州雕了一个木仙人，手指东南方。木仙人神通广大，手指吴地，当年吴地便大旱无雨，颗粒无收。

图 2-27　鲁班造飞鸟

三年之后，吴地百姓从西来的商人口中得知，久旱无雨原是鲁班为父报仇使的法术，便带着厚礼来到肃州向鲁班赔罪，并讲了误杀他父亲的经过。鲁班知道了实情后，对自己进行报复的做法深感内疚，立即将木仙人手臂砍断，吴地当即大降甘露，解除了旱灾。之后，鲁班左思右想，认为造木鸢，使父亡；造木仙人，使天大旱，百姓苦，是干了二件蠢事，于是将这两样东西扔进火里烧了，木鸢和木仙人便就此失传了。

中国古代还有一个可与“木工祖师”鲁班齐名的人，那就是被人称为“木圣”的马钧。马钧是三国时魏国人，他复原了众多过去只闻其名、未见其物的机关发明。比如复原了相传出自黄帝的指南车、东汉毕岚的翻车等，其中最精妙的当属水转百戏。史载，一个藩国向魏明帝进贡了一种杂耍模型，名为百戏。明帝叫人把它安置在洛阳宫里，可安装完成后，众多木偶人却呆若木鸡，动不起来。明帝问马钧：“你能使这些木偶活动吗?”马钧回答：“能!”明帝遂命马钧加以改造。马钧叫人购买了上等的木料，又叫工人依照他设计好的图样，雕成许多整齐排列的木齿轮，同时建起一座大蓄水池，以水力驱动控制木偶的机关。当魏明帝前来观看时，只见木偶们有的击鼓，有的吹箫，有的跳舞，有的耍剑，有的骑马，有的翻滚，有的抛球，有的叠罗汉，有的在绳索上倒立，有的做出各种惊险动作。另外还有百官行署，真是变化多端，惟妙惟肖，极为生动有趣。

三国蜀汉丞相诸葛亮发明了木牛流马(见图 2-28)，可是木牛流马究竟是一种什么样的运输工具呢？千百年来人们提出各种各样的看法，争论不休。查考史书，《三国志・诸葛亮传》记载：“亮性长于巧思，损益连弩，木牛流马，皆出其意。”《三国志・后主传》记载：“建兴九年，亮复出祁山，以木牛运，粮

图 2-28　木牛流马

尽退军；十二年春，亮悉大众由斜谷出，以流马运，据武功五丈原，与司马宣王对于渭南。”上述记载明确指出，木牛流马确实是诸葛亮的发明，而且木牛流马分别是两种不同的工具，从木牛流马使用的时间顺序来看，先有木牛，后有流马，流马是木牛的改进版。给《三国志》作注的南北朝时期的裴松之，在注中引用了现在已经失传的《诸葛亮集》中有关木牛流马的一段记载，对木牛的形象作了描绘，对流马的部分尺寸作了记载，但是因为没有任何实物与图形存留后世，使得后人对木牛流马的认识始终是凤毛麟角、云山雾罩。

诸葛亮造出木牛流马200年后，南北朝时期的科技天才祖冲之据说造出了木牛流马。《南齐书·祖冲之传》说：“以诸葛亮有木牛流马，乃造一器，不因风水，施机自运，不劳人力。”令人难以理解的是，他同样也没有留下任何详细的资料。

祖冲之造出木牛流马的记载为自动机械的观点提供了佐证，这是关于木牛流马的一个主要观点，认为三国时期利用齿轮制作机械已为常见，后世所推崇的木牛流马，应该是一种运用齿轮原理制作的自动机械。史料记载，陕西省汉中市勉县的黄沙镇是诸葛亮当年造木牛流马的地方。据考证，诸葛亮当年在八年北伐中，木牛流马总共用过三次，木牛流马就是从这里出发，走过250千米的栈道，到达前线祁山五丈原的。

据记载，东汉时张衡也曾制造过指南车(见图2-29)。三国时期，马钧在魏国担任给事时，曾与人就指南车之事是否属实发生争论。魏明帝因此下令，让马钧造指南车。马钧果然造出了一辆指南车，车上有一小木人，不论车子如何前进、后退、转弯，木人的手一直指向南方。南朝刘宋开国皇帝刘格，

图2-29　指南车

曾缴获一部指南车，修复内部机件后，车上的小木人就会自动指向南方。南齐皇帝萧道成命祖冲之造指南车，祖冲之设计了一套铜制齿轮传动机构，与另一位能人造的指南车比试，结果那人比输了，就只好把自己的车烧掉了。

中国汉末魏晋时期出现了记里鼓车(见图 2-30)。记里鼓车分上下两层，上层设一钟，下层设一鼓。记里鼓车上有小木人，头戴峨冠，身穿锦袍，高坐车上。车每走 10 里，小木人击鼓 1 次；击鼓 10 次，就击钟 1 次。宋朝有个叫卢道隆的人，也制造过记里鼓车，有两个车轮，还有一个由 6 个齿轮组成的系统。车轮转动时，齿轮系统就随之运动。车轮向前转动 100 圈即前行 600 米(当时的 1 里路)时，车上的中平轮刚好转 1 周，这时轮上有一个凸轮作拨子，拨动车上木人手臂，使木人击鼓 1 次。车上还有上平轮，中平轮转 10 周，上平轮转 1 周。上平轮转 1 周则拨动木人，击钟 1 次，使人知道已行路 10 里。记里鼓车和现代汽车上的计程器作用一样，它是古代利用齿轮传动来记载距离的自动装置。

图 2-30　记里鼓车

隋炀帝时，有位叫黄衮的人，他制造的木偶机器人足可与“木圣”马钧的木偶机器人比个高下。黄衮根据《水饰图经》，用木制成“水饰”，供隋炀帝玩乐。“水饰”有木刻尧舜坐舟于河、大禹治水、秦始皇入海见海神、汉高祖隐芒砀山、汉武帝泛楼船于汾河、屈原投汨罗江、巨灵开山、长鲸吞舟等。隋代杜宝《大业拾遗记》说，隋炀帝尝为“水饰”，“有七十二势，皆刻木为之。或乘舟，或乘山，或乘平洲，或乘磐石，或乘宫殿。木人长二尺许。衣以绮罗，装以金碧，及作杂禽兽鱼鸟，皆能运动如生，随曲水而行”。

唐代的偶人更为精巧神奇。唐朝有位技艺高超的匠人叫杨务廉，特别能搞巧妙的发明设计。他曾经在沁州市雕刻一个木僧人，手里端着一只木碗，自动向人乞讨布施。等到木碗中的钱盛满之后，机关的键钮突然自己发动，这个木僧人就会自己说声：“布施！”全沁州市的人都争抢着观赏这位木僧机器人，都想听听木僧人发声说话，于是争着往木碗里放钱。一天下来，这位木僧机器人可以行乞到好几千文钱。真可称为别出心裁，生财有道。不料，这项发明很快就落后了。

唐朝人张鹜在《朝野全载》中说：洛州的殷文亮曾经当过县令(相当于“县长”)，性格聪巧，喜好饮酒。他刻制了一个木机器人，并且给它穿上用绫罗绸缎做成的衣服，让这个机器人当女招待。这个“女招待”不仅能说话，还能唱歌吹笙、劝人饮酒。最妙的是，如果酒杯里的酒没有喝干，机器人就不再给你斟酒；如果没有喝尽兴，就连唱带吹地催促你继续饮酒。这个机器人有什么机关奥妙，谁也猜测不出来。

我国唐朝的段安希曾记载道：西汉时期，汉武帝在平城、被匈奴单于冒顿围困。汉军陈平得知，冒顿妻子阏氏所统的兵将是国中最为精锐剽悍的队伍，但阏氏善妒。于是陈平就命令工匠制作了一个精巧的木机器人。给木机器人穿上漂亮的衣服，打扮得花枝招展，并在它的脸上涂脂抹粉使之显得更加俊俏。然后把它放在女墙(城墙上的短墙)上，发动机关(机械的发动部分)，这个机器人就婀娜起舞，舞姿优美，招人喜爱。阏氏在城外对此情景看得十分真切，误把这个会跳舞的机器人当作真的人间美女，怕破城以后冒顿专宠这个中原美姬而冷落自己，因此阏氏就率领她的部队弃城而去了，平城这才化险为夷。

唐代的机器人还用于生产实践。唐朝的柳州史王据，研制了一个类似水獭的机器人。它能沉在河湖的水中，捉到鱼以后，它的脑袋就露出水面。它为什么能捉鱼呢？如果在这个机器人的口中放上鱼饵，并安有发动的部件，用石头缒着它就能沉入水中了。当鱼吃了鱼饵之后，这个部件就发动了，石头就从它的口中掉到水中，当它的口合起来时，它衔在口中的鱼就跑不了啦，它就从水中浮到水面。这是世界上最早用于生产的机器人。此外，在《拾遗录》等书中，还记载了登台演戏、执灯伴瞎等机巧神妙的古代机器人。

《太平广记》里所载的几则有关机器人的文字较为详尽，如该书卷226所载《马侍封》就较为详细地记述了唐代巧匠马侍封制造机器人的情节：马侍封于唐代玄宗开元初年被选到京城为玄宗修“法驾”，修理车辆、仪仗、指南车、记里鼓车、相风鸟(测风向仪)等机械。他还设计制造了一座专供皇后梳洗打扮用的由机器人操纵的颇为精巧的梳妆台，内藏“机关”，构造奇特，“中立镜台，台下两层，皆有门户。后将栉沐，启镜奁台，台下开门，有木妇人手执巾栉至。后取已，木人即还。至于面脂妆粉，眉黛髻花，应所用物，皆由木人执，继至，取毕即还，门户复闭。如是供给皆木人。后既妆罢，诸门皆阖，乃持去。其妆台金银彩画，木妇人衣服装饰，穷极精妙焉”。马侍封在邑令李劲的资助下，又制成了“酒山”，它的形状是：酒山矗立在一只直径四尺五寸的大沙盘中，大盘由一只人工制造的大龟自下支撑着，所有开闭运转的机关都装置在大龟腹内。盘中的酒山“高三尺，峰峦殊妙”，好像山水盆景。客人入席后，构筑在酒山顶上的阁楼门便会自动打开，从里面走出一个木人来，替客人斟酒，事毕即自动退入阁门里侧，从不漏误，宾客惊叹。

据北宋卓越科学家沈括《梦溪笔谈》记载，宋仁宗庆历年间（1041-1048年），有一个姓李的术士，制成了一个奇妙的机器人，外貌被雕刻成神话传说中捉鬼英雄钟馗的模样，“高二三尺，右手持铁筒，以香饵置钟馗左手中。鼠缘手取食，则左手扼鼠，右手用简击毙之。”除捕杀老鼠的机器人之外，后来，又有能工巧匠制造了从事固定重复工作的机器人，如专门担当看门、驱雀、恐吓野兽等任务，制作技术上有不同程度的改进。

元人陶宗仪《元氏掖庭记》记载，元顺帝曾“自制宫漏，约高六七尺，为木柜藏壶其中，运水上下。柜上设西方三圣殿，柜腰设玉女择时刻筹，时至则浮水而上。左右列二金甲神人，一悬钟，一悬钲。夜则神人能按更而击，分毫无爽。钟鼓鸣时，狮凤在侧飞舞应节。柜旁有日月宫，宫前飞仙六人，子午之间，仙自耦进，渡桥进三圣殿，已，复退位如常”。这种所谓“飞仙”“神人”就是动作复杂、自动报时的机器人。

明代詹希元创制五轮沙漏，以沙子坠落的重力推动齿轮运转。宋濂的《五轮沙漏铭》称其“轮与沙池皆藏几腹，盘露几面，旁刻黄衣童子二，一击鼓，二鸣钲，亦运衔沙使之。”明代中叶，著名机械专家王徵在未成进士之前在家务农，多制造机器人应用于生产或生活中，“多为木偶，以供驱策，或舂者，簸者，汲者，炊者，操饼杖者，抽风箱者，机关转捩，宛然如生。至收获时，辄制自行车以捆载禾束，事半功倍”。王徵对机械制造有多方面的重大贡献，他曾编写过《远西奇器图说录最》一书。

清代也有捕杀老鼠的机器人，例如湖南衡阳地区工匠们制造了一个捕鼠器，周长丈余，内放香饵，开有四门，每门设有木制机器人守卫。老鼠进入器内偷食香饵，机器人即举椎截击，每门如此，使老鼠无法逃跑。清代有一种可以书写文字的机器人，清高宗（即乾隆帝）八十寿辰时，两广总督福文襄送一礼物，外形是一个小楠木匣，把匣打开，有一木制小屋，屋内置屏风，前面放一木几，几上陈列笔床、砚匣等物，发动机械，则有一个一尺高的少女机器人自屏风右边走出，用袖子慢慢擦几上的灰尘，并注水于砚，拿墨磨之。墨既成，又从架上取朱笔一管，放在几上，即有一个长胡子机器人从屏风左边走到几边拿起笔，写“万寿无疆”四字；写完掷笔，仍从屏风左边返回；少女机器人则收去笔砚，放于原处，然后闩门而退。后来工匠对这套机器人进行了修理和改进。经过改进后，大胡子机器人可以书写汉文、满文对照的“万寿无疆”。《清朝野史大观》也记载了这种书写文字的机器人。清代科学家黄履庄（1656—？年)，“喜出新意，作诸技巧”。据黄履庄的表哥戴榕撰写的《黄履庄小传》记载，黄履庄掌握了发条制造技术，自制装有发条机械的自动木人，“长寸许，置桌上，能自动行走，手足皆自动，观者以为神”。制成自动木狗，“置于门侧，卷卧如常，惟人入户，触机则立吠不止，吠之声与真不异”。

此外，中国古代还有许多各种各样的机器人：有能挑担的机器人，有能导盲的机器人，有能唱歌的机器人，有会跳舞的机器人，有善吹笙的机器人，有会击剑的机器人，等等。由此可见，中国古代的科技水平是非常发达的，但遗憾的是，这些神奇的技艺没有流传下来。中国古代的机器人，设计之精巧，技术之高超，令人惊叹！

思考题

1. 在你看来，哪个古代机器人最神奇？你有没有复现其中一个的想法？
2. 古代机器人有什么共同的特点？你认为孔明灯属于古代机器人吗？为什么？
3. 中国古代的机器人有哪些？
4. 古代机器人和现代机器人最大的区别是什么？
5. 古代机器人的动力是什么？

第 3 章　残暴的军事机器人

教学目标

✧ 掌握军事机器人的定义及优势
✧ 了解军事机器人的发展状况
✧ 了解军事机器人的种类

思维导图

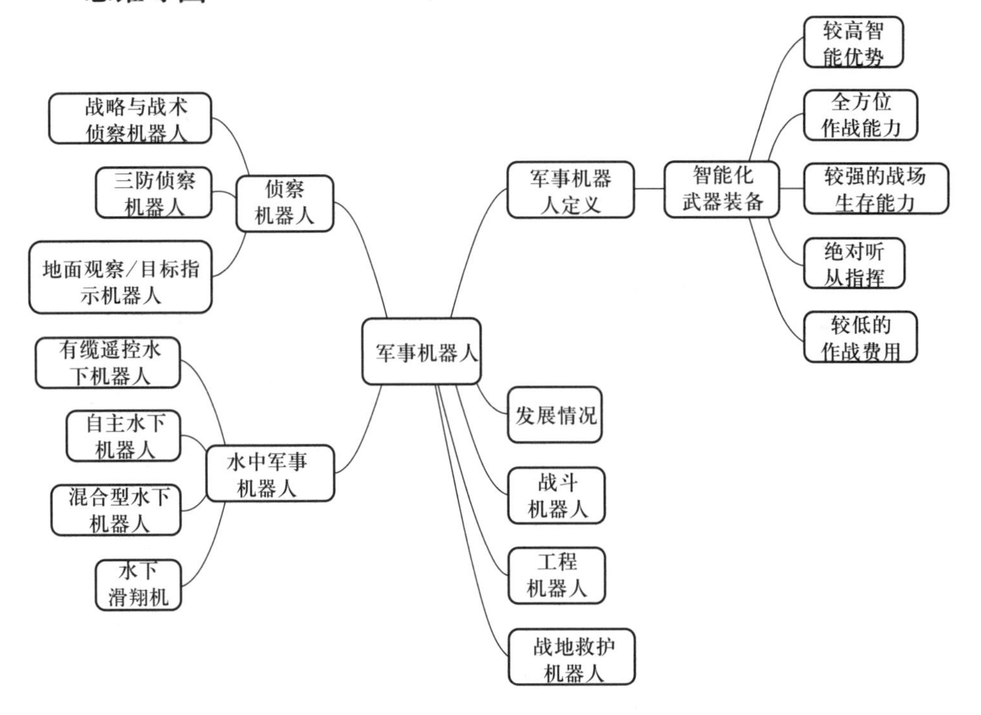

3.1　什么是军事机器人

军事机器人是一种用于完成以往由人员承担的军事任务的自主式、半自主式和人工遥控的机械电子装置，是以完成预定的战术或战略任务为目标，以智能化信息处理技术和通信技术为核心的智能化武器装备。

毫无疑问，在未来战争中自动机器人士兵将成为作战的主力。美国是世界上研究军事机器人的最主要的国家，它起步早，技术先进，规模大，获得的成果多。美国军方列入研究的各类军用机器人有100多种，有的已投入实际使用。美国国防部甚至宣布，即将组建机器人军队，并计划在陆军建立一个机器人连。军用机器人形态各异，从外形上看也许根本就没个“人样”，但是它们有一个共同的特征，即具有部分拟人的功能。从用途上军用机器人可以极大地改善作战士兵的作战条件，提高作战效率，因此军用机器人技术受到各国军政要人的高度重视。

军事机器人按照应用环境分类，可分为地面军用机器人(轮式、履带式车辆或者自主、半自主车辆)、空中军用机器人(无人机、无人飞艇)和水下军用机器人(无人舰艇、潜航器)。军事机器人可以用于各种军事活动，如侦察、战斗、工程、援救、指挥、训练等，因而发展非常迅速。2004年美军仅有163个地面机器人，而到2007年则增至5000个，至少有10款智能战争机器人在伊拉克和阿富汗“服役”。

军事机器人还可以大大降低军事经费。美国平均一名士兵一生将花费国防部400万美元，国防部未来还要向退役士兵支付6530亿美元退休金，但军事机器人的费用只有40万美元。通过机器人服役可以减轻这个负担，机器人是人的费用的1/10，且机器人作战部队成本是士兵的10%，降低士兵伤亡率达60%～80%，战斗时间缩短一半。

美国国会通过的法案规定：到2015年，1/3的地面战斗将使用机器人战士；投入美国历史上最大的单笔军备研究费1270亿美元，以使机器人战士完成未来战场上士兵必须完成的一切战斗任务，包括进攻、防护、寻找目标；美军未来一个旅级作战单元将至少包括151名机器人战士。

长期以来，美国在无人作战系统领域投资力度最大、发展速度最快、应用范围最广，处于整个世界的领头羊地位。近年来，美军各类新型无人作战系统频频亮相，已经成为其先进武器装备发展的一大亮点。随着无人作战系统的装备数量和规模越来越大，担负的任务范围越来越广泛，无人作战体系正在成为美军作战力量的重要组成部分，如图3-1所示。美军建立了覆盖三军的无人作战体系，包括海、陆、空。在空域，实现了有人机与无人机的协同作战，如图3-2所示。在危险的作战环境下，无人机将飞在有人机的前方，用于定位和追踪目标，从而避免将有人机的飞行员暴露在敌方对空火力下。在必要的情况下，有人机的飞行员还能够向无人机发出向目标发射弹药的指令。在海域，实现了航母、无人舰艇与无人机协同作战。图3-3所示的海军无人作战系统就包括可在海上自主航行几个月的无人舰艇和建有无人机控制中心的航空母舰。在陆军领域，陆军无人作战系统如图3-4所示，实现了无人战车与有人战车的协同，无人车轻便，速度更快，适应 95%的地形，具有全方位视野、超强侦察、躲避侦察与反导能力，预计未来步兵排由 8 辆战车组成，有人战车、无人战车各 4 辆。

图 3-1　海陆空无人作战系统

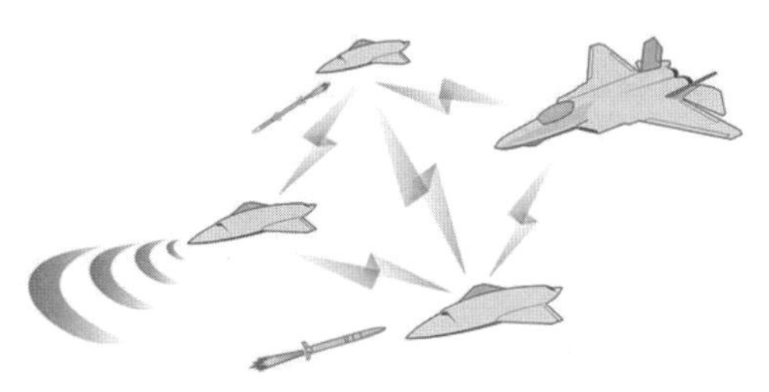

图 3-2　无人机作战系统

图 3-3　海军无人作战系统

图 3-4　陆军无人作战系统

智能化和集群化是未来军事机器人的发展趋势。美国安全中心于2014年1月发布了《20YY：为机器人时代的战争做好准备》，指出：无人和自主武器系统将在未来战争中扮演核心角色。2015美国空军发布《自主地平线：美国空军中的系统自主性——通往未来的道路》，提出了为美国空军作战行动发展自主系统的具体指导。无人作战系统的集群化作战是以数量优势弥补单一平台功能或能力不足的一种新型作战理念。核心思想是将传统的、昂贵的大型有人作战平台分解为数量更多、尺寸更小、成本更低的分布式无人作战平台。成本低廉的机器人"蜂群"可制服敌人，渗透他们的防御系统，在战场上它们比载人系统更为协调、更为机智而且速度更快。美国陆军部正在构思一种把未来战场上所有无人驾驶飞机系统整合到一起的"生态系统"构架，这将成为构建空中无人作战集群的纽带。智能化和集群化的无人作战系统成为美军实战与威慑的重要手段。实战中，美军对无人作战系统的依赖程度将越来越深，主要用于"定点清除"的精确打击与地面的危险爆炸物排除。在战略层面，向热点地区和重点关注地区部署先进的无人作战系统则成为美军展示实力、炫耀武力的重要方式。

军用机器人具有以下几点战场优势：

(1) 较高的智能优势。随着计算机芯片的不断更新，计算机的信息存储密度已超过了人脑神经细胞的密度。此外，先进技术的大量应用使机器人具备在指挥决策者通过控制系统对其下达指令后，即可迅速做出反应并完全自主地完成作战任务的能力。

(2) 全方位、全天候的作战能力。现代战场，如何保护作战人员的生命安全一直是一个悬而未解的难题，机器人的应用和发展可使这道难题迎刃而解。在毒气、冲击波、热辐射袭击等极为恶劣的环境下，机器人亦可泰然处之。

(3) 较强的战场生存能力。与有人操纵的武器系统相比，军用机器人结构简单，重量轻，尺寸小，机动性和隐身性能更强。同时，由于尺寸小，外形和横截面的设计自由度大，雷达反射截面可以很小。所以，机器人采用隐身技术的效果要比载人飞机更好。

(4) 绝对服从命令听从指挥。机器人不具备人类恐惧的本能，不论智能高低都意志"刚强坚毅"。

(5) 较低的作战费用。由于人力日益宝贵，导致载人作战平台的费用日益上升，目前一个载人系统的费用已经上升到几千万甚至几亿美元；而军用机器人由于不需要人员及与之相应的生命保障设备，所以成本较低。

由此可见，军用机器人可以代替士兵完成各种极限条件下特殊危险的军事任务，从而使战争中绝大多数军人免遭伤害，军用机器人的研发具有极为重要的现实意义。未来的战争有可能是海陆空的机器人大战，如图3-5所示。

近年来，在美国的带动下，全球展开了机器人军备竞赛。俄罗斯、英国、德国、加拿大、日本、韩国等已相继推出了各自的机器人战士。预计在不久的将来，还会有更多的国家投入到这项新战争机器的研制与开发中去。

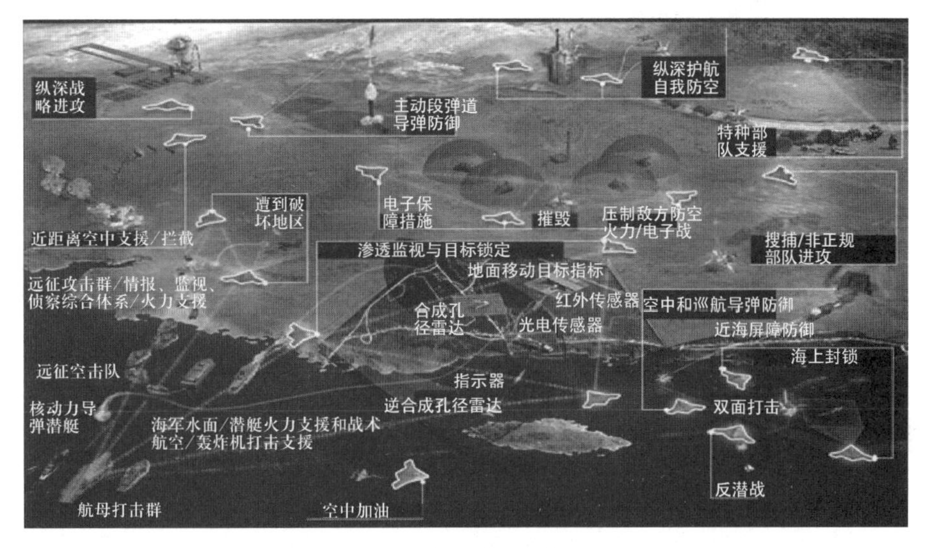

图 3-5　未来的战争场面

但是美国海军研究室的帕特里克·林博士在关于机器人士兵的研究报告《自动机器人的危险、道德以及设计》中，对美国军方使用机器人提出了警告，他认为机器人程序可能发生变异，建议为军事机器人设定道德规范，否则全人类会付出生命代价。研究人员认为，程序是由一组程序师共同完成的，几乎没有哪个人能完全理解掌控所有程序。没有任何一个人能精确预测出这些程序中哪部分可能发生变异，因此，必须对军事机器人提前设定严格的密码，否则整个世界都有可能毁于它们的钢铁之手。

3.2　军事机器人发展情况

中西文献中，《特洛伊传说》中三条腿的机器人战士、诸葛亮的木牛流马、中国古代的指南车，都可视为早期的军事机器人。

1917 年，皮特·库柏(Peter Cooper)和埃尔默·A. 斯佩里(Elmer A. Sperry)发明了第一台自动陀螺稳定器，使飞机能够在没有人控制的情况下保持平衡向前飞行，借此第一台无人机便诞生了。美国海军将寇蒂斯 N-9 型教练机成功改造为首架无线电控制的无人飞行器(unmanned aerial vehicle，简称 UAV)——斯佩里空中鱼雷(Sperry aerial torpedo)。如图 3-6 所示，它可以搭载300磅(1磅＝0.45千克)的炸弹飞行50英里(1英里＝1.61千米)，但从未参与实战。

图3-6 斯佩里空中鱼雷

二战后军用机器人得到了极大的发展，如图3-7所示，其中德国人研制并使用了扫雷及反坦克用的遥控爆破车，美国则研制出了遥控飞行器，这些都是机器人武器。20世纪50年代，美国“黑寡妇”高空有人侦察机U-2经常被苏联的萨姆-2导弹击落，于是美军研制了“萤火虫”无人侦察机，如图3-8所示。

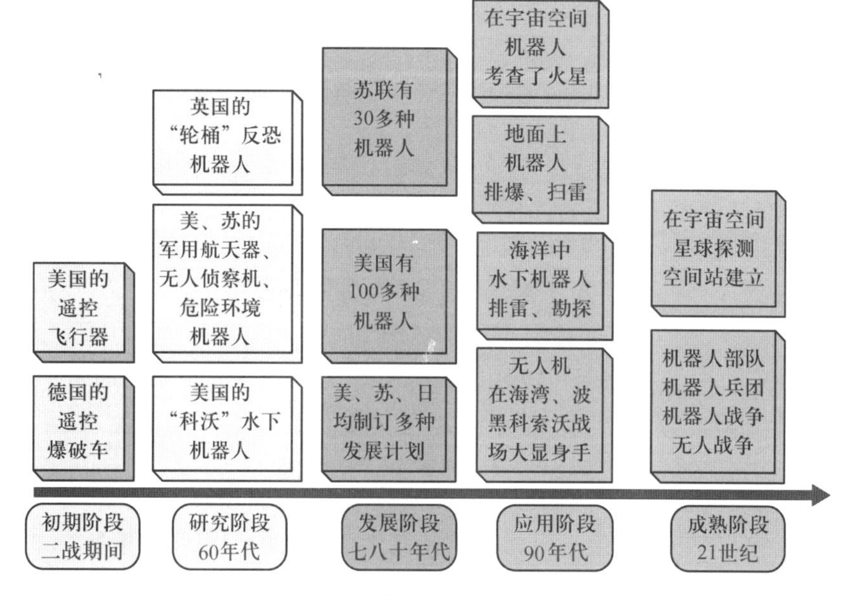

图3-7 军用机器人发展历程

“萤火虫”无人侦察机机身长近8米，飞行高度16 800米，最大航速为900千米/小时，头部装有高空侦察照相机，雷达不易发现，对之攻击也相对困难。1964至1974年间，共有1 016架的“萤火虫”无人侦察机在中国、越南和朝鲜上空完成了多达3 435架次的空中侦察任务，其中损失544架。创造最长作战寿命纪录的是一架称为“雄猫”的无人机，它在出击68次后才于1974年9月25日在当天的空中侦察任务中失踪。1963年4月3日，中国首次击落美国的“萤火虫”无人侦察机，如图3-9所示。

图3-8 “萤火虫”无人侦察机图

图3-9 中国击落的美国“萤火虫”

1966年1月17日，美国参加军事演习的9架飞机在靠近西班牙的地中海上空飞行，其中一架“B52”战略轰炸机(参见图3-10)携带4枚氢弹。上午10时，一架“KC-135”加油机在给机群加油时不慎与之相碰，“B52”的一个发动机爆炸，两机变成两团火球，“B52”的驾驶员推落4枚上了保险的氢弹后，弃机跳伞。4枚氢弹都系在降落伞下，其中3枚落地，1枚掉落大海。这些氢弹每枚2500万吨当量，相当1250颗广岛原子弹，只要有一枚爆炸，就可以毁灭15千米半径内的一切，至少造成5万人的死亡。美国出动24艘舰艇，耗资8400万美元，历时3个月才从762米深的海底将它打捞上来。而打捞这枚氢弹，用的就是水下机器人“科沃”。之后，美、苏等国又先后研制出军用航天机器人、危险环境工作机器人、无人驾驶侦察机等。机器人的战场应用也取得突破性进展。1969年，美国在越南战争中，首次使用机器人驾驶的列车，为运输纵队排险除障，获得巨大成功。在英国陆军服役的机器人——“轮桶”，在反恐斗争中，更是身手不凡，屡建奇功，多次排除恐怖分子设置的汽车炸弹，使人们进一步认识到了其巨大的军事潜力。自此以后，世界各军事大国开始竞相“征召”这种不畏危险恶劣环境、可连续工作、不避枪林弹雨、不食人间烟火的“超级战士”服役。

图3-10 “B52”战略轰炸机

进入20世纪70年代，特别是到了80年代，随着人工智能技术的发展，各种传感器的开发使用，苏、美、日、英等国都制订了发展军用机器人的宏伟计划。据外刊透露，仅美国列入研制计划的各类军用机器人就达100多种，苏联也有30多种。如美国最近装备陆军的一种名叫“曼尼胡”机器人，就是专门用于防化侦察和训练的智能机器人。

不论人们的主观愿望如何，90年代在接连不断的局部战争的推动下，军用机器人的发展产生了质的飞跃。在海湾、波黑及科索沃战场上，无人机大显身手。2002年11月3日夜，也门马里布沙漠地区，一辆看似毫不起眼的卡车正在向前疾驰。突然间，一道闪光以迅雷不及掩耳之势呼啸而至正中卡车！卡车随即在爆炸声中化为碎片。这并不是一起意外事件，卡车上乘坐的人也非同寻常，其中一人正是基地组织位于也门的一名高级领导人、恐怖大亨本·拉登的贴身保镖阿布·哈里，同时毙命的还有5名基地组织的其他成员。而这道从天而降的闪光则是来自一架美国中央情报局所属的RQ-1A“捕食者”(Predator)无人机(参见图3-11)从数千英尺高空发射的一枚“地狱火”空对地导弹！更令恐怖分子没有想到的是，遥控操纵者竟位于数百英里外吉布提！因此整个攻击行动来无影去无踪，根本无法防范。此外，在海洋中，机器人帮助人们清除水雷，探索海底的秘密；在地面，机器人为联合国维和部队排除爆炸物，扫除地雷；在宇宙空间，机器人成了空中猎手，探测行星。

图3-11　“捕食者”无人机

总之，随着新一代军用机器人自主化、智能化水平的提高并陆续走上战场，机器人战争时代已经不太遥远。一种高智能、多功能、反应快、灵活性好、效率高的机器人群体，将逐步接管某些军人的战斗岗位。机器人成建制、有组织地走上战斗第一线已不是什么神话。可以肯定，在未来军队的编制中，将会出现机器人部队和机器人兵团，尸横遍野、血流成河的战斗恐怖景象很可能随着机器人兵团的出现而成为历史。机器人大规模走上战争舞台，将带来军事科学的真正革命。

3.3　军事侦察机器人

侦察历来是最勇敢者的行业，往往需要深入敌后，孤军奋战，其危险系数要高于其他军事行动。针对此类应用，人们开发了多种侦察机器人：

（1）战略、战术侦察机器人。它配属侦察分队，担任前方或敌后侦察任务。该机器人是一种仿人形的小型智能机器人，身上装有步兵侦察雷达，或装有红外、电磁、光学、音响传感器及无线电和光纤通信器材，既可依靠本身的机动能力自主进行观察和侦察，还能通过空投、抛射到敌人纵深，选择适当位置进行侦察，并能将侦察的结果及时报告有关部门。

（2）三防侦察机器人。它主要用于对核污染、化学染毒和生物污染进行探测、识别、标绘和取样。

（3）地面观察、目标指示机器人。它是一种半自主式机器人，身上装有摄像机、夜间观测仪、激光指示器和报警器等，配置在便于观察的地点。当发现特定目标时，报警器便向使用者报警，并按指令发射激光锁定目标，引导激光制导武器进行攻击。一旦暴露，还能依靠自身机动能力进行机动，寻找新的观察位置。类似的侦察机器人还有便携式电子侦察机器人、铺路虎式无人驾驶侦察机、街道伺机器人等，这些机器人大多应用于实战中。

战略侦察机器人的特点是飞行高度高，航程远，能从高空深入敌方领土或者沿边界飞行；装有复杂的航摄仪和电子侦察设备，可对敌方军事目标、工业区、核设施、导弹基地和试验场、防空设施等战略目标实施侦察，获取情报供高级军事和行政部门做决策参考。具有代表性的战略侦察机包括美国的“萤火虫”无人侦察机和全球鹰、我国的“翔龙”以及侦察卫星等。

20世纪60年代，随着中国空军防空部队击落U-2侦察机数量的增加，为了减少伤亡损失，美国人觉得已经很有必要加强“萤火虫”无人侦察机在南亚地区的部署了。1964年9月初，“萤火虫”无人侦察机共进入中国领空5次，其中2次成功获取了情报信息。在接下来的几个月里，越南地区战云密布，“萤火虫”又多次进犯我国领空，其中多数是针对西南地区中越边境的侦察任务。由于飞行高度过高，当年11月至次年3月间的这一地区又处于季风时节，云层厚度加大，使得目标区域被恶劣的气象条件所掩盖，“萤火虫”几乎无所作为。为此，美军又改进推出了147J型“萤火虫”无人侦察机，计划使用这种飞行高度较低的无人机对越南北部地区进行空中侦察。1965年底，装备有“萤火虫”无人侦察机的美国空军第100战略侦察大队正式开始了在越南北部上空的作战任务。1966年2月13日，一架装有新型反地空导弹侦察装置的147E型“萤火虫”无人侦察机在被击落前成功截获了越南防空部队的SA-2导弹指挥信号。为了既能获取有价值的情报，又能保证无人机的安全回收，美军在无人机的回收技术上也做了很大改进，于是很快出现了直升机载的半空回收系统(mid-air recovery system，MARS)，这种回收系统曾分别在CH-3E和CH-53直升机上进行过成功试验，如图3-12所示。

图3-12　CH-3E正在回收第556侦察中队的“萤火虫”

就在并不漫长的越战期间，美军曾发展了多达23个型号的“萤火虫”改进型无人侦察机，其中还包括装备有照明装置的夜间侦察型、信号情报型(Sigint)以及反辐射电子战型。1964至1974年间，共有总数达1016架的“萤火虫”无人侦察机在中国、越南和朝鲜上空完成了多达3435架次的空中侦察任务，其中损失544架。根据统计，在所有损失的“萤火虫”中，有1/3是因机械故障而自行坠毁的，其余则是被防空炮火、拦截战斗机或防空导弹所击落。值得一提的是，“萤火虫”无人机还直接造成了越战期间几架越南米格战斗机的坠毁！有的是在拦截该机的过程中失速坠毁，有的则是被己方的防空导弹误击，甚至有传闻说一架堪称“王牌无人机”的“萤火虫”间接击落了5架越南战斗机，这显然是有所夸大。越战期间越南方面宣称，其地空导弹部队共击落130架“萤火虫”无人侦察机（这同样有所夸大），而越南战斗机部队则宣称击落11架。战前美军曾预计“萤火虫”的平均作战寿命为2.5架次，而事实表明这一数字平均多达7.3架次。而创造最长作战寿命纪录的是一架147S型“萤火虫”无人机，这架被人戏称为“雄猫”的无人机在出击68次后才于1974年9月25日当天的空中侦察任务中失踪，如图3-13所示。

图3-13　最著名的“萤火虫”无人侦察机“雄猫”号

在所有的侦察机器人中，全球鹰可能是最著名的一款，如图3-14及3-15所示。该项目于1995年启动，于1998年2月首飞。全球鹰翼展35.4米，长13.5米，高4.62米，翼展和波音737相近，最大飞行速度740千米/小时，巡航速度635千米/小时，航程26 000千米，续航时间42小时，可从美国本土起飞到达全球任何地点，机上载有合成孔径雷达、电视摄像机、红外探测器等三种侦察设备，以及防御性电子对抗装备和数字通信设备。在阿富汗战争中，美军损失了两架“全球鹰”无人机，致使该型无人机的库存数量更加吃紧（当时仅有4架）。在伊拉克战争中，美国空军只使用了两架“全球鹰”无人机，但这两架“全球鹰”无人机却在伊拉克上空执行了15次作战任务，搜集了4800幅目标图像。据统计，在美空军进行的所有452次情报、监视与侦察行动中，“全球鹰”的任务完成率占5%，为美军提供了“广泛的作战能力”。

在伊拉克战争中，美空军使用“全球鹰”提供的目标图像情报，摧毁了伊拉克13个地空导弹连、50个地空导弹发射架、70辆地空导弹运输车、300个地空导弹箱和300辆坦克。被摧毁的坦克占伊拉克已知坦克总数的38%。虽然“全球鹰”仅仅承担了全部空中摄像任务的3%，但用于打击伊拉克防空系统的时间敏感目标数据的55%是由该无人机提供的。

图 3-14 “全球鹰”无人机

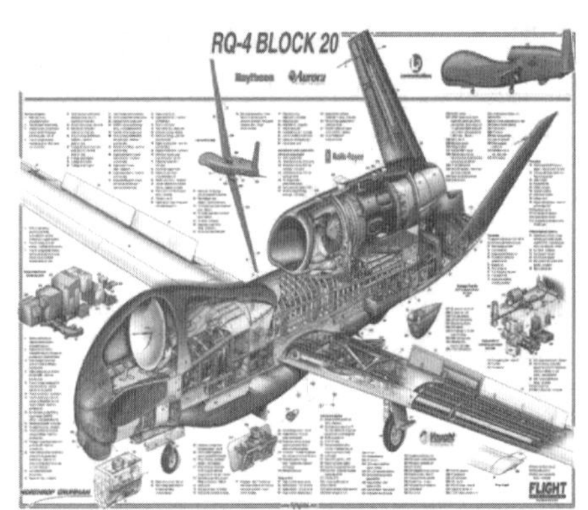

图 3-15 “全球鹰”结构

“翔龙”无人机是中国新一代高空长航时无人侦察机，类似于美国 RQ-4“全球鹰”。“翔龙”机身全长 14.33 米，翼展 24.86 米，机高 5.413 米，正常起飞重量 6800 千克，任务载荷 600 千克，机体寿命暂定为 2500 飞行小时。巡航高度为 18 000～20 000 米，巡航速度大于 700 千米/小时；作战半径 2000～2500 千米，续航时间超过 10 小时，起飞滑跑最短距离 350 米，着陆滑跑距离 500 米。为了满足军队未来作战的需要，完成平时和战时对周边地区的情报侦察任务，为部队准确及时地了解战场态势提供有力手段。中国一航组织成都飞机设计研究所、贵州航空工业(集团)有限责任公司等有关单位设计出了“翔龙”高空高速无人侦察机概念方案，包括无人机飞行平台、任务载荷、地面系统等三个部分。2011 年 6 月 28 日，“翔龙”无人机原型机出现在成飞跑道上，首次露出它神秘的面容，如图 3-16(a)所示。

据俄罗斯军事评论网 2011 年 10 月 18 日报道，从各方面情况来看，中国大型无人侦察机 HQ-4“翔龙”可能将要开始进行大规模飞行试验。此事对中国空军的重要性不言而喻，因为它能实时监视整个亚太地区，将来还可能会为被称作“航母杀手”的国产反舰弹道导弹提供目标引导。俄媒称，如果成功启用“翔龙”无人机，那么中国将会成为世界上第二个能在广袤空域进行无人战略情报侦察的国家，由于具有可实时监视遥远目标的能力，从而获得较大的战略和军事优势。

2013 年 1 月 14 日，美国《防务新闻》周刊网站官方博客刊发温德尔-明尼克的文章，称中国“翔龙”(Soar Dragon)无人机再次现身，并对这款无人机予以极大的关注。文章称，4 张新的“翔龙”无人机照片雾中现出真身，就像雾中一个若隐若现的幽灵。照片展现出这款高空无人机新的细节。根据 2010 年珠海航展上收集到的数据，“翔龙”无人机的主要任务是情报、监视和侦察(intelligence surveillance reconnaissance，ISR)以及通信中继。

间谍卫星又称侦察卫星，是用于获取军事情报的军用卫星。侦察卫星利用所载的光电遥感器、雷达或无线电接收机等侦察设备，从轨道上对目标实施侦察、监视或跟踪，以获取地面、海洋或空中目标辐射、反射或发射的电磁波信息，用胶片、磁带等记录器存储于返回舱内，通过地面回收或通过无线电传输方式发送到地面接收站，经过光学、电子设备和计算机加工处理，从中提取有价值的军事情报。其特点是侦察面积大、范围广，速度快、效果好。

另一大类为战术侦察机器人，主要为前线指挥员提供战术纵深内的敌军部署、行动、重要火力点及其他重要目标以及地形、气象及攻击效果等情报。这就要求机器人的机动性和生存性较强，一般不带武器，但加装航摄仪和图像雷达，侦察纵深可达300～500千米。具有代表性的机型包括英国“不死鸟”无人机(参见图3-16(b))、以色列的“守护者”(Guardium)和侦察机器蛇、美

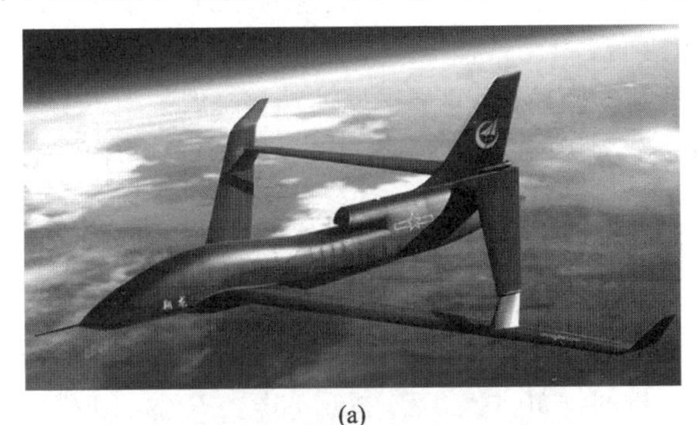

(a)

(b)

图3-16 (a) 中国的“翔龙”无人机；(b) 英国“不死鸟”无人机

国 iRobot 等。

“不死鸟”无人机的设计和生产总计耗费 4.54 亿美元，每架造价为 60 万美元，最大使用高度为 2440 米，侦察半径 60 千米，在 1000 米高度下视场达 800 平方千米，可以为炮兵提供侦察照片和数据。“不死鸟”无人机于 1998 年开始在英国军队投入使用，1999 年首次在科索沃地区执行任务，但却在服役仅仅几个月后就被击落，并在异国的军事博物馆——南斯拉夫航空博物馆中展出，这对于英军来说无疑是一个极大的讽刺，被人们认为是创尴尬纪录的无人机。2000 年又有 3 架在执行任务时失踪。此后在伊拉克战场，英军损失的第一架无人机就是“不死鸟”。2003 年 3 月 25 日，在一次英军与伊拉克部队的冲突中，当伊拉克地面部队将一连串炮弹射向天空之后，一架吊在降落伞上的小飞机“肚皮”朝天摇摇晃晃地落向地面，这就是英国陆军的“不死鸟”。

英国防务委员会的一份报告中说，“不死鸟”自 2003 年部署伊拉克之后，无法“适应”炎热气候，仅在气候相对凉爽的几个月内可用。英国国防部证实，“不死鸟”未被派往阿富汗执行任务，就是因为那里空气稀薄。国防部一名女发言人说：“‘不死鸟’适合德国北部平原的温度条件，却难以在相对高温下运行。这种侦察机并非为极端炎热或高纬度空气稀薄地区环境而设计。”

在民用消费级市场，如图 3-17 所示，iRobot 一直以高端清洁机器人而为人熟知。但你可能不知道，五角大楼也是 iRobot 的大客户。当然，美国国防部可不是找它们去扫地的，而是看上了 iRobot 的机器人技术，试图让其为美国军方服务。要知道在 2013 年 iRobot 的 4.87 亿美元营收中，有 9%来自军用市场，而五角大楼的订单占到了其中近一半。iRobot 机器人已被大量应用于战场、地震灾害等现场，主要应用在排险、侦查等用途，iRobot 510 Packbot 便是广泛应用在军用领域的机器人。

以色列一直重视无人装备的发展与研制，而且在设计上也有自己的独到之处，比如 20 世纪研制成功的“苍鹭”无人机和“哈比”反辐射无人攻击机，不仅为人所熟知，而且也令人耳目一新，显示了它在这一领域的技术实力。近些年来，世界无人地面装备的发展蒸蒸日上，不仅种类繁多，而且用途也日渐广泛。以色列在地面无人装备的研制上也频出新招，图 3-18 所示的 Guardium 就是以色列最近研制成功并推出的一种用途广泛的自主导航无人车。它是一种军、民两用全自动安全系统，在控制中心的控制下，可对机场、港口、军事基地、重要管线、边境线以及其他需要监视的设施执行巡逻任务。据称，这种无人车已经在以军中服役。

“守护者”车高 2.2 米，车宽 1.8 米，车长 2.95 米，重 1 400 千克。“守护者”可以搭载 300 千克的有效载荷，包括摄像机、夜视仪、各种传感器、通信设备以及轻型武器系统等模块化装备，“守护者”能够实时自主地发现和侦察到危险和障碍物，以便于及时做出反应。

图 3-17　美国的 iRobot

图 3-18　以色列的 Guardium

“守护者”可以按照预定程序输入的路线巡逻，能自动识别道路交通标识，并能躲避障碍物，如发现危险及突发情况，便向操作员发出警告。可以想象，这样的一个具有相当自主能力的无人车辆，在执行边境巡逻或警戒任务时，既不会犯困，也不会迷路，如遇危险情况，还不会造成人员伤亡。当然，它也不便宜，价格约为 60 万美元，而且依据用户选装的设备不同，甚至高达百万美元。

据国外媒体报道，以色列于 2009 年开发出了一种机器蛇，用于搜集战场情报，如图 3-19 所示。机器蛇长约 2 米，外着迷彩，可以模仿真蛇的动作和模样，在山洞、隧道、缝隙和建筑中穿梭，同时将沿途图像和声音实时传给士兵。士兵通过笔记本电脑对机器蛇进行遥控。它能将关节弯曲，从非常狭小的空间穿过，可被用于搜寻埋在坍塌建筑物下面的人员。机器蛇还可以将其身体弯成拱形，经由安装在头顶的摄像机，察看障碍物另一侧的情况。除了录制多媒体外，机器蛇还可用于携带炸药。

机器蛇在科技界并非一个全新的概念。日本东京理工学院机械与航空航天工程系教授维夫弘世(Hirose Shigeo)从 20 世纪 70 年代至今一直在研制这种机器人，他也是世界顶尖的机器人专家。维夫弘世教授开发的 ACM-R5 机器蛇曾在 2005 年日本爱知举行的世界博览会上亮相。与以色列国防军的机器蛇不同，这款机器人还能在水中前行。

据《日本经济新闻》2014 年 12 月 14 日报道，日本防卫省技术研究本部尖端技术推进中心正在研制手投式侦察机器人，如图 3-20 所示。报道称，这种小型侦察机器人可从窗户投进敌人或恐怖分子所在的建筑物内，对室内状况进行拍摄。早期的侦察机器人尺寸相当于一个橄榄球，而最新型机器人大小则只有垒球那样大。防卫省目前正对其性能进行改良，以配备于实战。

图 3-19　以色列的蛇形机器人

图 3-20　日本“手投式侦察机器人”

内置拍摄机的侦察机器人为一个 11 厘米大小的球体，重 670 克。在投入指定地点后会“变形”，前后两端突出成为两个“轮子”，可自由移动，并对活动区域进行全方位拍摄。20 至 30 米外，操作人员就可接收机器人传输的图像和声音。即使在黑暗的屋内，机器人也可拍摄 2～3 米范围内的红外图像。这种机器人由防震橡胶制成，在投入时不会受到地面冲击。同时，它还可以越过高 2 厘米的障碍，电池驱动的使用时间为 20～30 分钟。可用于武装人员进入建筑物前的侦察活动。比如，当核电站等重要设施被敌国或恐怖分子占据，内部情况不明，需要强行进入时，就可以先将侦察机器人从建筑物窗口投入，对设施内部情况进行侦察。此外，机器人还能从门缝和走廊死角进行侦察，判断是否有潜伏的敌人。在灾害现场，侦察机器人也可从缝隙中进入废墟，查看是否有被困人员。

2015 年 6 月初，一款小型“多用途无人地面平台”(参见图 3-21)在装甲兵工程学院揭开神秘“面纱”，标志着又一款我国产机器人悄然走上演兵场。这

图 3-21　多用途无人地面平台(装甲兵工程学院)

款无人平台，具备上下楼梯、翻越障碍物等特殊“技能”，不仅能够在人员无法到达的狭小空间，或有毒、有爆炸物等的危险环境中出色完成作战任务，还具有传感器融合和远程通信功能。以该平台为基型生产的“广播机器人”，已在我军一些部队推广和应用。

侦察机器人的发展趋势是侦察、打击一体化，更及时、更精确。

3.4　战斗机器人

所谓战斗机器人，就是直接代替士兵去执行战斗任务的军事机器人，俄罗斯、英国、德国、加拿大、日本、韩国等已相继推出各自的机器人战士。预计在不久的将来，还会有更多的国家投入到这项新战争机器的研发中去。美国国会通过法案规定，到 2015 年前，1/3 的地面战斗将使用机器人士兵，美军未来一个旅级作战单元将至少包括 151 名机器人战士。为此，美国投入历史上最大的单笔军备研究费 1270 亿美元，以使机器人士兵完成未来战场上士兵必须完成的一切战斗任务，包括进攻、防护、寻找目标。总体而言，此类机器人大多处于研发阶段，尚未进入大量应用阶段。

1. SWORDS 军事机器人

武器研究、开发及工程中心（armament research development and engineering center，ARDEC）与其技术伙伴福斯特-米勒（Foster-Miller）公司联合开发了具有革命性意义的新型无人驾驶武器系统 SWORDS。图 3-22 为新型无人驾驶武器系统，该系统运用魔爪（Talon）机动机器人底盘作为平台，并在上面加装了几种不同的武器系统组合。SWORDS 是“特种武器观测侦察探测系统”的英文简写，因与“剑”的英文拼写相同，我们就姑且称之为“剑”机器人。“剑”机器人携带有威力强大的自动武器，每分钟能发射 1000 发子弹，它们是美国军队历史上第一批参加与敌方面对面作战的机器人。制造商表示，一名“剑”机器人士兵身上所装备的武器，绝对能发挥好几名人类士兵的战斗力。“剑”机器人能装备 5.56 毫米口径的 M249 机枪，或是 7.62 毫米口径的 M240 机枪，可一口气打出数百发子弹压制敌人，除此之外，机器人还能装备 M16 系列突击步枪、M202-A16 毫米火箭弹发射器和 6 管 40 毫米榴弹发射器。除了强大的武器之外，机器人还配备了 4 台照相机、夜视镜和变焦设备等光学侦察和瞄准设备。控制火箭和榴弹发射的命令通过一种新开发的远程火控系统发出，这种远程火控系统可让一位士兵通过一种 40 比特的加密系统来控制多达 5 部的不同火力平台。

2. 美国 iRobot 公司研制的 Warrior 710

Warrior 710 是美国 iRobot 机器人公司的 2010 年的最新军用机器人产品，

如图 3-23 所示，它自身重 226 千克，能负重 68 千克，可跨越各种复杂地形，攀爬楼梯，征服 45°的斜坡，在岩石上移动，担负多种危险任务，如清除炸弹、清扫路面障碍、巡逻和监视等。Warrior 710 还可以在各种恶劣天气和环境下(包括室内和室外)工作。

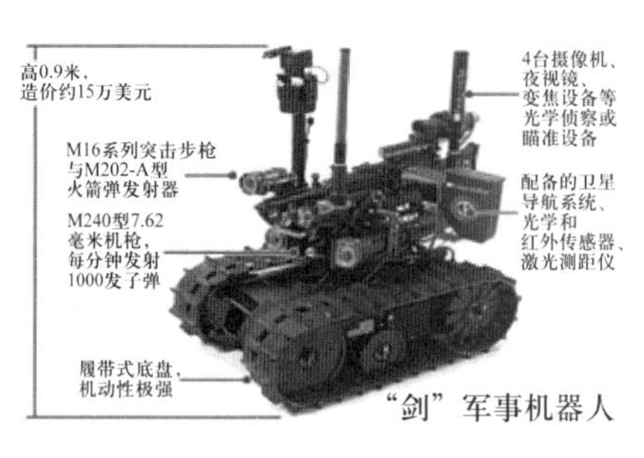

图 3-22 新型无人驾驶武器系统

图 3-23 Warrior 710

iRobot 的军用机器人已经有四代产品，分别是 Warrior 710，Negotiator 210，Packbot 510，SUGV，其中最为人熟知的当属“帕克伯特”(Packbot)，目前销量已过 3000 台。iRobot 公司向美陆军提供的炸弹处理型(explosive ordnance disposal，EOD)机器人“帕克伯特”，目前有侦察型、探险型和处理爆炸装置型三种型号，全部采用相同的底盘，如图 3-24 所示。“帕克伯特”机器人可装在模块式轻型携载装置套具内，全重 18～24 千克，可以攀爬 54°的斜坡，可在 2 米深的水下作业，也可以每小时 14 千米的速度在开阔地行驶。

它们已被部署在阿富汗的群山里，每天都在公路旁或公路上探测“基地”与塔利班残余分子隐藏起来的武器。这种机器人的手臂可以抓住并搬运物件，最善于探测牛或羊的尸体，那是反美武装很喜欢隐藏炸药的地方。它的前部安装着两条短的前肢，使它能够爬楼梯。这两条短肢具有防水功能，能够跨越浅的河流与崎岖山路。

3. “红枭”机器人

如图 3-25 所示，“红枭”酷似《星球大战Ⅲ：西斯的复仇》中的 R2 机器人，专门负责追杀躲在暗处的狙击手。当听到狙击手开枪后，“红枭”可以迅速准确判断出枪声的来源，并计算出狙击手所在位置进行反击。据设计人员透露，“红枭”不仅能在开枪产生的烟雾消散前发现狙击手，还可以在 1000 米之外确定出敌方狙击手所用狙击步枪的种类。

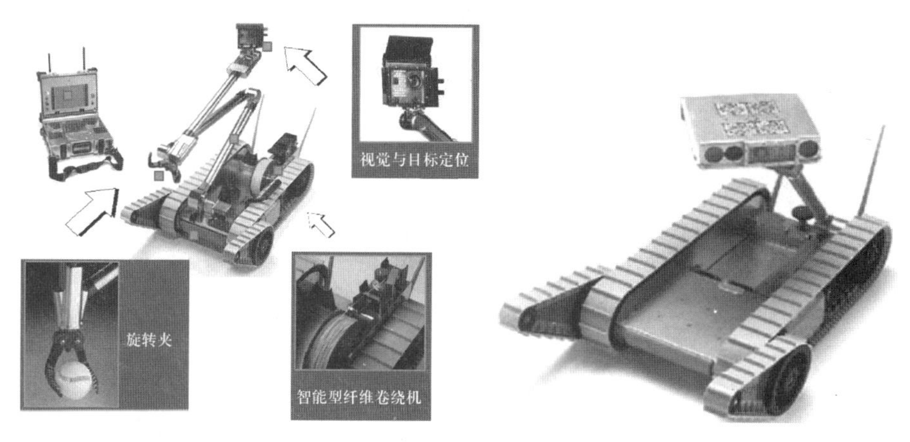

图 3-24　Packbot 炸弹处理型(EOD)机器人　　图 3-25　“红枭”机器人

4. 巨型四足载人机器人 Kuratas

2012 年在日本召开的 WF2012 展览会上，由水道桥重工集团开发的巨型四足载人机器人 Kuratas 被首次公开披露。工作人员在现场演示了如何在机

图 3-26　巨型四足载人机器人 Kuratas

器人“体内”进行操作控制，现场观众也可以去亲身体验。该款机器人高4米，重达4吨，售价为1 353 500美元，可以装载不同的装备(如机械手、武器等)，可以通过网络进行远程控制，也可以由操作员坐在驾驶舱中控制它的一举一动。虽然该机器人还处于初级大玩具状态，但这是人类首次将科幻电影中的机器人形象做成现实设备，可能是未来战士的雏形。

5.“捕食者”无人机

“捕食者”无人机是侦察打击一体化的无人机系统，具有侦察、监视、目标捕获和实时打击能力，极大地缩短了从发现到摧毁目标的时间。目前美国已有捕食者、猎人、火力侦察兵等多种侦察、打击一体化的无人机系统开始服役。法国、以色列等国紧随美国，展开了对现有无人机的武器升级和对侦察、打击一体化无人机的研制工作。

“捕食者”A为通用原子公司开发的中空长航时战术侦察型无人机，于1994年7月成功首飞，其生产型号的军方代号为RQ-1L。该机可在云层上方利用合成孔径雷达发现目标，然后降低到云层以下，利用光电转塔进行详细侦察，它在几次局部战争中承担了大部分的目标侦察和轰炸效果评估任务。科索沃战争后，通用原子公司对RQ-1L无人机进行了挂载“海尔法”导弹的改进。为了同先前的型号相区别，美国空军将具备攻击能力的RQ-1L命名为MQ-1L，后又于2002年更名为MQ-1B。

“捕食者”B无人机于2003年10月初首飞，绰号“收割者”。该机采用涡桨发动机，增大了飞机尺寸，尾翼由倒V形改为V形，改善了飞行高度、速度、任务载荷和续航等性能。

2009年4月4日，通用原子航空系统公司的“复仇者”(Avenger)无人机(初始代号“捕食者”C)完成首飞，接下来又分别在4月13日和14日进行了两次飞行测试。从此，备受关注的“捕食者”无人机家族的新成员终于浮出水面。

“复仇者”无人机是在MQ-9“收割者”无人机的基础上，为满足美军未来空战需求而后续开发的新机型，即“捕食者”系列无人机的第三个发展型号。“复仇者”无人机是具备隐身能力、喷气推进的远程侦察打击一体化无人机系统，与通用原子公司开发的前两种型号的“捕食者”系列无人机相比，使用喷气动力的“复仇者”进一步提高了速度、生存能力、战术反应能力和任务灵活性。捕食者系列无人机主要性能参数如表3-1所示。

6.“火力侦察兵”(Fire Scout)无人直升机

RQ/MQ-8“火力侦察兵”无人直升机(参见图3-27)由诺斯罗普·格鲁曼公司于2000年2月开始研制，美国军方最初曾计划将其发展为海军装备的主要无人机型，但在2002年1月的测试试验结束后，美国国防部停止了对该计划

表3-1　捕食者系列无人机主要性能参数

	捕食者A	捕食者B	捕食者C
机长/米	8.75	11	12.5
机高/米	2.21	3.8	
机翼翼展/米	14.85	19.5	20
尾翼翼展/米	4.38		4
最大平飞速度/(千米/小时)	204	482	740
巡航速度/(千米/小时)	111～130	278	
最大续航时间/小时	40	25	20
升限/米	7926	13 725	18 288
正常起飞质量/千克	1023	4760	5220
动力装置	Rotax914	TPE331-10T	PW545B改
挂载能力/千克	136	1360	1360

的拨款。直至2003年伊拉克战场，美军直升机频频遭袭，损伤惨重，五角大楼才把注意力又转向无人驾驶直升机，“火力侦察兵”再次获得生机，同时以海军型和陆军型两个系列强劲发展：海军型编号为RQ-8A，陆军型编号为RQ-8B。RQ-8A旋翼用3个桨叶，而RQ-8B用4个桨叶。不过，RQ-8A也是“火力侦察兵”的发展试验型，将被MQ-8B取代。

图3-27　RQ-8“火力侦察兵”

3.5　工程机器人

兵马未动，粮草先行。在军队中，工程兵是执行后勤保障的兵种，逢山开路，遇水架桥，布雷排雷，烟幕伪装欺骗等都是其分内之事。为此，人们研制了相应的军事机器人系统。

1. Warrior 710

美国 iRobot 机器人公司的 Warrior 710 除可执行战斗任务外，还可用于军事工程保障。这款机器人在设计上用于拆除临时爆炸装置和在建筑内清除障碍。它装有一个可张开的机械手，能够打开车门，移走炸弹，如图 3-28 所示。

2. “压碎机”(Crusher)无人地面战车

如图 3-29 所示，该装备是卡内基-梅隆大学研发的六轮全驱动混合动力的无人地面车辆，属于“蜘蛛”(Spinner)车的继承型和升级型，具有滑动转向的功能。该车在加满燃油时重为 6356 千克，可承载 1362 千克的有效载荷。该车战斗全重为 7718 千克，一架 C-130H 运输机一次可运载 2 辆“压碎机”无人地面战车。如果需要，“压碎机”无人地面战车能够在不影响机动性的前提下，承载 3632 千克的有效载荷和装甲。“压碎机”无人地面战车采用的技术代表了未来自主式无人地面平台。“压碎机”无人地面战车及其上代产品“蜘蛛”车演示了关于自主行为、混合动力和高机动性车辆综合设计的可能性。新型“压碎机”无人地面战车在所有方面远胜过“蜘蛛”车，通过与自主式控制系统相结合，“压碎机”无人地面战车诠释了自主无人地面车辆系统的最新技术发展水平。

图 3-28　机器人正在排弹

图 3-29　“压碎机”无人地面战车

3. “大狗”(Bigdog)机器人

2005 年秋，美国波士顿动力公司首次公开其历经十余载所研制的仿生四足机器人“大狗”，在互联网上引起了全球公众的关注和热议。如图 3-30 所示，“大狗”机器人长约 1 米、高约 0.76 米，外形看起来和好莱坞科幻电影《星球大战》中的帝国军队步行装甲运输器非常相似，只不过个头没有那么庞大而已。“大狗”机器人最引人注目的就是它出众的运动能力，如多步态行走、小跑、跳跃 1 米宽的模拟壕沟、爬越 35°的斜坡等，能适应山地、丛林、海滩、沼泽、冰面、雪地等复杂危险的地形。目前最大运动速度为 10 千米/小时，预计可达 18 千米/小时，完全能够满足步兵分队徒步急行军的速度要求。“大狗”机器人的另一显著优势，是能够承载较大的负荷，可以背负 154 千克重物，而且不降低运动性能。“大狗”机器人装有 GPS(全球定位系统)“电子眼”系统，可以侦察周围的环境，并利用激光束来判断与目标物的距离。“大狗”机器人是目前陆地移动机器人领域中为数不多的初具功能化的实用机器人。

图 3-30　Bigdog 机器人

3.6　战地救护机器人

军医是最危险的工作之一，冒着枪林弹雨营救伤员是一件极其危险的事。在战场上最大化地使用机器人对伤员实施转移和救助的潜在好处是显而易见的。在激烈的炮火下，尽可能地使用机器人来替代军医对伤员进行医疗救助和转移，可以减少战争伤亡人数。美国军方希望通过对机器人科技的投资，研发带有类似人类手臂功能的智能机器人，使之可以有效地参与到美国军队现有医护体系，以实现“机器人版护士”的部分功能替代。

2005 年，美国五角大楼投资 1200 万美元研制一种可远距离遥控的救护机器人，以便在战斗条件下对受伤的士兵实施外科手术。有关的研制人员认为，开发这样一种“机器医生”并使其达到实际应用水平至少需要 10 年的时间。其实，在世界范围内“机器人拯救”的研究工作在数年前就已展开，如以色列军方目前致力发展的机器人救护车项目等。但美国国防部希望通过投资发展出的“医疗机器人”应至少具备以下三个优点：(1) 可以更加自主有效地完成救护和转移伤员的工作；(2) 身体更加结实，可以有效地抵挡敌人炮火；(3) 这种“医疗机器人”可以小到塞进战场救护车内。

机器人阿熊(Bear)就是由美国 Vecna Robotics 公司研制的战场救援机器人，用于军事搜索和营救任务，如图 3-31 所示。2006 年，该机器人被《时代周刊》评为最佳发明——其水压臂可以支撑重达 181 千克(比全副武装的伞兵还要重)的受伤战士，其车轮、轨迹和接合系统使其在各种各样的环境下都能保持机动性；靠其后轮设计，阿熊在攀爬陡峭的小山或在低洼地段翻身时能够保持平衡。目前这种机器人还需要进行遥控，但一种自动视觉系统正在计划中，相信不久即可派上用场，到时候机器人会自行其是。阿熊像人一样有一双有力的液压手臂，可抬起 227 千克的重物长达 1 小时，并能高度灵活地移动系统，如图 3-32 所示。其机械手则可以完成相当精细的任务，如进行紧急止血等手术作业。士兵戴上遥控手套，可以遥控阿熊机器人做出相同动作，对受伤士兵进行急救处理并将其带回战地医疗点。而且，阿熊机器人可以适应不同的地形，在崎岖路面它可以采用“跪姿”，通过履带平稳行进，而到了平坦地面，则可以转换成轮式快速前行。

图 3-31　战地救援机器人阿熊

图 3-32　高度灵活的移动系统

3.7 水中军事机器人

前面介绍的军事机器人都是空中机器人和地面移动机器人，本节将介绍水中机器人。很多水中机器人都是民用和军用混合在一起的。军事强国必须是海洋军事强国，称霸海洋靠什么？以前靠航空母舰，以后要靠水中机器人。

2012年6月24日，“蛟龙号”载人潜水器(human occupied vehicle，简称HOV)成功突破7000米下潜深度，从而使中国成为世界上继美国、俄罗斯之后第三个能够进行设计与集成深水载人潜器的国家。水下机器人再一次掀起了深海资源探测开发的热潮。众所周知，占地球表面积70%的海洋，蕴藏着无法估量的资源。因此，世界各国都将目光聚集到了广袤的海洋，都将海洋看作为未来的战略宝库。同时，围绕着海洋资源，海权成为近年来领土争端的热点。到目前为止，世界的发展已经充分印证了“21世纪是海洋的世纪”这句话。

水下机器人，又称海洋机器人或者无人潜水器，是一种可在水下移动，具有感知系统，通过遥控或自主操作方式，使用机械手或其他工具代替或辅助人去完成水下作业任务的机电一体化智能装置。水下机器人是人类认识海洋、开发海洋不可缺少的工具之一，亦是建设海洋强国、捍卫国家安全和实现可持续发展所必需的一种高技术手段。

水下机器人在机器人学领域属于服务类机器人，在国家标准GB/T13407-1992《潜水器与水下装置术语》中，“水下机器人”应称为“无人潜水器”，该标准发布三十多年来，这一称谓未被普遍接受，实际使用率低且国标内容已陈旧，与当前发展不适应，因而，本书继续使用出现频度较高的“水下机器人”这一名称，它包括有缆遥控水下机器人(remotely operated vehicles，ROV)和自主水下机器人(autonomous underwater vehicles，AUV)两大类。此外，由于载人潜水器在技术和功能上与水下机器人有共性，有少数文献将其纳入水下机器人的第三类。其实这三类机器人的主要差异在于操作模式：操作者在机器人体内的称为载人潜水器，位于体外(如母船上)通过电缆进行操作的称为遥控水下机器人，用体内计算机代替操作者的则称为自主水下机器人。

水下机器人在人类探索和开发海洋的历程中发挥了重要的作用，其中载人潜水器以“阿尔文号”“和平号”“蛟龙号”为代表。依托载人潜水器，人类可以直接参与到海底资源、环境的探索中去。同时，有以REMUS，AUTOSUB，CR01，CR02为代表的自主水下机器人，它们以自主的方式完成对目标海区的地形探测、环境信息采集、地质调查等任务。此外，还有以“海沟号”、MAX Rover、“海龙号”为代表的有缆遥控水下机器人，操作员通过脐带缆直接对潜水器进行操纵，使其完成各种水下作业任务。

近几年中国科学院沈阳自动化研究所在国家“863计划”的资助下研制了多种新概念水下机器人，包括混合型水下机器人(ARV)、便携式自主观测系统、水下滑翔机、两栖机器人等。新概念水下机器人应用前景广阔。

ARV是一种集AUV和ROV技术特点于一身的新概念水下机器人。它具有开放式、模块化、可重构的体系结构和多种控制方式(自主/半自主/遥控)，自带能源并携带光纤微缆，既可以作为AUV使用，进行大范围的水下调查，也可以作为ROV使用，进行小范围精确调查和作业。与传统的AUV相比，ARV可以携带机械手，增加了作业能力；而与传统的ROV相比，ARV将作业范围从几百米扩展到几千米。因此，这种新概念水下机器人可在大范围、高深度和复杂海洋环境下进行海洋科学研究和深海资源调查，具有更广泛的应用前景。

水下滑翔机目前是国际上的研究热点，它是一种无外挂推进器的新型水下机器人。它借助改变自身浮力和重心在水下做滑翔运动，具有航行阻力小、能源利用率高、航行距离大、噪声低、成本低、回收方便等优点，可在海洋监测与探测领域发挥重要作用，具有广阔的应用前景。沈阳自动化所在我国率先研制成功了水下滑翔机功能样机，并于2005年10月成功地进行了湖上试验。试验表明，水下滑翔机器人的运动机理、驱动原理和载体设计优化等关键技术已经得到了解决。

1. 英国“天蝎”45水下机器人

“天蝎”45是一种无人水下潜航器及遥控深海救援系统，如图3-33所示。它配有3台高清变焦镜头的遥控水下摄像机和1台27千赫声波发射/接收器，装有声呐系统及精确导航系统。由于不必考虑人的需要及其昂贵的生命保障设施，故而其体积小、造价低，可执行一些危及人员安全的任务。“天蝎”45遥控深潜器不仅能救潜，而且能执行海底测绘、探测沉船和坠海飞机、修理

图3-33　英国“天蝎”45缆式水下机器人

军械和器具、布设反潜监听装置或排除敌水雷等任务。如果需要，“天蝎”45 在 12 小时之内，便可由飞机运往世界任何地方。

2005 年 8 月 7 日，本来少有人知的英国“天蝎”45 一下子名震全球。它在救援俄罗斯海军 AS-28 型小型潜艇的行动中，仅花了 4 小时就成功解救出被困在海底达 3 日之久的 7 名艇员。“天蝎”45 无疑成了这篇国际深海大救援佳话的主角，附带着还为它的制造商赢得了新的订单。

2. 中国“蛟龙”号

如图 3-34 所示，“蛟龙”号作为我国首台自行设计、自主集成研制的载人潜水器，可在 7000 米深海进行高清摄录，海底地形测量，水样、沉积物样、生物样品采集等多项作业。沈阳自动化研究所在“蛟龙”号各级别试验中负责其大脑，即控制系统的研制及试验任务。在各次海试中，沈阳自动化研究所承担研制的控制系统性能稳定，经受住了各种考验。

图 3-34　中国“蛟龙”号载人潜水器

2012 年 6 月，“蛟龙号”载人潜水器在作业过程中成功抓取了一只平足海参目海参样本(参见图 3-35)，并且拍摄了许多珍贵的海底生物照片(参见图 3-36 至图 3-40)。“蛟龙”号载人潜水器于 2015 年 1 月 14 日在西南印度洋龙旂

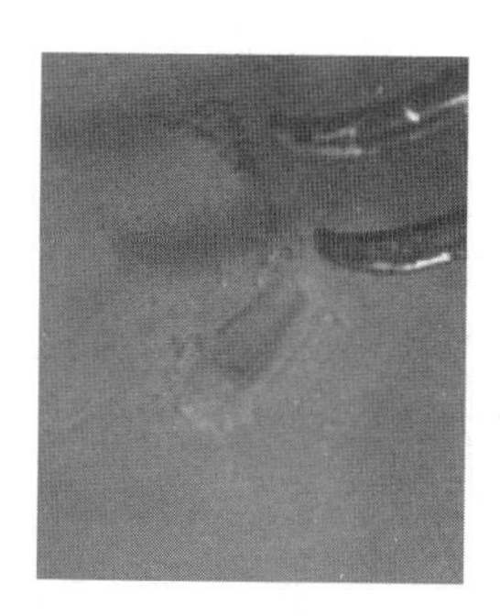

图 3-35　成功抓获的平足海参目海参

热液区下潜，采集到一透明生物(参见图 3-41)以及一只长 30 厘米、直径 3 厘米的粉红色生物(参见图 3-42)，随船科学家尚不能确认它们是何种生物。此外，在 3 个热液喷口取得 5 个烟囱体样品，并取得保压热液水样 2 个和热液区铠甲虾 15 只(参见图 3-43)。随船科学家表示，本次下潜对研究龙旂热液区的热液活动分布、低温热液区生物多样性、热液区长期环境观测和微地形地貌等研究具有重要意义。

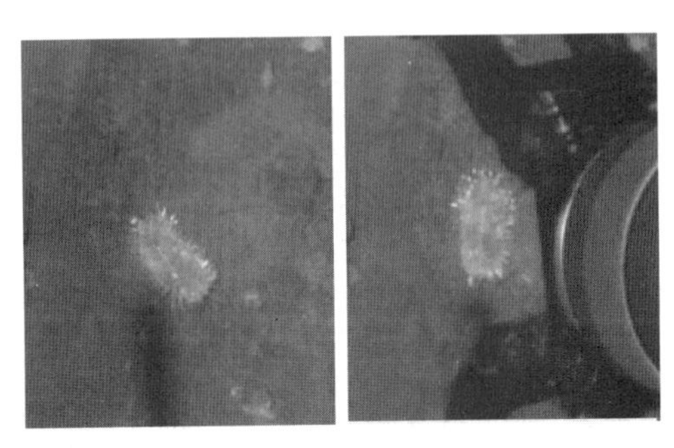

图 3-36 机械手正在抓捕一只扁平状巨刺海参(未成功)

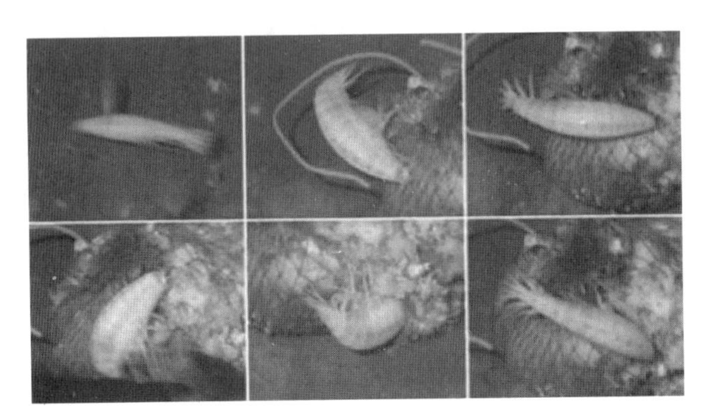

图 3-37 拍摄的新品种巨型端足类动物

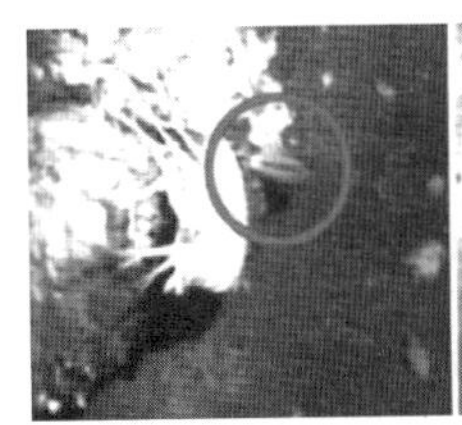
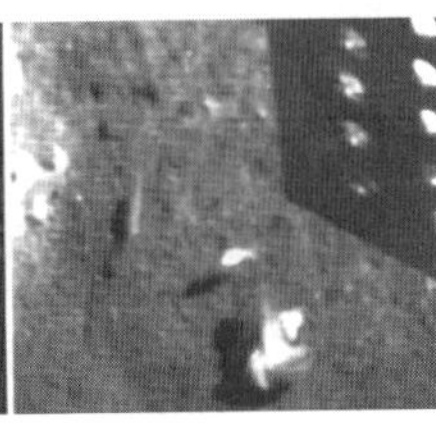

图 3-38 拍摄到的红色端足类动物

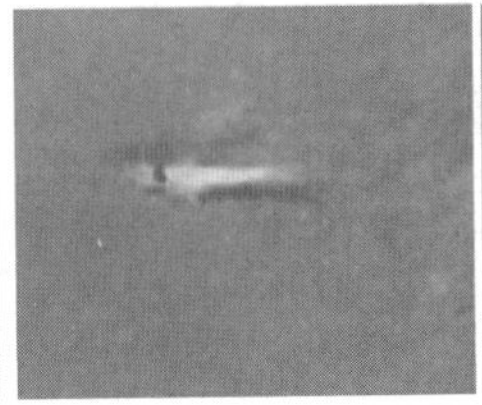
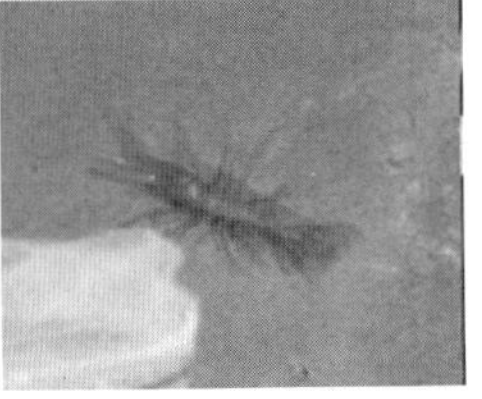

图 3-39 白/红色深海虾

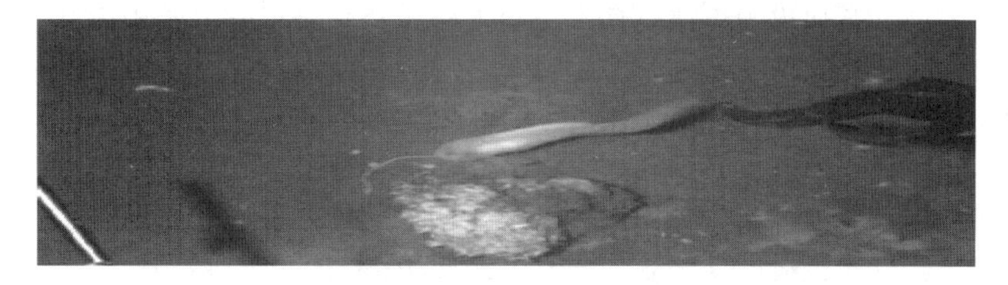

图 3-40　狮子鱼(目前为止人类使用载人潜水装置现场观察到的最深的鱼类纪录)

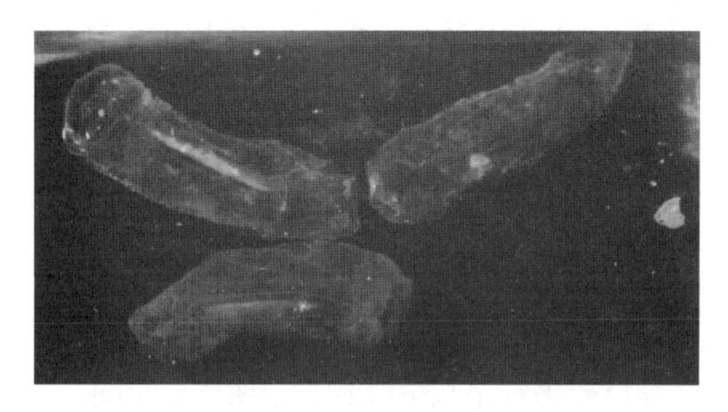

图 3-41　“蛟龙”号采集到的未知透明体生物

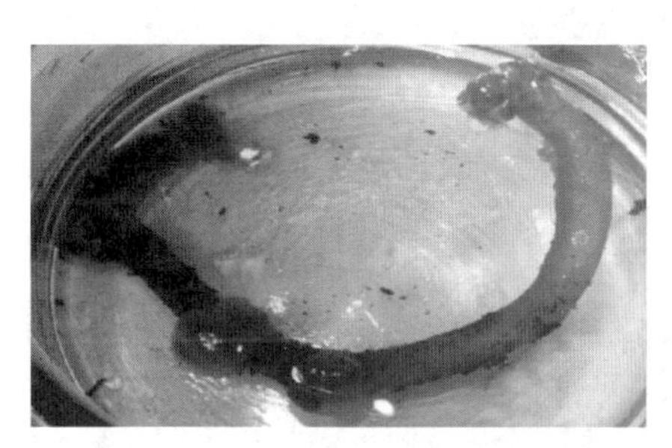

图 3-42　“蛟龙”号采集到的未知粉红色生物

图 3-43　“蛟龙”号采集到的铠甲虾

3. 水面军事机器人——无人水面艇

与有人水面艇相比，无人水面艇具有机动灵活、隐蔽性好、活动区域广、使用成本低等特点。目前，无人水面艇服役数量很少，主要用于执行海上监视侦察、反水雷战、电子战等军事任务。未来，随着智能化程度的不断提高，无人水面艇将具备遂行反潜、反舰作战等能力。

与其他无人装备相比，无人水面艇的发展相对滞后，但自主程度在不断提升。自主程度是衡量无人系统先进性的核心指标。无人水面艇按自主程度可分为遥控型、半自主型和全自主型三类。由于全自主控制方式对智能化程度要求较高，实现极为困难，尚处于研究探索阶段。目前，各国无人水面艇多采用半自主型。但是，从国外已服役或在研的无人水面艇主要型谱上看，全自主型无人水面艇是未来无人水面艇的发展目标。

目前，开展无人水面艇研制的国家和地区主要包括美国、以色列、欧洲、日本等，但仅有美国和以色列的部分无人水面艇型号装备了部队。各国正在竞相发展集反水雷战、反潜战、电子战等能力于一体的多功能无人水面艇。

美国无人水面艇的发展思路和顶层规划十分明确和清晰。21 世纪初，美国海军在《21 世纪海上力量——海军设想》一文中提出，在 2015 年前要将新型无人平台引入未来网络化作战体系中。2007 年 7 月，美国海军首次发布《海军无人水面艇主计划》，设定了无人水面艇的七项使命任务：反水雷战、反潜战、海上安全、反舰战、支持特种部队作战、电子战、支持海上封锁行动等，为美国工业界、学术界和国际合作伙伴指明了未来无人水面艇的发展重点及技术攻关方向。此后，美国军方开始统筹各军种无人系统发展，并统一发布《无人系统路线图》，对无人水面艇的作战需求、关键技术领域以及与其他无人系统之间的互联互通性进行了总体规划，如图 3-44 所示。其中，2013 年 12

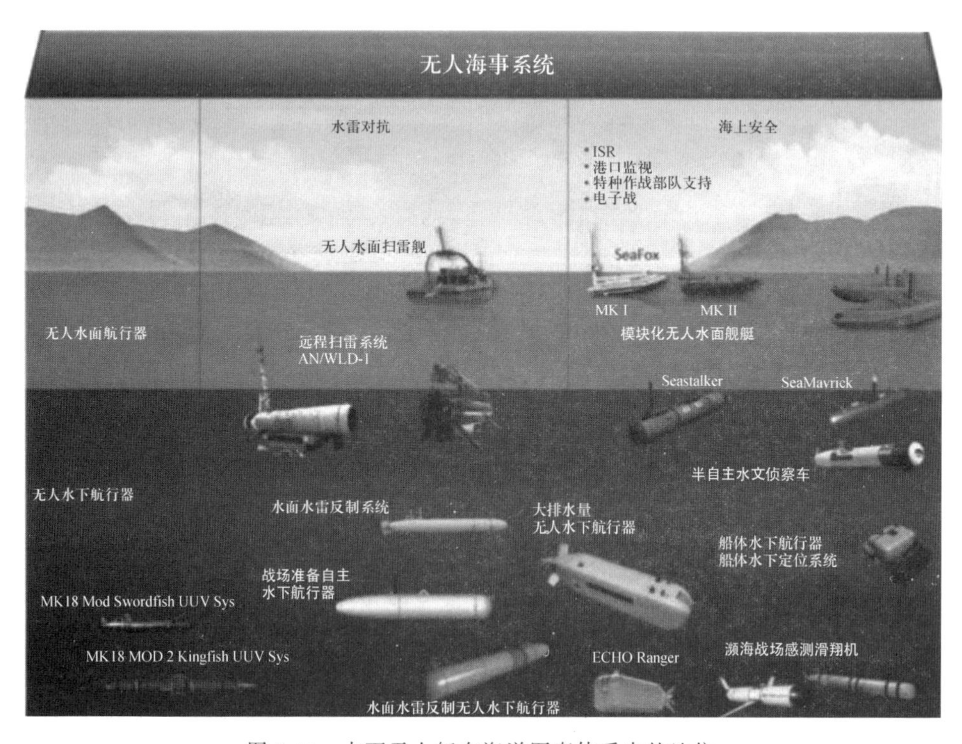

图 3-44　水面无人艇在海洋军事体系中的地位

月发布的最新版《无人系统路线图》对无人水面艇未来5年(近期)、10年(中期)、25年(远期)的技术发展重点和能力需求做出了更细致的说明：无人水面艇近期的技术发展重点将围绕增强型动力系统、通信系统和传感器系统等方面，中远期则将重点开发高效自主系统、障碍规避算法以及安全架构等；无人水面艇近期的能力需求是提高在本地受控区域执行特定任务的自主性并提高联网能力，中期将扩展行动范围并增加任务类型，远期则实现在全球自主执行任务。《无人系统路线图》提出，无人水面艇面临的技术挑战主要包括海上持久能力、恶劣环境中的生存能力等。同时还指出，为将无人系统潜能最大化，未来各类无人系统必须实现无缝互联互通的操作技术。

美国正式服役的无人水面艇主要有“遥控猎雷系统”“海狐”和“斯巴达侦察兵”。“遥控猎雷系统”由洛克希德·马丁公司在21世纪初研发成功，可对水雷进行快速侦察、探测、分类、识别并准确定位，也可用于反潜搜索、水面监视和沿海情报收集。“海狐”由美国西风海事公司研发，目前在美国海军中服役的主要有“海狐MK1”和“海狐MK2”两型，美国海军主要利用该艇进行江河地区的作战评估，以及远征部队的安全保障等。2002年美军启动的“斯巴达侦察兵”(Spartan Scout)无人水面艇是一种7米或11米长、具备半自主能力、可从水面舰船或岸上发射的无人水面艇，如图3-45所示。它可装备模块化载荷执行水雷战，情报、监视与侦察，部队防护，港口防护，对敌水面和陆地目标实施精确打击，以及反潜战等任务。第一艘“斯巴达侦察兵”无人水面艇已经于2003年10月投入使用。

图3-45　实验中的“斯巴达侦察兵”无人水面艇

波音公司研发的“回声漫游者”无人潜航器已经进入测试阶段。这种无人艇可潜入3000米深的水下，持续工作28个小时。2007年海军机器人舰船国际公司的“拦截者”无人艇可在波涛汹涌的海面上超视距航行，速度可达50英里/小时，如图3-46所示。此外，为应对未来安静型柴电潜艇的威胁，美国于2010年启动“反潜战持续跟踪无人水面艇”研制计划，这种新型无人艇艇体采用复合材料，具有隐身性能，采用三体船型，设计长度19米，排水量157吨，可携带无人潜航器，最高航速38节(1节=1海里/小时=1.852千米/小时)，可持续工作30天，一次加油最多可航行6200千米。由于其主艇体潜行在水面10米以下，只有很小的体积暴露在水面上，故其雷达反射截面积较小，整艘艇的隐蔽性、浅海航行能力、机动性能均比较突出。上述指标均处于国际最高水平，同时也代表着无人水面艇的未来发展方向。

图3-46　实验中的“拦截者”无人水面艇

以色列发展的无人水面艇型号种类仅次于美国。作为一个地处亚洲西部的沿海国家，以色列西濒地中海，南接红海，海上安全形势非常严峻。2000年11月，“哈马斯”组织曾试图利用一艘自杀式小艇炸毁以色列海军舰艇，不过由于炸药提前爆炸造成袭击未果。虽然是一场虚惊，但该事件给以色列敲响了警钟。为此，以色列制定了严密的安全规则，任何入港船只必须在距岸20～30海里内接受无线电检查和识别，在10海里范围内接受有关人员登船检查。显然，在人员登船检查前的任务由无人水面艇执行比较合适，因此以色列政府提出了尽快引入无人水面艇的计划。目前，以色列开发的无人水面艇主要包括拉法尔公司和航空防务系统公司联合的“保护者”(Protector)、埃尔比特系统公司的“黄貂鱼”(Stingray)和“银色马林鱼”、航空防务系统公司的“海星”等。它们的共同特点是充分借鉴无人机技术，并采用模块化设计。其中“保护者”项目开展最早，被认为是当今最成熟的无人水面艇，该艇隐身性高，装备有现代化传感器系统和多样化武器系统，首批12艘已于2006年服役，每3艘编成一个机动编队，轮流在加沙地区海岸线、以色列本土沿海地区和黎巴嫩相邻海域进行巡逻。

如图3-47所示，“保护者”无人艇以9米长的刚性充气艇为基础，喷水推进，航速超过30节，最大作战有效载荷1000千克。其传感器载荷主要包括导航雷达和“托普拉伊特”光学系统，其中“托普拉伊特”系统为多传感器光电载荷系统，包括有第三代前视红外传感器(8～12 微米)、黑白/彩色电荷耦合装置(CCD)摄像机、目视安全激光测距仪、先进关联跟踪器和激光指示器(选件)等，可在白天、夜晚以及各种不利的天气条件下完成手动和自动的昼/夜观测及目标指示。艇上武器主要配备的是“微型台风”武器系统，该武器系统以拉斐尔武器发展局的“台风”遥控稳定武器系统为基础，可使用 12.7 毫米机枪或 40 毫米自动榴弹发射器。在吨位稍大的“保护者”上还可选装一门 30 毫米舰炮。此外，该系统还配装有全自动火控系统和昼夜用照相机，形成了一套完整的综合无人作战系统，可由几十海里外的海岸控制站或海上指挥平台实施遥控指挥，昼夜执行作战任务。

作为未来海上的一种新型装备，“保护者”具有一些突出的特点。一是采用模块化——“保护者”艇长 9 米，全艇采用模块化设计，可根据任务的不同需要，按照“即插即用”的原则，将不同的设备像搭积木一样快速安装在艇上，使之可执行反恐、情报侦察和监视、水雷战、反潜战和火力支援等多种任务。二是突出隐身性——“保护者”在设计之时，重点考虑了隐身性。例如，在外形设计上，上甲板没有雷达反射物和增大雷达反射截面的设施，也没有 90°交角，艇体侧面和上层建筑为小角度倾斜。此外，它还在一些部位采用了雷达吸波材料。三是吸收新技术——减轻艇体总重是“保护者”设计的关键目标。为此，拉斐尔武器发展局在减轻艇体总重方面吸收了一些新技术：首先是艇体采用玻璃钢复合材料，该材料具有较高的强度重量比和减震能力，可降低艇体受损程度和减少维修费用；其次是为加固艇体结构和减轻艇重，大量使用碳纤维及轻质复合材料取代传统的钢材料，艇的边梁和框架也使用碳纤维材料。从测试结果来看，“保护者”具有非常广阔的应用前景。

图 3-47　以色列“保护者”无人水面艇

此外，中国、俄罗斯、白俄罗斯三国合作研发了海上无人艇(见图 3-48)，该项目由上海合作组织企业家俱乐部提供支持，参与研发的三方分别是中国的“高分子”公司(Sino Polymer，负责提供新型复合材料)、俄罗斯的“混合船舶制造公司”(负责建造艇体)以及白俄罗斯的“Kvand”智能系统公司(负责程序保障和自控系统)。2013 年 11 月，样机在白俄罗斯水库亮相，据介绍，该艇长 6 米、宽 1.8 米、长 16 米，可在离岸 360 千米内的水域内执行任务，不受天气的影响，操作人员可在地球任一角落对其实施遥控。同时，该艇具有自动、半自动和手动三种工作模式，所有信息均实现加密传输。无人艇可执行多种任务，包括海上经济区观测、海上搜救、海上巡逻等，加装上麦克风和扩音器之后，还可实现与观测目标之间的联络。当然，不排除未来会加装机枪等武器装备，在需要时投入战斗使用。目前，样艇续航时间为 5 天，全尺寸海上无人艇的续航时间可达数周，最大航速为 55 节，即时速超过 100 千米。

图 3-48　中、俄、白俄罗斯三国合作研制的无人水面艇样机及其控制界面

4. 机器鱼

2011 年美国中央情报局展示了名为“查理”的水下机器，其外形酷似鲶鱼，装载有通信设备，依靠无线电遥控，可在水下灵活移动，如图 3-49 所示。

图 3-49　“查理”机器鱼

图 3-50　水下滑翔机(Sea-Wing Glider)

5. 新概念水下机器人

近几年中国科学院沈阳自动化研究所在国家“863 计划”的资助下研制了多种新概念水下机器人，包括混合型水下机器人(ARV)、便携式自主观测系统、水下滑翔机、两栖机器人、作业型遥控水下机器人、快速反应型水下机器人、用于水下传感网的接驳盒等，它们的特点是突破了传统水下机器人的概念，在原理和结构上有较大的创新。目前，这些研究工作已攻克了多项关键技术，取得了阶段性的成果。在前沿探索领域，先后开展了仿鱼、水面救助、六足步行、海底遁形、轮腿桨一体化、波浪能滑行、水面/水下两栖以及半潜航行器等水下机器人的理论和试验研究。

2014 年 9—10 月，中国科学院沈阳自动化研究所研制的水下滑翔机(参见图 3-50)在南海进行了海上试验，完成了多滑翔机同步区域覆盖观测试验和长航程观测试验。在长航程试验中，滑翔机海上总航程突破 1000 千米，达到 1022.5 千米，持续时间达到 30 天，创造了我国深海滑翔机海上作业航程最远、作业时间最长的新纪录。

北极冰下自主/遥控海洋环境监测系统，简称“北极 ARV”，是在“863 计划”的支持下由中国科学院沈阳自动化研究所主持研制的。它是一种针对北极海冰连续观测需求，并且自带能源，利用光纤通信技术，将自主水下机器人(AUV)和遥控水下机器人(ROV)技术有机结合，在一个载体上实现两种水下机器人功能的新概念水下机器人。它可在冰下较大范围内根据使命程序自主航行和遥控定点精细调查。

“北极 ARV”先后三次参加了北极科学考察。2008 年“北极 ARV”参加了中国第三次北极科考(参见图 3-51)，在北纬 84°附近开展了基于雪龙船中山艇的冰下观测作业。2010 年 6 月至 9 月，“北极 ARV”再次参加了中国第四次北极科考(参见图 3-52)，在北纬 87°附近北冰洋上一块大面积海冰上，通过从人工开凿的冰洞实施了释放与回收，在冰下针对不同的水平断面进行了连续多次的重复观测。通过其搭载的温盐深测量仪、仰视声呐、冰下光学测量仪和两台水下摄像机，获取了大量基于海冰位置信息的海冰厚度、冰下光学和海冰底部形态等多项关键的科学数据，成功实现了冰下多种测量设备的同步观测，为深入研究北极快速变化机理奠定了技术基础。同时，这也标志着我国自主研制的水下机器人已进入到应用阶段。2014 年 7—9 月“北极 ARV”圆满完成了中国第六次北极科学考察任务(参见图 3-53)，在高纬度下实现了对海冰物理特征、水文和光学等的自主精确观测，为我国北极科考提供了一种大范围、先进、连续、实时的冰下观测手段。

图 3-51　“北极 ARV”参加第三次北极科学考察

图 3-52　“北极 ARV”参加中国第四次北极科学考察

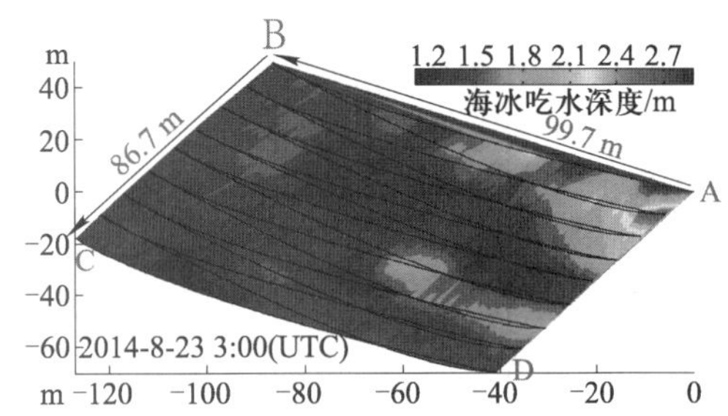

图 3-53　“北极 ARV”参加中国第六次北极科学考察

除了上述军事机器人外，外骨骼机器人(详见 10.3 节)在军事领域的应用也越来越受到重视。

外骨骼机器人可以实现生理机能增强，如举起或携带较重的负荷，跑得更快，跳得更高，更好地进行战斗(参见图 3-54)。美国国防高级研究计划局

(Defense Advanced Research Projects Agency，DARPA)设计伯克利·布里克外骨骼，轻松携带各种装备。2012 年，美军接受了洛克希德·马丁公司的产品人体负重外骨骼(Human Universal Load Carrier，HULC)，如图 3-55 所示。

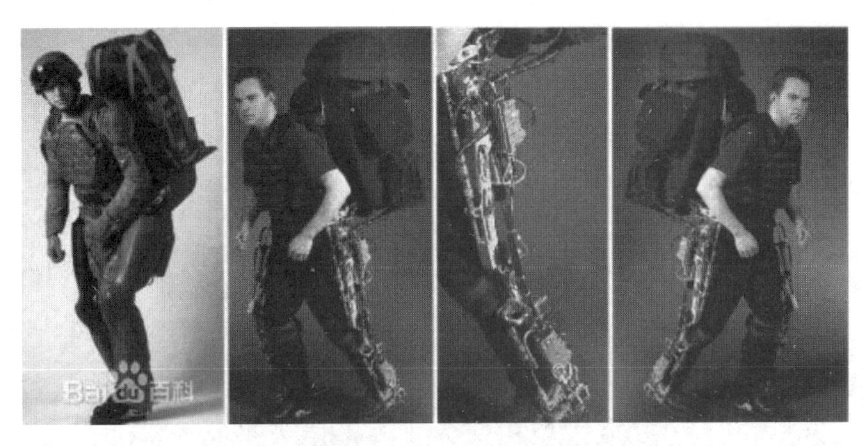

图 3-54　外骨骼机器人

图 3-55　人体负重外骨骼 HULC

在未来的战争中，战争的样式可能是图 3-56 所示的场景。俄罗斯、英国、德国、加拿大、日本、韩国等已相继推出各自的机器人战士，机器人军备竞赛正在展开。预计在不久的将来，还会有更多的国家投入到这项新战争机器的研制与开发中去。专家警告，机器人程序可能发生变异，建议为军事机器人设定道德规范，否则全人类会付出生命代价。程序由一组程序师共同完成的，几乎没有哪个人能完全理解所有程序。没有任何一个人能精确预测出这些程序中哪部分可能发生变异。2008 年，3 台美军地面作战机器人被部署到了伊拉克，未开一枪就被召回。因为这些驻伊美军机器人出现了“叛乱”现象，机器人的枪管在操作者未发指令的时候自己移动，将枪口指向了它们的人类战友。

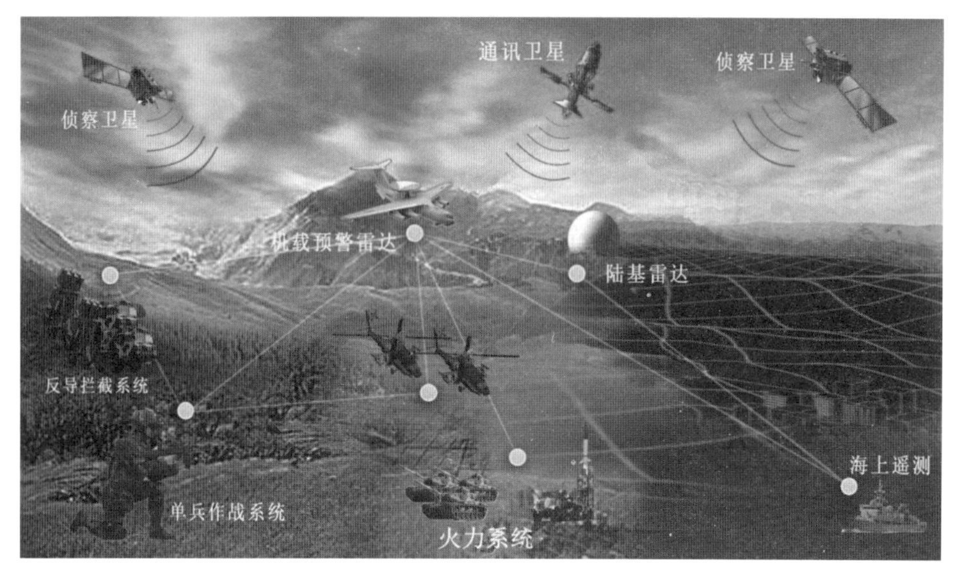

图 3-56　未来的战争场景

思 考 题

1. 军事机器人的开发是否与机器人三定律相矛盾？你怎么看机器人伦理问题？

2. 军事机器人有哪些类型？其发展趋势是什么？

3. 侦察机器人的特点是什么？你若开发一款侦察机器人，会看重哪些要素？如何实现？

4. 请查阅文献，就水中仿生机器鱼在军事领域的应用进行讨论。

第 4 章　辛劳的工业机器人

教学目标

✧ 掌握工业机器人的定义
✧ 掌握物理机器人与软件机器人
✧ 掌握工业机器人的基本描述
✧ 了解工业机器人的应用领域及前景

思维导图

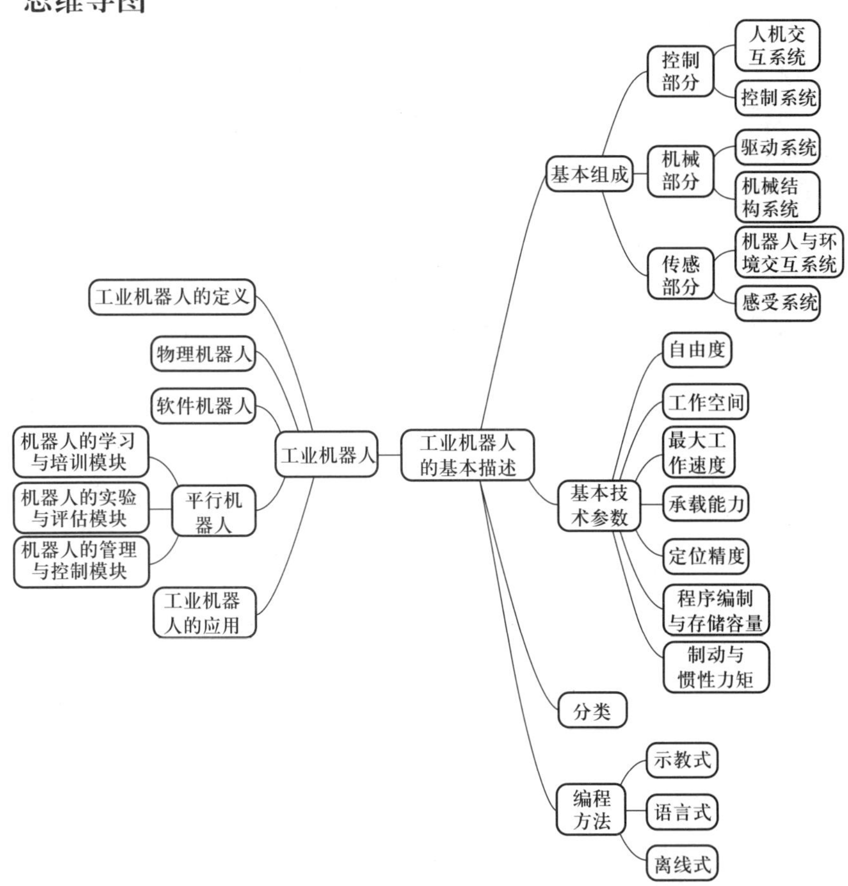

4.1 什么是工业机器人

工业机器人是集机械、电子、控制、计算机、传感器、人工智能等多领域先进技术于一体的现代制造业重要的自动化装备，它涉及机械工程学、电气工程学、微电子工程学、计算机工程学、控制工程学、信息传感工程学、声学工程学、仿生学以及人工智能工程学等多门尖端学科。自 1962 年美国研制出世界上第一台工业机器人以来，机器人技术及其产品发展很快，工业机器人已成为柔性制造系统(flexbie manufacturing system，FMS)、自动化工厂、计算机集成制造系统(computer integrated manufacturing system，CIMS)的自动化工具。广泛采用工业机器人，不仅可提高产品的质量与数量，而且对保障人身安全，改善劳动环境，减轻劳动强度，提高劳动生产率，节约原材料消耗以及降低生产成本，促进我国制造业的崛起，都有着十分重要的意义。和计算机、网络技术一样，工业机器人的广泛应用正在日益改变着人类的生产和生活方式。

当前，对全球工业机器人技术的发展最有影响的国家当属美国和日本，其中美国在工业机器人技术的综合研究水平上仍处于领先地位，而日本生产的工业机器人在数量、种类方面则居世界首位。那么，工业机器人的定义是什么呢？美国机器人工业协会(Robotics Industry Association，RIA)认为，工业机器人是用来搬运材料、零件、工具等可再编程的多功能机械手，或通过不同程序的调用来完成各种工作任务的特种装置。日本工业机器人协会(Japan Industrial Robot Association，JIRA)认为，工业机器人是“一种装备有记忆装置和末端执行器的、能够转动并通过自动完成各种移动来代替人类劳动的通用机器”。除此之外，国际上一些权威机构或者组织也对工业机器人给出了相应的定义。例如，国际机器人联合会(International Federation of Robotics，IFR)认为，工业机器人是一种半自主或全自主工作的机器，它能完成有益于人类的工作，应用于生产过程的称为工业机器人，应用于特殊环境的称为专用机器人(特种机器人)，应用于家庭或直接服务人的称为(家政)服务机器人。国际标准化组织(International Organization for Standardization，ISO)认为，工业机器人是“一种自动的、位置可控的、具有编程能力的多功能机械手，这种机械手具有几个轴，能够借助于可编程序操作处理各种材料、零件、工具和专用装置，以执行各种任务”。按照 ISO 定义，工业机器人是面向工业领域的多关节机械手或多自由度的机器人，是自动执行工作的机器装置，是靠自身动力和控制能力来实现各种功能的一种机器；它接受人类的指令后，将按照设定的程序执行运动路径和作业。由此可见，不同的国家、地区及组织对于什么是工业机器人这件事上迄今并未取得一致。之所以如此，主要是因为随着技术的革命性进展，工业机器人的适用场合不断扩展、服务形式更趋多样，正以“星星之火，可以燎原”的迅猛之势，进入工业领域的各个角落，令人目不暇接。

在此形势下，欧洲、韩国、中国等国家和地区纷纷将机器人产业作为战略产业，制定各自的机器人国家发展战略规划，推进工业机器人技术和产业的发展。目前，在焊接、喷涂、组装、采集和放置(例如包装和码垛等)、产品检测和测试等单调、频繁和重复的长时间作业领域，以及冲压、压力铸造、热处理、焊接、涂装、塑料制品成形、机械加工和简单装配、对人体有害物料的搬运或工艺操作等工作中，工业机器人已经大展身手！目前，针对那些存在于危险(danger)、枯燥(dull)、脏乱(dirty)环境中的作业任务，人们已经倾向于利用工业机器人代替人类，并为此努力不辍！

4.2　物理机器人：功能智能化与深度化

1962 年，美国 AMF 公司制造了世界上第一台实用的示教再现型工业机器人。迄今为止，世界上对于工业机器人的研究、开发及应用已经经历了 50 多年的历程。日本、美国、法国、德国等国的工业机器人产品已日趋成熟和完善。随着现代科技的迅速发展，工业机器人技术已经广泛地应用于各个生产领域。在制造业中诞生的工业机器人是继动力机、计算机之后出现的全面延伸人的体力和智力的新一代生产工具。工业机器人的应用是一个国家工业自动化水平的重要标志。在国外，工业机器人产品日趋成熟，已经成为一种标准设备而被工业界广泛地应用。一批具有影响力的机器人公司也应运而生，如跨国集团公司 ABB Robotics(以下简称“ABB”)，日本的发那科(FANUC)、安川电机(Yaskawa)，德国的 KUKA Robo-ter，意大利的 COMAU，英国的 AutoTech Robotics，加拿大的 Jcd International Robotics，以色列的 Robogroup Tek，中国的新松以及美国的 Adept Technology，American Robot，Emerson Industrial Automation，S-T Robot-ics 等。从功能上看，工业机器人的发展过程可以分为以下三个阶段。

第一代机器人为目前工业中大量使用的示教再现机器人。这类机器人是通过一个计算机来控制一个多自由度的机械，首先是通过示教存储程序和信息，工作时再把信息读取出来，然后向执行机构发出指令，执行机构按指令再现示教的操作，这样机器人就可以重复地根据人当时示教的结果，再现出这种动作。该类机器人广泛应用于焊接、上下料、喷漆和搬运等，特点是它对外界的环境没有感知。

第二代机器人是带感觉的机器人，即机器人具有力觉、触觉、听觉，可以通过传感器来判断力的大小和滑动的情况，进而完成检测、装配、环境探测等任务。

第三代机器人即智能机器人，它不仅具备感觉功能，而且能根据人的命令，按所处环境自行决策，规划行动。

为了更清晰地了解工业机器人的发展趋势，有必要回顾一下机器人的发展历史。最早可追溯到1954年，美国人戴沃尔提出了工业机器人的概念，并申请了专利。该专利的要点是借助伺服技术控制机器人的关节，利用人手对机器人进行动作示教，机器人能实现动作的记录和再现。这就是所谓的示教再现机器人。现有的机器人差不多都采用这种控制方式。1956年戴沃尔和约瑟夫·恩盖尔柏格基于戴沃尔的原先专利，合作建立了Unimation公司，1959年Unimation公司的第一台工业机器人Unimate(如图4-1所示)在美国诞生。由于恩盖尔柏格对工业机器人的研发和宣传，他也被称为工业机器人之父。

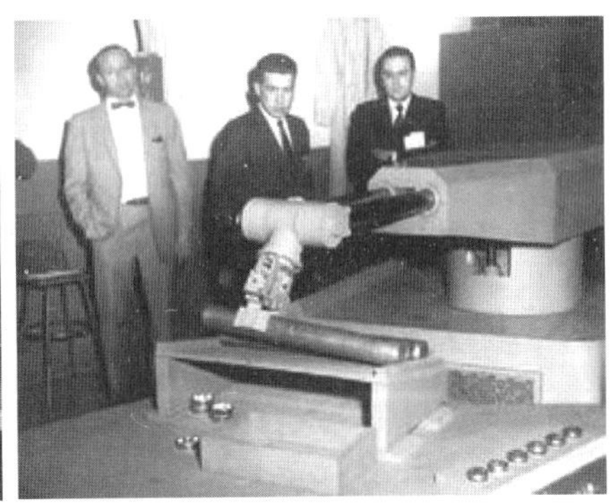

图4-1　首台工业机器人Unimate

1962年美国AMF公司推出了最早的能够用于工业场合的示教再现型机器人Verstran(万能搬运)，如图4-2所示。与Unimation公司推出的Unimate类似，这些工业机器人的控制方式与数控机床大致相似，但外形特征迥异，主要由类似于人的手和臂组成。1965年MIT(麻省理工学院)的Roborts演示了第一个具有视觉传感器的能识别与定位简单积木的机器人系统。1967年日本成立了人工手研究会(现改名为仿生机构研究会)，同年召开了日本首届机器人学术会。1969年通用机器公司使用点焊机器人进行汽车框架的焊接。在此期间，人们开始尝试在机器人上安装各种各样的传感器，提高机器人的可操作性。例如，1961年恩斯特采用了触觉传感器。1962年托莫维奇和博尼在世界上最早的“灵巧手”上安装了压力传感器。1963年麦卡锡则开始在机器人中加入视觉传感系统，并于1965年帮助MIT推出了世界上第一个带有视觉传感器，能识别并定位积木的机器人系统。1965年，约翰·霍普金斯大学应用物理实验室研制出了Beast机器人(参见图4-3)，该机器人已经能通过声呐系统、光电管等装置，根据环境校正自己的位置。20世纪60年代中期开始，美国麻省理工学院、斯坦福大学以及英国爱丁堡大学等陆续成立了机器人实验室。至此，美国兴起了对第二代带传感器"有感觉"的机器人的研究，并向人工智能进发。

图4-2 AMF公司生产出"Verstran"(万能搬运)

图4-3 约翰·霍普金斯大学的Beast

1968年美国斯坦福研究所公布他们研发成功的机器人Shakey，它带有视觉传感器，能根据人的指令发现并抓取积木，不过控制它的计算机有一个房间那么大。Shakey可以算是世界第一台智能机器人，自此拉开了第三代机器人研发的序幕。1969年，日本早稻田大学加藤一郎实验室研发出第一台以双脚走路的机器人。加藤一郎长期致力于研究仿人机器人，被誉为仿人机器人之父。日本专家一向以研发仿人机器人和娱乐机器人的技术见长，后来更进一步，催生出本田公司的ASIMO和索尼公司的QRIO。

20世纪70年代，随着计算机和人工智能的发展，机器人进入实用化时代。1970年在美国召开了第一届国际工业机器人学术会议。1970年以后，机器人的研究得到迅速广泛的普及。1973年，辛辛那提·米拉克隆公司的理查德·豪恩制造了第一台由小型计算机控制的工业机器人，它是由液压驱动的，能提升的有效负载达45千克。1978年美国Unimation公司推出了通用工业机器人PUMA，这标志着工业机器人技术已经完全成熟。1980年工业机器人才真正在日本普及，故称该年为"机器人元年"。1984年恩盖尔柏格又推出机器人 Helpmate，这种机器人能在医院里为病人送饭、送药、送邮件。同年，他还预言："我要让机器人擦地板，做饭，出去帮我洗车，检查安全。"至此，工业机器人开始在汽车、电子等行业大量使用，推动了机器人产业的发展。特别是在日本得到了巨大发展，日本也因此而赢得了"机器人王国"的美称。

20 世纪 90 年代初，工业机器人生产与需求进入了高潮期，并且随着信息技术的发展，机器人的概念和应用领域也不断扩大。1998 年丹麦乐高公司推出机器人(Mind-storms)套件，让机器人制造变得跟搭积木一样，相对简单又能任意拼装，使机器人开始走入了个人世界。1999 年日本索尼公司推出犬型机器人爱宝(AIBO)，当即销售一空，从此娱乐机器人成为目前机器人迈进普通家庭的途径之一。2002 年丹麦 iRobot 公司推出了吸尘器机器人 Roomba，它能避开障碍，自动设计行进路线，还能在电量不足时，自动驶向充电座，Roomba 也因此成为世界上销量最大、最商业化的家用机器人。2006 年 6 月微软公司推出 Microsoft Robotics Studio，机器人模块化、平台统一化的趋势越来越明显，比尔·盖茨预言，家用机器人很快将席卷全球。

近年来，机器人技术的研究与应用在全球范围内得到了各发达国家的空前重视，从美国的"国家机器人计划"、欧盟的"SPARC 机器人研发计划"，到日本的"机器人新战略"等，充分表明机器人技术对发展国家实力和保障国家安全的重要性。长期以来，中国相关部门对机器人技术的研发也给予了很大的支持，尤其是自 2014 年起，在各级政府的推动下，中国机器人产业的发展呈爆发式增长。

据报道，从 20 世纪 60 年代开始，经过 50 多年的发展，工业机器人产业化整机的世界规模达到 100 亿～120 亿美元，年销售 16 万台套，累计装机量 120 万～150 万台套，考虑相关软件、零部件及系统集成应用，整体规模在 300 亿～500 亿美元市场，2009－2014 年间市场增长率 10%。我国工业机器人整机规模为 30 亿～50 亿元人民币市场，考虑相关软件、零部件及系统集成应用，整体规模 100 亿～300 亿元人民币市场。2014 年中国工业机器人市场销量达 5.7 万台，与 2013 年的 3.6 万台同比增长 55%，约占全球市场总销量的 1/4。中国已经连续两年成为全球第一大工业机器人市场，但其中 2013 年国内企业仅占中国市场销量的 15%左右。另据国际机器人联合会(IFR)统计，2005—2014 年间，中国工业机器人市场销售量的年均复合增长率为 32.9%，而 2004—2013 年间为 29.8%。该统计还指出，2013 年中国每万名制造业从业人员机器人保有量仅为 25 台，而世界平均水平为 58 台，其中韩国 396 台、日本 332 台、德国 273 台。对于机器人应用最多的汽车行业，先进汽车生产国的工业机器人使用密度均已达到 1000 台/万人，而中国仅为 213 台/万人。

因此，在目前的形势下，如何进一步健康有效地发展机器人技术，是一个必须关注的重要问题。人才培养、深入应用、让机器人在产品产业的转型升级中切实发挥作用，是大家公认的正确途径。同时，除物理形态的机器人之外，应更加注重软件形态的机器人技术的发展与应用，吸取计算机技术发展过程中“重硬件，轻软件”所造成的信息技术与产业长期整体落后的惨痛教训，避免重蹈覆辙。工业时代的核心技术是工业自动化，物理机器人正起着越来越重要的作用；但智能时代的核心技术将是知识自动化，因此必须从一开始就加快、加强以软件形态为主的知识机器人的研发与应用，以软件机器人的发展促进物理机器人的升级，尽快形成软件和物理形态平行互动的新型机器人系统，并以此为突破口，促进下一代智能机器人的迅速发展。

4.3　软件机器人：系统虚拟化与云端化

软件机器人的历史起源很难清楚地界定，虽然与机器人仿真、胞式机器人(cellular robots)、元胞自动机(cellular automata)等密切相关，但这些从未被正式地称为“软件机器人”。事实上，英文“software robots”或“software robotics”很少被专业地使用，至少没有专业上的界定或学术定义。一般认为：“software robots”就是“bot，web bot，web crawler，spider”等软件的统称，就是网上数据的搜索、下载、复印等软件程序而已。近来，Siri，Cortana，“小冰”“小度”或“小 i”等聊天问答软件的出现，更被大众视为“软件机器人”的代表和象征。

事实上，网络化机器人的出现和发展应被视为软件机器人的真正开始。20 世纪 80 年代通用汽车公司在已有工业机器人应用的基础上，提出“制造自动化协议(manufacturing automation protocol，MAP)”工程以及相应的基于 EIA-1393A 通信协议的制造信息格式标准(manufacturing message format standard，MMFS)。由于 MMFS 无法满足由不同厂家的机器人、数控机(NC)、可编程控制器(PLC)等组成的过程控制系统(PCS)的通信要求，制造报文规约(manufacturing message specifica-tion，MMS)应运而生，成为“虚拟制造装置(virtual manufacturing device，VMD)”之间通信的标准，最终演化为国际标准 ISO-9506 为网络化机器人系统，进而为软件机器人的形成和实际应用创造了基础条件。

MAP/MMS 之后，特别是在 WWW 使基于 TCP/IP 的 HTTP 得到广泛应用之后，网络化机器人系统才真正起步。20 世纪 90 年代初，基于互联网的工业机器人系统雏形出现，如通过电子邮件和网页控制的 PUMA 和其他机器人系统，并逐渐发展成“网络机器人学”(networked robotics)这一新领域。至 20 世纪 90 年代末，又提出了远程脑化机器人(remoted brained robots)等概念，并进一步演化成与生物或人类大脑交互的网络控制机器人等相关研究方向。

2001年IEEE RAS创立“网络机器人专业委员会”，以推动相关研究。同时，自动化领域也开展了网络化控制等相关方向的工作，如基于代理的控制方法(agent-based control，ABC)等代理，特别是移动智能代理的引入，加快了从网络机器人向软件机器人转化的进程。2009年，欧盟的“机器人地球”(RoboEarth)项目启动，目标宏大：提出要建立机器人自己的WWW，形成一个关于机器人的巨大网络以及相关数据、知识和算法共同演化的机器人世界，让机器人可以在RoboEarth中共享信息并相互学习各自的行为和环境。图4-4给出了RoboEarth的系统构架，相关功能模块清晰地显示了机器人软件从实质上开始了向软件机器人的转化过程。云网络、云计算等，如Rapyuta平台，已在此项目中发挥了重要作用。

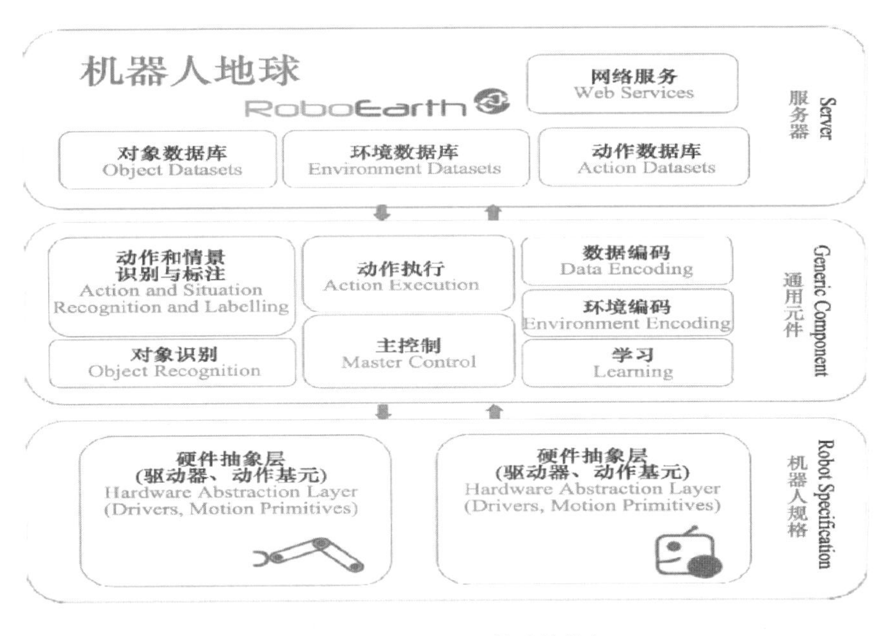

图4-4　RoboEarth的系统构架

2010年James Kuffner正式提出“云机器人”(cloud enabled robots)和“云机器人学”(cloud robotics)的概念与术语，并阐述了其可能的优越之处。这一提议，很快得到了业界的支持，虽然Kuffner没有使用软件机器人一词，但这标志着软件机器人已经与物理机器人分离，入驻云端，成为一个独立的机器人研发与应用领域。

物联网、大数据、云计算为云机器人控制建立了起飞的基础，而机器学习、人工智能、智能控制等智能技术，特别是众包(包括人类的众包和机器的众包)又为云机器人构筑了起飞的平台并提供了发展的动力。但云机器人的发展也面临着诸多挑战，如在隐私与安全方面存在着许多与法律、道德相关的约束，以及易受黑客和计算机病毒攻击等重要问题必须解决。技术上也存在网络引起的可靠性、服务质量、性能效率、算法设计等问题。很明显，基于代理的网络控制和管理方法，特别是“当地简单，远程复杂”的网络云系统设计原理，可以从 IaaS，PaaS，SaaS 这三个层面来应对这些挑战。

然而，软件机器人的深入发展要求必须将机器人的物理形态与软件形态进一步分离，同时在分离的基础上还要更加深度地融合，因此必须考虑知识机器人和平行机器人。

4.4　平行机器人：互动可视化与个性化

2011 年王飞跃等人通过引入网间机器人(web surrogates)、知识机器人(knowledge robots)、平行机器人(parallel robotics)等概念，试图将机器人从网络物理系统(cyber-physical systems，CPS)空间推向网络物理社会系统(cyber-physical-social systems，CPSS)空间，从牛顿式的机械物理机器人迈向默顿式的智能平行机器人，使机器人也普及成为机器人即服务(robot as a service，RaaS)式的实时、互动，而且网络化、可视化和个性化的产品。最终，使机器人从主要服务于工业自动化，逐步发展演变为促进知识自动化的主力。

图 4-5 给出了平行机器人的框架，主要由两个对映体和三个功能块组成。一个是一般意义下实体形态的物理机器人，另一个对映体是特别意义下虚拟形态的软件机器人，或软件定义的机器人(software defined robot，SDR)。软件机器人 SDR 不但刻画了机器人的规格和性能，同时以可视化的手段提供了机器人的其他详细信息，主要包括维护、维修、备件、更新、服务、新算法、新应用等网络化实时知识，使对应的物理机器人的操作与保养变得简单而且经济、方便、可靠。换言之，SDR 就是实际物理机器人之“活”的本体知识描述、可视化的信息中心，可以放在云端，也可以放在手机端或其他客户端，是云机器人的具体化、个性化和专门化的体现，也是类似于 RoboEarth 项目发展的必然结果。通过软件机器人和物理机器人的对应和平行互动，可以实现下面三个主要的功能模块。

(1) 机器人的学习与培训模块。这既可以是操作人员利用 SDR 学习使用机器人，也可以是机器人本身学习新的控制法或智能技术。此时，RoboEarth

中所提供的虚拟工作环境互学习功能可以被充分地利用，众包式的人类计算手段也能够得到更加完美的发挥。

(2) 机器人的实验与评估模块。同理，这可以是操作员或机器本身进行的各类“计算实验”或“计算实践”，以此对机器人轨迹规划、任务排序、安全检测等程序进行分析与评估，以降低成本，使之遵守法规、合乎模式，等等。目前的机器人图形编程和可视化规划，正是这一功能模块的雏形。

(3) 机器人的管理与控制模块。通过物理和软件机器人的实时平行互动，在 CyberSpace 中形成一个关于任务执行的大环系统，从而可以利用虚实互动自适应的反馈方式，使平行机器人系统更加准确快速地完成指定的任务，实现对机器人系统的智能控制与管理。

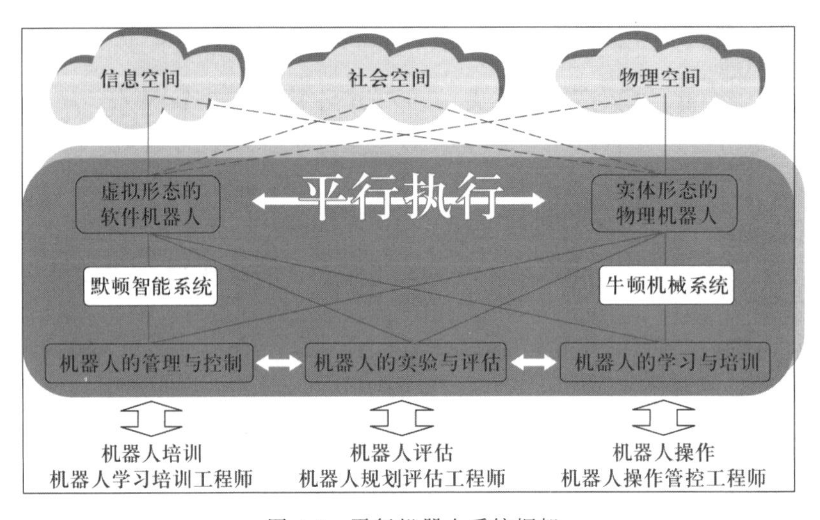

图 4-5 平行机器人系统框架

显然，利用平行机器人的框架和运营机制，可以方便地将生产制造的物理空间、消费服务的社会空间、数据知识的信息空间连通，进而使平行机器人成为基于 CPSS，而非仅仅是基于 CPS 的智能机器人。一定程度上，平行机器人可视为封装的 O2O(O2O in a box)。而且，这种面向智能产业的新型机器将为人类社会产生新的工种，就像计算机产生新的工作岗位一样，如机器人学习与培训工程师、规划与评估工程师、操作与管理工程师等，绝非是简单的“机器换人”，而是“机器扩人”“机器渡人”“机器化人”等，使社会更加智能、高效、舒适和安全。

总之，在工业时代，受效益驱动，加上生产制造任务的不定性、多样性和复杂化等因素，催生了工业自动化和工业机器人。随着社会的不断进步发展，知识工作，特别是涉及网上的数据处理、信息操作、知识运营等的工作，也变得更加不定、多样、复杂，因此更加迫切地需要知识机器人，也只有这样，才能真正迈入一个知识经济和智能社会。知识机器人，如上述的平行机器人系统，正是进入这一新社会形态的一种关键且核心的工具和手段。

如图 4-6 所示，利用平行机器人形式的知识机器人系统，可以将物理世界中物理形态的机器人和虚拟或云端世界中软件形态的机器人融合起来，如同实数和虚数的融合打通了整个数域，通过社会网络和物联网络连通形成了虚实互动的机器人平行世界，即

$$\begin{aligned}\text{平行知识机器人} &= \text{物理机器人} + \mathrm{i}\,\text{软件机器人} \\ &= \sum \text{物理机器人} + \mathrm{i}\,\text{软件机器人} \\ &= \text{物理机器人} + \mathrm{i}\sum \text{软件机器人} \\ &= \sum \text{物理机器人} + \mathrm{i}\sum \text{软件机器人}.\end{aligned}$$

如此，就可以形成虚实一一对应、一多对应、多一对应、多多对应式的新型工业机器人、服务机器人、特种机器人系统等，从而使智能机器人在处理不定、多样、复杂的知识工作任务和流程时候，具有深度知识支持的灵捷、通过实验解析的聚焦以及反馈互动自适应的收敛等能力，进而完成从工业自动化向知识自动化的转化。

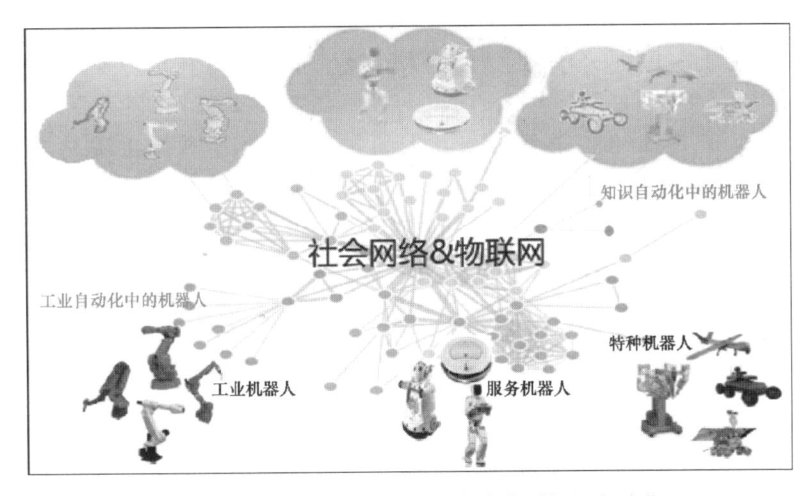

图 4-6　知识机器人：从工业自动化到知识自动化

需要指出的是，在这一转化过程中，必须考虑以前工业机器人不必处理的社会信号。物理机器人只需要考虑物理信号，但在平行机器人中，软件机器人在相当程度上是依靠社会信号来获取其对社会和信息空间的感知的，这就是平行知识机器人必须面临的新挑战，也是为什么知识机器人必须利用自

然语言处理、机器学习、人工智能和其他智能技术的主要原因。这方面的相关讨论和研究目前刚刚起步，涉及社会、心理、文化等学科，主要是如何完成从“大定律，小数据”的机械式牛顿系统转向“小定律，大数据”的智能化默顿系统。这一过程远比传统的工业机器人的开发要复杂，但意义也更加重要和巨大，必须倍加关注，尽快完成从机械的牛顿机器人向智能的默顿机器人的升华。

发展智能机器人系统是产业升级和智能产业的基础，也是时代的要求。首先是智能产业对劳动人口的能力提出了更专、更深、更高，有时甚至是“非分”的要求，一般素质难以达到。其次是新一代“QQ”式的劳动力人口，伴随着智能手机、微博、微信等“碎片化”社会媒体和生活方式成长起来，已经难以适应上一代传统的学习方式与工作要求，相对而言“传统能力”退化。这“一进一退”，使得需求双方的差距更加扩大，必须靠机器人这类智能机器加以“补偿”。否则，不但产业无法升级，整个社会的竞争力和影响力也将退化，这就是中国和其他国家近年来纷纷提出发展机器人和智能制造战略与计划的根本原因。

人才，特别是面向应用的高端人才的培养和有效利用仍是机器人产业发展的瓶颈。此外，必须充分思考机器人产业发展的战略，在提高加强物理形态的工业机器人的基础上，关注并重视刚刚起步、但意义非凡的软件和知识机器人，特别是二者融合的平行机器人，吸取中国在计算机产业发展过程中的教训，突破重“硬件”、轻“软件”的传统思维，不要在回头捡“芝麻”之时，却被面前的“西瓜”绊倒，在智能机器人和先进装备制造领域再次失去另一次可能的重大发展机遇。

4.5 工业机器人的基本描述

1. 工业机器人的基本组成

工业机器人系统通常由三大部分、六个子系统组成，如图 4-7 所示。三大部分是指机械部分、传感部分和控制部分。六个子系统是指驱动系统、机械结构系统、感受系统、机器人-环境交互系统、人机交互系统、控制系统。下面将分述这六个子系统。

(1) 驱动系统。要使机器人运行起来，就需给各个关节即每个运动自由度安置传动装置，这就是驱动系统。驱动系统可以是液压传动、气动传动、电动传动，或者是把它们结合起来应用的综合系统；也可以是直接驱动或者是通过同步带、链条、轮系、谐波齿轮等机械传动机构进行的间接驱动。

(2) 机械结构系统。工业机器人的机械结构系统是保障工业机器人完成各

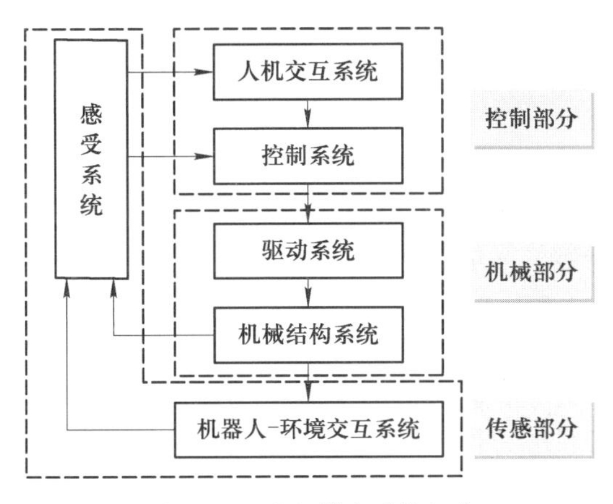

图 4-7　工业机器人系统组成

种运动的机械部件。系统由骨骼(杆件)和连接它们的关节(运动副)构成，具有多个自由度，主要包括手部、腕部、臂部、机身等部件。其中，手部又称为末端执行器或夹持器，是工业机器人对目标直接进行操作的部分，在手部可安装专用工具，如焊枪、喷枪、电钻、电动螺钉(母)拧紧器等；腕部是连接手部和臂部的部分，主要功能是调整手部的姿态和方位；臂部用来连接机身和腕部，是支撑腕部和手部的部件，由动力关节和连杆组成，用以承受工件或工具的负荷，改变工件或工具的空间位置，并将它们送至预定位置；机身是机器人的支撑部分，分为固定式和移动式两种。

(3) 感受系统。感受系统由内部传感器和外部传感器两部分组成，用以获取内外部环境中的信息，并对之进行处理(变换)和识别。它涉及传感器(又称换能器)、信息处理和识别的规划设计、开发、制(建)造、测试、应用及评价改进等。更进一步地，需要对同一数据源的多传感器信息进行融合处理。

工业机器人经常使用的传感器分为接触式的与非接触式的。接触式传感器可以进一步分为触觉传感器、力和扭矩传感器。其中，触觉或接触传感器可以测出受动器端与其他物体间的实际接触，微型开关就是一个简单的触觉传感器。当机器人的受动器端与其他物体接触时，传感器使机器人停止工作，避免物体间的碰撞，告诉机器人已到达目标；或者在检测时用来测量物体尺寸。力和扭矩传感器位于机器人的抓手与手腕的最后一个关节之间，或者放在机械手的承载部件上，用于测量力与力矩。力和扭矩传感器有压电传感器和装在柔性部件上的应变仪等。

非接触传感器包括接近传感器、视觉传感器、声敏元件及范围探测器等，用于标示传感器附近的物体。例如，可以用涡流传感器精确地保持机器人与钢板之间的固定的距离。最简单的机器人接近传感器包括一个发光二极管发射机和一个光敏二极管接收器，其原理是接收反射面移近时的反射光线，这种传感器的主要缺点是移近物对光线的反射率会影响接收信号。其他接近传感器使用的是与电容和电感相关的原理。

(4) 机器人-环境交互系统。该系统用于实现工业机器人与外部环境中的设备相互联系和协调，包括与硬件环境和软件环境的交互两部分。其中，与硬件环境的交互主要是与外部设备的通信、对工作域中障碍和自由空间的描述以及操作对象的描述；与软件环境的交互主要是与生产单元监控计算机所提供的管理信息系统的通信。工业机器人与环境更高一层的交互是对外部环境的感知、学习、判断和推理，实现环境预测，并根据客观环境规划自己的行动，这就是自律性机器人和智能化机器人。

未来的工业机器人将大大提高工厂的感知系统，以检测机器人及周围设备的任务进展情况，能够及时检测部件和产品组件的生产情况，并估算出生产人员的情绪和身体状态。这就需要研发出高精度的触觉、力觉传感器和图像解析算法，它面临的重大技术挑战包括非侵入式的生物传感器及表达人类行为和情绪的模型。采用高精度传感器构建用于装配任务和跟踪任务进度的物理模型，可以减少自动化生产环节中的不确定性。

多品种小批量生产的工业机器人将更加智能，更加灵活，而且可在非结构化环境中运行，由于这种环境中包含有人类/生产者参与，从而增加了对非结构化环境感知与自主导航的难度，需要攻克的关键技术包括3D环境感知的自动化等。这样就能使机器人适应在加工车间中的典型非结构化环境，从而实现产品批量生产。

(5) 人机交互系统。该系统用于操作人员对机器人进行控制并与机器人进行联系，传统的人机交互系统主要包括指令给定装置和信息显示装置，分别用于控制指令的编写和运行情况信息的显示。

未来工业机器人的研发中将越来越强调新型人机合作的重要性，需要研究开发全浸入式图形化环境、三维全息环境建模、真实三维虚拟现实装置以及力、温度、振动等多物理作用效应的人机交互装置。为了达到机器人与人类生活行为环境以及人类自身和谐共处的目标，需要解决的关键问题包括：机器人本质安全问题，保障机器人与人、环境间的绝对安全共处；任务环境的自主适应问题，自主适应个体差异、任务及生产环境；多样化作业工具的操作问题，灵活使用各种执行器完成复杂操作；人机高效协同问题，准确理解人的需求并主动给予协助。

在生产环境中，注重人类与机器人之间交互的安全性。根据终端用户的需求设计工业机器人系统以及相关产品和任务，将保证人机交互的自然，不仅是安全的而且效益更高。人和机器人的交互操作设计包括自然语言、手势、视觉和触觉技术等，也是未来机器人发展需要考虑的问题。工业机器人必须容易示教，而且人类易于学习如何操作。机器人系统应设立学习辅助功能，用以实现机器人的使用、维护、学习和错误诊断/故障恢复等。

(6) 控制系统。该子系统是工业机器人的灵魂，主要内容包括运动学标定、动力学分析、运动规划、控制器设计等内容，先后提出了点位控制式、连续轨迹进行控制式、开环控制式、闭环控制式、半开半闭控制式等多种控制方案，以及众多的控制器设计方法。可以说，针对传统的工业机器人系统，控制方案设计已经比较成熟。

随着工业机器人技术朝着智能化、重载、高精度、高速、网络化等方向的发展，为了适应高速、高精度、智能化作业的需求，加之工业机器人非线性、多变量的动力学特点，使得结合位置、力矩、力、视觉等信息反馈的柔顺控制、力位混合控制、视觉伺服等控制方法的研究日益重要。同时，通过利用网络技术，工业机器人已经初步简化了系统结构，实现了协同作业。例如，FANUC公司的并联6轴结构的机器人3iA具有很高的柔性，集成了iRVision视觉系统、Force Sensing力觉系统、Robot Link通信系统和Collision Guard碰撞保护系统等多个智能功能，可对工件进行快速识别，利用视觉跟踪系统引导完成作业。但是针对多轴工业机器人的协作控制方法研究也才刚刚开始。

在控制系统实现技术方面，也涌现出一系列亟待解决的关键问题，包括基于实时操作系统和高速总线的工业机器人的开放式控制系统，采用基于模块化结构的机器人分布式软件结构设计，实现机器人系统不同功能之间无缝连接；通过合理划分机器人模块，降低机器人系统集成难度，提高机器人控制系统软件体系实时性；在工业机器人控制系统的硬件和软件开放性方面，需要解决的问题有现有机器人开源软件与机器人操作系统兼容性、工业机器人模块化软硬件设计与接口规范以及集成平台的软件评估与测试方法等；在工业机器人通信技术法方面，需要综合考虑总线实时性要求，研究工业机器人伺服通信总线，以及针对不同应用和不同性能的工业机器人对总线的要求，制定总线通信协议，以及提出支持总线通信的分布式控制系统体系结构，以实现典型多轴工业机器人控制系统及与工厂自动化设备的快速集成。

2. 基本技术参数

由上可知，工业机器人的发展已经进入了智能化的时代，用于刻画其满足用户需求的技术参数也随之在不断地变化。此处仅介绍与工业机器人工作能力相关的基本技术参数，作为设计、制作以及应用机器人的依据。

(1) 自由度。自由度是指机器人末端执行器相对于参考坐标系能够独立运动的数目，但并不包括末端执行器的开合自由度，如图 4-8 所示。自由度是机器人的一个重要技术指标，它是由机器人的结构决定的，并直接影响到机器人是否能完成与目标作业相适应的动作。

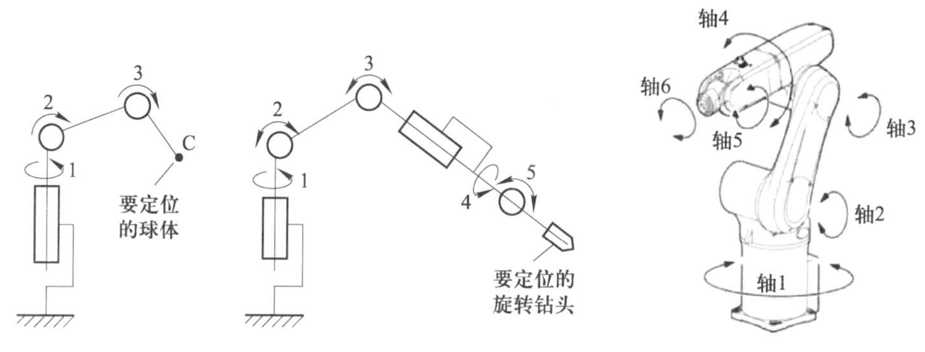

图 4-8　机器人自由度举例

机器人的自由度表示机器人动作灵活的尺度，一般以轴的直线移动、摆动或旋转动作的数目来表示。机器人的自由度越多，就越能接近人手的动作机能，通用性就越好；但是自由度越多，结构越复杂，对机器人的整体要求就越高，这是机器人设计中的一个矛盾。如果只是进行一些简单的应用，例如在传送带之间拾取放置零件，那么 4 轴的机器人就足够了。如果机器人需要在一个狭小的空间内工作，而且机械臂需要扭曲反转，6 轴或者 7 轴的机器人是最好的选择。轴的数量选择由具体的应用而定，一般多为 4～6 个自由度；7 个以上的自由度是冗余自由度，是用来躲避障碍物的。

需要注意的是，轴数多一点并不只为灵活性。事实上，如果你还想把机器人用于其他的应用，你可能需要更多的轴，“轴”到用时方恨少。不过轴多的也有缺点，如果一个 6 轴的机器人你只需要其中的 4 轴，你还是得为剩下的那 2 个轴编程。

(2) 工作空间。机器人的工作空间是指机器人末端上参考点所能达到的所有空间区域。由于末端执行器的形状尺寸是多种多样的，为真实反映机器人的特征参数，工作空间是指不安装末端执行器时的工作区域。特别地，最大垂直运动范围是指机器人腕部能够到达的最低点(通常低于机器人的基座)与最高点之间的范围；最大水平运动范围是指机器人腕部能水平到达的最远点与机器人基座中心线的距离。需要指出的是，机器人所具有的自由度数目及其组合不同，则其运动图形不同；而自由度的变化量(即直线运动的距离和回转角度的大小)则决定着运动图形的大小，如图 4-9 所示。

(3) 最大工作速度。运动速度是反映机器人性能的又一项重要指标，它与

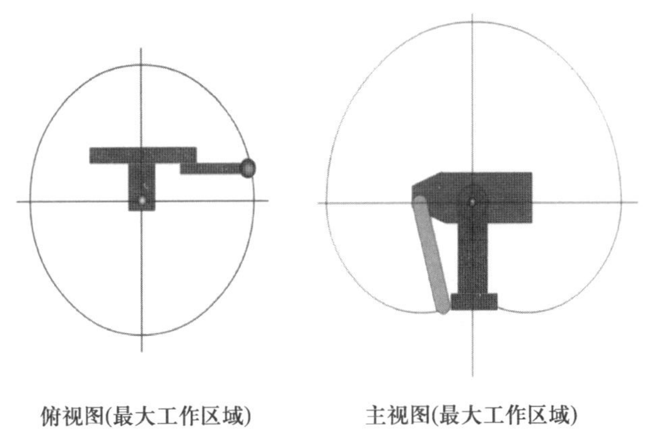

图 4-9　工作空间示意图

机器人负载能力、定位精度等参数都有密切联系，同时也直接影响着机器人的运动周期。一般而言，工作速度是指机器人在运动过程中最大的运动速度。为了缩短机器人整个运动的周期，提高生产效率，通常总是希望启动加速和减速制动阶段的时间尽可能地缩短，而运行速度尽可能地提高，即提高全运动过程的平均速度。但由此却会使加、减速度的数值相应地增大，在这种情况下，惯性力增大，工件易松脱；同时，较大的动载荷也会影响机器人工作平稳性和位置精度。这就是在不同运行速度下，机器人能提取工件的重量不同的原因。

(4) 承载能力。该参数指的是机器人在规定的性能范围内，机械接口处能承受的最大负载量(包括手部)，用质量、力矩、惯性矩来表示。负载大小主要考虑机器人各运动轴上的受力和力矩，包括手部的重量、抓取工件的重量，以及由运动速度变化而产生的惯性力和惯性力矩。承载能力不仅决定于负载的质量，而且还与机器人运行的速度和加速度的大小和方向有关。一般低速运行时，承载能力大。为安全考虑，规定在高速运行时所能抓取的工件重量作为承载能力指标。目前世界承载能力最大(截至 2019 年)的是中国欢颜自动化设备(上海)有限公司研制的关节式 6 轴搬运机器人欢颜“大金刚”，其臂展 4 米，自身总重超过 24 吨，工作半径 3.8 米，有效负载 3.6 吨。它超过此前保持此项世界纪录的日本 FANUC Robotics 公司 M-2000iA/2300(有效负载 2.3 吨)。

(5) 定位精度与重复定位精度。定位精度指机器人手部实际到达位置与目标位置之间的差异，是衡量机器人工作质量的一项重要指标。定位精度的高低取决于位置控制方式以及工业机器人的运动部件本身的精度和刚度，与其握取重量、运行速度等也有密切关系。重复定位精度是指机器人多次定位重复到达同一目标位置时，与其实际到达位置之间的相符合程度。轨迹重复精度是指沿同一轨迹跟随多次，所测得的轨迹之间的一致程度。通常来说，机器人可以达到0.5mm以内的精度，甚至更高。例如，如果机器人是用于制造电路板，你就需要一台超高重复精度的机器人；如果所从事的应用精度要求不那么高，那么机器人的重复精度也可以不用那么高。精度在2D视图中通常用“±”表示。实际上，由于机器人并不是线性的，其可以在公差半径内的任何位置。

(6) 程序编制与存储容量。该参数用于说明机器人的控制能力，即程序编制和存储容量(包括程序步数和位置信息量)的大小表明机器人作业能力的复杂程度及改变程序时的适应能力和通用程度。存储容量大，则适应性强，通用性好，从事复杂作业的能力强。

(7) 制动和惯性力矩。机器人制造商一般都会给出制动系统的相关信息。一些机器人会给出所有轴的制动信息。为在工作空间内确定精准和可重复的位置，你需要足够数量的制动。机器人特定部位的惯性力矩对于机器人的安全至关重要，可以向制造商索取。同时还应该关注各轴的允许力矩大小。例如你的应用需要一定的力矩去完成时，就需要检查该轴的允许力矩能否满足要求。如果不能，机器人很可能会因为超负载而发生故障。

(8) 防护等级。该参数的大小由工业机器人的应用场合所决定。例如，当机器人分别应用于食品制作、实验室仪器、医疗仪器等不同行业，或者处在易燃的环境中时，其所需要的防护等级是不相同的。事实上，防护等级是一个国际标准，需要区分实际应用所需的防护等级，或者按照当地的规范选择。制造商会根据机器人工作的环境不同而为相同型号的机器人提供不同的防护等级。

(9) 其他。一是机器人的重量。因为如果工业机器人需要安装在定制的工作台甚至轨道上，你需要知道它的重量并设计相应的支撑，当然机构的重量与其运动控制等也密切相关。二是机器人类型。基于常理，首先你要知道机器人要用于何处。这是你选择需要购买的机器人种类时的首要条件。如果你只是要一个紧凑的拾取和放置机器人，Scara机器人是不错的选择。如果想快速放置小型物品，Delta机器人是最好的选择。如果你想机器人在工人旁边一起工作，你就应该选择协作机器人。

3. 工业机器人分类

工业机器人的分类方法有很多。按用途可分为焊接机器人、装配机器人、搬运机器人、激光加工机器人、移动机器人。按程序输入方式可分为编程输入型和示教输入型两类。按运动形式可分为直角坐标型、圆柱坐标型、球坐标型、关节型、平面关节型、并联机器人。按执行机构运动的控制机能，可分为点位型和连续轨迹型：点位型仅控制执行机构由一点到另一点的准确定位，适用于机床上下料、点焊和一般的搬运、装卸等作业；连续轨迹型可控制执行机构按给定轨迹运动，适用于连续焊接和涂装等作业。

下面对根据运动形式分的各类工业机器人的运动特点作简要的介绍。

（1）直角坐标型。如图 4-10 所示，这类机器人全部由平动自由度构成，具有 3 个互相垂直的移动轴线，它们通过手臂的上下左右移动和前后伸缩构成 1 个直角坐标系。其机械结构和控制方式比较简单，位置精度较高，但操作范围小，运行速度较低，灵活性差，难以与其他机器人协调，且占地较大。

（2）圆柱坐标型。如图 4-11 所示，这类机器人一般由 1 个旋转自由度和 2 个平动自由度构成，机座上有 1 个水平转台，在转台上装有立柱和水平臂，水平臂能上下移动和前后伸缩，并能绕立柱旋转，在空间构成部分圆柱面。其特点是操作范围较大，并能获得较高速度，控制简单，避障性好，但结构庞大，难以与其他机器人协调工作。

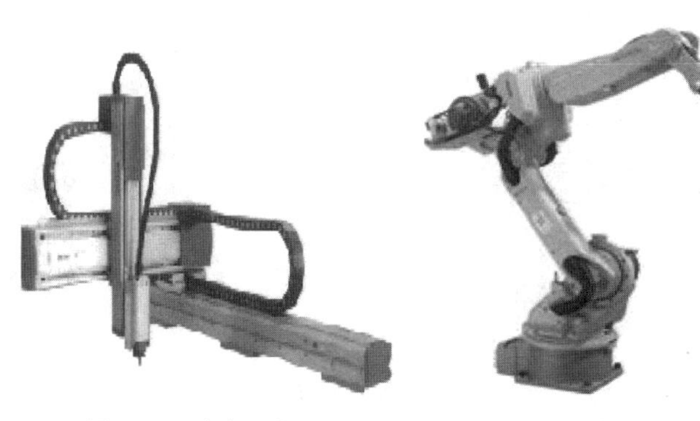

图 4-10　直角坐标型　　　图 4-11　圆柱坐标型

（3）球坐标型。如图 4-12 所示，这种机器人一般由 2 个旋转自由度和 1 个平动自由度构成，手臂能上下俯仰和前后伸缩，并能绕立柱回转，在空间

图 4-12　球坐标型

构成部分球面。这类机器人占地面积较小，结构紧凑，比圆柱坐标型更为灵活，操作范围更大，能与其他机器人协调工作，重量较轻，但避障性差，有平衡问题，位置误差与臂长成正比。

(4) 关节型。这种机器人全部由旋转自由度组成。其具有结构最紧凑，灵活性大，占地面积最小，工作空间最大，能与其他机器人协调工作，避障性好等特点；其缺点是位置精度较低，存在平衡问题。

(5) 平面关节型。如图 4-13 所示，这种机器人被限制在一个平面内进行关节转动。

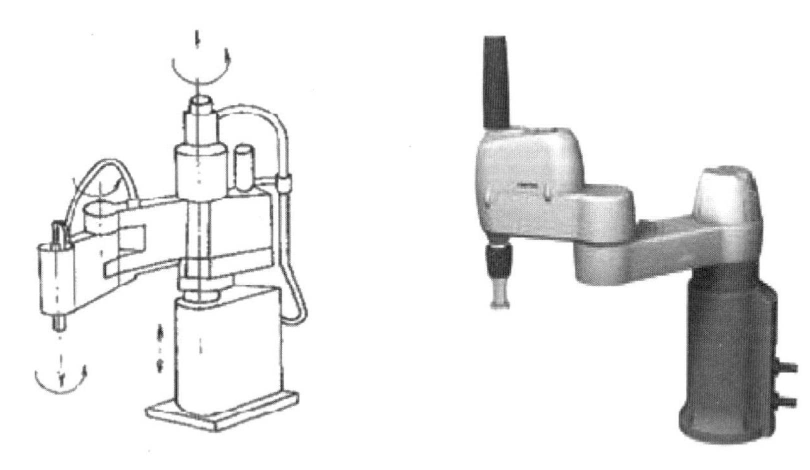

图 4-13 平面关节型

(6) 并联机器人。如图 4-14 所示，这种机器人是由多个独立驱动的机构同时驱动一个执行末端，故需要相互协调配合才能完成任务。并联机器人有

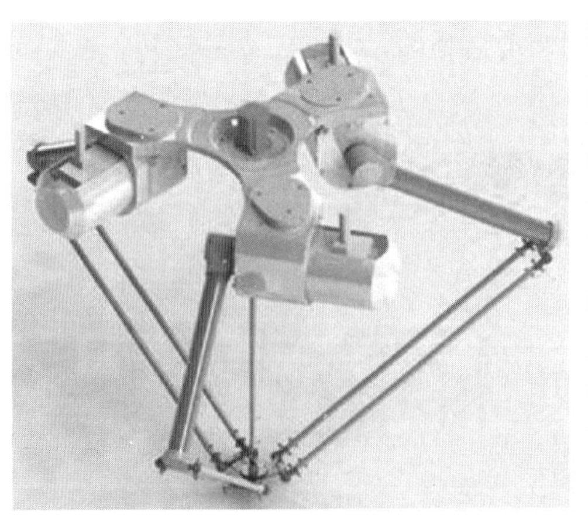
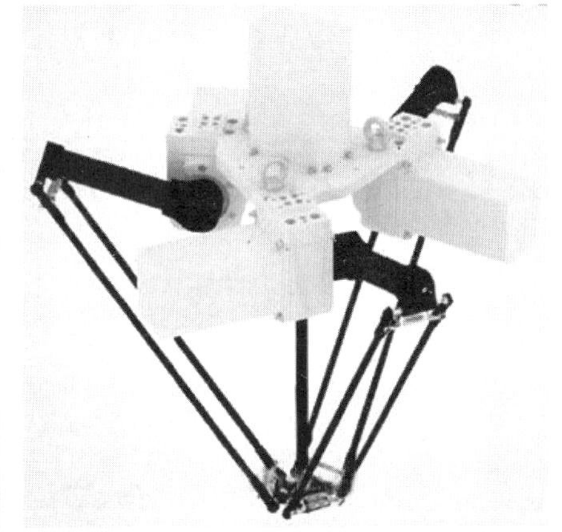

图 4-14 并联机器人

很多优点：无累积误差，精度较高；驱动装置可置于定平台上或接近定平台的位置，这样运动部分重量轻，速度高，动态响应好；结构紧凑，刚度高，承载能力大；完全对称的并联机构具有较好的各向同性；工作空间较小。

(7) 柔性仿生机器人。这种机器人由气动的软硅胶结构做成，连通压缩空气后，触角向内弯曲，将吸附和缠绕两种方式结合，实现对多种不同形状、不同尺寸、不同摆放姿态物体的抓取功能。图 4-15 所示的章鱼机械臂是模仿章鱼的触手而设计，可实现多个自由度的灵活运动。

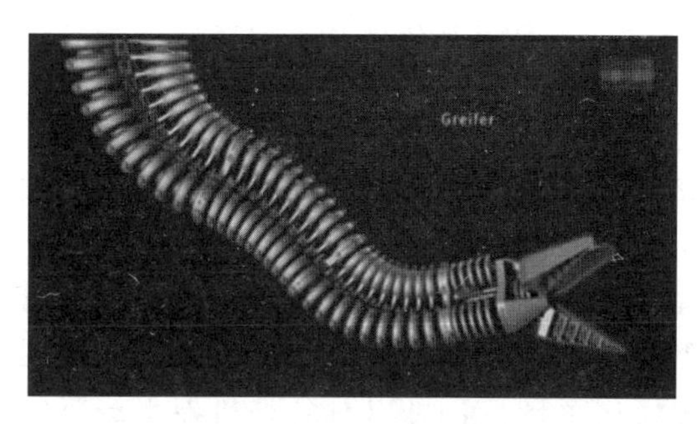

图 4-15　章鱼机械臂

4. 工业机器人编程方法

工业机器人编程属于人机交互部分的功能，是赋予工业机器人给定功能的必然步骤。目前，工业机器人编程方式主要有示教式编程、语言式编程和离线式编程三种。

(1) 示教式编程。该方法是目前广泛使用的一种编程方法。具体过程是：根据任务的需要，将机器人末端工具移动到所需的位置及姿态，然后把每一个位姿连同运行速度、焊接参数等记录并存储下来，机器人便可以按照示教的位姿顺序再现。示教式编程的优点是方法简单、易于掌握，且不需要预备知识和复杂的计算机装置；缺点是编程人员工作环境差、强度大，一旦失误，会造成人员伤亡或设备损坏，编程效率低，无法举一反三，以及占用生产时间，难以适应小批量、多品种的柔性生产需要。

(2) 语言式编程。机器人语言尽管有很多分类方法，但根据作业描述水平的高低，通常可分为动作级、对象级和任务级：

① 动作级语言是以机器人的运动作为描述中心，通常由指挥夹手从一个位置到另一个位置的一系列命令组成。动作级语言的每一个命令(指令)对应于一个动作。如可以定义机器人的运动序列(MOVE)，则基本语句形式为 MOVE TO (destination)。动作级语言的代表是 VAL 语言，它的优点是语句简洁，易于编程；缺点是不能进行复杂的运算，不能接收传感器信息。动

作级编程又可分为关节级编程和终端执行器编程两种。

② 对象级编程语言解决了动作级语言的不足，它是通过描述操作物体间关系使机器人动作的语言，即是以描述操作物体之间的关系为中心的语言，这类语言有 AML，AUTOPASS 等。

③ 任务级编程语言是比较高级的机器人语言，这类语言允许使用者对工作任务所要求达到的目标直接下命令，不需要规定机器人所做的每一个动作的细节。只要按某种原则给出最初的环境模型和最终工作状态，机器人可自动进行推理、计算，最后自动生成机器人的动作。目前还没有真正的任务级语言。

(3) 离线式编程。该编程技术已成为机器人技术向智能化发展的关键技术之一，指的是利用计算机图形学的成果建立机器人及其工作环境的仿真模型，再利用一些规划算法，通过对图形的控制和操作，在离线的情况下进行轨迹规划。离线编程(off line programming)系统是语言编程的拓展。与在线示教编程相比，离线编程具有以下优点：一是可减少机器人非工作时间，当对下一个任务进行编程时，机器人仍可在生产线上工作；二是使编程者远离危险的工作环境；三是使用范围广，可以对各种机器人进行编程；四是便于和 CAD/CAM 系统结合做到 CAD/CAM/机器人一体化；五是可使用高级计算机编程语言对复杂任务进行编程；六是便于修改机器人程序。

4.6 工业机器人的应用

在工业发达国家中，工业机器人及自动化生产线成套装备已成为高端装备的重要组成部分及未来发展趋势，工业机器人已经广泛应用于汽车及汽车零部件制造业、机械加工行业、电子及电气行业、橡胶及塑料工业、食品工业、物流业、制造业等领域，工业机器人在主要领域的年度供应量如图 4-16 所示。

欧洲等国及日本在工业机器人的研发与生产方面占有优势，其中知名的机器人公司包括 ABB、KUKA、FANUC、YASKAWA 等，这四家机器人企业占据的工业机器人市场份额达到 60%～80%。美国特种机器人技术创新活跃，军用、医疗与家政服务机器人产业占有绝对优势，占有智能服务机器人市场的 60%。我国工业机器人需求迫切，以每年 25%～30%的速度增长，年需求量在 2 万～3 万台套，而国产工业机器人产业化刚刚开始。在区域分布上，沿海地区企业需求高于内地需求，民营企业对工业机器人的需求高于国有企业的需求，各地政府及企业提出了相关发展规划以大力发展机器人产业。

在国外，工业机器人技术日趋成熟，已经成为一种标准设备被工业界广泛应用，相继形成了一批具有影响力的、著名的工业机器人公司。瑞典的 ABB，日本的 FANUC 和 Yaskawa，德国的 KUKA Roboter，意大利 COMAU，英国的

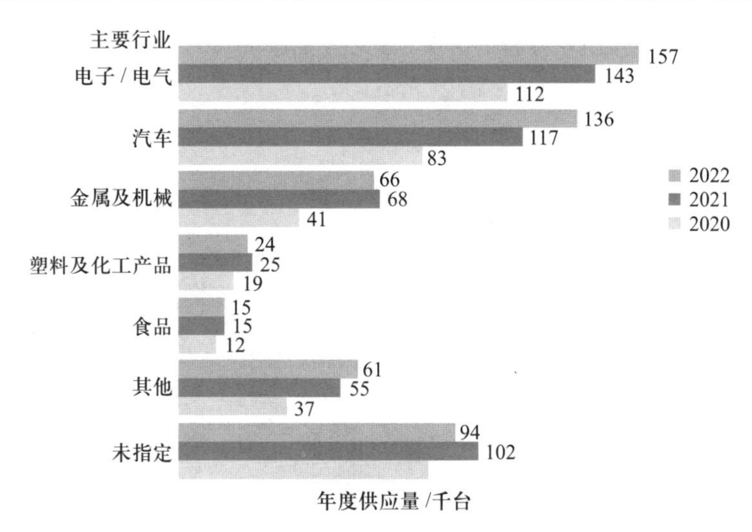

图 4-16　工业机器人在重要领域的年度供应量(数据来源：IFR)

AutoTechRobotics，加拿大的 Jcd International Robotics，以色列的 Robogroup Tek，美国的 Adept Technology、American Robot、Emerson Industrial Automation 和 S-TRobotics 等公司已经成为其所在地区的支柱性产业。表 4-1 为国际上机器人技术水平对比，从表中可见，日本和欧盟的工业机器人技术最为先进，日本曾是全球范围内国内工业机器人生产规模最大、应用最广的国家，而隶属于欧盟组织的德国则曾名列全球第二；韩国在服务类机器人上的发展较为优秀，而美国则侧重于医疗和军事机器人等方面。

表 4-1　主要国家/地区机器人技术优势领域比较表

机器人类型	日本	韩国	欧盟	美国
工业机器人	极为突出	一般	很突出	一般
仿人型机器人	极为突出	很突出	一般	一般
个人/家用机器人	极为突出	很突出	一般	一般
服务机器人	突出	很突出	突出	突出
生物、医疗机器人	一般	一般	很突出	很突出
国服/航空机器人	一般	不突出	突出	极为突出

根据国际机器人联合会(IFR)于 2023 年 9 月 26 日在德国法兰克福发布的《2023 年世界机器人报告》，2022 年全球工业机器人销量达到了 553 052 台，较 2021 年增长了 5%，再次刷新了历史最高纪录。这标志着全球工业机器人

销量连续第二年突破50万台的大关(参见图4-17)。2017—2022年，全球工业机器人销量的年均复合增长率约为7%。

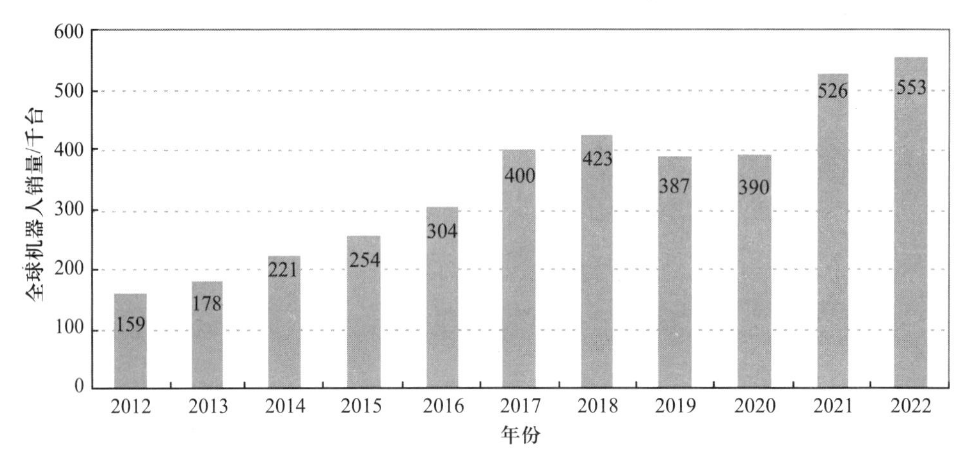

图4-17　全球工业机器人的年销量增长情况(数据来源：IFR)

从世界三大地区来看，2022年亚太地区、欧洲地区和美洲地区工业机器人销量均呈现增长态势，增幅分别为5.2%、2.4%和7.7%，销量分别为40.5万台、8.4万台和5.6万台。亚太地区是全球最大的工业机器人市场，并且其市场份额依旧在持续上涨，2022年全球工业机器人销量中的73%安装在亚太地区；欧洲地区和美洲地区的市场份额占比分别为15%和10%(参见图4-18)。

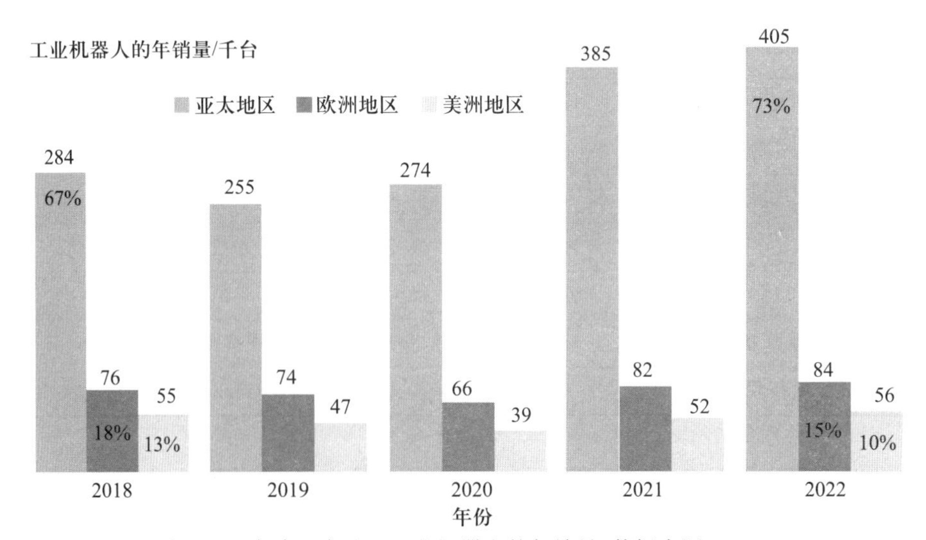

图4-18　全球三大地区工业机器人的年销量(数据来源：IFR)

在工业机器人销量方面，中国、日本、美国、韩国和德国位居全球前五，这五个国家的市场份额合计约占全球市场的 79.1%(参见图 4-19)。中国作为全球最大的机器人市场，其销量遥遥领先。2022 年，中国工业机器人销量达到 290 258 台，同比增长 5%。近年来，中国工业机器人市场保持了快速增长的态势，2017—2022 年，其销量的复合年均增长率约为 13%(参见图 4-20)。2022 年，中国在全球工业机器人市场的份额占比达到了 52.5%，相较于 10 年前的 2012 年的 14%，增长显著(参见图 4-21)。为了满足这一充满活力的市场需求，国内外机器人供应商纷纷在中国设立生产工厂，并不断提升产能。

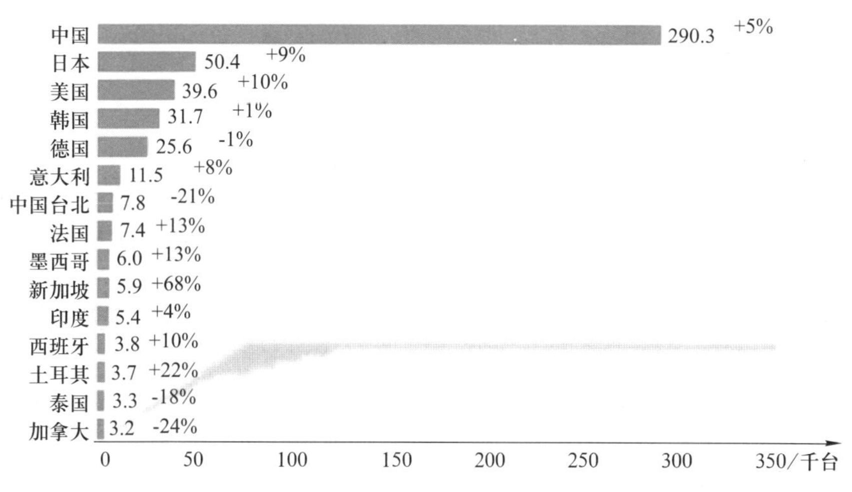

图 4-19　2022 年工业机器人的销量及增长率（数据来源：IFR）

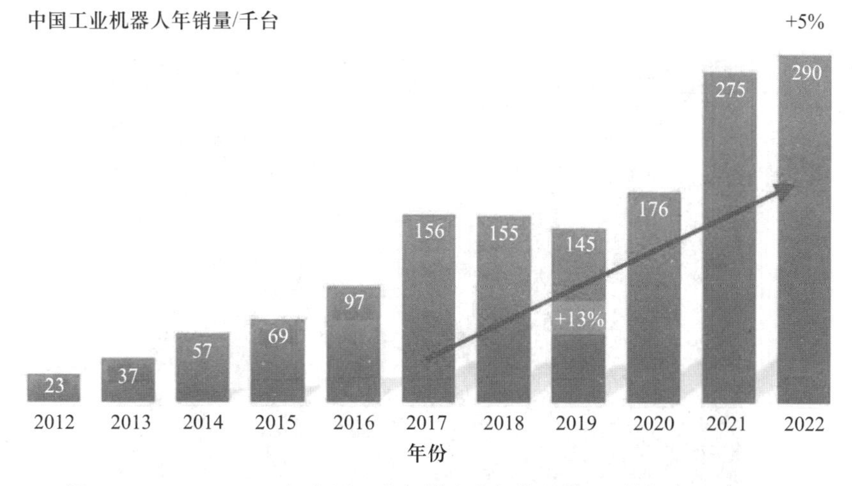

图 4-20　2012—2022 年中国工业机器人的年销量情况(数据来源：IFR)

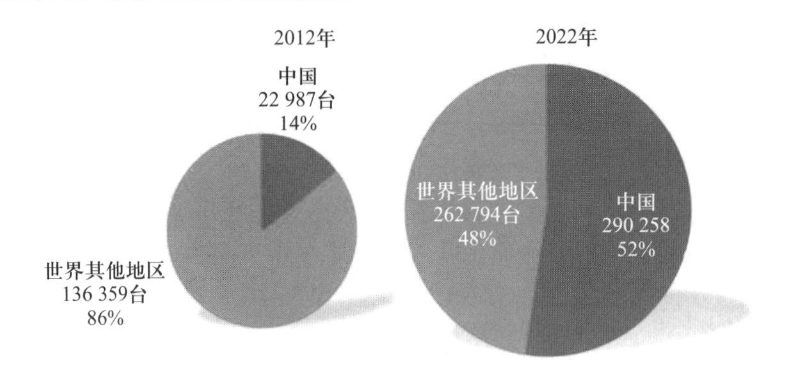

图 4-21 中国在全球工业机器人市场的份额占比(数据来源：IFR)

国内在工业机器人研发方面，沈阳新松机器人自动化股份有限公司在自动导引车(automated guided vehicle，AGV)等方面取得重要市场突破，2009年10月该公司成功登陆深圳首批创业板，迈出了“机器人”进入资本市场做强做大的历史性一步，是“中国机器人第一股”；哈尔滨博实自动化股份有限公司重点在石化等行业的自动包装与码垛机器人方面进行产品开发与产业化推广应用；广州数控设备有限公司研发了自主知识产权的工业机器人产品，用于机床上下料等；昆山华恒焊接股份有限公司开展了焊接机器人研发与应用；上海沃迪科技公司联合上海交通大学研制成功了码垛机器人，并进行市场化推广；天津大学在并联机器人上取得了重要进展，相关技术获得美国专利。奇瑞装备有限公司与哈滨工业大学合作研制的165千克点焊机器人，已在自动化生产线上开始应用，分别用于焊接、搬运等场合；奇瑞公司自主研制出我国第一条国产机器人自动化焊接生产线，可实现S11车型左右侧围的生产，如图4-22所示。另外，安徽埃夫特、南京埃斯顿、安徽巨一自动化、常州铭

图 4-22 奇瑞公司 S11 车型侧围焊接机器人生产线

赛、青岛科捷自动化、苏州博实、北京博创等在工业机器人整机、系统集成应用或是核心部件方面也进行了研发和市场化产业推广。

作为世界工厂的中国，强大的制造业已成为全球各路机器人巨头争相觊觎的市场。国际机器人巨头纷纷抢滩中国机器人市场，投资生产基地，竞争日趋激烈。在业界看来，2014 年是工业机器人元年，机器人产业大时代已经来临。工业机器人行业巨头近几年都陆续在中国投资建设生产基地，其中 ABB 已把全球机器人事业总部以及两大生产基地之一放在了上海。图 4-23 日本机器人公司在中国的布局。

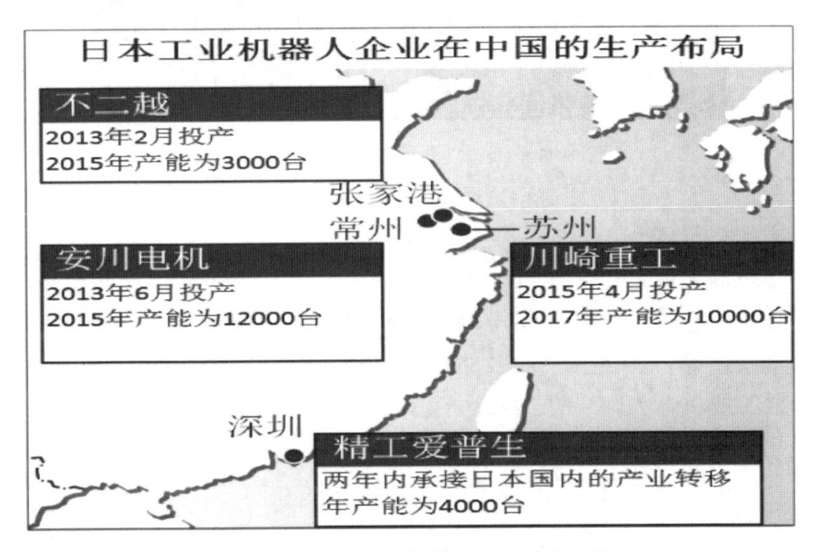

图 4-23　日本机器人公司在中国的布局

2014 年 3 月 11 日，德国工业机器人制造商库卡(KUKA)在上海松江举行亚洲新工厂落成典礼(参见图 4-24)，该厂年产能可达 5000 台机器人，将大幅提升库卡全球产能。当天，库卡集团首席执行官 Till Reuter 博士等高管出席仪式，同时库卡邀请了德国乒坛名将蒂姆·波尔作为库卡品牌代言人到场。库卡表示，该工厂拥有 350 名员工，占地面积 20 000 平方米，主要将生产库卡工业机器人和控制台，产品可用于汽车焊接及组件等工序，以及其他广泛用途。

以下介绍几种典型的工业机器人，以增加我们对于这一神秘家族的了解，它们分别应用于焊接、喷涂、装配、分拣、码垛、自动导引等工作场合，代替工人完成了复杂、重复性的工作，保护了工人的健康，下面来认识一下它们吧。

(1) 焊接机器人。焊接机器人是在工业机器人基础上发展起来的先进焊接设备，是从事焊接的工业机器人，主要用于工业自动化领域。为了适应不同的用途，机器人最后一个轴的机械接口，通常是一个连接法兰，可接装不同

图 4-24 库卡机器人中国新址开业庆典

工具或末端执行器。

焊接机器人就是在工业机器人的末端法兰装接焊钳或焊枪，使之能进行焊接等任务。它的主要优点在于稳定性和能够提高焊接质量及生产率，改善工人劳动条件等，其中应用最多的是弧焊和点焊。点焊机器人是用于点焊自动作业的工业机器人[参见图 4-25(a)]，主要完成点到点的精确控制；弧焊机器人是用于弧焊自动作业的工业机器人[参见图 4-25(b)]，可以在计算机的控制下实现连续轨迹控制和点位控制。

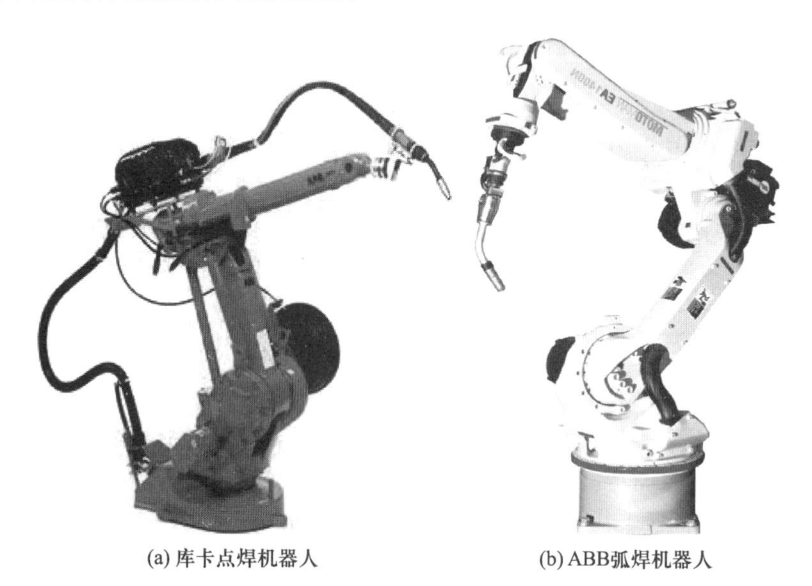

(a) 库卡点焊机器人　　(b) ABB弧焊机器人

图 4-25 焊接机器人

(2) 喷涂机器人。喷涂机器人又名喷漆机器人，是可进行自动喷漆或喷涂其他涂料的工业机器人，1969 年由挪威 Trallfa 公司(后并入 ABB 集团)发明(参见图 4-26)。喷涂机器人具有柔性大，工作范围大；能提高喷涂质量和材料使用率；易于操作和维护，可离线编程，大大地缩短现场调试时间；设备利用率高(可达 90%～95%)等特点。

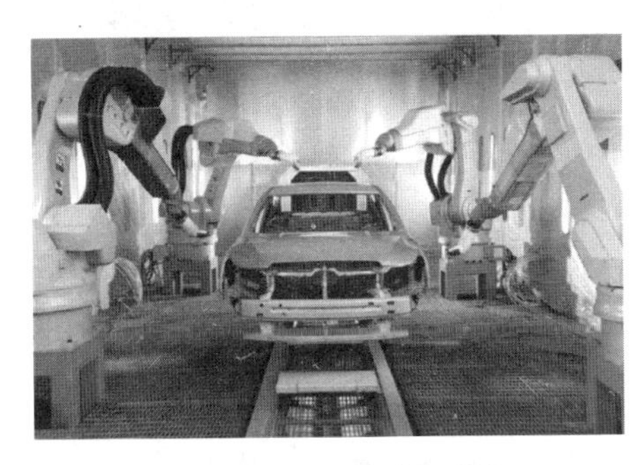

图 4-26　ABB 喷涂机器人

图 4-27　汽车零部件装配

(3) 装配机器人。装配机器人是柔性自动化装配系统的核心设备，由机器人操作机、控制器、末端执行器和传感系统等部分组成。常用的装配机器人主要有可编程通用装配操作手(programmable universal manipulator for assembly)即 PUMA 机器人(最早出现于 1978 年，工业机器人的始祖)和平面双关节型机器人(selective compliance assembly robot arm)即 SCARA 机器人两种类型。

与一般工业机器人相比，装配机器人具有精度高、柔顺性好、工作范围小，能与其他系统配套使用等特点。装配机器人主要用于各种电器制造(包括家用电器，如电视机、录音机、洗衣机、电冰箱、吸尘器等)、小型电机、汽车及其部件(参见图 4-27)、计算机、玩具、机电产品及其组件的装配等。

(4) 分拣机器人。分拣机器人是实现将混杂的物品分类的机器人，它可按照系统要求分类放置物品(参见图 4-28)。分拣机器人一般采用并联机器人结构。

(5) 码垛机器人。它主要用于在自动化生产过程中执行大批量工件的搬运、加工处理及转移等任务，如图 4-29 所示。

(6) 自动导引车。自动导引车(automated guided vehicles，AGV)是应用于自动化物流系统的移动机器人装备。AGV 是具有安全保护以及各种移载功能的运输车，装备有电磁或光学等自动导引装置，能够沿规定的导引路径行驶。AGV 不需驾驶员，以蓄电池为其动力来源，可用电脑来控制其行进路线以及行为，或利用电磁轨道来设立其行进路线。目前 AGV 技术已经广泛应用于烟草、造币、医药等计算机集成制造系统(computer integrated

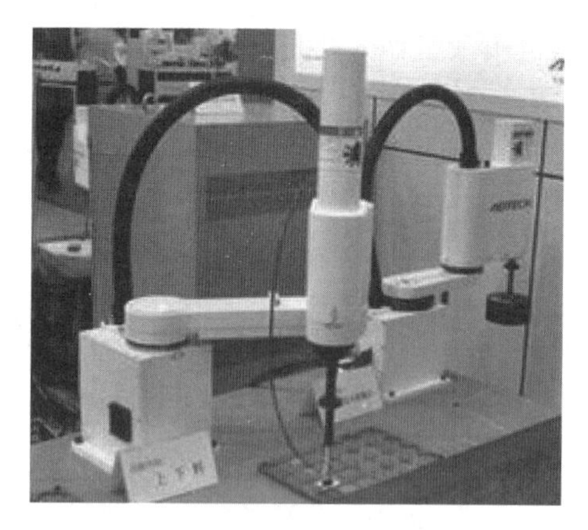
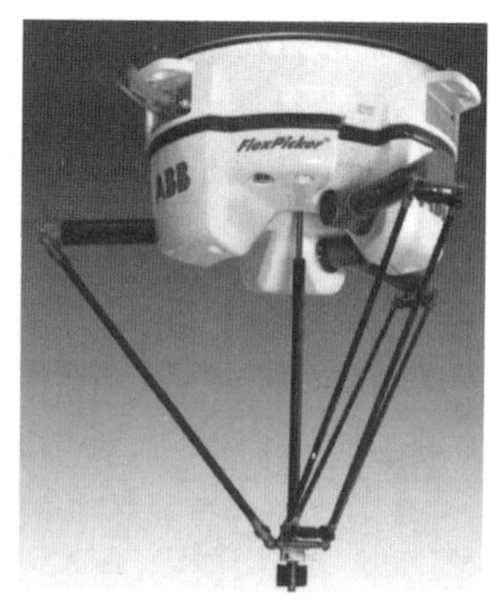

图 4-28　分拣机器人

manufacturing system，CIMS)中。图 4-30 所示为国内具有自主产权的 AGV 产品，由新松机器人自动化股份有限公司研制开发，其系列产品操作简便、稳定可靠，技术水平跻身国际先进行列。

图 4-29　码垛机器人

图 4-30　自动导引车

思考题

1. 查阅资料，说明机器人发展过程中主要的技术驱动力量。

2. 结合自身认识，谈谈自己对未来工业机器人的存在形式及作用的认识。

3. 你如何看待我国已成为世界最大工业机器人市场？我国现在能否取代日本成为“机器人王国”，为什么？

4. 查阅资料，了解“机器换人”的背景，你如何看待“机器换人将导致大量工人下岗”这一观点？

第5章　朴实憨厚的农业机器人

教学目标

✧ 掌握农业机器人的定义
✧ 了解农业机器人的种类及应用范围

思维导图

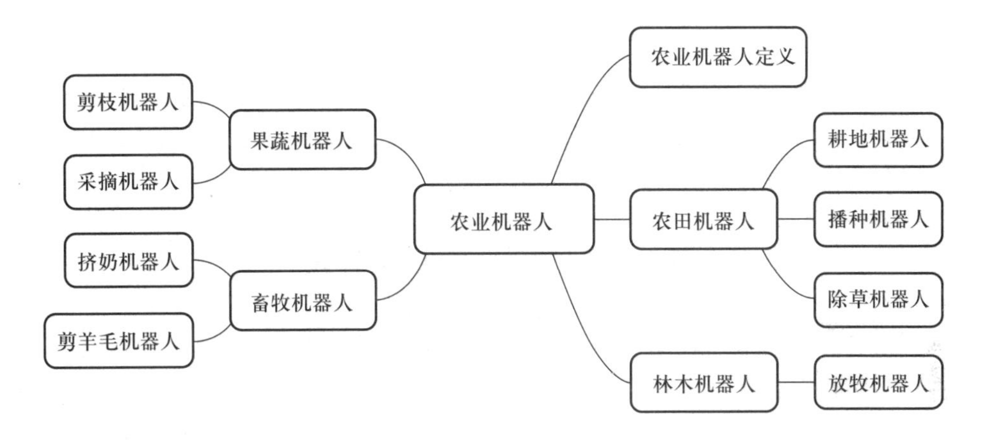

网上有这样一首诗：“锄禾日当午，汗滴禾下土。农民皆入城，何人去种黍？”它反映了当前农民不愿意种地，尤其农村的孩子都不愿再“修理地球”的现状。农业面临前所未有的困难和挑战，今后如何引导大学生回到广阔的农村发展，如何让农业后继有人，已显得十分迫切和必要。随着中国农业劳动力结构性短缺问题日趋严重和国家不断加大对农业机械化发展的扶持力度，农业机器人技术必将成为中国未来农业技术装备研发的重要内容。农业机器人的研制、使用和维修等，都需要高素质的大学生的参与，你将来愿意投入现代化农业生产吗？

农业机械化是建设现代农业的基础，是实现农业现代化的重要标志。而农业机器人的出现给予了农业机械化一个崭新的实现方式，如图5-1所示，它是现代农业机械化发展的结果，是机器人技术和自动化技术发展的产物。农业机器人可以改善农业生产环境，防止农药、化肥对人体造成危害，实现农业的工厂化生产。因此，农业机器人技术能反映一个国家的农业机械化科技创新水平。

图 5-1　农业机械化的高级阶段

农业机器人的研发，早已成为发达国家科研的重要组成部分。农业机器人因其作业对象和作业环境的复杂多变性，决定了其较工业等领域机器人有着诸多不同和更高要求。

5.1　什么是农业机器人

农业机器人是一种集传感技术、监测技术、人工智能技术、通信技术、图像识别技术、精密及系统集成技术等多种前沿科学技术于一身的机器人，也是融合检测传感技术、信息处理技术、自动控制技术、伺服驱动技术、精密机械技术和计算机技术等多种技术于一体的交叉学科，其旨在提高农业生产力、改变农业生产模式、解决劳动力不足，从而改善农业生产环境，实现农业的规模化、多样化、精准化的工厂化生产。

农业机器人以农产品为操作对象，一般具有信息感知以及四肢行动能力。虽然已经出现了功能各异的农业机器人，但整个机器人是一个依靠自动控制实行操作功能或移动功能的完整的系统，主要包括以下几部分：执行机构、动力元件、传动装置、传感器、计算机。在设计农业机器人时要考虑作业对象的自身特征以及外界的生长环境等诸多因素，因此要求农业机器人具备程序性、适应性和通用性等三种特性。其中，程序性指对于农业机器人改变不同的程序指令，就能改变判断基准和动作顺序；适应性指根据不同的作业环境和结合机械本身的情况，自动调整作业的质和量；通用性指功能改变可通过部分软硬件的变更。按作业对象不同，农业机器人通常可分为四类：

（1）农田机器人。用于完成各种繁重体力劳动，如插秧、除草及施肥、施药等。

（2）果蔬机器人。用于实现蔬菜水果自动收获、分选、分级等工作，如采摘苹果、采蘑菇、蔬菜嫁接等。

（3）畜牧机器人。用于替代人去完成饲养牲畜、挤牛奶、剪羊毛等工作，如牧羊、喂奶及挤奶等。

（4）林木机器人。用于代替人实现伐木、整枝、造林等工作，如林木球果采集、伐根清理等。

与工业等领域的机器人相比，农业机器人因其作业对象、作业环境和使用者的不同而呈现出明显的不同。首先是农作物的娇嫩和复杂性，使得农业机器人一般须同时实现作业和移动，工作时具有特定位置和范围；考虑到作业对象形状复杂、相互之间生长发育差异很大，要求其必须灵活处理，实现合理避障，降低损失率。其次是作业环境的非结构化特点，导致作业对象生长环境的变化，这要求农业机器人要有足够的适应能力，在视觉、推理和判断等方面具有非常高的智能。另外，农业机器人的使用者是农民，客观要求农业机器人的设计必须具有高可靠性和操作简单等特点，同时价格一定要尽可能地低，否则很难普及。

由于经济上和技术上的特殊性，机器人在农业方面的应用相对比较滞后。自 20 世纪 80 年代起，以日本为代表的发达国家开始研制农业机器人。日本是研究农业机器人最早的国家之一，日本的农业机器人技术发展也最为成熟，这与日本自身岛国的自然资源条件是分不开的。早在 20 世纪 70 年代后期，随着工业机器人的发展，日本对农业机器人的研究工作逐渐启动，已研制出多种农业生产机器人，如嫁接机器人、育苗机器人、农药喷洒机器人、扦插机器人、施肥机器人、番茄采摘机器人、移栽机器人、黄瓜采摘机器人和葡萄采摘机器人等。

美国新荷兰农业机械公司投资 250 万美元发明了一种多用途的自动化联合收割机器人，很适合在美国一些专属农垦区的大片规划整齐的农田里收割庄稼。英国西尔索研究所开发的采蘑菇机器人装有录像机、红外线测距仪和视觉分析软件，能够首先测量出蘑菇的位置，确定哪些蘑菇可以采摘以及属于哪种等级，然后测出其高度以便进行采摘。它每分钟能摘 40 个蘑菇，比手工快 2 倍。西班牙发明的采摘柑橘机器人由一台装有计算机的拖拉机、一套光学视觉系统和一个机械手组成，能够从橘子的颜色、大小和形状判断出是否成熟并决定能不能够采摘。它每分钟能摘 60 个柑橘，是人工采摘的 7 倍。法国科学家研发的分拣机器人能够在恶劣的环境下作业，可以区分大个番茄、樱桃并加以分拣，同时分拣机器人还可以分拣不同大小的土豆。丹麦科学家研发出了可用于除草的农业机器人，不但减少了农民的劳动，而且还最大程度上减少了化学除草剂的用量。荷兰发明的挤牛奶机器人可在无人操作的情况下完成挤奶任务，使农民从挤奶劳动中解放出来。

澳大利亚的剪羊毛机器人是于20世纪80年代中期制造出来的，是世界上第一个可以在活的动物身上进行作业的机器人。韩国科学家研发的苹果采摘机器人具有4个自由度的机械手，其中3个为旋转机构与1个移动机构，具有3米的工作空间。

受长期以来形成的农业习惯以及文化水平的限制，我国农业机器人发展较晚，与世界发达国家相比还有很大的差距。"十一五"以来，随着国家的日益重视以及有关政策的大力扶持，我国的农业机械化得到了快速发展，农业机器人及智能化农业装备以高效率、高精度、低强度、低能耗和环境友好为特点，显示了广阔的应用前景。我国目前已开发出来的农业机器人包括耕耘机器人、除草机器人、施肥机器人、喷药机器人、蔬菜嫁接机器人、收割机器人、采摘机器人等。

由中国农业大学研制的蔬菜机器人解决了蔬菜幼苗的柔嫩性、易损性和生长不一致性等难题，可实现了蔬菜砧木和穗木的自动化嫁接，广泛用于黄瓜、西瓜、甜瓜等菜苗的嫁接。东北林业大学研制出的林木球果采集机器人可在较短的林木球果成熟期大量采摘种子，很好地替代了人工上树手持专用工具来采摘林木球果的传统做法，对森林的生态保护、森林的更新以及森林的可持续发展等都具有重要的意义。南京林业大学研发的智能除草机器人，在切割杂草的同时，还能通过视觉传感器对图像分析后控制机械手臂将高浓度的除草药剂涂抹在切口处，这样做既节约了药物，保证了良好的除草效果，又能减少喷洒农药时对空气及周边环境的污染。上海交通大学研发的草莓收获机器人，其果柄检测成功率可达93%，草莓定位效率为每秒1个，草莓的破损率大约为5%。西北农林科技大学基于双目视觉及DSP的农田障碍物检测与路径识别方法的研究，建立了双目视觉的成像模型，能检测出常规的障碍物，如人、砖块、铁锹和陷坑等。陕西科技大学研究的自然场景下成熟苹果目标识别及其定位技术，可以通过R-G色差分量图定位成熟的苹果，再采用质心、果梗和标记点作为特征匹配点，通过极线约束的图像匹配算法完成苹果目标的匹配。

目前，如图5-2所示，农业机器人在产前、产中、产后各环节中大量采用，对解除农业劳动力的不足，提高产出率；提高农产品的品质，增加附加值；实现植物工厂内的无菌化生产；吸引更多的有识之士从事农业生产，发展现代化农业，具有极为重要的意义。

农田管理机器人	育苗机器人	栽培管理机器人	收获机器人	分级加工机器人
N,P,K,Ph,Ec 有机质 水分 土壤硬度等	苗的品质，移植，定植等作业环节的记录，作业号ID	施肥、灌水、喷药的记录；色、形、病虫害等作物生长记录	果实的三维坐标，收获时刻，未成熟果实的情况。	颜色、大小、开状、外伤及病虫害等信息，糖度、空洞、内伤、残留农药的信息

图 5-2　现代农业机器人应用

随着信息科学的迅猛发展，农业机器人领域也将采用更多智能技术，实现进一步的发展，主要表现在以下几点：

（1）多模式识别方法的应用。在农业机器人未来的应用中，应是以图像处理为主要的信号处理方法，辅以其他识别方式，以提高农产品采集、识别的准确性。

（2）智能算法的应用。随着智能控制方法的不断发展，特别是像农业生产这样难以建立合适数学模型的领域，通过控制算法的不断改进可以提高农业机器人的工作效率。

（3）农业机器人的开放性。机器人控制系统应允许不同的设计人员与用户对硬件与软件等部分进行二次开发与应用，且应当对农业机器人进行模块化设计，根据不同的农业环境，以适应不同的工作要求，增加农业生产效率。

5.2　用于春种的农业机器人

于春秋战国时期萌芽，于封建社会中得以确立，以刀耕火种、铁犁牛耕为代表的小农经济，除仍存在于一些偏远边陲和欠发达地区外，在历史长河中却也难逃消失陨没的命运。如今，放眼广袤无垠的平原，田园牧歌的乡野魅力和略带荒蛮的人类文明已被隆隆作响的机械洪流所取代。大量农业机器人广泛应用于春种，如耕地机器人、播种机器人、嫁接机器人等。

目前在世界农业大国，集体农场和私人农场是土地耕作的主流载体。欧洲等国和美国的那些大农场往往拥有数千公顷之巨的土地，若要保证收成，需要精耕细作。而要实现精确耕种，自动化就成了关键。其实，新一代的自动化农业机器已经在田野中忙碌了。你可能已经见过它们，只是未曾留意，因为这些机器人都扮成了拖拉机的样子。今天的这些“拖拉机”，有许多都是自动驾驶的，它们依靠 GPS 导航穿越田野，还能对自己的零件“说话”。而这些零件，可以是一把犁，也可以是一只喷雾器，等等；它们还能向拖拉机“回话”。英国哈珀亚当斯大学学院研究农业技术的西蒙・布莱克摩尔举例说：

“比如一部除草机就能告诉拖拉机‘你开得太快了’或者‘向左开’。”他还表示，这类系统正在成为标准配置。甚至不同的农业机车之间也可以彼此对话。德国的芬特公司研制出了成对作业的拖拉机，其中的一台由人工操作，另一台自动驾驶，在边上模仿第一台的动作，这套系统可以有效地将农民在田野中的劳作时间减半。如图 5-3 所示，耕地机器人可以完成翻土、起垄、覆膜等工作，大大解放了农民的体力劳动。

图 5-3　耕地机器人

播种机器人可以完成埋种子和插秧苗等功能。YouTube 用户 vanmunch36 于 2011 年在 YouTube 上发布了一个全自动播种机器人(参见图 5-4)的视频，视频中的机器人被命名为 Prospero，其“腹部”有一个传感器，可以检查泥土下是否已经有种子。如果没有种子的话，它会伸出一个钻头钻入泥土，然后将种子放入，并且它还会用钻头附带的那个片状物拨动泥土掩埋种子。播种动作完成之后，会在泥土表面喷上一些白漆作为定位记号。

德国科学家研发出一款名叫 BoniRob 的播种机器人，如图 5-5 所示，其外形像四轮越野车，配备有高精度的卫星导航，能将自己的位置精确到 2 厘米以内。它可以利用光谱成像仪来区分绿色作物和褐色的土壤，可以在行进中记录每株作物的位置，并且在生长过程中多次返回原地来观察它们的生长状况。

图 5-4　全自动播种机器人

图 5-5　德国 BoniRob 播种机器人

图5-6为日本全国农业研究中心研发的水稻插秧机器人，借助于全球定位系统，能够根据设定的路线在10厘米宽度的畦沟中独立地进行插秧工作。在运行过程中，如果机器人偏离设定的路线超过15厘米，控制电脑就会自动地指挥机器人回到原有的路线上。据介绍，这台插秧机器人能够在两个半小时内完成1公顷(1公顷=10 000平方米)水稻田的插秧工作，速度几乎可以和一个经验丰富的农民相媲美。该机器人曾获得日本经济产业部2008年度机器人大奖。

图5-6　水稻插秧机器人

潍坊宏胜农业机械有限公司生产的全自动土豆种植机(参见图5-7)是根据土豆种植的实际需要而设计的，具有起垄大、点种准、盖膜好等优点，受到了老百姓的喜爱。该公司的另一款著名的农业机器人产品是马铃薯种植机，它具有结构合理并且育苗整齐等优点，可以三角式点种来促进幼苗的成长。

图5-7　全自动土豆种植机

嫁接机器人技术是近年在国际上出现的一种集机械、自动控制与园艺技术于一体的高新技术，它可在极短的时间内，将直径为几毫米的砧木、穗木的切口嫁接为一体，使嫁接速度大幅度提高。同时由于砧、穗木接合迅速，避免了切口长时间氧化和苗内液体的流失，从而大大提高了嫁接成活率。因此，嫁接机器人技术被称为嫁接育苗的一场革命。

日本100%的西瓜、90%的黄瓜、96%的茄子都靠嫁接栽培，每年约嫁接十多亿棵。从1986年起日本开始了对嫁接机器人的研究。目前，日本研制开发的嫁接机器人有较高的自动化水平，但是机器体积庞大，结构复杂，价格昂贵。90年代初，韩国也开始了对自动化嫁接技术进行研究，但其研发技术只是完成部分嫁接作业的机械操作，自动化水平较低，速度慢，而且对砧、穗木苗的粗细程度有较严格的要求。

中国的嫁接机器人技术研究在中国农业大学率先进行，如图5-8所示，已经形成了具有中国自主知识产权的自动化嫁接技术，其中包括自动插接法、自动旋切贴合法嫁接技术。该项技术利用传感器和计算机技术相融合，能够使嫁接苗的子叶方向实现自动识别、判断，同时能完成砧木、穗木的取苗等一系列嫁接过程的自动化作业。

图5-8　自动嫁接机器人

5.3　用于夏长的农业机器人

“锄禾日当午，汗滴禾下土。谁知盘中餐，粒粒皆辛苦。”描述的是农民夏日辛苦劳作的场景。时过境迁，用于施肥喷药、除草、剪枝等作业的机器人相继被研发出来，将辛劳的农民从重复性的劳作中解放出来。

1. 施肥喷药机器人

施肥喷药机器人是最早开发的农业机器人之一。日本开发的水稻施肥机器人能在水田中自动行走，进行深层作业。其行走部分是能在狭窄的稻秧间行走的窄型橡皮车轮，四个轮子均可横向转动90°。施肥装置是把糊状肥料经过肥料泵加压后送往喷嘴，然后利用喷嘴柄把喷嘴插入土中15厘米，进行点注深层施肥。机器人能沿着水稻垄自动行走，自动保持作业部分的深度，自动控制施肥量，工作时无须人员操纵。通过前方传感器自动检测地头的土埂，在设定的土坯处自动停止，转动90°，再横向移动8条稻垄，再转动90°，继续向相反方向进行作业。

美国明尼苏达州一家农业机械公司的研究人员推出的施肥机器人别具一格(参见图5-9)，它会根据不同土壤的实际情况适量施肥，它的准确计算合理地减少了施肥的总量，降低了农业成本。另一方面由于施肥科学，也使地下水质得到了改善。2014年9月1日，中国农机网报道，由西安的天翼航空科技有限公司自主研发的植保空中机器人(参见图5-10)已在陕西、四川、贵州、新疆、内蒙古等多个省区投入使用，获得订单共计超过700架。植保空中机器人轴距长1.5米，机重8千克，搭载了GPS及自主开发的应用程序，采用垂直起降、自主导航的无人飞行器系统，以及软硬件相结合的智能化设计。轻触遥控器控制智能无人机，在10分钟内就能完成20亩地的农药播撒、病虫害监测、水土保持观察、作物产量评估等农业植保作业。

图5-9　美国的施肥机器人

图5-10　植保空中机器人

2. 除草机器人

除草机器人也是农业机器人的重要成员，其采用了先进的计算机图像识别技术和GPS，特点是利用图像处理技术自动识别杂草，GPS接收器做出杂草位置的坐标定位图，机械杆式喷雾器根据杂草种类及数量自动进行除草剂的喷洒。如果引入田间害虫图像的数据库，还可根据害虫的种类、数量进行农药的喷洒，可起到精确除害、保护益虫、防止农药过量污染环境的作用。你能分清杂草和农作物幼苗吗？丹麦奥尔胡斯大学农业工程院的科学家设计的除草机器人(参见图5-11)就能做到这一点。它身上安装有摄像头，能够根据叶子的形状和方向识别野草，然后将其毫不客气地连根拔除。该机器人获得了《时代》周刊2007年度最佳发明奖。德国农业专家采用计算机技术、GPS和灵巧的多用途拖拉机综合技术，研制出可准确喷洒除草剂除草的机器人，如图5-12所示。首先，由农业工人领着机器人在田间行走。在到达杂草多的地块时，它身上的GPS接收器便会显示出确定杂草位置的坐标定位图。农业工人先将这些信息当场按顺序输入便携式计算机，返回场部后再把上述信息数据资料输入到拖拉机上的一台计算机里。当他们日后驾驶拖拉机进入田间耕作时，除草机器人便会严密监视行程位置。如果来到杂草区，它的机载杆式喷雾器相应部分立即启动，让化学除草剂准确地喷洒到所需地点。

图5-11　丹麦除草机器人

图5-12　德国除草机器人

3. 剪枝机器人

剪枝机器人(参见图5-13)是大多数果农的福音。2010年，据《华夏酒报》报道，一款可用于葡萄树剪枝的机器人在新西兰基督城研发成功。机器人采用最新的3D影像显示技术，使其在葡萄园中穿行时可估测出与葡萄树的距离。同时，它还具有夜视功能，可24小时不间断作业。据估计，这种机器人每年可为新西兰葡萄酒行业节省2000多万美元。

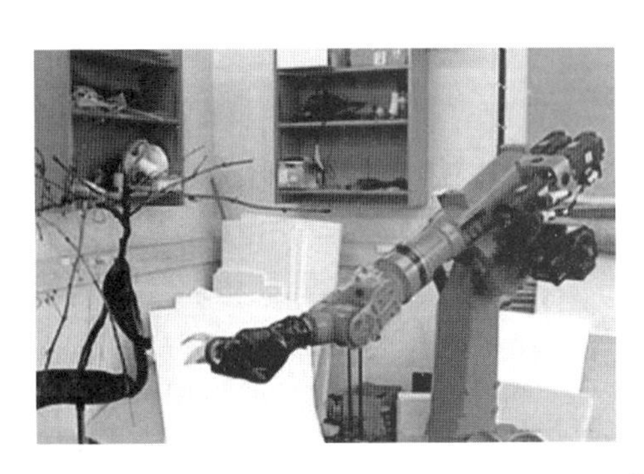

图5-13　剪枝机器人

5.4　用于秋收的农业机器人

收获机器人是一类针对粮食、水果和蔬菜等作物，可以通过编程自动完成挑选、收割、采摘、输送、清洗、分类、包装等相关作业任务的机器人。它是集机械、电子、信息、智能技术、计算机科学、农业和生物等学科于一体的交叉边缘性科学，需要涉及机械结构、视觉图像处理、机器人运动学动力学、传感器技术、控制技术以及计算信息处理等多领域知识。依据收获对象的不同，收获机器人一般可分为三类：收割粮食(如小麦、玉米、高粱等)，采摘各种蔬菜、水果，挖掘植物地面以下的部分(如土豆、花生、甘薯等)。

1. 收割粮食

粮食收获机器人的研制针对的是主要农作物(如小麦、玉米、水稻等)的收割，已开发出的产品包括玉米收获机器人和水稻收获机器人等，联合收割机也属此类。由于玉米是我国主要粮食作物之一，其收获作业是生产链中最耗时和最费力的一个环节。随着农业生产的规模化、多样化和现代化发展，玉米收获的机械化、自动化和智能化将逐渐占据举足轻重的地位。玉米收获机器人的研发可以大大降低农民的劳动强度，提高劳动生产率。玉米收获机器人(参见图 5-14)是在玉米成熟时用机械对玉米一次完成摘穗、堆集、茎秆一次还田等多项作业的农业机器人。工艺流程如下：首先用玉米收获机在玉米生长状态下进行摘穗，在摘穗辊和摘穗板的作用下，果穗柄被拉断；由于内外摘辊高度差的作用，果穗落入果穗箱，果穗装满后开箱集堆；同时高速旋转的切割器从根部把秸秆切断后放入粉碎机构，切成 3～5 厘米长的碎块，切碎后秸秆自然落地；然后将果穗运到场上，用剥皮机进行剥皮，经晾晒后脱粒。

水稻收获机器人是用于收获水稻的农业机器人，也叫水稻收割机，如图 5-15 所示。按结构它可分为履带式和非履带式两种：履带式水稻收割机适用于地块大的地区；非履带式水稻收割机具有重量轻、动力强劲、操作舒适、劳动强度低、收割干净等特点，适用于平原、丘陵、梯田、三角地等小田块。除此之外，还有棉花收获机器人(棉花收割机)以及收获甜菜、马铃薯、土豆等的农业机器人，以上这些机器人一般都需要人工操作控制，其智能化程度相对不高。

2. 采摘疏果

采摘机器人是收获机器人非常重要的组成部分，主要用于水果蔬菜的收获，其特点是可以对果实进行识别和定位，在不损害果实也不损害植株的条件下，按照一定的标准来完成对果蔬的收获。在降低工人劳动强度和生产费用，提高劳动生产率和产品质量，保证果实适时采收方面具有极大的潜力，因而受到广泛的重视。近20年来，日本和欧美等发达国家一直致力于采摘机器人的研究和开发。比较有影响的采摘机器人研究项目有MAGALI、AUFO(苹果采摘机器人)、CITRUS(柑橘采摘机器人)、AGROBOT(西红柿采摘机器人)、日本N. Kondo等人研究的西红柿、黄瓜、葡萄采摘机器人。

图5-14　玉米收获机器人

图5-15　水稻收获机器人

日本N. Kondo等人研制的西红柿收获机器人(参见图5-16)用彩色摄像机作为视觉传感器寻找和识别成熟果实。利用机器人上的光传感器和设置在地埂的反射板，可检测是否到达地头。机器人从识别到采摘完成的速度大约为每个15秒，成功率为75%左右；与此同时，N. Kondo等人针对草莓越来越多地采用高架栽培模式的情况，研制出了5个自由度的采摘机器人，该草莓采摘机器人的视觉系统与番茄采摘机器人相似。中国农业大学研发的草莓采摘机器人——“采摘童1号”如图5-17所示，该机器人汇集了多项最新研究成果，结构小巧、动作灵活，具有很高的智能水平，能够自主搜索、识别成熟草莓果实。在自身机器视觉系统的导引下，采摘机械手可精准夹持、剪切草莓果柄，并将其放入收纳筐内，不仅为草莓采摘降低了人工成本，还极大地提高了工作效率。机器人采用了履带式行走机构，行进平稳、转弯灵活。

日本冈山大学研制出了一种用于果园棚架栽培模式的葡萄采摘机器人，如图5-18所示。葡萄采摘机器人的机械部分是一只具有5个自由度的极坐标机械手，末端的臂可以在葡萄架下水平匀速运动，能够有效地工作。视觉传感器一般采用彩色摄像机，若采用PSD三维视觉传感器效果会更佳，可以检测成熟果实及其距离的三维信息。由于葡萄采摘季节很短，单一的采摘功能会使机器人的使用效率降低；为提高其使用率，可更换不同的末端执行器，以完成葡萄枝修剪、套袋和药物喷洒等作业。葡萄采摘机器人的最新成果还属法国的“剪刀手”机器人，如图5-19所示。它是由法国一名科学家在2012年就针对葡萄采摘的特点研发而成。采摘葡萄对于它来说简直是“小菜一碟”！

图 5-16　西红柿收获机器人

图 5-17　草莓采摘机器人

图 5-18　葡萄采摘机器人执行采摘作业

图 5-19　法国“剪刀手”机器人

英国 Silsoe 研究所研制的蘑菇采摘机器人(参见图 5-20)，可自动测量蘑

图 5-20　英国 Silsoe 研究所研制的蘑菇采摘机器人

菇的位置和大小，并选择性地进行采摘和修剪。它的机械手由2个气动移动关节和1个步进电机驱动的旋转关节组成，末端执行器是带有软衬垫的吸引器，视觉传感器采用TV摄像头，将其安装在顶部用来确定蘑菇的位置和大小。它装有摄像机和视觉图像分析软件，用来鉴别所采摘蘑菇的数量及属于哪个等级，从而决定运作程序。它每分钟可采摘40个蘑菇，速度是人工的两倍。为防止损伤蘑菇，执行器部分装有衬垫，吸附后用捻的动作收获，收获率达60%，完整率达57%。

5.5 用于冬藏的农业机器人

1. 脱粒机

脱粒机是指能够将农作物籽粒与茎秆分离的机械，主要指粮食作物的脱粒机械。根据粮食作物的不同，脱粒机种类不同。如打稻机适用于水稻脱粒，用于玉米脱粒的称为玉米脱粒机等。全自动玉米脱粒机(参见图5-21)可以自动上料，省时省力，只要将初步晾晒好的玉米棒堆积在场地内即可，在动力设备的驱动下，自动完成上料，省去了人工装料的麻烦，可大大提高工作效率。该机采用复式清选，脱净率高，破碎率低。复式清选包括网筛二次清选和吸风清选，网筛装置有效地将玉米粒与破碎的玉米芯分离，并通过吸风装置除去轻小颗粒。其他脱粒机，如大豆脱粒机(参见图5-22)、葵花籽脱粒机、水稻脱粒机等，原理都比较相似。

图5-21 2013最新式大型全自动玉米脱粒机

2. 脱壳机

坚果收获时深加工环节中脱壳是非常耗时耗力的工作，故脱壳机应运而生。花生脱壳机(参见图5-23)就是通过高速旋转的机体，把花生外壳脱掉，而且保持花生完整的机器。花生脱壳机具有脱壳干净、生产率高，并且损失率低、破碎率小的特点。新型青核桃脱皮清洗机(参见图5-24)采用自由旋切剥皮技术，核桃进入旋切滚刀区后，高速运转的滚刀开始切削青皮，核桃同时自由滚动使其各面被滚刀切削，脱净的核桃直径小不易被削到，不断地滚动后滚出旋切区，少量未削净的青皮被钢丝毛刷清除，最后干净的核桃滚出加工区，进入容器。新的核桃不断地喂入，剥净后被排出。隔栅和旋切滚刀

图 5-22　大豆脱粒机

之间的距离可以自动调节，还可以根据地区核桃的大小、青皮的薄厚通过加减垫片进行人工调整，以减少破壳率，提高脱净率。现有设备的脱净率高于 99%，核桃壳破损率小于 0.5%，能够满足小型加工企业或核桃加工经营商户的需求。除此之外，针对板栗、腰果、瓜子、杏仁(参见图 5-25)、榛子、橡子、大豆等，人们也研制出了相应的脱壳机器人。

图 5-23　花生脱壳机

图 5-24　青皮核桃脱壳机

3. 清洗机器人

果蔬的清洗也是收获时的必要环节，针对这一需求，科技工作者也研发了相应的自动清洗装备。如图 5-26 所示的某型多功能自动上料洗薯机适用于红薯、马铃薯(土豆)、芋头、木薯、葛根、莲藕等作物的清洗，每小时洗薯 3～5 吨，配套动力仅为 3 瓦。某型毛刷果蔬清洗机(参见图 5-27)适用于球形或长条圆形的果蔬清洗，其结构合理，操作简单。由于在清洗过程中果蔬不停地作任意方向旋转，因而洗净度高。特别是，当选用较硬的毛刷辊丝径，可

图 5-25 杏仁脱壳机

达到原果去皮目的；当选用柔软的毛刷辊丝径，可达到原果上蜡抛光的目的。

图 5-26 多功能自动上料洗薯机

图 5-27 毛刷果蔬清洗机

5.6 其他农业机器人

1. 挤奶机器人

1992 年荷兰开发了挤奶机器人。根据计算机管理的乳头位置信息，用超声波检测器自动找到牛的乳头位置，用计数型机械手进行奶头清洗和挤奶等作业。英国 Silsoe 研究所开发的挤奶机器人，装有用激光和摄像机视觉导向的气动“软”机器人臂，用它放置吸奶杯并清洁和干燥挤奶部位，也可对奶牛乳房的 1/4 部位进行挤奶。它可每天 24 小时对 40 头奶牛进行监控和挤奶，并自动对奶牛状态进行监控和数据收集，使奶牛以更接近自然状态的生活周期进食、休息和产奶，最大限度地减少人为干扰，从而提高挤奶效率，并改善奶牛健康状况。

2004 年 12 月 2 日，中国第一个挤奶机器人被安置在蒙牛澳亚示范牧场。牧场挤奶示范区展示着机器人式、转盘式等现代化挤奶平台，其中转盘式平台一次可同时为 60 头奶牛挤奶，是目前我国最大的挤奶机，如图 5-28 所示。

图 5-28　蒙牛集团挤奶机器人

2. 剪羊毛机器人

澳大利亚研制了剪羊毛机器人。首先将羊固定在可作 3 个轴心转动的平台上，接下来将有关羊的参数输入计算机，据此算出剪刀在剪羊毛时的最佳运动轨迹，然后用液压传动式剪刀剪下羊毛。事实证明，剪毛机器人比熟练的剪毛工剪得快得多。

3. 放牧机器人

英国研究出一种底座是四轮车的多功能牧羊机器人。它由雷达导航系统、视觉传感器、摄像机和录像机构成，能查数、分发羊饲料，把走散的羊赶回羊群。同时，它的工作还包括护卫庭院、安全检查、寻觅救援等。

英国还研究出一种具有放牧能力的机器人，如图 5-29 所示，它包括机械运动装置、计算机及摄像机。它可进入鸭舍，赶出鸭群，通过计算机程序找出鸭群到达目的地的最佳路径。

图 5-29　放牧机器人

澳大利亚的发明家创造出一种像牧羊犬的机器人，它能在农场上代替传统的放牧劳力(人或牧羊犬)。它使用2D和3D感应器，且内置了全球定位系统，能够根据牛群的运动速度来赶着它们移动。牛群被机器人赶着不断绕圈走，有意思吧！目前，这款机器人还处于测试阶段，效果理想。

4. 葡萄园机器人

法国的发明家发明了专门服务于葡萄园的机器人(参见图5-30)，并把它命名为Wall-Ye。它几乎能代替种植园工人的所有工作，包括修剪藤蔓、剪除嫩芽、监控土壤和藤蔓的健康状况等。除此之外，Wall-Ye比现有的种植园机器人多出一种功能——安全系统。Wall-Ye只能在由程序设定好的种植园工作，危险情况下还能启动自我毁灭程序。而且，它危险情况下宁愿启动自我毁灭程序也不“反叛”，够炫吧。

图5-30　葡萄园机器人

5. 蜜蜂机器人

哈佛工程师发明了一种宛如蜜蜂的小型机器人(参见图5-31)，它可以像

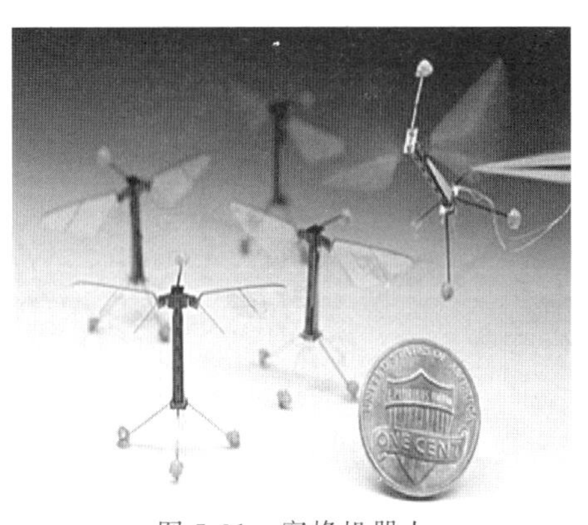

图5-31　蜜蜂机器人

蜜蜂一样授粉，展开灾后搜查和救助工作，是一款功能多元化的机器人。与此同时，有英国科学家希望能发明出一款模拟真实蜜蜂大脑的机器蜜蜂，让这种机器人能完成蜜蜂的所有工作。

其他机器人，如伐木机器人、捕鱼机器人、自动养殖设备等，也属于农业机器人的范畴，这里不再赘述。

思考题

1. 和工业机器人相比，农业机器人有什么不同的特点？
2. 春夏秋冬，周而复始，请举例说说你身边的农业机器人。
3. 你认为将来操作农业机器人的新型农民需要本科学历吗？
4. 哪一类农业机器人会和你产生交集？你会使用和维修它吗？

第 6 章　令人期待的服务机器人

教学目标

✧ 掌握服务机器人的定义
✧ 了解“衣食住行”中的机器人种类
✧ 了解其他类型的服务机器人

思维导图

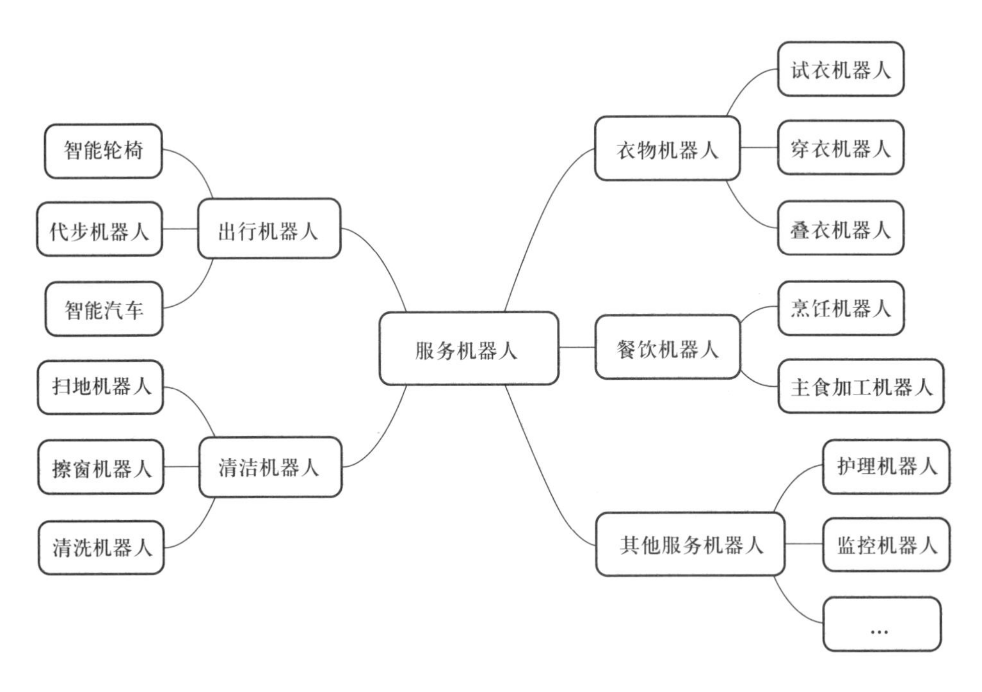

机器人曾经仅仅停留在人们的想象中。为了让世人感知，便出现了科幻电影中的一幕幕。随着科技水平的不断提高，这些想象中的图景正在变成可触摸的现实。机器人正逐步从传统工业领域延伸至现代服务业。比尔·盖茨曾经预言，机器人最终会进入家庭，就像个人计算机一样家家都有，这里指的就是服务机器人。现代服务业引入机器人将是大势所趋，服务机器人正在

悄然地改变着你我的生活。

6.1　什么是服务机器人

随着信息革命的进一步发展，家庭服务机器人技术不仅将以前所未有的速度实现突破，而且将成为继家电、个人计算机之后，第三个以超规模速度走向家庭的产品。无论在日本、韩国，还是在欧洲各国和美国，服务机器人技术都在快速发展中，以iRobot公司为代表的服务机器人产业得到了蓬勃发展。近年来，服务机器人在我国也得到了快速发展，特别是在产业化方面，由企业主导的自主研发与自主创新取得了较快的发展和成就。

那么，什么是服务机器人呢？国际机器人联合会经过几年的搜集整理，给出了服务机器人的一个初步定义：服务机器人是一种半自主或全自主工作的机器人，它能完成有益于人类健康的服务工作，但不包括从事生产的设备，服务机器人的定位就是服务。从机器人的功能特点上来讲，它与工业机器人的一个本质区别，在于工业机器人的工作环境都是已知的，而服务机器人所面临的工作环境绝大多数都是未知的。在我国《国家中长期科学和技术发展规划纲要(2006—2020年)》对智能服务机器人给予了明确定义："智能服务机器人是在非结构环境下为人类提供必要服务的多种高技术集成的智能化装备。"

国际机器人联合会对服务机器人按照用途进行了分类，分为专业服务机器人和个人/家用服务机器人两类：专业服务机器人可分为水下作业机器人、空间探测机器人、抢险救援机器人、反恐防暴机器人、军用机器人、农业机器人、医疗机器人以及其他特殊用途机器人；个人/家用服务机器人可分为家政服务机器人、助老助残机器人、教育娱乐机器人等。具体到家政服务机器人，又包括机器人管家、伴侣、助理、类人型机器人、吸尘器机器人、地板清洁机器人、修剪草坪机器人、水池清理机器人、窗户清洁机器人等。

服务机器人的应用范围很广，主要从事维护保养、修理、运输、清洗、保安、救援、监护等工作，其宗旨是直接提高生活质量。数据显示，目前世界上至少有48个国家在发展机器人，其中25个国家已涉足服务机器人的开发。在日本、北美和欧洲等国，迄今已有7种类型计40余款服务机器人进入试验和半商业化应用。近年来，全球服务机器人市场保持较快的增长速度。根据国际机器人联盟的数据，2010年全球专业服务机器人销量达13 741台，同比增长4%，销售额为320亿美元，同比增长15%；个人/家用服务机器人销量为220万台，同比增长35%，销售额为5.38亿美元，同比增长39%。2013年全球个人/家用服务机器人销售了400万台，比2012年增加了28%，销售额达到17亿美元。

日本是世界上发展商业服务机器人最早的国家，目前已有10多种服务型机器人问世，推动本国商业服务机器人产业发展已成为日本政府既定国策。日本经济产业省为10年到30年后的科技发展做了规划，并制作了“技术战略蓝图”。根据这个预想，家庭生活中将出现的最大变化即是机器人的普及，机器人将成为家中的“保姆”，照顾孩子学习玩乐，协助老人更衣洗澡，提醒病人按时吃药。家中的洗衣、吸尘等麻烦工作，当然更要交给它们。很长一段时间以来，日本一直是世界上最大的机器人制造国，其产量是世界其他国家总和的两倍。日本的松下电工、NEC、索尼、丰田、本田等公司每年都投资上亿美元开发商业服务机器人，以保持自己在世界上的领先地位。近几年来，日本公司推出了一些家用服务类机器人，它们可以起到保安、打扫卫生、照顾老人等作用。在高端方面，索尼公司推出的宠物机器人和机器狗，可以取物，回答主人的问话，照相，当电池不足时还可以自己寻找电源插座并给自己充电。

在服务机器人的研究与开发方面，日本无疑是技术领先者，而韩国则紧随其后。韩国政府曾在2008年3月制定了《智能机器人促进法》，2009年4月公布了《智能机器人基本计划》。2012年12月，韩国知识经济部发布了韩国成为世界三大机器人强国的方案——《服务型机器人产业发展战略》，希望通过开创新市场来缩小与发达国家2.5年的差距，提出了到2018年加强机器人产业全球竞争力的方案。韩国计划通过该战略让2009年仅为10%的世界机器人市场占有率到2018年提升至20%。通过这一系列积极的培养政策和技术研发上的努力，韩国国内机器人产业竞争力已得到逐步提升。韩国最大的移动运营商SK电信推出的保安机器人Mostitech，身高50厘米，重12千克，如图6-1所示。如果遇到失火或者致命的煤气泄漏等紧急情况，机器人的传感器可以探测出潜在的危险；当不速之客进入家中的时候，机器人能够把这些人的照片和报警信息发送出去。

美国是机器人的诞生地，比起号称“机器人王国”的日本起步至少要早五六年。经过40多年的发展，美国现已成为世界上的机器人强国之一——基础雄厚，技术先进，尤其在工业机器人及军用机器人方面格外引人注目。在美国和欧洲，机器人研究人员致力于改进机器人的智能，赋予它们学习的能力。“从经验中学习”就是一个名为RobotClub的国际合作项目的中心课题。该项目得到欧盟资助，包括来自欧洲、日本和美国的16个实验室参与此项目。其设想是：在未来5年，制造出像儿童一样大小的类人机器人。这种机器人会变得更聪明，它能像孩子一样，通过与环境的交互作用来进行学习。美国iRobot公司于2002年全球首家研发而出的吸尘机器人“Roomba”，可用于自动清扫和清除家庭中的各类垃圾、灰尘，是一款搭载了全球高级人工智能系统iAdapt技术的全自动化吸尘机器人，如图6-2所示。

图 6-1　Mostitech 机器人

图 6-2　Roomba

与日本、美国等国家相比，我国在服务机器人领域的研发起步较晚。在国家“863 计划”的支持下，我国在服务机器人研究和产品研发方面已开展了大量工作，并取得了一定的成绩。2005 年 1 月 16 日，我国第一台具有自主知识产权的家用服务机器人“自主吸尘机器人”，由浙江大学流体传动及控制国家重点实验室研制成功。2006 年深圳市繁兴科技有限公司整合国内科技资源，开发了世界第一台菜肴自动烹饪机器人 AIC(AI cooking robot)，如图 6-3 所示。目前，AIC 能够制作炒菜、炖菜、烧菜等，其菜谱包括了四川、淮扬、山东等六大菜系的菜品，是一项具有中国特色的创意设计。沈阳新松机器人自动化股份公司研制出了一台名叫“亮亮”的家用机器人，它的下身有两个如汽车尾灯的东西，叫作声呐探测器，可帮助它躲避障碍物而在家中自如行走，它还能唱歌、说相声、报警、发短信，还能教孩子英语。此外，还有哈尔滨工业大学研制的导游机器人、迎宾机器人、清扫机器人等，华南理工大学研制的机器人护理床，中国科学院自动化研究所研制的智能轮椅等。

图 6-3　AIC(AI cooking robot)

6.2　机器人如何提高“衣”的质量

1. 试衣机器人

据英国《每日邮报》2011 年 6 月 14 日报道，一种试衣机器人模特即将掀起一场服装网购的革命。这种机器人可以根据购物者在网上输入的身材尺寸而变换体型，从而使他们可以看到“自己”的试衣效果，这也就解决了人们网购衣服时无法试穿的苦恼。这种机器人模特由爱沙尼亚一家名为“试我吧(Fits me)虚拟试衣间”的公司开发研制，由许多有弹性的面板制成，能变换出成千上万种不同形状和尺寸的“体型”。过去，这种机器人模特只有“男”款，因为女性的身体曲线更为复杂，需要更长时间对机器人进行完善。如今，“试我吧虚拟试衣间”终于推出了“女”款机器人模特(参见图 6-4)。老板海基·阿尔德里介绍说：“我们的机器人女模特几乎适合所有女性的身材。它能增加女性网购的信心，让她们不必担心有退货的麻烦。”据介绍，试衣机器人模特可以匹配 85%以上的女性身形。有了这种机器人，喜欢网购的人只需在引进试衣机

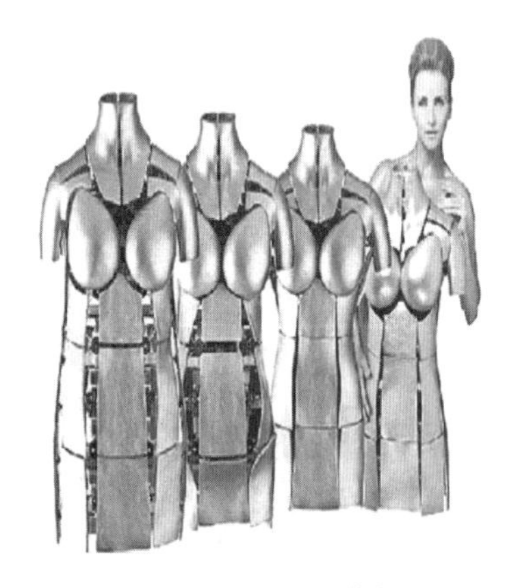

图 6-4　试衣机器人

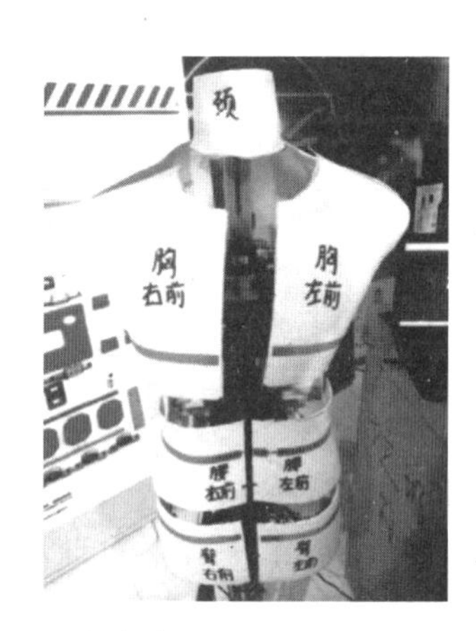

图 6-5　浙大学生团队研发的试衣机器人

器人技术的网站上填写一张电子表格，输入自己的身材尺寸，就可以看到“自己”试衣的真实效果。遗憾的是，顾客无法在现实中看到这种机器人“变身”试穿的过程，因为 Fits me 公司只是用相机拍下了机器人模特试穿不同尺寸衣服的照片，然后再将照片存到了数据库里，所以顾客只能看到这些效果图。

2014 年 6 月，浙江大学一个学生团队研发出一款“试衣机器人”，如图 6-5 所示。这个机器人是一个男性，身高大约 1.5 米，目前只有上身。机器人外壳由 12 大块组成。让人称奇的是，它既能变身型男也可以变身啤酒肚男。遗憾的是，“试衣机器人”目前还只有男生版本。

2. 穿衣服、洗头机器人

日本研究人员正在为残疾人和老人的穿衣问题提供最好的解决办法——穿衣机器人(参见图 6-6)。这个护理机器人在研究人员帮助下通过强化训练为假人穿衣后，可以自行测量和捕捉动作，然后实现为人穿衣的功能。另外它

有既定的程序以防伤害人，同时还会不断学习，将来会掌握如何给人穿裤子。日本松下公司开发出了洗头机器人(参见图 6-7)，洗头者只需要躺下，就可以开始享受全自动的服务。洗头机器人的机身两侧各有一只机器手臂，每只手臂上有 8 根“手指”，机体部分则设置有一个头盔状的装置，只要被护理者面部朝上把头伸进去，安装在头盔装置里的传感器就会开始对人的头部进行扫描，并且把扫描得到的数据输入机器人内置的计算机中。接着，计算机将根据这些数据，使用那 16 根直径约 2 厘米的树脂制“手指”以合适的力度对人的头部进行重复地揉、压、捏、搓、洗等，整个洗发过程大约需要 3～8 分钟。

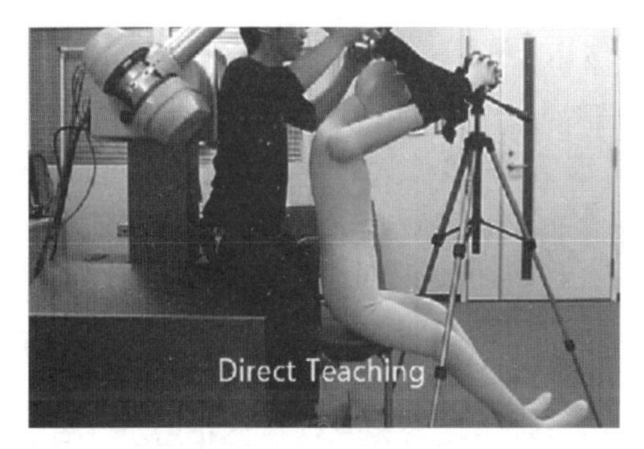

图 6-6　穿衣机器人

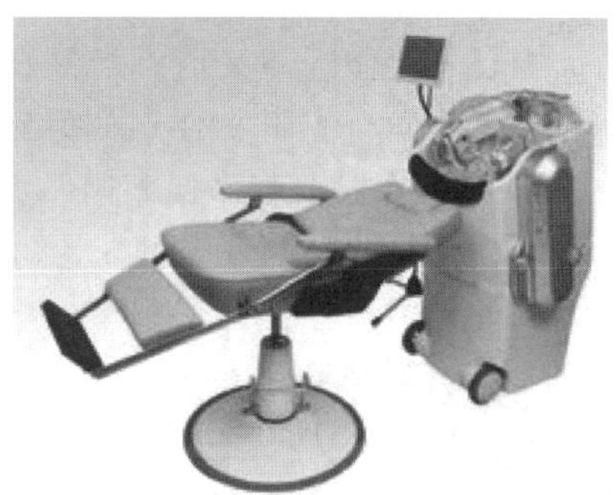

图 6-7　洗头机器人

3. 叠衣服机器人

据《澳门日报》报道，美国 Willow Garage 公司开发了名为“Personal Robot 2”(PR2)的机器人，机器人造价高达 28 万美元。PR2 是一个半人形的机器人，设有两条手臂和爪状双手，方便钳住衣物，如图 6-8 所示。PR2 的程式由两名伯克利的博士研究生埃里克·伯格和基南·威罗拜克编写。埃里

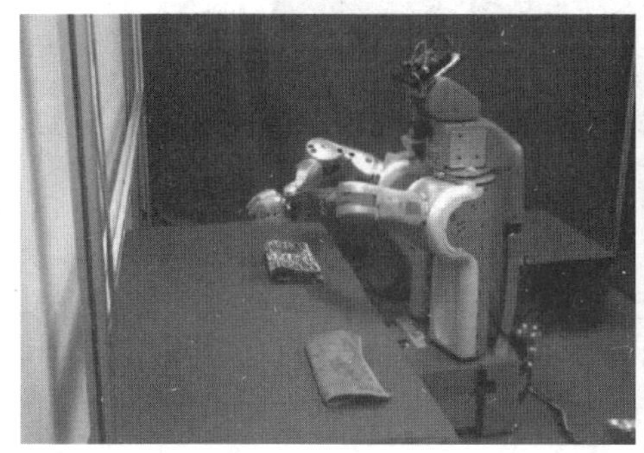

图 6-8　会叠衣服的机器人 PR2

克表示：“PR2 能够完成整个洗衣服过程，包括识别并捡起肮脏的衣物，把脏衣物放进篮子，再把篮子的衣物放入洗衣机，打开、关闭洗衣机，加入洗衣液并启动，把洗干净的衣服拿到干衣机，最后把干净的衣服折叠或挂起。”不得不提的是，PR2 除了是洗衫、叠衫能手外，还可以独立完成其他任务，例如从冰箱里取啤酒，拿汉堡，甚至能打桌球。

6.3 机器人如何提高“食”的质量

1. 烹饪机器人

自己不会做饭却又请不起保姆怎么办？福音来了！“可佳”机器人是中国科学技术大学自主研发的一款服务机器人，如图 6-9 所示，曾于 2014 年 7 月 19—25 日，在巴西若昂佩索阿举办的第 18 届机器人世界杯(RoboCup)比赛中，以主体技术评测领先第二名 3600 多分的优势，首次夺得服务机器人比赛世界冠军。“可佳”掌握了很多本领，会阅读电器说明书，会简单逻辑推理，会扫地，会烹制早餐……

据合肥网 2015 年 7 月 9 日报道，中国科学技术大学发布的新成果表明，将来万元内可买个机器人做饭。这是中国科学技术大学对外公布的在突破服务机器人产业化瓶颈方面的新进展。采用国产零件，“可佳”通用移动平台成本降低了 75%，而且未来还有进一步的降低空间。

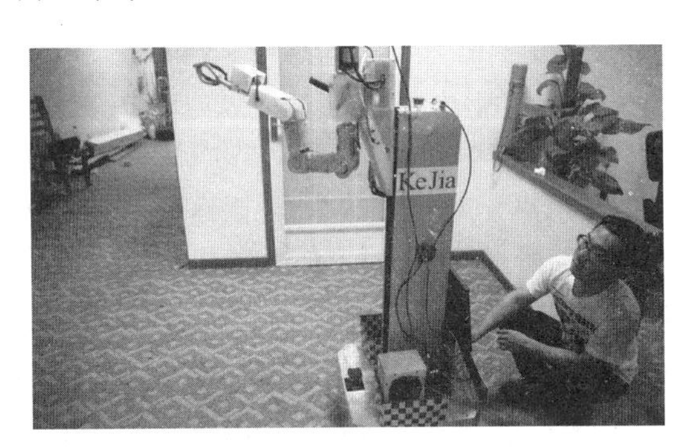

图 6-9 中国科大的“可佳”

机器人厨师的研究有比较长的历史了，但真正取得技术性革命的成功，可能在当前的西方发达国家。尤其是在日本，人们已经研制出能够制作日式烧饼、章鱼小丸子、拉面等日常食物的机器人厨师。2006 年 10 月，中国研制出了世界第一台中国菜肴烹饪机器人——“爱可”。它是由扬州大学旅游烹饪学院、上海交通大学机器人研究所和深圳繁兴科技公司，历时 4 年研发成功。“爱可”能迅速学习和掌握优秀厨师的菜肴烹制技巧，“手艺”能和名厨比肩，具有完全自主知识产权，被中科院认定为“必将改变人类生活方式的一项重大发明”。据深圳繁兴科技公司官网报道，2014 年 9 月南京市的琅琊路小学、赤壁路小学及宁海中学先后试点使用了机器人“大厨”，结果是不仅仅节约了时间，还省钱，月成本降低了 1/3。

如今，各个国家的研究机构先后推出了很多著名的机器人厨师。上一节介绍的 PR2 机器人，除了会叠衣服之外，还可以下厨做饭！据《新民晚报》报道，在一次测试中，PR2 仅仅花了 2 分钟就做出了一张色香味俱全的煎饼。英国 Moley Robotics 公司研发的 moley 机器人(参见图 6-10)，有两个特别给力的机器手臂和手掌，可智能学习厨师做饭时的动作。moley 机器人内置 20 个电动马达，24 个关节，129 个传感器，因此 moley 关节活动非常顺畅。moley 机器人能保证每次做出的菜味道都一样，这样就不会因为厨师的失手导致一个失败的作品了。而且，moley 机器人自身就是一个食谱大全，目前达 2000 种。moley 机器人预计 2017 年投入市场，预期价格为 14 800 美元。

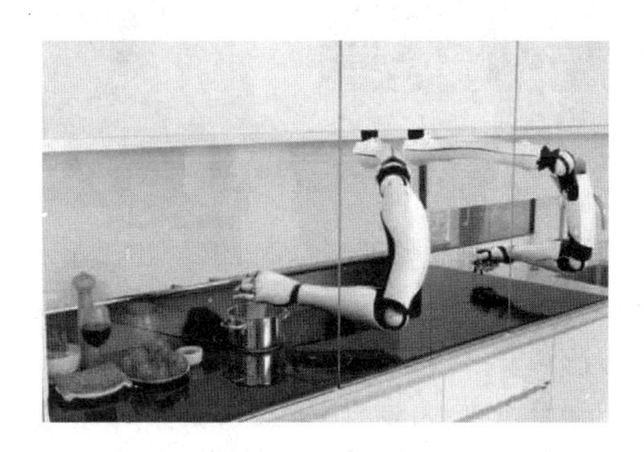

图 6-10　moley 机器人

2. 主食加工机器人

第一章介绍了刀削面机器人。智能刀削面机器人是替代人工技师执行削面工作的一种机器装置。它不仅可以按预先编排的程序去完成标准化的削面工作，还可以临时接受人工指令改变工作状态，是人工智能技术应用于餐饮领域的重大突破。除此之外，在主食加工方面，还有很多种机器人正在为我们服务。

“包子机器人”是邢连业用 6 年时间于 2009 年 6 月 14 日造出的一种自动包包子的机器(参见图 6-11)，能先后完成擀皮、装馅、包制、出褶等步骤，总共只需花 12 秒就能“捏”出一个小笼包。全自动饺子机(参见图 6-12)采用模拟手工饺子压片包合的成型特点，双控双向定量供料原理，生产时不需另制饺子皮，只需将面团与馅料放入进料口，开机即可自动生产出饺子。机器人餐厅，即是以机器人为主题的餐厅，世界第一家机器人餐厅——“大陆机器人自助餐厅”最早于2010年在济南出现，由山东大陆科技有限公司斥资5000万元建成。它是全球第一家以“机器人服务”“机器人娱乐”为主题的科技概念体验餐厅。开业期间，引来国内各大媒体报刊争相采访报道，国外主流媒体有美联社、法新社、新加坡电视台等。大陆机器人自助餐厅被美国广播公司评为全球十大应用机器人之一。遗憾的是，开业5个多月，因公司人员涉嫌传销而关门(参见图6-13)。

图6-11　包子机器人

图6-12　饺子机器人

香港首家以机器人为主题的餐厅于2012年7月开业，在餐厅内行走的机器人服务员不仅可以与顾客打招呼，而且可以为顾客点菜。顾客只要向机器人挥挥手，它的内置感应器便会感应到并走向客人，然后说：“欢迎光临!”，客人可读出餐牌内各款食物的编号点菜(参见图6-14)，机器人会复述一次，并会询问客人：“点菜是否正确?”如果没有问题的话，机器人便会说：“点菜完成，多谢。”除此之外，哈尔滨、上海、昆山、广州、长春等地也都陆续开设了机器人主题餐厅，生意都很好。

图6-13　首家机器人餐厅关门

图6-14　机器人点菜

在激烈竞争的餐饮市场中，如何让自己的餐厅立于不败之地？如何树立餐饮品牌，走出一条成功之路？在新的市场经济下，中国成功加入WTO(世界贸易组织)的时刻，一个成功餐饮企业其核心关键是什么？这些都是餐饮经营管理者们苦苦思索的问题。机器人和餐厅的有机结合为餐厅开创了一个新的创新点，机器人餐厅将越来越受到人们喜欢，有着美好的未来市场前景！

6.4　机器人如何提高“住”的质量

1. 扫地、拖地机器人

扫地机器人，又称自动打扫机、智能吸尘、机器人吸尘器等，是智能家用电器的一种。它凭借一定的人工智能，可自动在房间内完成地板清理工作。一般采用刷扫和真空方式，将地面杂物吸纳进自身的垃圾收纳盒，从而完成对地面的清理。一般来说，将完成清扫、吸尘、擦地工作的机器人，统一地归为扫地机器人。

美国iRobot公司于2002年全球首家研发出吸尘机器人“Roomba”(参见图6-15)，它可用于自动清扫和清除家庭中的各类垃圾、灰尘，是一款搭载了全球高级人工智能系统iAdapt技术的全自动化吸尘机器人。Roomba扫地机器人具有防缠绕、防跌落、定时清扫、自动回去充电、可以记住房间的布局以提高清扫效率等智能特性，从2002年至今，产品性能和效果被全球消费者认可。至2013年，Roomba已经过了6次升级换代，无论从外观、性能、清洁效果都有了全方位的提升。值得注意的是，2008年，iRobot公司曾推出专门清洁宠物毛发的Roomba系列产品，一时间，YouTube上出现了无数猫猫骑在Roomba上的视频(参见图6-16)。Roomba机器人热销全球50多个国家。截至2010年，Roomba的销量已经超过500万台；而在2013年，其销量超过1000万台。在欧美亚等多数国家中，Roomba已经成为每个家庭生活中不可缺少的一部分。其中，以机器人研发著称的日本是Roomba热销区，每年销往日本的Roomba机器人以50%的速度增长，2012年日本市场销量达到50万台。此外，iRobot公司于2006年曾推出工业级清洁机器人Dirt Dog(参见图6-17)。它性能强劲，能在车库和厂房等复杂的环境中工作，更能清除坚果壳，甚至是螺丝钉这样坚硬的垃圾。不幸的是，虽然Dirt Dog这个名字很酷，但iRobot在2010年决定停产这款产品。

图6-15　Roomba扫地机器人

另一家庭服务机器人巨头为科沃斯公司，旗下“科沃斯”(ECOVACS)品牌在家庭服务机器人的设计、研发等领域居于世界领先地位。科沃斯专注于家庭服务机器人16年，已销售150多万台扫地机器人，每天清扫1.5亿平方

图6-16　猫骑在Roomba上

图6-17　Dirt Dog清洁机器人

米，拥有全球唯一最完整的家庭服务机器人产品线，是全球家庭服务机器人行业开拓者及家庭服务机器人行业标准制定者。科沃斯机器人有地宝(扫地机器人)、窗宝(擦窗机器人)、沁宝(净化机器人)和亲宝(管家机器人)等4种商品。科沃斯地宝是科沃斯集团研制的一款扫地机器人，它集拖、扫、吸于一体，不用人工和水就能将地面打扫干净。地宝主要适合硬地面工作，如地板、地砖、短毛地毯、瓷砖等硬质地板。

地宝吉光(参见图6-18)是科沃斯公司于2013年推出的一款集吸、扫、抛、拖四位一体的清洁地面的地宝新品。这款机器人创新性地采用滚刷组件和吸口组件互换的设计：当地面毛发较多时，可以使用吸口组件，不用担心毛发缠绕的问题；而使用滚刷组件，则可以清理地面比较黏腻的灰尘。两种组件可以满足不同的家庭清洁需求。另外，地宝吉光还配备可水洗的抹布，在地面进行完基础清洁之后，进行湿拖，真正集吸、扫、抛、拖为一体。

在国内销售较好的扫地机器人还有Proscenic、卫博士V-BOT、飞利浦、KV8-卡琳娜、福玛特等。在京东页面搜索扫地机器人，发现销量排名前三甲的品牌为科沃斯(中国)、Proscenic(中国)、iRobot(美国)。这3个品牌各有特点，科沃斯(中国)以低价和服务抢占低端市场，Proscenic(中国)以品质和性价比占据中高端市场，iRobot(美国)则占据高价位市场。

图6-19所示Mint 5200是Evolution Robotics最新款自动擦地机器人，是Mint 4200的升级版型号，用最新的GPS室内导航，借助于Evolution的Northstar技术和其方正的外形，它可以清洁每一个能够到达的边角。有干擦和湿擦两种模式：在干擦模式下，它可以清除头发和灰尘等；在湿擦模式下，它可以抹去污渍和较厚的灰尘，永葆您的地板闪亮清洁。与老款4200相比，5200款多了暂停功能，不会因为停下清洁抹布而导致全部重新擦一遍；多了水箱设计，不用担心大面积清洁时候抹布干了影响清洁效果。此外，定位系

统更好，续航能力增加，每次充电干扫面积大约 80 平方米，湿拖面积大约 40 平方米。

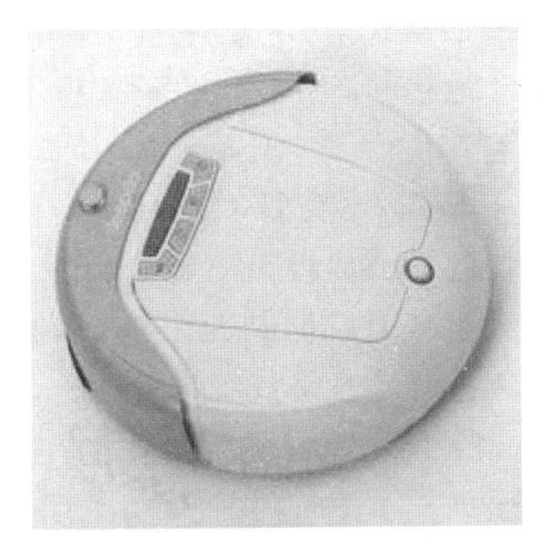

图 6-18　科沃斯扫地机器人

图 6-19　Mint 5200

2. 擦窗机器人

Winbot 是 Ecovacs 公司开发的自动清洁玻璃机器人。在 2011 年的 CES 展会上，Ecovacs 展示了 Winbot 原型；在 2013 年的 CES 展会上，Ecovacs 展示了最终的成品。Winbot 重 4.4 磅，配备了可重复利用的清洁布，前半段是湿的，后半段是干的，最后利用橡胶片擦去剩余的潮气和细小杂物，它依靠吸力附着在玻璃上，因此既可以擦窗户的内部玻璃，也可以擦外部玻璃。Winbot 7 是最新一代产品(参见图 6-20)，它用“Z”字形模式来感知玻璃，确定工作任务后，就进入工作状态，它甚至可以知道用多长时间可完成工作。对于 Winbot 7 的吸附力，用户丝毫不用担心。用户还可以通过遥控器来控制 Winbot 7。

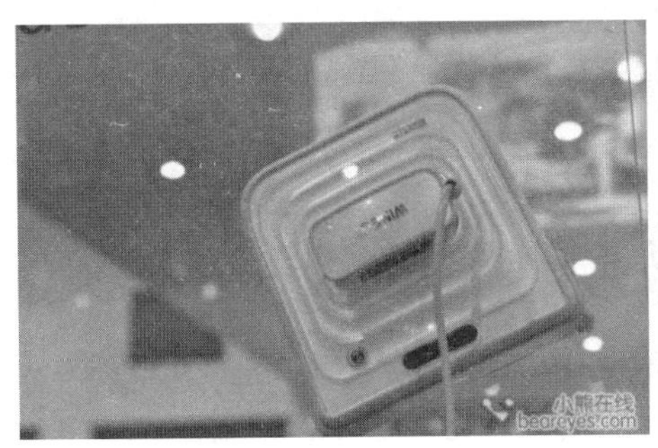

图 6-20　Winbot 7

3. 清洗机器人

2014 年 1 月，iRobot 公司推出了防水的吸附式泳池清洁机器人 Mirra 530

(参见图6-21)。Mirra 530不需要增压泵，并且设计了自带的高效过滤系统。使用时只需要将该机器人放入水中，它会自动使用iAdapt Nautiq传感规划系统计算泳池的面积，并自动挑选最高效率的清洁模式来工作。它会吸附在泳池的每一寸表面上执行清洁工作，并且连带泳池壁和阶梯都可以清理得干干净净，它能够轻易地去除藻类、灰尘、细菌和其他污渍。据光伏太阳能网报道，最新推出的太阳能泳池清洁机器人Solar Breeze(参见图6-22)可脱脂去污垢，清除池面的碎屑、花粉及防晒油，这一切的动力都将完全来自太阳。太阳能将用于设备的充电电池，该电池即使在太阳落山后也依然适用。机器人内置移动软件，帮助它尽量朝向有阳光的地方移动。这一最新版本机器人的太阳能电池板输出能力比原来的大了300%，并配有新的无刷马达，并拥有3万多小时的使用寿命。

图6-21 Mirra 530

图6-22 Solar Breeze

在家庭生活中，还有常见的洗碗机器人，它们帮助我们实现了从家庭琐事中解放出来的时间自由。

6.5 机器人如何提高"行"的质量

"绿色出行"是各国研究可持续城市发展模式的重要课题之一。从每天迈出家门的第一步开始，你就与交通发生了联系。无论是步行、骑车、乘坐出租或公交，还是自己开车，每个人都希望以最方便、快捷、舒适、经济的方式到达目的地。然而一提起每天挤公交的经历，人们总是苦不堪言，一想到每次抢出租的场景人们总是无奈至极，一谈及经常开车被堵在路上人们总是欲哭无泪。业界调查表明，2004—2014年间，国内汽车消费市场发展迅猛，

2014 年国内汽车保有量将近 1.4 亿辆。过量行驶的汽车，经常导致交通阻塞、交通事故频繁、大气遭到污染等问题。交通问题已经给城市社会经济发展带来了严重影响。另一方面，进入 21 世纪以来，我国城市规模不断增大，一些新兴小区逐渐向城市边缘发展，增加了居民“最后 1 千米”的出行距离，带来了末端细微交通的处理问题。此外，因为各种交通事故、天灾人祸和种种疾病，每年有成千上万的人丧失一种或多种能力(如行走、动手能力等)。老龄化问题也日趋严重，大部分老龄人面临丧失日常生活中某一项或多项行为的问题，如上下床、洗澡、行走，等等。面对以上的种种问题，服务机器人将发挥越来越重要的作用。

1. 智能轮椅

随着社会的发展和人类文明程度的提高，人们，特别是残疾人越来越需要运用现代高新技术来改善他们的生活质量和生活自由度。因此，对帮助残障人行走的机器人轮椅的研究已逐渐成为热点。目前，欧美等国家已经开发出了自己独具特色的智能轮椅。国际上有影响力的智能轮椅项目有法国的 VAHM 项目、西班牙的 SIAMO 项目、美国的 Wheelesley 项目、德国的 MAid 项目等。国内智能轮椅的研究起步较晚，但是随着近年来国家对智能轮椅的投入加大，国内也涌现出了一批研究智能轮椅的研究机构，其中具有代表性的有中科院自动化研究所、上海交通大学、重庆邮电大学等。

2012 年国际大学生物联网创新创业大赛总决赛上，郑州大学参赛的智能轮椅项目摘得了比赛的最高奖(一等奖)。郑州大学参赛学生介绍说：“我们设计的智能轮椅，能自动爬楼梯，且过程中能保持座椅处于水平状态。”如图 6-23 所示，这种“基于偏心距可调偏心轮的智能轮椅”是一款智能机器人轮椅，综合考虑了残疾人上下楼梯的困难，通过改变轮子重心，保持轮椅处于水平状态，“实战”显示公共场所的楼梯都适用。此外，智能轮椅安装了液晶显示屏，残疾人坐在轮椅上利用无线网络即可轻松控制家电，完成网络通信、在

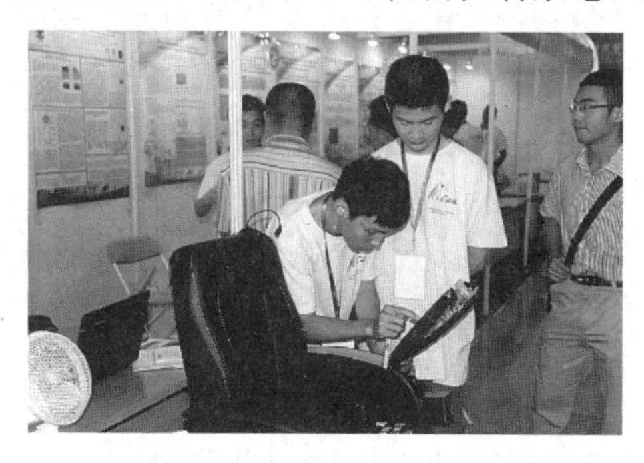

图 6-23　基于偏心距可调偏心轮的智能轮椅

线视频等各种需求。

腾讯网2014年4月29日报道，来自美国麻省理工学院计算机科学和人工智能实验室的Matt Walter和Sachi Hemachandra两位研究人员研制出了一种非常具有革命性意义的机器人轮椅(参见图6-24)，这种轮椅可以自动识别使用者的语音命令，然后依靠无线Wi-Fi系统及各节点产生地图，再利用这个地图进行导航，从而完成通过语音控制在空间的移动。因此，基于已有的路线记忆，轮椅使用者不用对路线节点加以控制，直接高枕无忧地坐在椅子上从一个地方到另一个地方，非常方便。此外，中科院自动化研究所研制出了一款基于嵌入式系统的RoboChair智能轮椅机器人，具有多模态人机交互和非结构场景下的融合导航两大主要功能。在多模态人机交互中，RoboChair具有手势识别、头部姿态识别、面部表情识别等控制接口。用户还可以和轮椅之间进行简单的人机对话，通过语音控制轮椅的运动。

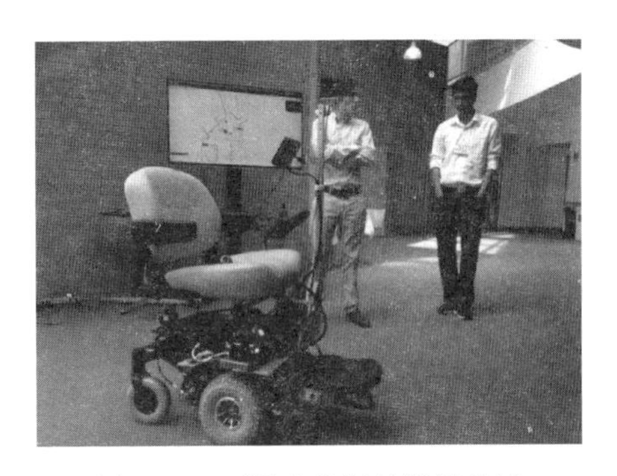

图6-24 可语音控制的智能轮椅

最让人着迷的是利用意识实现对智能轮椅的控制(参见图6-25)。中新社2011年5月4日报道，华南理工大学四名研究生4日对外宣布，他们新设计了多模态脑-机接口轮椅控制系统。这种轮椅控制系统的使用会给残疾人带来福音：使用者仅需通过执行一定的意识任务与接受车载电脑的视觉刺激就可以控制轮椅的行驶，如左右转动、加减速、启动和停止等。2014年12月，西班牙一所大学的研究人员设计出了能用大脑控制的轮椅，从而让手脚都难以动弹的残障人士也能出门享受大千世界。这种用脑电波控制的轮椅上安装有特别程序的电脑，驾驶者通过戴着专用测试头套与电脑相连。电脑通过扫描脑电图来了解人的意图，从而控制轮椅移动。据研究人员介绍，这个系统还可以识别区分各种不同类型的对象，例如遇到石子要绕开，遇到桌子或者熟人又会自动靠近，等等。2015年2月13日新华网报道，用脑电波控制轮椅前后左右移动已不是新鲜事，日本金沢工业大学的研究人员新开发的技术则更进一步：使用者想去什么地方(轮椅可到达的地方)，自动轮椅就能带你去。据金泽工业大学网站介绍，此前的脑电波控制轮椅技术只是通过脑电波发出前后左右移动的指令，使用者要去一个地方需要大脑不断发出指令，比较麻烦。而这项新技术则相当于通过脑电波给自动轮椅设定一个导航目的地后，轮椅就能自动避开障碍物移动到使用者头脑中“想”要去的地方。这一系统首先内设了特定设施内的地图和多个目的地，每个目的地有对应的数字，头戴脑电波感应装置的使用者想去哪儿，头脑中只要“想”那个数字，脑电波感应装置就能读取对应数字，电脑程序就能让轮椅避开障碍物抵达目的地。研究人员说，这个脑电波感应装置应用了名为“深层学习”的人工智能技术。研究人员今后将采集更多人的脑电波数据，以提高这一系统的精确度，最终目标是让轮椅使用者能在初次到访的设施里也能容易地抵达目的地。

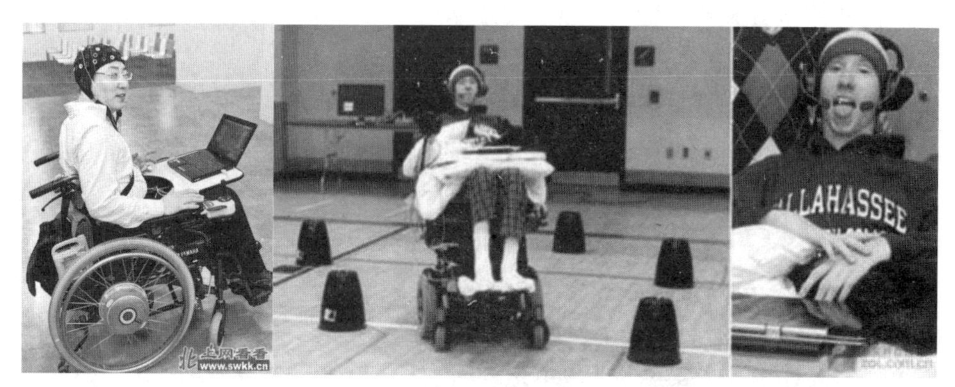

图6-25　利用意识实现对智能轮椅控制

2. 代步机器人

双轮自平衡车Segway(参见图6-26)是一种电力驱动、具有自我平衡能力的个人用运输载具，是都市用交通工具的一种，由美国发明家狄恩·卡门(Dean Kamen)与他的DEKA研发公司(DEKA Research and Development Corp.)发明设计。除个人使用外，一般还在机场、高档社区和运动场馆等大型空间使用。Segway的运作主要是建立在动态稳定(dynamic stabilization)的基本原理之上，也就是车辆本身的自动平衡能力。以内置的精密固态陀螺仪(solid-state gyroscopes)来判断车身所处的姿势状态，再透过精密且高速的中央微处理器计算出适当的指令来驱动马达以达到平衡的效果。若以站在车上的驾驶人与车辆的总体重心纵轴作为参考线，则当这条轴往前倾斜时，Segway车身内的内置电动马达会产生往前的力量，以平衡人与车往前倾倒的扭矩；相反地，当陀螺仪发现驾驶人的重心往后倾时，也会产生向后的力量以达到平衡效果。因此，驾驶人只要改变自己身体的角度往前或往后倾，

Segway 就会根据倾斜的方向前进或后退。原则上，只要 Segway 有正确打开电源且能保持足够运作的电力，车上的人就不用担心有倾倒跌落的可能，这与一般需要靠驾驶人自己进行平衡的滑板车等交通工具有很大的不同。

据新浪网 2015 年 4 月 15 日报道，国内代步工具开发商纳恩博(Ninebot)宣布收购老牌电动平衡车厂商 Segway，同时纳恩博宣布完成 8000 万美元的 A 轮融资，本轮融资由小米、红杉资本、顺为资本、华山投资共同出资。纳恩博 CEO 高禄峰表示，此前于 4 月 1 日，Ninebot 已经与 Segway 完成《股权购买协议》的签署。协议生效后，Segway 成为 Ninebot 的全资子公司。收购后，Ninebot 获得 Segway 旗下三大产品系列近十款产品的所有权、行业 400 多项核心专利，以及人才、生产线、全球经销商网络和供应商体系。

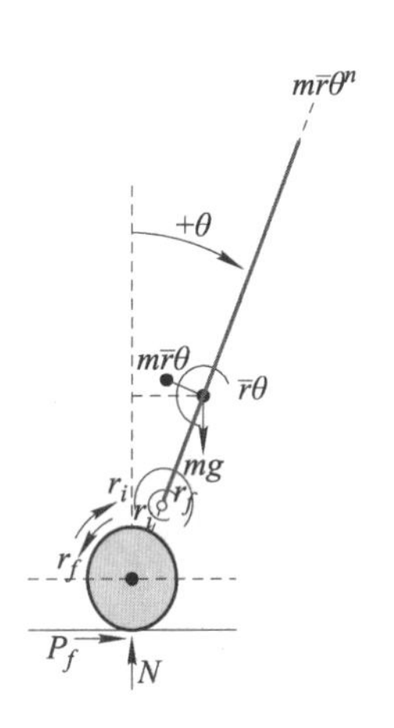

图 6-26 双轮自平衡车 Segway

双轮自平衡车 ninebot 是一款现代交通代步工具[参见图 6-27(a)]，全部由电力驱动，无污染排放，高度契合当代节能减排的倡导方向，车身内部采用自平衡系统，可与手机高级别互联互动，当驾驶者站立在车上，车辆即可按照驾驶者的重心偏移进行测算并控制运动。它是纳恩博(天津)科技有限公司生产、销售的最新一代智能代步机器工具。ninedroid 是智能电动平衡车 ninebot 系列的智能手机客户端 APP，能够通过手机蓝牙与 ninebot 系列平衡车进行无线连接，具有"车辆固件更新""智能仪表盘""车辆详细信息查询""个性参数设置"等功能。

自平衡独轮车适于每日通勤使用或者周末时作为一项休闲运动。自平衡独轮车是新一代节能、环保、便携的短途代步工具，可以代替公交和地铁。独轮车携带方便，可以直接放进汽车的后备箱，提到家里或是办公室。在绿色环保、节能减排的大背景下，纳恩博推出了全新智能交通机器人——

ninebot One[参见图6-27(b)]。ninebot One是一款个性时尚，具有互联网思维的智能化出行工具。作为一款绿色智能的短途出行代步工具，其纯电力驱动、采用家庭普通电源充电、零污染排放的特性为人类践行低碳生活方式增加了新的选择。独轮车作为短途代步工具，更加小巧便捷，当然价格也更加亲民，让每个人都能消费得起，具有竞争力的价格必将成为独轮车市场上的一匹黑马。ninebot One高科技性的特性使得它并不是一种大众化的短途出行工具，极客达人、时尚潮人、高级白领、大学生、环保人士是ninebot One的主要消费人群，但纳恩博希望通过这些人的前期引领，影响大众的生活和出行方式，成为生活中不可或缺的代步装备，真正地从小众酷玩的生活格调进化为全民出行的必需品。ninebot One是短途出行的最优解决方案，能够辐射身边所有短途和狭小的空间，2～10千米内轻松骑行代步，解决开车嫌近、走路嫌远的两难处境。学生可以骑着它上下学，引领校园潮流，此外它还解决了白领上下班去地铁的这段路程，真正实现自由穿梭任意驰骋。独轮车的轻巧便捷性体现在，无论是乘地铁还是自己开车，或者遇到楼梯都可以提着走，真正享受属于你的环保出行创新方式!

(a) 双轮自平衡车ninebot

(b) 自平衡独轮车

图6-27 纳恩博(ninebot)现代交通代步工具

3. 智能汽车

谷歌无人驾驶汽车(参见图6-28)是谷歌公司的Google X实验室尚在研发中的全自动驾驶汽车，不需要驾驶者就能启动、行驶以及停止。2014年4月28日，无人驾驶汽车项目的负责人表示，谷歌无人驾驶汽车的软件系统可以同时“紧盯”街上的“数百”个目标，包括行人、车辆，做到万无一失。谷歌无人驾驶汽车曾经在谷歌总部所在的加州山景城长期行驶，已经记录到了数千英里的数据。2015年6月，谷歌一辆无人驾驶汽车的原型车在硅谷差点与竞争对手的无人驾驶汽车发生事故，这是首次涉及两辆无人驾驶车辆的交通事故。

2014年5月28日据科技博客Re/Code报道，谷歌在Code大会上发布了新的无人驾驶汽车。该汽车看起来像是有轮子的缆车，它既没有驾驶盘，也

图 6-28 谷歌无人驾驶汽车

没有刹车踏板和加速装置。该汽车原型是谷歌对现代汽车和单纯的无人驾驶交通工具的一种重新想象。

另据中国青年网 2014 年 12 月 24 日报道，谷歌宣布完成了对其首款自助驾驶概念车(参见图 6-29)的建造工作。据称，相比 5 月份时发布的缺少前大

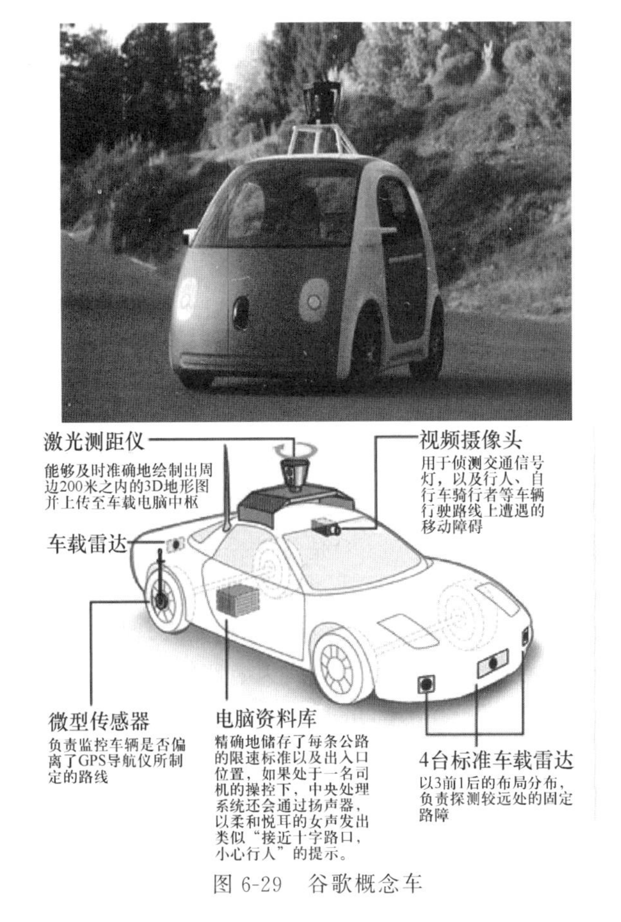

图 6-29 谷歌概念车

灯的原型车，最新型号将具备车辆上路时所需的所有零部件。车辆的设计与之前相比没有太大变化，保留了其独特的微笑前脸。不过，车辆顶部的LIDAR系统变得更加纤细。自5月开始，谷歌就致力于某一特殊汽车部件的测试工作，例如刹车与传感器等。最新的概念车集合了此前所有的测试成果。谷歌表示为应对紧急情况，驾驶者对车辆的控制功能将会被保留。

6.6　其他服务机器人

1. 伴侣机器人

腾讯科技2014年8月18日报道，皮尤研究中心的一份最新报告显示：未来到2025年，机器人将成为我们的爱人。在这份关于"人工智能、机器人和未来工作"的报告中，专家表示：未来机器人将有望成为人类的忠诚伴侣，他们的关系并不仅仅是单纯的陪伴。人类与机器人的结合将成为常态，拥有盛大的婚礼、代表永恒的钻戒甚至是银行联名开户。与人类相比，这些机器人将会更了解我们的喜好。在未来，机器人承担了更多照顾人类生活起居、陪伴以及与人类贴心聊天等任务。通过长时间的亲密接触，人类会对其产生强烈的依赖感。这样一来把机器人"定义"为人，甚至与之产生感情就在所难免了。这份报告同时指出，未来机器人将会承担人类的大量工作。甚至有专家表示，未来由于机器人的功能进一步增强，将会更多地代替人类的工作，从而会进一步增加失业率并且导致越来越大的贫富差距。

美国有线电视新闻网(CNN)2015年6月22日报道，日本公司将一款情感伴侣机器人推向市场后仅1分钟，1000台这款机器人就已售光。这款机器人叫作"胡椒"(Pepper)，如图6-30所示，它形似缩小版卡通人物"大白"，会察言观色，号称是全球首款能识别人的情感并与人交流的机器人。据介绍，"胡椒"自带摄像头、触觉感应器、加速器，并且具备"类似内分泌系统的多层神经网络"。它可以识别人类的音调和面部表情，从而与人类交流。"胡椒"主要是为了让主人"高兴"，"它不是工作机器人，而是人类的情感伴侣。"目前它只会说四种语言，包括英语、法语、日语和西班牙语，但开发商将于几个月后在其网上软件商店中上传其他语言版本。

2. 接吻机器人

新加坡国立大学的人工智能研究员2012年开发出一款"接吻机器人"(Kissinger)，它能够模拟和传送接吻的感觉，带给远距离的异地恋人额外的亲密接触，也可用作视频游戏的辅助设备。如图6-31所示，这款机器人形状和大小与垒球相似，它有两片内置触敏装置的嘴唇，可以发现和复制情侣接吻的感觉。研究人员认为，这款机器人将会令人类与机器人的关系更加亲密。

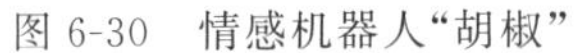

图 6-30　情感机器人“胡椒”

图 6-31　新加坡接吻机器人

3. 德国的 Casero 老人护理机器人

为方便德国老年人的生活，杜伊斯堡大学(Duisburg University)某研究小组发明了 Casero(参见图 6-32)。Casero 靠身上的摄像头分辨方向，也可独立在走廊上行走并清除障碍，它还能提起重达 100 千克的货物。专家把 Casero 称为“自行搬运系统”。Casero 甚至会自己使用电梯，当主人通过无线网络连接召唤它时，它可以自行到达该楼层。

图 6-32　德国 Casero 老人护理机器人

4. 家庭机器人保姆

由日本丰田公司和东京大学联合研究开发的家庭机器人保姆(见图 6-33)可以给您端茶倒水，为您抹桌扫地，做该做的事情，不该看的事情不看。预计它将在五年后与地球人见面。这个机器人特点是能通过 Magic Eye 记录房间清洁时的样子，然后根据现实状况的对比，自动判断出哪些是需要清理的，哪些不是。

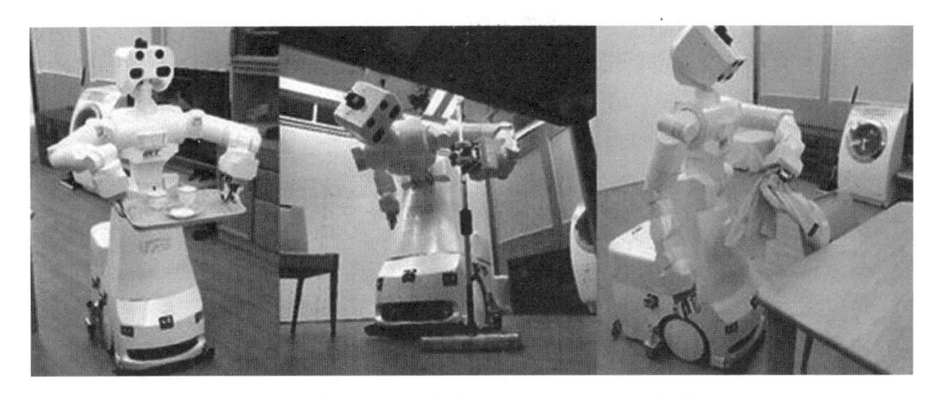

图 6-33 家庭机器人保姆(Home Assistant Robot)

5. 美国的 Erector Spykee 监控机器人

如图 6-34 所示，Erector Spykee 机器人是一个有着一副履带的遥控机器人，配有一个麦克风和摄影机，你无论身在何处，它都会传递它所看到和听到的信息给你。你可以从遥远的地方控制它，如在家或办公室。当有人谈话的时候，它就会仔细“听”，然后记录下来进行汇报。它最大的特点就是头上有一个高分辨率的摄像头。Erector Spykee 开启之后，就可以通过 Wi-Fi 网络连接到互联网，无论你身在何方，都可以开启并遥控它了。这个机器人可以陪您散步，充当间谍，实现无线网络通话和网络视频，作为您的 MP3 的数码音乐播放器以及进行个人视频监控。

图 6-34 美国 Erector Spykee 监控机器人

在家庭生活中，家庭服务机器人无处不在，为我们提供了诸多便利，预计在不久的将来人类会从家庭琐事中彻底解放出来。在公共服务领域，公共服务机器人同样可以满足公民生活、生存与发展的需求，使公民受益。在基础服务领域，有涉及水、电、气、交通与通信、邮电与气象方面的机器人，如水厂服务机器人、电厂机器人、煤气服务机器人、交通机器人、气象服务机器人；在公共场所，有服务银行、证券、酒店、政务大厅等方面的机器人；在安全服务领域，有涉及军队、警察、消防等方面的机器人；在社会服务领域，有包括教育、医疗、卫生、环境保护等方面的机器人；在宗教服务领域，有机器人牧师和机器人僧侣。机器人已经融入工作生活的方方面面，人类真正进入了机器人时代。

思考题

1. 你期待将来自己家里有哪些服务机器人？
2. 试衣机器人对于网购有什么作用？
3. 烹饪机器人和奥特曼刀削面机器人相比，哪个智能程度更高？
4. 什么是“最后1千米”问题？何种服务机器人能够有效解决这个问题？
5. 你如何看待“和机器人谈恋爱”这件事？
6. 机器人助手、机器人保姆和机器人伴侣的社会价值在哪里？
7. 助行机器人需要遵守交通规则吗？

第 7 章　救死扶伤的医疗机器人

教学目标

✧ 了解医疗机器人的种类及应用范围
✧ 了解整诊疗器人、手术机器人及康复机器人
✧ 了解其他类型医疗机器人

思维导图

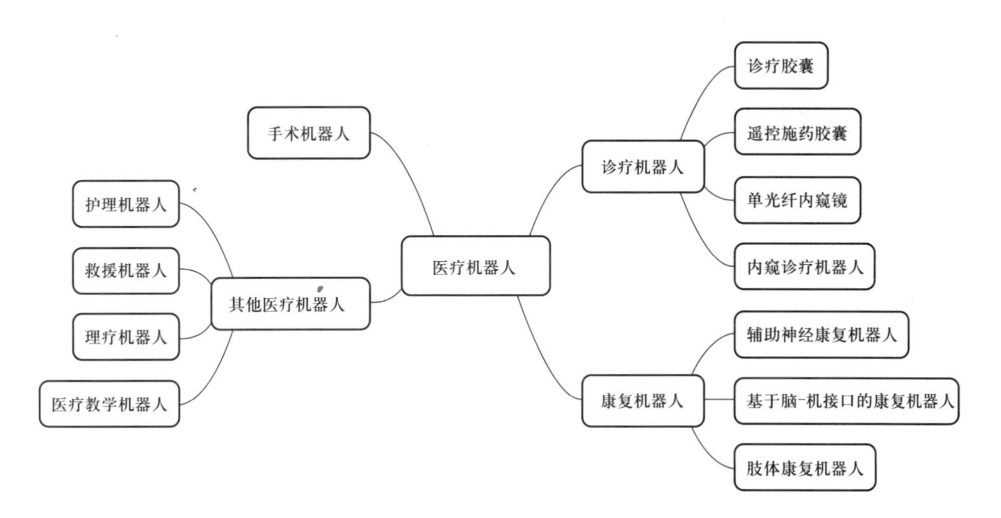

医疗机器人是指用于伤病员手术、救援、转运、康复等领域的机械电子装备，在医疗领域发挥着重要的作用。与其他类型的机器人相比，医疗机器人具有以下几个特点：① 作业环境一般在医院、街道、家庭及其他非特定场合，具有移动性与导航、识别及规避能力，以及智能化的人机交互界面。在需要人工控制的情况下，还要具备远程控制能力。② 作业对象是人、人体信息及相关医疗器械，需要综合工程、医学、生物、药物及社会学等各个学科领域的知识开展课题研究。③ 材料选择和结构设计必须以易消毒和灭菌为前提，安全可靠且无辐射。④ 性能必须满足对状况变化的适应性、对作业的柔软性，对危险的安全性以及对人体和精神的适应性等。⑤ 医疗机器人之间及

医疗机器人和医疗器械之间具有或预留通用的对接接口，包括信息通信接口、人机交互接口、临床辅助器材接口以及伤病员转运接口等。

根据用途的不同，医疗机器人大致可以分为诊疗机器人、手术机器人、康复机器人、转运机器人和救援机器人等。

7.1 诊疗机器人

诊断机器人拥有先进的诊断技术，具有细致精确、丰富详细、便于操作、减少病人痛苦、提早预报等特点，还可以实现远程诊断，提高就诊速度、扩大就诊范围、提高挽救生命概率。2005 年，那不勒斯大学的研究人员发明了诊断医学机器人 AIDA，在 150 多种头痛病中确诊 35 种“原发性头痛”(指原因不明的头痛)，并根据患者的症状及诊断病历，自动制定出最佳治疗方案，大大提高了治疗的效率和可靠性。2002 年，美国西雅图生物与生命实验室研制出了病理学机器人，帮助分析病理切片。2004 年 3 月，美国约翰·霍普金斯大学研究人员发明了机器人医生，它携带传感器和摄像头进入病房采集数据，医生则在电脑旁通过传回的画面和数据制定治疗方案。

根据治疗造成患者创口的大小，外科分为无创外科、微创外科和创伤外科等三种。20 世纪 80 年代的腹腔镜技术因其手术创伤小、出血少等优势，引发了外科史上的一次技术革命。在此基础上，通过将机器人技术引入诊疗领域，科学家们研制出了一系列用于外科手术的机器人系统。

内窥诊疗机器人指的是能够进入人体内进行病情诊断的微型机器人系统，是在内窥镜诊疗设备基础上，利用机器人技术、微机电系统(micro-electro-mechanical system，MEMS)技术和先进成像技术等进行智能化改进设计而开发出来的。内窥诊疗机器人通过进入人体内部对患者病灶部位进行窥探，帮助医生诊断病情，从而达到微创或无创治疗目的。

1994 年美国食品及药物管理局(FDA)批准了首例腹腔镜机器人辅助支撑系统，即具有自动定位功能的伊索机器人系统，作为手术辅助器械应用于临床外科手术治疗。2007 年美国 FDA 正式批准了达·芬奇手术机器人系统作为独立的临床外科手术治疗系统，使之在随后几年中得到了广泛的使用。截至 2010 年 9 月底，达·芬奇机器人手术系统全球临床累计装机有 1661 台，其中美国本土装机 1228 台，亚洲 141 台。2010 年，达·芬奇手术机器人全球累计开展手术 20.5 万例。以此为基础，内窥诊疗机器人分别针对进入内腔的方式、微型化、可视化等方面对传统内窥镜进行了全面的改进，使之成为外科手术领域的主要诊疗器械。

主动引导式内窥镜利用主动前进的引导头驱动，改变了传统内窥镜进入内腔的方式，减少了内窥镜对组织的损伤，以及医生的操作难度和工作强度。目前，主动引导式内窥镜的驱动机构主要包括蠕动式、喷射式和爬行式等三种，均以仿生的原理设计。图 7-1(a)所示为上海大学研制的"Wormbot I"的移动机构，两端的乳胶气囊为两个把持模块，充气时撑住肠壁，放气时保持自然状态，波纹软管为伸缩模块，3 个模块交替变形时即产生尺蠖式蠕动。图 7-1(b)所示为 Dario 等人设计的蠕动式驱动机构。图 7-1(c)所示为上海交

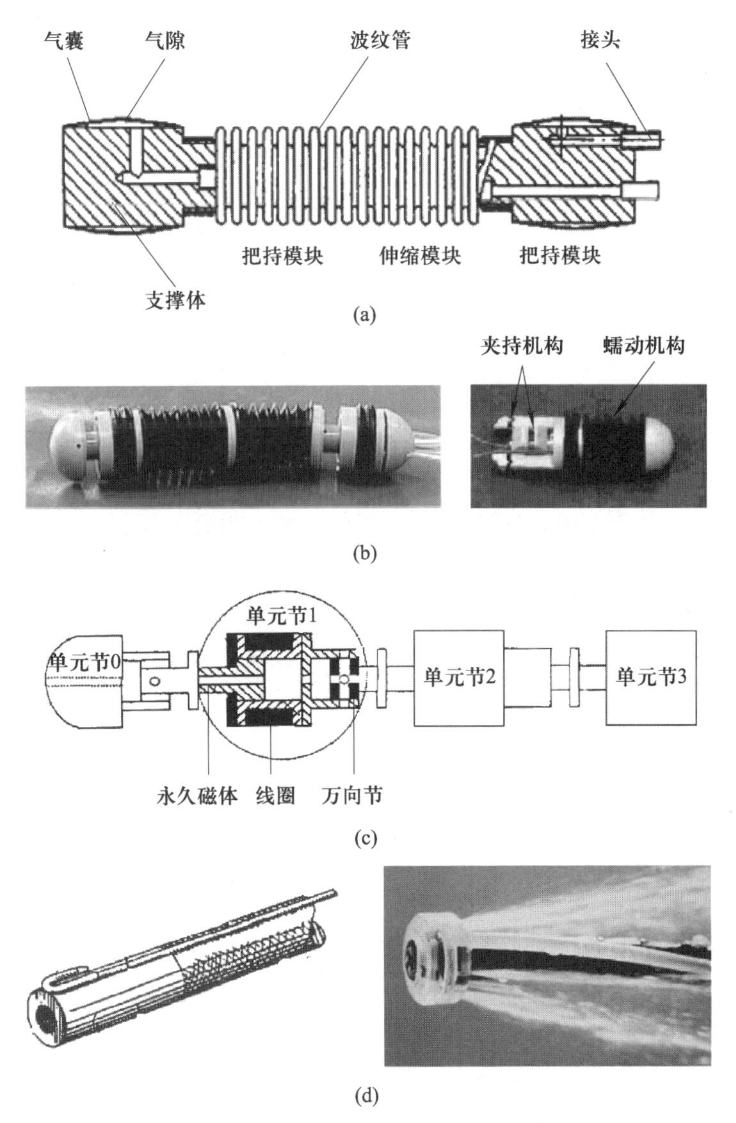

图 7-1　主动引导式内窥镜的驱动机构

通大学研制的一种多关节电磁型仿生蚯蚓驱动机构，包括4个电磁驱动的单元节，节0为仪器舱，节1～3中各有一组磁棒和线圈，各单元节采用万向节连接，通过发出定时驱动信号对电磁线圈通电，使线圈与磁棒之间产生相对运动，从而带动单元节前进。图7-1(d)所示为Mosse等人模仿章鱼喷射水柱产生反作用力、从相反方向逃脱的原理设计出的一种管道镜，其前端与喷嘴上安装了液体加压管，当液体流过喷嘴时加速，产生反向推力，从而推动管道镜前进。此外，还有一种爬行式的驱动机构，以Phee等人研制的仿蜥蜴“内窥爬行者”(EndoCrawler)机器人为例，它由橡皮波纹管连接的5个刚性节段组成，每个节段上连接了4个波纹管驱动器，特定时间间隔内激发这些驱动器形成一系列步态，能使机器人在肠道中沿水平和垂直方向爬行。

在进入人体过程中，由于工作环境复杂和自身形状不可视，内窥镜可能会发生镜体缠绕，从而给病人带来危险。若能通过科学手段显示其在体内的形状，就可避免发生这种情况。目前，用于内窥镜形状重建的方法包括磁场定位、超声定位以及基于光纤光栅定位等几种。图7-2(a)所示为Bladon等人提出的内窥镜磁场空间定位系统，即在病人体下放置励磁线圈以产生电磁脉冲，通过内置于内窥镜钳道中的传感线圈来采集磁场数据，经计算得到每个传感器的空间位置，将这些离散点拟合成连续曲线，则显示在计算机上的三维图形即为内窥镜的形状。图7-2(b)所示为日本大阪大学医学院开发了一种人体内超声探头定位系统，可用来测量和显示超声内窥镜端部探针的空间位置和运动轨迹。图7-2(c)所示为上海大学研制的基于多点光纤光栅的内窥镜形状感知系统，该系统利用多根等距并刻有若干光栅的光纤，将光纤以一定角度粘贴在基材上，建立一个传感网络，以采集各点的曲率并拟合出整个内窥镜的空间形状。以活体成年猪为例，其肠道中内窥镜形状及其重建形状如图7-2(d)所示，利用所提出的基于光纤光栅传感阵列的内窥镜柔性杆，以及基于双目视觉系统的手柄姿态检测方法，可精确分析内窥镜在进入肠道后的位置，并实时显示在用户界面上。下面给出几种典型的内窥镜机器人，让我们一窥其中奥秘。

1. 诊疗胶囊

诊疗胶囊是形如感冒胶囊的微型无线内窥机器人，由胶囊内窥镜、无线数据接收记录设备和影像工作站等3部分组成。胶囊通过口服进入人体，借助消化道的蠕动在体内运动，并沿途拍摄消化道的内壁图像；图像通过无线电波传送到体外的图像记录仪上，医生在影像工作站上对受检者的消化道进行诊断。图7-3所示为意大利圣安娜高等学校CRIM实验室开发的一款爬行摄像胶囊，该机器人是受蠕虫启发而设计的主动式内窥镜机器人，通过有弹性的“腿”爬进患者的消化道，替代传统内窥镜进行检查，即通过所携带的摄像

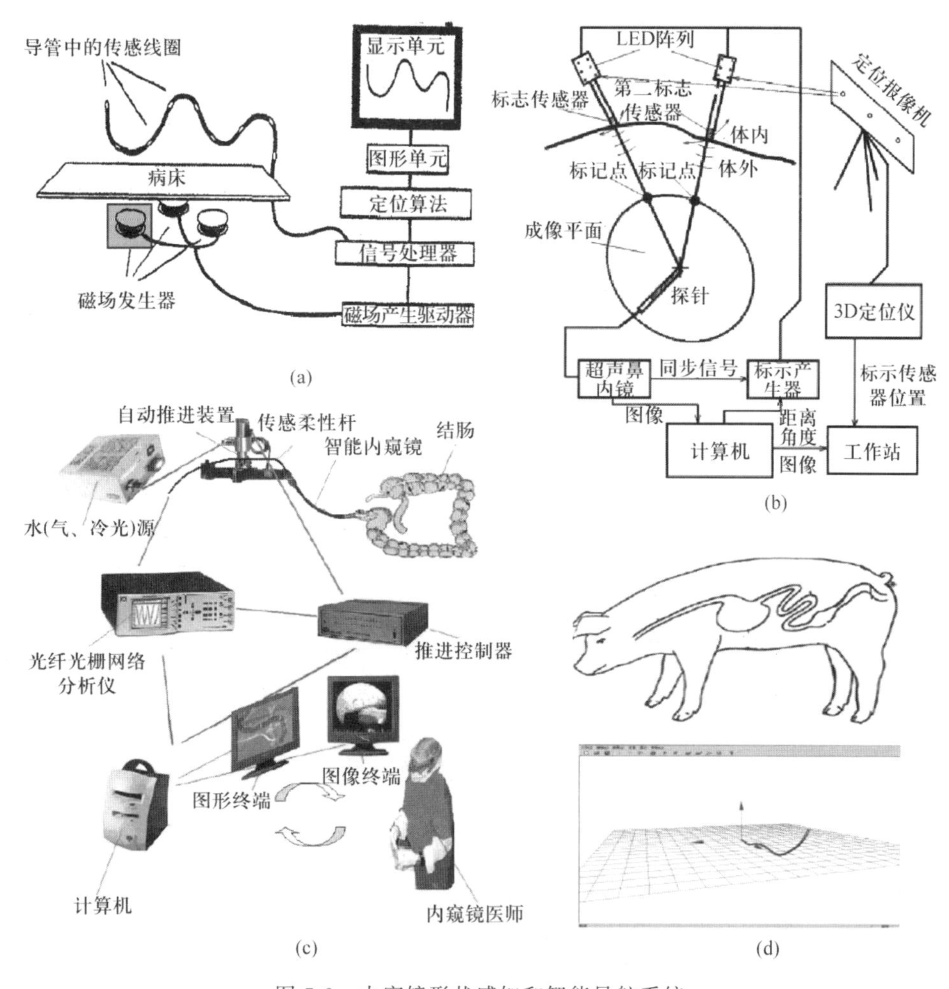

图7-2 内窥镜形状感知和智能导航系统

机对食管、胃、十二指肠内部的损伤或溃疡等情况进行检查。图7-4所示为一款游动摄像胶囊，属于被动式内窥镜机器人，由微型螺旋桨驱动，主要用来观察小肠，大大提高了小肠疾病的诊断率，是目前检查小肠的最佳方法之一。患者吞服该游动摄像胶囊机器人以后，它会接收医生传递的指令，在体内“游动”，以检查医生所怀疑的区域。

以色列Given Imaging公司率先将带电池的胶囊式视频内窥镜M2A推向临床，该产品利用CMOS图像传感器采集图像，是世界公认最成熟、最先进的系统，并可不断升级，主要用来观察小肠，大大提高了小肠疾病的诊断率，是目前检查小肠的最佳方法之一，如图7-5所示。该胶囊内镜尺寸为11毫米

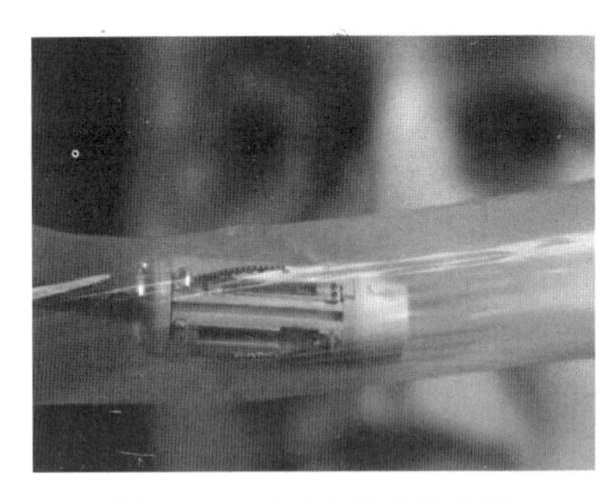

图 7-3 内窥式爬行摄像胶囊

图 7-4 内窥式爬行摄像胶囊

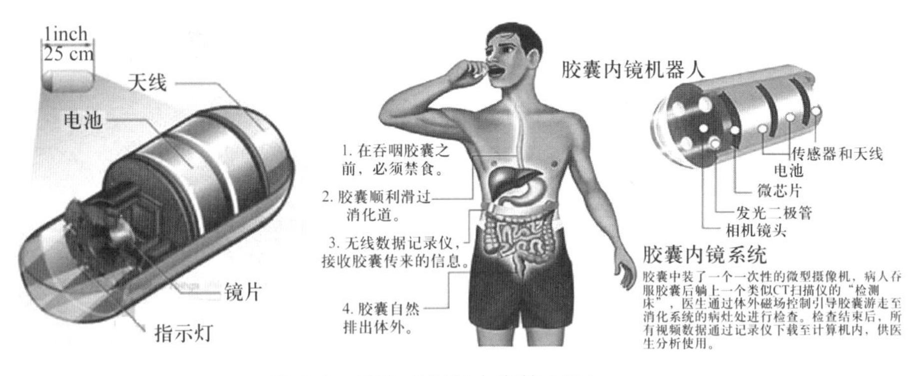

图 7-5 胶囊式视频内窥镜 M2A

×26 毫米，其外壳极其光滑，不仅有利于吞咽，而且还可防止了肠内容物对胶囊表面的黏附，获得的图像清晰度高，可全程观察全消化道，特别是普通内镜无法完全到达的小肠。其特点是在使用中无须麻醉，无痛苦，安全性极高，除胶囊内镜滞留之外，极少出现严重的并发症，因此得到广泛应用。国内外的临床资料显示，胶囊内镜对不明原因消化道出血的总体阳性诊断率达 50%～80%，对小肠疾患的诊断率达 60%，对健康体检的发现疾病阳性率亦达 40%。需要指出的是，由于 M2A 对胃和大肠的观察效果不如传统的胃镜和结肠镜，故在对胃和大肠的检查中不宜使用 M2A 取代胃镜和结肠镜。

类似地，日本 RF SYSTEM 实验室研制的胶囊内窥镜 NORIKA-3 体积较 M2A 减少了近 1/3，它采用了 CCD 图像传感器，具有采集速度高、无线能量传输、不带电池等特点，并可由外部控制胶囊的旋转、喷药和取活检，更加方便了医生从不同方向对病灶的观察。

我国重庆金山科技集团研制了智能胶囊 OMOM 已投入市场，进入临床使用，并取得了良好的治疗效果，如图 7-6 所示。它是一个由微型照相机、数字处理系统和无线收发系统等组成的无线内镜，其拍摄速度为 1～30 帧/秒，拍摄频率可受体外控制。胶囊内镜被受检者吞咽后，可将受检者消化道图像无线传送到体外的接收器，其工作原理如图 7-7 所示。

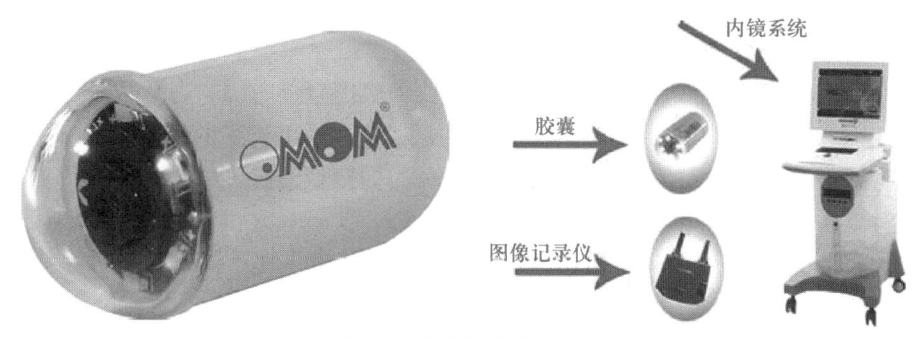

图 7-6　智能胶囊 OMOM

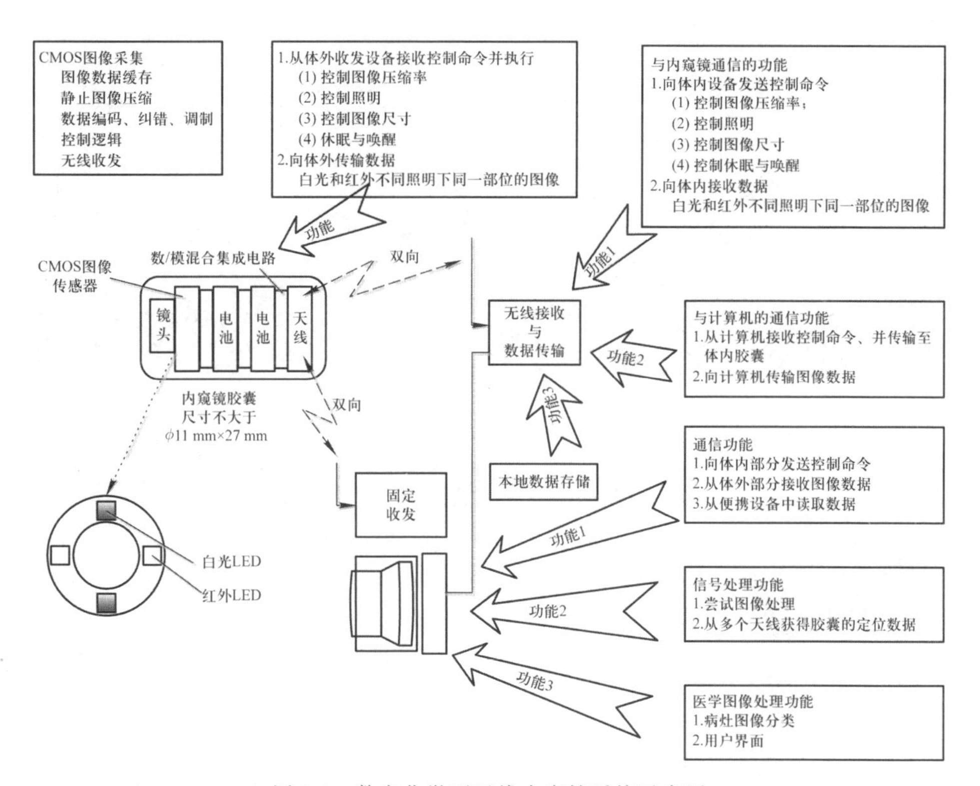

图 7-7　数字化微型无线内窥镜系统示意图

图 7-8 所示为 Endotics 结肠诊疗机器人，受尺蠖毛虫的启发，它利用钳

子和扩充器自行拉动在肠道内移动，而不需要像常规结肠镜那样由医生将其推入患者体内。Endotics 对肠壁施加的压力更小，从而减轻了患者的不适感。图 7-9 所示的 Probot 机器人可以让外科医生准确地切除肥大的前列腺，将对患者造成的伤痛降至最低程度。外科医生只需指定要切除的前列腺部分，无须进一步干预，机器人即可自动将其切除。

图 7-10 所示为 ARES 机器人(即“可重构装配腔内手术系统”)，患者可将一块块的 ARES 组件吞入腹中，或由医生通过自然开口将 15 块不同的机器人组件一块块插入人体，它们会在进入体内受损部位后自行组装，形成一个能够实施手术的较大工具，使得外科医生在少切口或根本不用切口的情况下也能对患者进行手术。图 7-11 所示为摄影机器人 FreeHand，在微创手术(即“锁孔手术”)中，FreeHand 可以让外科医生运用头和脚来控制腹腔镜相机，从而可以腾出手来做手术。

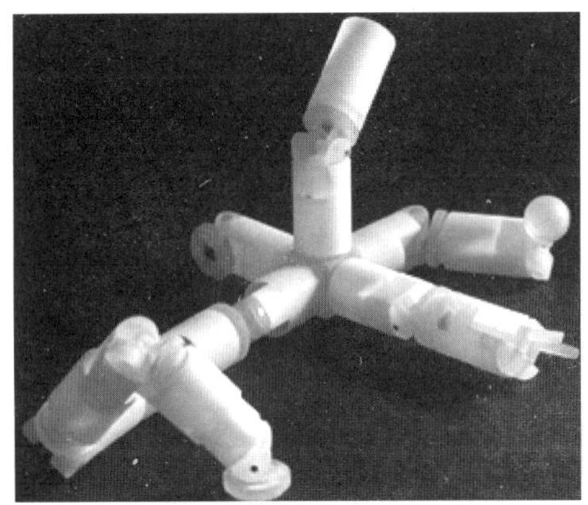

图 7-8　结肠诊疗机器人

图 7-9　前列腺诊疗机器人

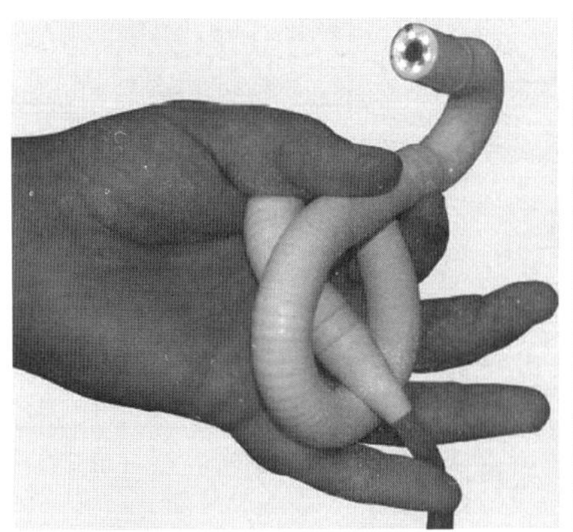

图 7-10　ARES 机器人

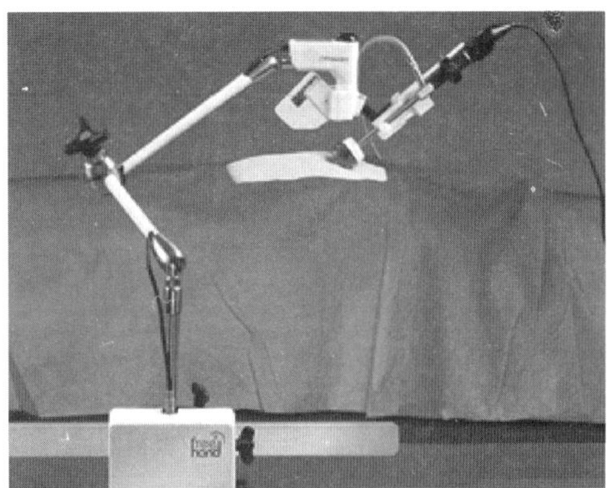

图 7-11　摄影机器人 FreeHand

2. 遥控施药胶囊

遥控施药胶囊指的是形如胶囊、具有进入人体消化道等特定部位，并在外界遥控信号作用下释放药物功能的微型诊疗机器人。主要用于对于口服药物的人体消化道吸收、长效药物释放和特定部位治疗等领域，是诊疗机器人中发展比较快的一个分支，已有多个产品相继问世。

Innovative Devices 公司开发的遥控施药胶囊“IntelSite™”，如图 7-12 所示。它由一个 0.8 毫升的储药仓、驱动机构、电路单元等组成。在药物释放机制方面，采用了一种内外套筒结构，当内部套筒旋转一定的角度时，内外套筒上面的小孔对齐，内套筒中的药物从而释放出来。该释放机制适合液体药物释放，速度较快；但对于粉末药物，药物必须逐渐溶解而释放，速度较慢。IntelSite™ 利用形状记忆合金(shape memory alloy，SMA)的变形性来驱动内部套筒的旋转，药物内部的射频接收天线感应到的射频电流为 SMA 提供加热电流，由于 SMA 片需要足够的能量产生形变，需要体外射频发生器持续发射能量，触发时间长达 2 分钟，有可能错过预定的触发位置，而且即使内外小孔对齐成功，药物也要自行流出，导致无法达到主动释药的目的。重庆大学研制了一种消化道定点释放药丸系统，如图 7-13 所示。该装置通过将药物封装在一个可脱离的 O 型硅橡胶密封环与活塞之间，随着活塞向前运动，将药物及 O 型硅橡胶密封环快速推出，达到药物释放的目标。

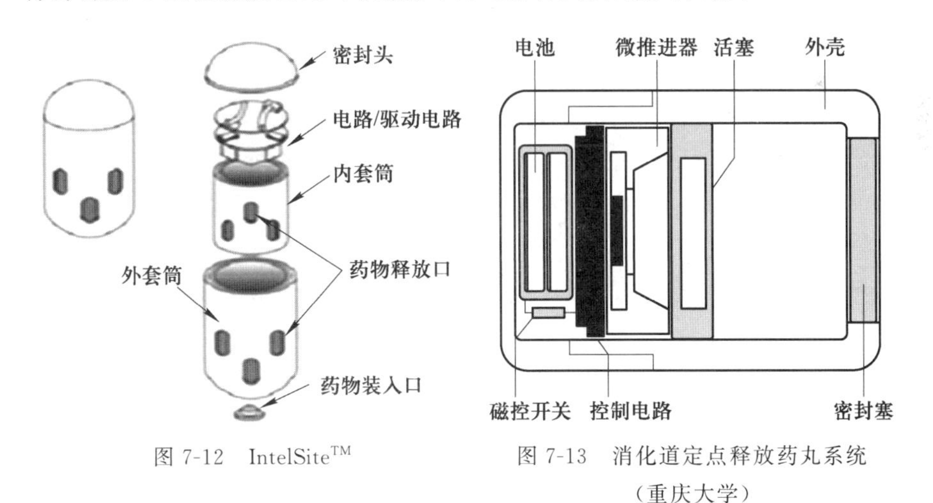

图 7-12　IntelSite™　　图 7-13　消化道定点释放药丸系统（重庆大学）

上述临床使用的胶囊内窥镜均为被动式行进，即随着胃肠道的自然蠕动进入人体，在检查过程中不能停止。意大利的 Dario 等人研制了主动行进的“腿式胶囊”（Legged Capsule)实验样机，微型步进电机驱动螺丝转动，向胶囊提供合适的推进力并控制其停止或前进。4个后腿插在4个滑轮上，滑轮与螺旋面齿轮相连，齿轮转动时后腿也跟着旋转，腿可打开或收拢，行进步态如图7-14所示。在猪肠道中，该装置行进的平均速度为30毫米/分钟。未来该胶囊的“腿”将携带活检工具、药物释放装置、光学显微镜等，从而能在肠道内检测病灶，并进行定点手术和药物治疗工作。

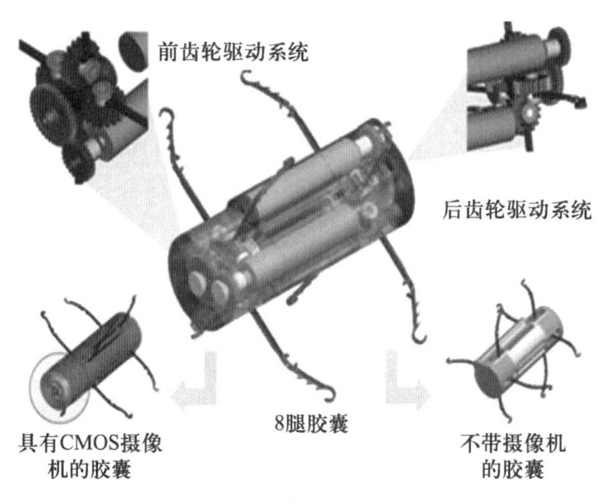

图7-14　腿式胶囊（Legged Capsule）

3. 单光纤内窥镜

柔性光纤内窥镜是最早应用于临床的光纤内窥镜，其由光纤束传输图像，每根光纤传送一个像素，若光纤束直径过小，则会降低图像分辨率并缩小内窥镜检查的范围。由于光纤之间存在空隙，因而在每个像素周围会有非成像区域，形成“蜂巢”现象，造成图像质量欠佳。此外所成图像多为二维图像，也为诊断带来了一定的难度。

针对上述问题，华盛顿大学研制了单光纤扫描内窥镜，其光纤探头直径为1.6毫米，长13毫米，周围布置了12个多模光纤用于收集后向散射光。其工作原理是通过将一根单模光纤放置在压电管中，该压电管在5000赫共振频率上驱动光纤探头对人体组织进行螺旋形扫描，每次扫描可采集50万个像素。统计表明，其所采集的像素为相同直径光纤束内窥镜的2倍，而且弯曲半径比后者小10倍，不存在“蜂巢”现象，可应用于胎儿镜及所有柔性内窥镜和支气管镜中。

美国马萨诸塞州综合医院利用“光谱编码内窥镜检查”技术，成功研制了单光纤进行三维高清晰度成像的微型内窥镜。其工作原理是由钛－蓝宝石激光源产生的宽频带光通过一根单模光纤射出，然后穿过硅隔离器，经GRIN

透镜聚焦，被光纤探针上的全息透射光栅分解为多色光，各种颜色(波长)的光投射到人体组织表面的不同位置，进而利用分光计对反射回来的光线进行解码，获得一组图像，同时利用外部电机或振动子移动光纤探针轴向扫描采集二维图像；最后，利用与激光器相连的迈克尔逊干涉仪进行干涉测量，以获得组织的深度信息，最终形成三维图像，像素个数取决于光源频带宽度及透射光栅线的密度。由于该光纤内窥镜具有尺寸更小、柔性程度更高、所采集的像素远多于相同直径光纤束所采集的像素且无伪影等特点，可用于为更精细的组织进行安全的内窥检查，并能用于胎儿、小儿科和神经外科的介入式诊断。

4. NOTES-内窥诊疗机器人

随着微创观念和微创技术的逐渐深入人心，近年来一种“无痛无瘢痕”的全新技术吸引了腹腔镜外科医生和内镜医生的极大兴趣，这就是经自然孔道内镜外科手术，简称 NOTES(natural orifice transluminal endoscopic surgery)。其含义是经自然腔道(胃、直肠、膀胱或阴道)置入软性内镜，通过管壁切口进入腹腔开展手术，具备腹壁无瘢痕、术后疼痛更轻、更微创、美观、住院时间短、麻醉风险小、费用低等优势，实现了真正意义上的无瘢痕手术。它的出现为微创外科注入了新的活力，代表了一种新的理念，引领了微创外科的发展方向。

对 NOTES 技术的探索与研究始于 1998 年，当时美国五所大学的有关专家成立了一个名为“阿波罗”的小组进行 NOTES 研究。该小组最早开展的是经胃腹腔镜手术。1999 年，该小组在约翰 · 霍普金斯大学医学院进行了活体动物的经胃腹腔镜手术，并于 2004 年发表了经口、经胃置入上消化道内镜，用内镜的电凝针切开胃壁，将胃镜经胃壁切口置入腹腔进行腹腔探查及肝活检的动物实验研究，并正式提出了 NOTES 这一概念。2005 年 7 月，美国胃肠内镜医师学会和美国胃肠内镜外科医师学会成立了由 14 位专家组成的学术组织，即自然孔道外科技术评估与研究学会(natural orifice surgery consortium for assessment and research，NOSCAR)，并于当年 10 月发表了有关 NOTES 研究成果、指南、需要解决的主要问题及研究方向的白皮书。2007 年 4 月 2 日，法国斯特拉斯堡大学医院的一个小组完成了世界首例临床腹部无瘢痕的经阴道腔镜胆囊切除术，患者除在脐部插入气腹针维持气腹外，腹部无任何手术切口。这是人类第一次完成的真正意义上的 NOTES 手术，是 NOTES 的一个里程碑。这项手术以古埃及神话人物“阿努比斯”来命名。“阿努比斯”计划从构思、动物实验到临床应用耗时 3 年，其间共进行 170 多种 NOTES 动物手术操作及存活研究，充分论证了 NOTES 的可行性。NOTES 的意义在于减轻或无手术后疼痛，美容效果理想，加上由于没有在体表造成创伤而给患者带来良好的心理效应。随后，NOTES手术在临床上的应用越来越广泛，经胃胆囊切除，经阴道的胃部分切除、肾脏部分切除，及经阴道、经直肠的乙状结肠切除等各种手术，报道层出不穷。

基于NOTES平台，Oleynikov等人为了提高内窥镜在体内活动的灵活性，开发了在体内可移动的内窥镜机器人，其摄像机云台可以在水平360°、倾斜45°、前进和后退45°范围内活动，由LED提供光源，两个独立的永磁直流电动机提供驱动。三脚架腿是上装有扭转弹簧，可以折叠收缩，在导管内进退自如，如图7-15所示。该体内微型机器人从可视化角度增强了手术视角，增加了CCD定位深度，提高了手术安全性，并已成功应用于猪胆囊试验。Rentschler等人开发了经NOTES平台导入腹腔，用于腹腔探查的微型机器人，如图7-16所示。这种机器人直径为12毫米，长度为75毫米，具有螺旋状的轮状结构，由两台微型电机驱动，可以在腹腔内前进、后退和转向，不会造成组织损伤。通过将该机器人经胃镜导入胃中，而后经胃壁上的切口导入腹腔，完成腹腔探查后，用胃镜的抓持器械取出。Lehman等人介绍了经NOTES途径导入腹腔的微型手术机器人系统，该装置由微型机器人、定位磁铁和控制台三部分组成，其中微型机器人由胃镜导入腹腔后，由磁定位系统固定于腹壁。微型机器人除携带了可拍摄立体视频图像的摄像头外，其两侧还装有可以伸出进行手术操作的微型机械臂，通过有线方式进行控制和能量供给。Lehman等人进行了三例动物实验，利用该微型手术机器人系统成功地完成了动物胆囊的切除。此外，Phee等人开发了缆绳驱动的双臂微型机器人，其两个操作臂安装在内镜前端，经NOTES途径进入腹腔，完成腹壁无瘢痕手术；Hawks等人开发出了无线控制的体内操作微型机器人，可以由医生通过控制器进行遥控操作。与现有的腹腔镜机器人相比，该系统费用低廉，便于携带，占用较少的手术室空间。

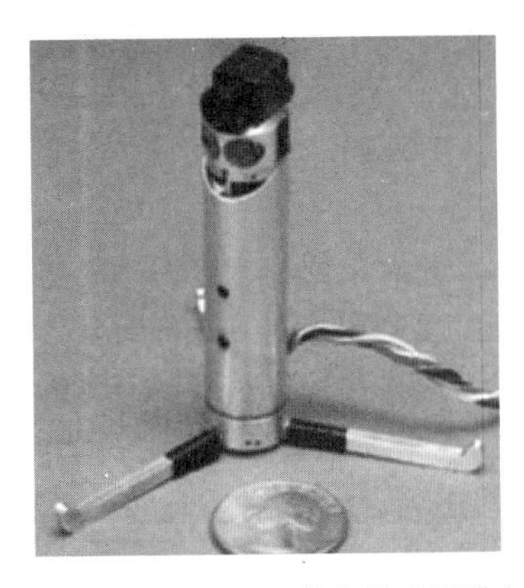

图7-15 Oleynikov体内微型机器人

图7-16 Rentschler体内微型机器人

至此，我们已经认识了几类经典的微型诊疗设备的，基本了解了它们的工作方式以及适用领域。在不远的将来，它们还会变成什么样子？人们对它们还有哪些期待？对于有线内窥诊疗机器人，其运动能力，包括驱动能力、避障能力、爬坡能力还需要加强；障碍感知、路径引导等导航能力以及行进过程中对肠道的形状感知和空间位置检测与定位能力还需提高；此外，还需要开发新的成像部件和技术，以提高成像清晰度、视野广度以及三维成像能力，增加组织器官可视性。这些问题的进一步解决，将使有线诊疗机器人，如主动引导式内窥镜、单光纤内窥镜等获得长足发展！对于胶囊内窥镜等无线诊疗机器人而言，首当其冲的问题是改进能量供给方式，提高其工作时间，也就是说要突破目前采用的电池供电，通过外部无线电能感应供电、外磁场驱动等方式，开发新的更为稳定的能源供给方式；其次是图像采集和传输的稳定性需要提高。目前多采用 CMOS 传感器或 CCD 传感器采集图像，利用无线射频(RF)技术实现图像的传输，要获得稳定可靠的内窥镜周边组织图像，需要在此基础上做进一步的改进！还有就是胶囊的运动、定位和作业能力需要增强，其途径包括利用腿式机构使胶囊内窥镜的运动变为主动式，完善磁场和超声定位方法，提高对病理组织进行定点喷药、注射和手术的作业能力等。

随着人工智能技术的持续进步，内窥诊疗机器人将向微型化、多功能化、智能化、无创化方向发展，最终达到可自动进入人体内部，尤其是进入到原先难以到达的部位进行检查和治疗的能力。未来的超微技术除了减少病人的痛苦和危险、降低医生的操作难度之外，还将使内窥机器人深入血管等微细组织、施行主动监测和早期诊断，以预防疾病、降低医疗成本，并自动识别和杀灭癌细胞和病毒，这些进展将彻底改变当前的医疗模式。

7.2 手术机器人

早在 18 世纪 80 年代，医学先驱 Billroth 打开了病人的腹腔，完成了人类历史上首例腹部外科手术，这种传统的开腹(开胸)手术被称为第一代外科手术，一直沿用至今。20 世纪 80 年代，以腹腔镜技术为标志的微创手术取得突破性进展，在许多外科领域取代了传统手术，被称为第二代外科手术。腹腔镜技术取得了极大的成功，但由于其手术视野依赖于二维平面图像，对医生的手眼协调训练提出了很大的挑战，同时器械的自由度少，加上对抗直觉的反向器械操作，使得完成精细分离、缝合、吻合等操作具有很高的难度，这些因素成为腹腔镜技术发展的“瓶颈”，限制了其向更复杂外科手术的拓展应用。为此，科研工作者开发出了以达·芬奇外科手术系统(da Vinci surgical system，DVSS)为代表的新一代外科手术系统，如图 7-17 所示。其具有以下特点：一是采用了高分辨率的三维图像处理设备，超越了人眼的极限，使得医生能够清晰地进行组织辨认；二是其末端手术器械上的仿真手腕具有多个活动自由度，比人手更加灵活，保证了医生在狭小空间中的准确操作；三是系统具有自动滤除人手颤动的功能，提高了手术的精度；四是医生可以坐着操作系统，利于完成长时间的复杂手术。

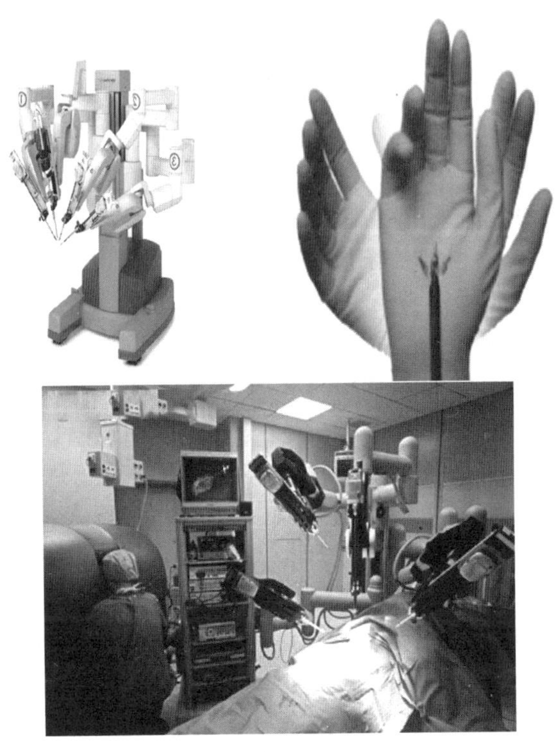

图 7-17 DaVinci 外科手术系统(da Vinci surgical system，DVSS)

DVSS 的临床应用是外科发展史上的又一次革命，预示着第三代外科手术时代的来临，目前 DVSS 已经成功地应用于几乎所有的腹部外科手术。随着互联网信息传输技术的提升，全球的 DVSS 将连接起来，形成一个局域网络系统，在系统内部实现远程学习、观摩、会诊已成为可能，远程手术走向大规模应用也不再遥远。可以预见，通过加强手术机器人与影像学资料的兼容性，在现有的"数字人体"的基础上，通过设计的专门程序，手术机器人可实现疾病诊断和手术，即主动识别疾病，自行制订手术方案，经手术医生审定后自动完成手术操作等。医疗过程的"全机器人化"，将是手术机器人研究领域的最大挑战，将进一步彻底改变人类疾病诊断和治疗的模式。

DVSS系统已经在世界各地得到了推广和应用，成为微创外科的标准诊疗器械之一。我国也引进了该项技术，2010年时已累计成功实施了1000多例心胸外科、肝胆外科、胰腺外科、胃肠外科等手术。这些机器人手术，根据其对腹腔镜手术的改进程度，大致可以分为以下三类。

(1) 对常规开展的腹腔镜手术基本没有改进的机器人手术。例如机器人胆囊切除术、疝修补术、阑尾切除术、可调节捆扎带胃减容术和良性胃肠肿瘤切除术等，临床应用表明用机器人完成的这些手术是安全、可行的。与腹腔镜手术比较，同样具有微创手术的诸多特点，但并没有表现出比腹腔镜手术更明显的优势。而且用机器人完成这些手术比腹腔镜手术时间延长，手术费用增加，目前临床应用不多。

(2) 可以显著提高腹腔镜手术效果的机器人手术。此类机器人手术应用范围比较广泛，包括肝叶切除术、复杂胆道重建术、胃旁路减重术、脾切除术、胃癌根治术、结肠癌根治术、直肠癌根治术、胰腺部分切除术和胰十二指肠切除术等。最近，Giulianotti等人报告了45例肝叶切除术和26例肝段切除术，手术死亡率为0，手术中转率7%，并发症发生率8.4%，平均手术时间234分钟，术后住院时间5.2天，较传统手术结果有极大改善。该团队同时还完成了12例胆道狭窄和胆道损伤的胆道重建手术，未发生严重并发症。国内周宁新报告完成了93例复杂肝胆手术，包括10例肝门部胆管癌切除、6例左半肝切除、3例联合肝段切除的胆囊癌手术、5例复杂肝内胆管结石手术，均取得了满意的临床效果。在全腹腔镜下完成胰腺切除手术比较困难，报告例数不多。Giulianotti等人报告了55例机器人胰十二指肠切除手术，平均手术时间399分钟，手术期病死率3.6%，胰漏发生率22%。Narula等人报告了17例机器人胰腺手术，其中9例胰十二指肠切除、3例远端胰腺切除、3例肿瘤局部切除、2例结果中转、1例术后发生胰漏。以上报道中，医护人员均认为手术机器人完成胰腺切除手术有利于淋巴结的彻底清扫，还可以使消化道的重建更简便、更安全。

近年来，手术机器人在胃肠肿瘤的治疗中也逐步得到了应用，并取得良好效果。Kim等人报告了141例胃次全切除术和59例全胃切除术，平均手术时间224分钟，并发症发生率15%，病死率1%，平均术后肠功能恢复时间2.9天，平均清扫淋巴结39枚。Song等人报告100例手术机器人早期胃癌切除联合D1/D2淋巴结清扫，结果表明机器人用于胃肿瘤手术对于广泛而精确的组织分离和淋巴结清扫有利。在机器人结直肠手术方面，早期一项关于手术机器人与腹腔镜直肠癌全直肠切除术的对照研究表明，二者都具有较低的并发症发生率，但利用手术机器人完成的病例住院时间明显缩短，而且手术更安全、更有效。Patriti等人在一项手术机器人与腹腔镜直肠恶性肿瘤手术的对照研究中，发现两组在手术时间、标本切取长度、清扫淋巴结数等指标方面无明显差异，认为手术机器人与腹腔镜在治疗结直肠肿瘤方面同样安全、有效，且手术机器人对某些特殊部位的操作有明显优势，如狭窄盆腔的解剖、神经丛的辨认及人工缝合吻合口等。但所有上述研究均为手术机器人胃肠肿瘤手术的近期疗效，其对术后肿瘤复发和远期生存等的影响，还有待于大样本随机对照研究的验证。

引人注目的是国外手术机器人在减重手术中的应用，报告较多的是手术机器人 Roux-en-Y 胃旁路减重手术。Mohr 等人报告 75 例这类手术，发现其具有非常低的并发症发生率和病死率，明显优于腹腔镜下同类手术。Snyder 等人直接比较了经手术机器人与腹腔镜完成的胃空肠吻合术效果，发现手术机器人组吻合口漏发生率低于腹腔镜组。Yu 等人对胃旁路手术的学习曲线进行了对照研究，结果表明手术机器人能够明显降低医生胃旁路手术的学习曲线。胃旁路减重手术是一种需要精细吻合技术的手术，运用手术机器人可以保证双层缝合吻合的精确性，有效降低手术并发症发生率，对于体重指数高或肝左叶肥大的病人，手术机器人尤为适用。

(3) 目前在腹腔镜下难以完成，唯有手术机器人能精准完成的一些手术。例如内脏动脉瘤切除吻合术、细口径的胆管空肠吻合术、复杂的腹腔内淋巴结清扫等。利用手术机器人灵活、精细操作的特点，结合特制的适配手术器械，可以高质量地完成这些手术，充分体现手术机器人的技术优势。

手术机器人在腹部外科手术的应用已充分显示其技术上的先进性，但同时也发现了一些不足之处，需要引起足够的重视。最重要的还是手术机器人自身的缺陷，如：触觉反馈体系的缺失，操作范围受限，使用过程中可能发生"死机"等各种机械故障，整套设备的体积过于庞大，安装、调试比较复杂；不够拟人化，医生与系统的配合需要较长时间磨合；手术前的准备及手术中更换器械等操作耗时较长等。其他众多困惑都是新技术刚开始投入使用时都会面临的非技术因素，相信随着手术机器人技术的进一步发展，会逐渐得到解决。

除达·芬奇手术机器人之外，世界上另外一类商业化手术机器人的杰出代表是美国 Computer Motion 公司开发出的 ZEUS (宙斯)机器人系统。著名的超远程胆囊摘除手术"林白手术"就是通过 ZEUS 系统完成的，如图 7-18 所示。该系统采用主从式工作方式，从操作手的每个机械臂具有 7 个自由度，其中 6 个用于位姿调整，1 个用于位置优化，可以完成复杂的手术操作。

此外，美国约翰斯·霍普金斯大学采用主从控制模式，开发了一种基于支撑喉镜下的多自由度喉部手术机器人，可通过 3 个高灵敏度、高准确性的蛇形末端执行器，实现在咽喉内的遥操作，尤其是缝合动作。2004 年该校研

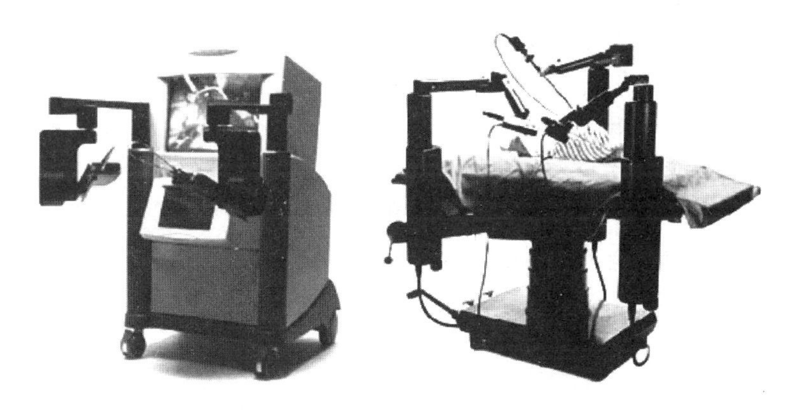

图7-18　ZEUS(宙斯)机器人系统

制出一种单孔道外科手术机器人 Snake-Like Robot，如图7-19所示。该系统也采用主从控制模式，主操作手与达·芬奇机器人系统相同，从手执行端的7自由度多关节蛇形机构固定在4自由度平行机构上，采用多根高弹性管作为柔性脊柱，以钢丝绳驱动方式控制末端手爪实现±90°的偏摆和俯仰动作，手爪能够产生约1牛顿的夹持力。由于蛇形机器人的机构外径仅为4毫米，故该机器人可在狭小的手术空间内为医生提供灵活的手术操作。

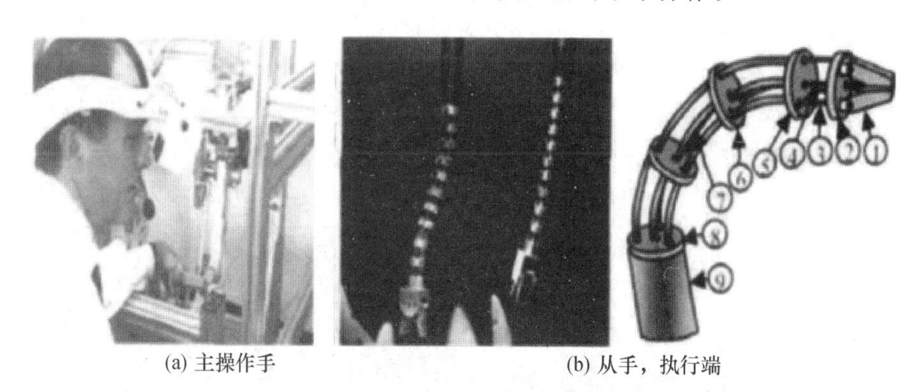

(a) 主操作手　　(b) 从手，执行端

图7-19　蛇形单孔道外科手术机器人

2009年美国哥伦比亚大学研制出了与 Snake-Like Robot 形态相似的一种小型单孔双臂蛇形手术机器人，如图7-20所示。该机器人由1组双目腔镜摄像头及2个独立的多自由度蛇形操作手组成，通过2自由度平行四边形机构实现执行器末端的腔内位置调整，利用多自由度蛇形关节进行末端姿态调整。相对于 Snake-Like Robot，该手术机器人系统集成度更高，具备更高的灵活

性与可操作性。

德国机器人与嵌入式系统研究中心和慕尼黑理工大学心脏治疗中心联合开展针对心脏手术的微创机器人系统力反馈评估研究，该主从系统的每个机械手臂具有8个自由度，可以进行套管针操作。日本名古屋大学开发出面向耳鼻喉手术、食道手术等人体深处狭小空间的遥操作主从机器人外科手术系统，其从动臂具有7个自由度，灵活性好，能达到人体内部传统手术方式不能到达的部位进行手术操作，并进行了鸡肝脏缝合手术的动物试验。

图7-20　哥伦比亚大学开发的蛇形单孔手术机器人

美国华盛顿大学开发了新一代小型化主从遥操作外科手术机器人系统——RAVEN，如图7-21所示。该系统由2条执行手术操作的器械臂及1条调整腹腔镜姿态的持镜臂组成，每条器械臂包含7个自由度，由5个旋转关节、1个移动关节和1个夹持关节组成，主手操作端和从臂执行器之间可通过网络进行连接，具有结构紧凑、体积小巧、重量轻等特点。其最大的特点是开源，使得各科研机构可以根据各自需要开发不同软件控制系统，目前已在多个研究机构中开展了动物试验，结果表明，RAVEN可以在极端的条件下

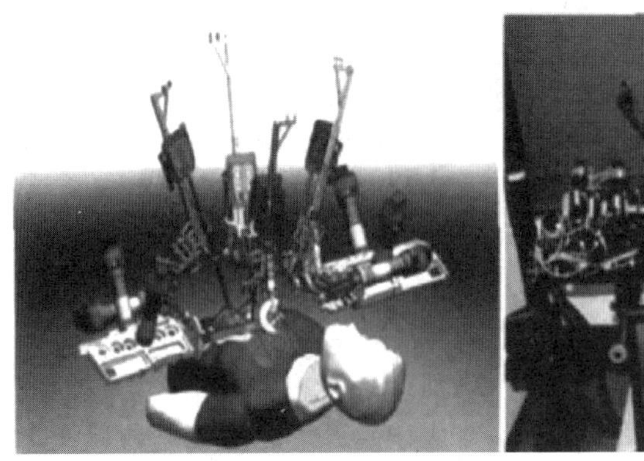

图7-21　RAVEN外科手术机器人系统

通过多种网络设置进行手术操作。

近年来，欧洲各发达国家对机器人辅助外科手术技术也十分重视，并展开了广泛深入的研究。波兰罗兹理工大学在“波兰心脏外科机器人”项目的支持下开发出 Robin Heart 系列微创外科手术机器人系统，如图 7-22 所示。与达·芬奇系统相比较，其操作臂机构更为简单，但在灵活性与可操作性方面仍然存在不少问题，尚未进入临床应用阶段。

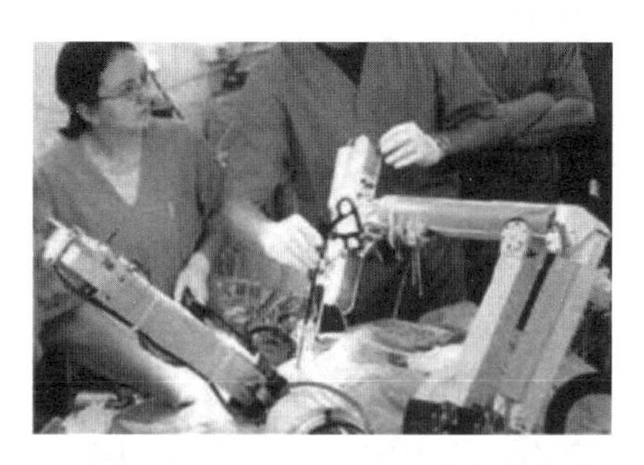

图 7-22　Robin Heart 系列微创外科手术机器人

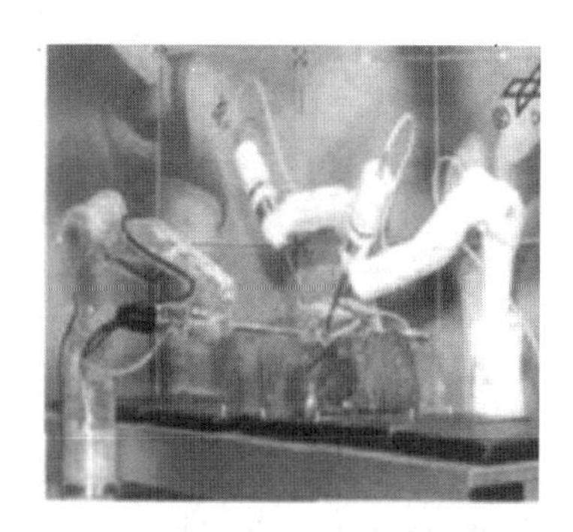

图 7-23　MiroSurge 外科手术机器人系统

德国宇航中心(DLR)利用其在轻型臂研究方面的优势，研发出具有可拓展性的 MiroSurge 机器人系统，如图 7-23 所示。MiroSurge 由 3 条可操控轻型机械臂组成，每条轻型机械臂的 7 个关节均为主动驱动关节，机械臂系统通过自由度的冗余来实现腹壁切口处的定点运动，并通过力传感器实时监测各关节处的力矩信息，从而实现了机械臂末端的平滑控制。

我国也已开始关注辅助外科手术医疗机器人设备的研究与开发，虽然起步较晚，与欧美等发达国家的医疗机器人发展水平相比还有较大差距，但在国家项目支持及市场需求的推动下发展迅速，一些高校及科研单位已经研制出了一批不同用途的微创手术机器人系统。

由北京航空航天大学、清华大学和中国人民解放军海军总医院合作研制的机器人辅助无框架脑外科立体定向手术系统，开创了国内自主研发外科手术机器人的先河，并相继研发了一系列神经外科手术机器人系统。天津大学研制的“妙手 A”手术机器人系统如图 7-24 所示。该主从异构机器人系统的主操作臂采用串联力反馈设备 Phantom Desktop，具备三维力反馈功能，可通过自身的机械结构实现重力平衡，采用双路平面正交偏振影像分光法实现了手术空间内的立体视觉；从手操作臂通过一个 6 自由度被动调整锁定机构来调整机器人术前的运动不动点初始位置，可完成切割、夹持、缝合与打结等手术操作，可实现远程手术。执行机构整体体积较达·芬奇系统略小，具有较好的灵活性，并已成功完成了多例动物的临床试验。

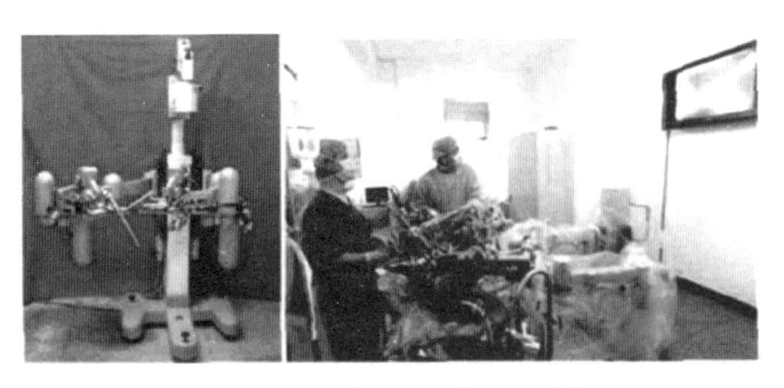

图 7-24 “妙手 A”手术机器人系统

2013 年哈尔滨工业大学、南开大学与中国人民解放军总医院联合研制了腹腔镜外科手术机器人系统，由医生控制台、手术辅助系统及手术执行机构三部分组成，其中医生控制台集成了用于医生手部运动位姿采集的主操作手、视觉显示系统以及整个机器人系统的功能控制面板，手术辅助系统主要包括三维成像设备、电凝和气腹机等，执行机构包括器械臂、持镜机械臂及手术微器械。该系统采用主从式控制，根据手术需要配备多种形式的微器械，结合机械臂的主动运动关节可实现器械末端的腔内全维运动，且每条从动机械臂都包含被动和主动关节两部分，通过被动关节的调整可实现术前系统摆位。前期工作和试验表明，该手术机器人系统能够满足组织抓取、缝合及打结等手术操作要求，具备良好的操作性和较大的操作空间，具有三维成像能力的高端内窥镜可将图像放大十倍以上，突破了人眼的观察极限，极大地提高了手术的安全性和方便程度，为实现人手难以实现的高难操作创造了可能。

作为手术机器人中的重要分支，骨科手术机器人的研究源于 20 世纪 90 年代，主要应用于髋关节和膝关节的置换手术，代表性成果为 Integrated Surgical Systems 公司的 ROBODOC 手术机器人和德国 Ortomaquet 公司的 CASPER 手术机器人，如图 7-25 所示。ROBODOC 主要用于关节置换术中辅助骨骼和假体的成形、定位和植入，CASPER 则不仅用于十字韧带重建手术中的骨隧道加工，还可用于人工全膝和全髋关节置换手术中的骨面处理。2001 年，英国 Imperial College 开发了一款主从式手术机器人 ACROBOT，用于完成膝关节置换手术和微创膝关节单髁置换术，如图 7-26 所示。其后各种专用骨科机器人系统相继开发成功，如日本东京大学、法国 MedTech 公司、意大利的 Stefano Bruni 公司等采用串联结构相继研制出用于关节置换的机器人样机；并出现了基于并联结构的专用骨科手术设备，系统刚度、精度有很大提高，其体积更为小巧，例如美国卡内基-梅隆大学开发的MBARS系统和CRIGOS系统、韩国的ARTHROBOT系统、以色列Technion公司开发的MARS系统等。MARS是其中的典型代表，具有能够在手术中精确自动定位的影像引导系统，适用于穿刺针、探针和导管的机械引导，如图7-27所示。2001年在MARS系统基础上，Mazor医疗技术公司研发并推出了SPINEASSIST系统，主要为脊柱融合术中的椎弓根螺钉人工植入过程提供精确的方向导引，适用于椎弓根螺钉植入手术和颈椎板关节突螺钉固定手术。2004年韩国Hanyang大学开发的脊柱辅助手术系统SPINEBOT用于辅助椎弓根螺钉的植入过程，不同于SPINEASSIST系统，SPINEBOT将5个自由度机械臂安装在手术床旁，免去了在患者身体上额外建立通道的过程，从而减少了对患者的损伤。2005年法国MedTech SA公司研发的BRIGHT系统，则主要用于锯骨或钻骨手术中的定位。

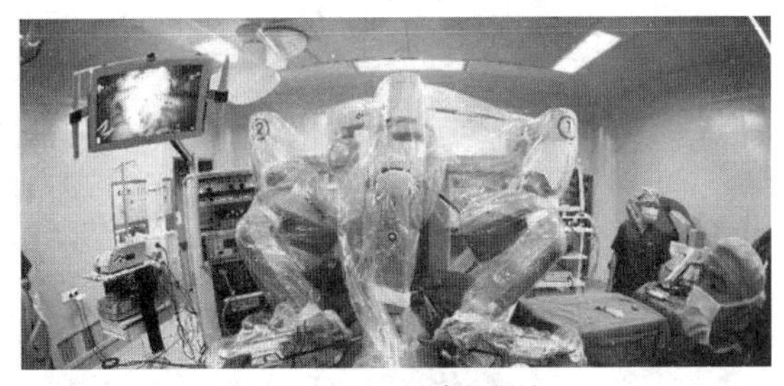

(a) ROBODOC手术机器人

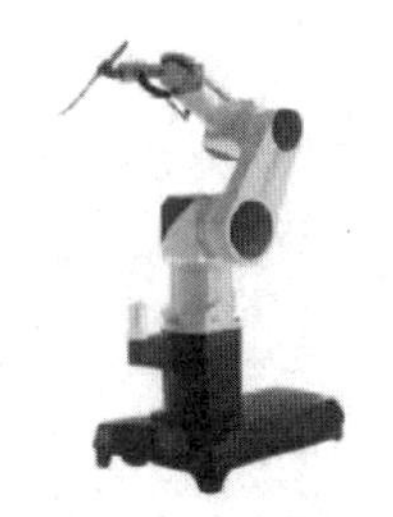

(b) CASPER手术机器人

图7-25 骨科手术机器人

2019年12月31日，在安徽医科大学第一附属医院进行了一场特殊的骨科手术，在手术中，安徽医科大学第一附属医院的骨科医生首先对患者身体进行三维影像扫描，扫描的影像也同步传输至天玑骨科手术机器人系统内，远在北京的骨科专家田伟在电脑上根据扫描影像设计好钉道，再遥控天玑骨科手术机器人将手术工具精确定位到手术位置。紧接着，由安徽医科大学第一附属医院的骨科医生将导针沿套筒插入患者身体内部，接着6根螺钉也被精确打在骨折部位上。至此，这台手术中最重要的操作环节也就顺利完成了。

先进的5G通信技术让这台骨科手术，实现了从遥控规划到遥控操作的飞跃，过去是从远程遥控，然后规划，现在变成远程实施，这主要归功于5G技术，还有通信技术，把距离缩短了。这场顺利完成的手术也是安徽省首例5G天玑骨科手术机器人多中心远程手术。这位女性患者术后恢复情况良好。对于老百姓而言，不需要到北京的大医院，即可在当地享受到高科技带来的福利，在安徽医科大学第一附属医院就可以享受到北京中国工程院院士田伟的指导。

对于骨科手术而言，骨组织的特性决定了医生很难直接用肉眼观察骨科手术过程中器械在体内的位置，因此手术的精度成为影响安全性和有效性最重要的因素。例如，椎弓根螺钉的植入、关节置换手术等要求手术器械和病人之间有精确的相对定位；截肢或截骨手术则要求磨削的精度。面对众多影响手术器械精确定位的因素，如术前图像、配准误差、手术器械、传感器装配误差、手术器械震动、骨结构术中变形等，开发高性能的术中导航和定位技术，提升术中的高精度动态跟踪能力，确保手术安全，成为骨科机器人系统亟须解决的重要课题。

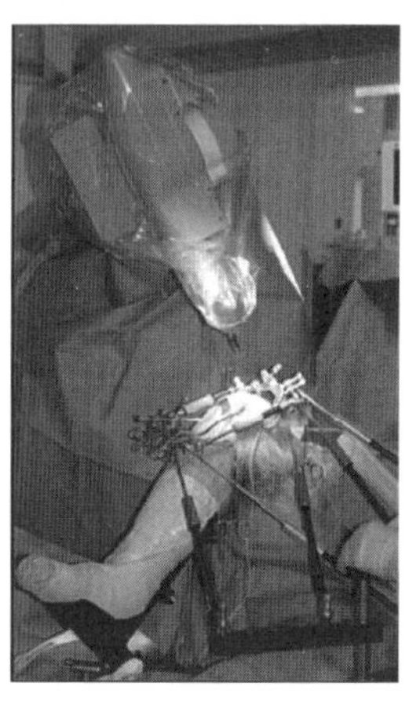

图 7-26　ACROBOT 系统

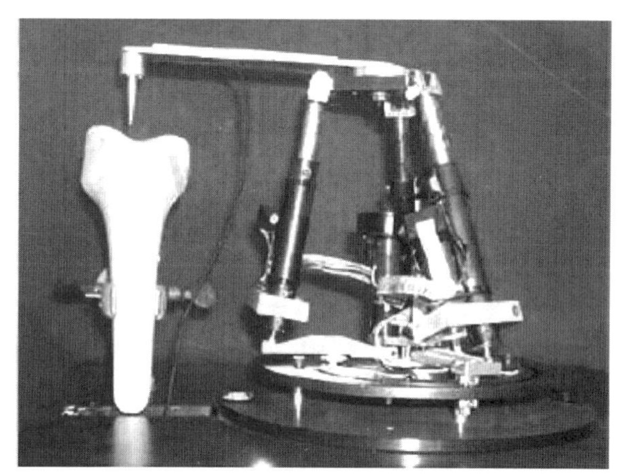

图 7-27　MARS 系统

7.3　康复机器人

作为生物医学工程的一个重要分支学科，康复工程是以人机环境一体化和仿生学为理论基础，研究与开发人体功能评估、诊断、恢复、代偿以及重残者护理所需的各种设施或装置，如矫形器、肌电假肢等，这类以提高残障人士生活质量为目标的设备统称为康复机器人。一般分为辅助型和治疗型两种。其中辅助型康复机器人主要用来帮助老年人和残疾人更好地适应日常的工作和生活，部分补偿了他们弱化的机体功能，又可细分为工作站型康复机器人、移动护理型康复机器人、基于轮椅的康复机器人和增强肢体功能的康复机器人等四种；治疗型康复机器人主要用于帮助患者恢复机体功能，如神经康复、上肢康复、下肢康复等。

1. 机器人辅助神经康复

中风，或称脑血管意外，亦称为脑卒中，是指脑血管系统发生病理性改变，并造成脑神经损伤而产生的一类疾病。中风所出现的脑血液循环障碍会直接导致脑细胞发生功能性或器质性改变，从而发生头痛、头晕、意识和功能活动障碍等多方面的症状和体征，严重时出现偏瘫、失语、认知障碍、大小便失禁等症状，甚至导致死亡。这类疾病以脑动脉系统意外最为常见，多发于40岁以上的人群，是严重威胁着人类健康的常见病之一。

据资料统计，有关大脑方面的疾病是我国居民死亡率最高的三大疾病之一，我国每年新增患者人数超过300万人，而且随着老龄化的加剧，患者人数会不断增加。虽然随着脑神经外科技术的不断发展，越来越多的患者得到了及时的治疗，挽救了生命，但由于脑血管意外的致残率很高，偏瘫和其他运动障碍患者的人数也随之增加。据不完全统计，脑血管意外后的幸存者中，90%以上有脑血管意外后遗症，其中偏瘫居首位。与此同时，美国有620万上肢运动障碍者，而我国偏瘫等上肢运动障碍患者超过1000万。这类疾病对患者本人和家庭造成了生活、心理及其他方面的冲击。社会和家庭需要花费极大的代价来治疗和护理这些患者，从而造成社会成本的很大浪费。因此，寻求有效的康复手段，使患者在一定程度上恢复失去的功能，不仅有利于提高患者本身的生活质量，而且能够切实减轻社会负担。

临床中偏瘫康复的治疗方法很多，其主要目的都是通过各种手段恢复中枢神经系统(central nervous system，CNS)对肢体运动的支配与控制。因此，偏瘫康复的核心在于中枢神经系统的康复。几个世纪以来，生物医学界占统治地位的观点是中枢神经损伤后带来的是身体某部分功能的永久丧失，因为CNS无法再生。随着脑神经研究的深入和临床康复手段的进步，出现了神经损伤病人康复的病例，因此不断有人提出新的见解，先后出现了几种代表性理论体系。

1881年Munk提出替代说，认为在一定条件下未受损的皮层区能承担损伤区丧失的功能。这一假说成为以后功能重组理论的先驱。1884年Jackson提出功能在不同等级上再现的学说，认为神经系统分为不同的等级，一种功能往往在神经系统的不同等级上再现几次，当高级部分损失后，低级部分可以弥补失去的功能。这一理论成为神经功能代偿学说的基础。1914年，Monakow提出了功能与形态联系不良说，认为脑的一部分损伤后，使其他未受损部分丧失了来自损伤区的正常传入冲动，因此未受损部分也表现出症状，然后才慢慢消失。该假说被用来解释大脑损伤后部分功能恢复的过程。

上述几种假说，经过后人不断的修正和补充，成为新的理论学说。目前认为CNS损伤后功能能够获得恢复的主要理论是大脑可塑性学说。1930年Bethe首先提出了CNS具有可塑性的概念，他认为可塑性是指生命机体适应发生了的变化和应对生活中危险的能力，是生命机体共同具备的现象，CNS损伤后的功能恢复是残留部分功能重组的结果。1938年Kennard等人进一步提出了脑功能重组理论，认为成人脑损伤以后，在结构与功能上有重新组织来担任已失去的功能的能力。1969年Luria等人通过对功能重组理论的完善，提出了再训练理论，认为脑损伤后的残留部分，通过功能上的重组和特定的康复训练，可以用新的方式完成已经丧失的功能。

经过几十年的大量临床研究和试验，人们逐渐认识到中枢神经系统具有高度的可塑性。大脑可塑性理论也为绝大多数学者所认可，并成为中枢神经损伤后功能恢复的重要理论依据。研究表明，神经的可塑性发生于损害早期或后期，表现在新的突触连接的侧支发芽、神经发生、休眠突触活化、支配区转移和形成新的神经通路等几个方面。其功能的坏损恢复方式包括功能重组和代偿两种，其中由于肢体进行主动或者被动的康复训练可以导致中枢神经映射区域的变化，激活或加速坏损功能的恢复进程，因而康复训练成为必不可少的步骤之一。

大脑可塑性理论已成为偏瘫康复的生理学基础，其中关于肢体运动有助于康复进程这一事实也为利用机器人辅助康复技术的发展提供了坚实的医学依据。这一重要的研究成果彻底改变了传统的偏瘫康复治疗方法，为更多患者带来了福音。随着中枢神经康复机理研究的深入，具有治疗和医疗测评功能的辅助康复机器人研究渐成热点。

偏瘫治疗方法很多，包括神经促进法、物理疗法、作业疗法、体育运动疗法等。无论采取任何一种方法，都离不开对瘫肢的运动康复训练。病人中风以后，控制肢体运动的中枢神经受到损伤，某一肢体的运动功能部分或者全部丧失，并在病程的不同阶段表现出多种形式。传统的康复训练是由治疗师握住患者受损肢体，辅助患者作各种动作，维持患者肢体的活动范围，并促进运动功能的早日康复。其不足主要体现以下几点：在训练效率和训练强度难以保证，而且训练效果受到治疗师水平的影响；缺乏评价训练参数和康复效果关系的客观数据，难以对训练参数进行优化以获得最佳治疗方案；由于训练中不能提供实时反馈，训练的针对性较差；患者被动接受治疗，参与治疗的主动性不强等，这些极大地制约了康复训练效率的提高和方法的改进。康复机器人的出现将使康复训练过程标准化，并克服以上困难，故而成为康复治疗的新宠，很多康复研究机构已经尝试将机电设备引入偏瘫康复训练中，并相继研制出多款用于偏瘫康复训练的康复机器人。

1993年Lum等人研制了一种称作“手-物体-手”的系统，尝试对一只手功能受损的患者进行康复训练。这种双手物理治疗辅助设备包括两个置于桌面上、可绕转轴转动的夹板状手柄，其中一个手柄下端连接在驱动电机上，电机可以辅助患者完成动作。1995年Lum等人又研制了一种双手上举的康复器，用来训练患者用双手将物体举起这一动作，该机器人为2自由度连杆结构，当患者双手握住手柄将其举起时，设备既可测量被举物体的垂直位置及倾斜角度参数，也可在左手(患侧手)无法产生足够大的力时予以辅助，机器所施加的力可以按患者的需要改变，从而保持上举动作的平衡。1995年Hogan和Krebs等人研制出一种称作MIT-MANUS的脑神经辅助康复机器人，该机器人采用5连杆机构，可以辅助或阻碍手臂的平面运动，也可以测量手的平面运动参数，并可以通过计算机屏幕为患者提供反馈，如图7-28所示。先后有76名急性期中风轻度偏瘫患者参加了平面运动模式的对比试验训练。患者被分成两组，一组除接受传统治疗外，还另外接受不同程度的机器人辅助训练。试验结果显示，机器人辅助治疗不会给患者带来损伤和其他副作用，患者可以接受这种治疗方式；接受机器人辅助训练的患者不但较常规训练患者恢复得更多、更快，而且其康复效果在三年以后仍然存在。

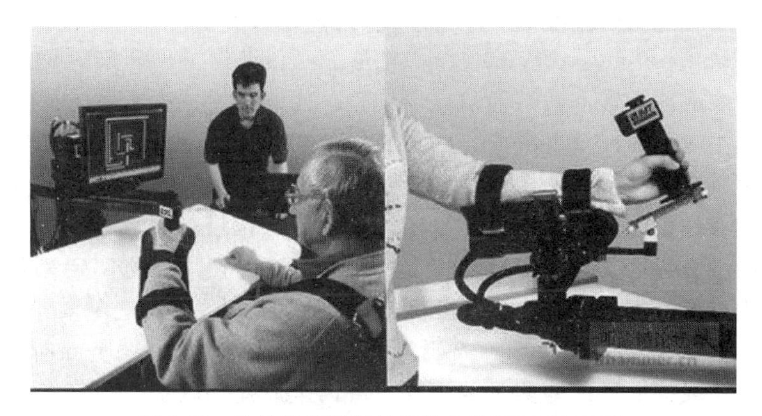

图7-28　脑神经辅助康复机器人(MIT-MANUS)

1999年Johnson等人研制了“手臂治疗驾驶员模拟环境”(driver's simulation environment for arm therapy，SEAT)系统，该系统为单自由度汽车驾驶模拟器，基于强制性偏瘫治疗方法设计，电机可按预定的程序起辅助或阻碍的作用，屏幕可提供逼真的路况图像，起到抑制健侧、发挥患侧功能的作用，具有被动运动(passive movement，PM)、主动操作(active steering，AS)和普通操作(normal steering，NS)等三种操作方式，如图7-29所示。其中，PM方式适合于弛缓性偏瘫上肢的训练，这种患者无法通过意愿控制瘫肢，因而操作任务主要由健侧完成，瘫肢作被动运动；AS方式适合于瘫肢具有适中的张力亢进及共同运动的患者训练，训练中健侧肢体施加的力受到平衡，患者必须尽可能使用患侧完成任务；NS方式是由护理人员用来评估患者肢体力的使用，即评估瘫肢在多大程度上参与了操作任务，另外NS方式也用来进行一般的训练，评价患者运动的协调性。

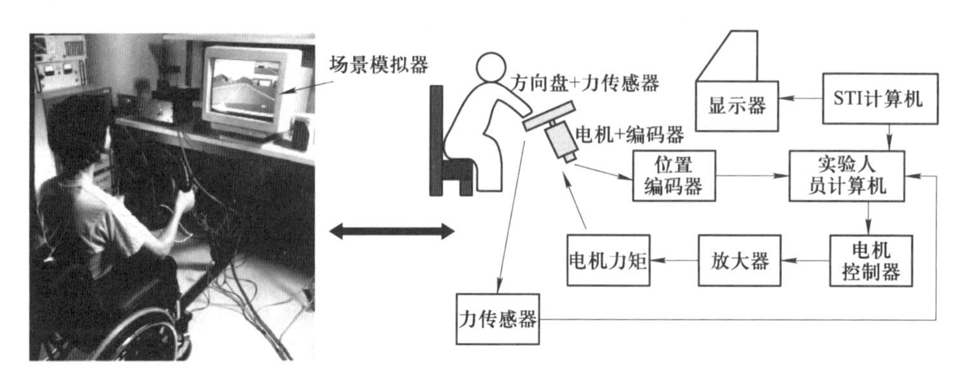

图7-29 “手臂治疗驾驶员模拟环境”(SEAT)系统

1999年Reinkensmeyer等人研制了“辅助康复和测量向导”(assisted rehabilitation and measurement guide)系统，并进行了一系列试验。该系统是一个直线活动装置，其俯仰角可以调整，能够测定偏瘫患者上肢的活动空间，以及主动肌和被动组织各自对上肢运动空间缩小所起的作用，主要服务对象为中风或者脑部受外伤至少6个月以上的脑损伤偏瘫患者。试验中患者手腕固定在托架的手柄上，沿导轨确定的不同方位进行触点运动练习，试验结果表明患肢的运动范围和运动速度都得到提高；使用设备测定患肢工作空间以及用机械的方式评估功能性运动丧失的原因也是可能的。

2000年Reinkensmeyer等人研制了另一种辅助康复和测量导向器(ARM Guide)，用来辅助治疗和测量脑损伤患者的上肢运动功能，该系统为单电机驱动的3自由度装置，包括一个直线轨道，其俯仰角和水平面内的偏斜角可以调整。选择中风6个月以上的患者为试验对象，分成控制组和机器人训练组，实验中患者手臂缚在夹板上，由电机驱动沿直线轨道运动，传感器可以记录患者前臂所产生的力，对平均分布在患者工作空间内的五个目标进行辅助触点运动。结果表明，经过训练患者的瘫肢沿ARM Guide主动运动的范围扩大了，运动峰值速度得到了提高，肌张力有所降低；而且训练点所表现出的一些提高了的运动功能指标可以转化到未训练点上，说明经过训练患者总体运动控制能力得到了提高。

2000年美国斯坦福大学的Burgar等人研制了一种镜像运动使能器(mirror-image motion enabler，MIME)，由左右两个可移动的手臂支撑组成，可实现被动、主动-辅助和主动-阻力等三种单侧训练模式，以及一种双侧训练模式，并实时记录康复参数。其中，在单侧训练模式下设计了 12 种预定康复运动轨迹；在双侧训练模式下，健侧前臂的运动通过机器人镜像到患侧，两侧前臂可以作镜像运动，范围和速度均由患者自己控制。对 21 名后遗症期偏瘫患者所做的对比试验结果表明，经过训练，接受机器人辅助训练的患者，其瘫肢运动功能较传统作业疗法有明显提高，主要表现在临床运动损伤等级的提高、力量的增加和运动范围的扩大。

国内清华大学在国家“863 计划”支持下，从 2000 年起即开展了机器人辅助神经康复的研究，已经成功研制出了肩肘复合运动康复机器人、肩关节康复机器人和手的康复训练器等多种康复机器人，并于 2004 年初开始在中国康复研究中心进行临床应用，已经取得大量临床数据，并在陈旧性偏瘫患者的康复方面观察到了初步效果。

2. 基于脑-机接口技术的康复机器人

大脑在进行思维活动、产生动作意识或受外界刺激时，神经细胞将产生几十毫伏的微电活动，大量神经细胞的电活动传到头皮表层形成脑电波(electroencephalogram，EEG)，EEG 将体现出某种节律和空间分布的特征，并可以通过一定的方法加以检测，再通过信号处理从中辨析出人的意图信号，将其转换为控制命令，用来实现对外部设备的控制以及与外界的交流。这一过程即为 BCI 系统的基本原理，如图 7-30 所示。

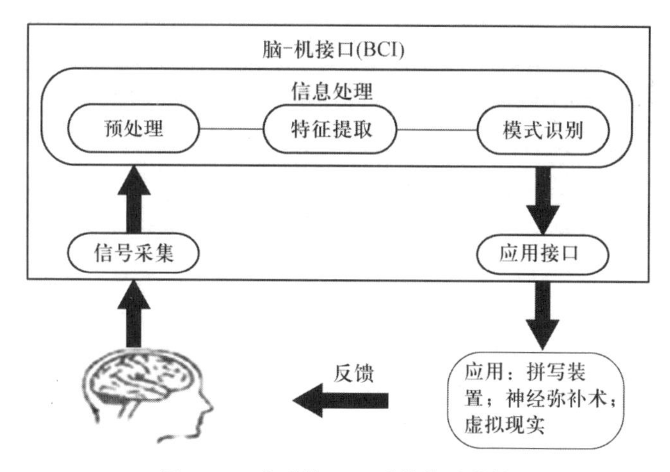

图 7-30　典型的 BCI 系统体系结构

脑-机接口(brain-computer interface，BCI)的研究始于 20 世纪 70 年代，其目标是通过声音、按钮等手段实现人与机器之间的交互。1999 年，首届 BCI 国际会议将其定义为“一种不依赖于正常的由外周神经和肌肉组成的输出通路的通信系统”，也就是说，人们不需通过语言或肢体动作，而是直接通过大脑来表达想法或操纵设备，由此掀开了一个全新的、令人神往的和充满挑战的新领域。

利用BCI领域研究成果，对偏瘫患者进行运动功能康复已成为康复医学中的重要组成部分，其实现方式可分为三类：一是利用BCI系统直接与外界交流，如控制神经假肢、智能轮椅、电脑荧幕上的光标等；二是利用BCI系统直接控制神经阻断但肢体尚在残疾人的肢体肌肉，使其肢体完成日常生活基本动作；三是基于人类中枢神经系统的功能在合理的生理电位作用下可以重塑的原理，利用BCI系统进行神经再恢复，如通过观察运动而产生相应脑电来推动神经再恢复。目前所报道的基于BCI技术的康复机器人基本都属于上述情形。下面以研究成果为例，对该领域的基本情况进行梳理。

(1) 清华大学程明、任宇鹏等人利用稳态视觉诱发电位构造脑-机接口，实现了对假肢的控制，使之能完成握住水杯、倒水、将水杯放回原处和假肢复原等4个动作，完成每个动作的时间为3～4秒。虽然该系统具有响应速度较慢、运动模式相对固定、柔性受限等不足，但还是迈出了重要的一步。

(2) 尹晶海、蒋德荣等人利用BCI系统为残疾人设计了一个实时脑-机接口游戏辅助平台。该平台利用人的运动想象电位，将其转化为向左、向右或不运动等3个控制信号，然后作为一个简单赛车游戏的玩家输入控制信息，从而实现了操作游戏的功能。

(3) 天津大学赵丽、刘自满等人对脑电α波阻断现象进行特征识别和提取，成功地在实验室实现了对服务机器人在4个运动方向上的控制。试验结果表明，经过简单的训练，受试者可达到91.5%的控制准确率，并证明了利用α波进行多选项控制设计的合理性及其应用价值。但是控制准确率仍不够，因为伤残人士经不起将近10%的失误情况的折腾。另外，系统存在2秒的延时，且转向定位时易受地表摩擦和惯性的影响，这些问题的解决将决定其应用前景。

(4) 哈尔滨工业大学杨大鹏、姜力等人提出了一种基于特定几种心理作业的脑电信号控制假手的方法，实现了对假手3自由度的异步控制。但是，其异步控制的实现仍需受试者外界神经肌肉运动(眼睑眨动)以及声音提示的辅助，而且一次控制模式指令的发出需要近10秒的时间，因此与理想中的完全依赖脑电信号的异步控制还有一定差距。

(5) Malaya大学Yahud S. 和Abu Osman N. A. 成功研制出基于EEG的BCI，用于控制机械假手，该假手能完成圆柱体抓取、钥匙捏取、两手指夹取纸片、三手指夹取鸡蛋等动作。虽然该假手有16个自由度，能灵活完成这些基本动作，但是其功能不强，信号处理速率、识别率、控制精确率都不够；

受试者需要经过严格训练，适应性不强；系统反馈滞后和信号干扰现象问题严重。

(6) Graz 理工大学 Christoph Guger 和 Werner Harkam 等人研制出了处理左右手运动想象电位的 BCI 系统，主要用于对假肢的控制，但还是具有控制准确度低、信息传输速度低、识别率低，以及单次模式控制耗时长、无反馈或反馈速度极慢等缺点。

(7) Jong-Hwan Lee 和 Jeongwon Ryu 等人利用功能磁共振成像技术(functional magnetic resonance imaging，FMRI)检测运动想象电位，经过处理后作为 BCI 系统的控制指令，用于控制机械手，通过视觉诱发电位反馈来调整动作，并取得了初步成功。该机械手能于三维空间内完成抓取目标物的简单动作，其最大缺点就是控制精度低。

上述成果均为基于 BCI 技术的康复机器人研究的早期成果，近年来人工智能技术取得了长足的发展，其成果也将更多地应用于该领域，并造福更多的患者。

3. 上肢康复机器人

顾名思义，此类系统主要用于配合或(和)替代上肢康复理疗师，对上肢存在运动障碍的患者进行康复治疗。按照其工作方式，可分为末端牵引式康复机器人系统和外骨骼式康复机器人系统两大类。

(1) 末端牵引式康复机器人系统。这些是一种以普通连杆机构或串联机器人机构为主体机构，康复训练时机器人末端与患者手臂连接，通过机器人运动带动患者上肢运动达到康复训练目的，其特点是机器人系统与患者相对独立，仅通过患者手部与机器人末端相连，且结构简单、易于控制，价格低廉。美国麻省理工学院的 Hogan 研制了一款 2 自由度臂平面康复机器人系统 MIT-MANUS，该系统具有一定的重力补偿作用，如图 7-31 所示。在此基础上，Hogan 又研制出了 2 自由度腕关节康复机器人，与臂 MIT-MANUS 结合形成

图 7-31　MIT-MANUS 康复机器人系统

了完整的系统，可以实现4自由度的康复运动，并已应用于临床治疗。训练时，MIT-MANUS可以提供不同的训练模式，推动、引导或干扰患者上肢的运动，并将采集到的位置、速度、力等信息在电脑屏幕上实时显示，为患者提供视觉反馈。2000年，美国加州大学与芝加哥康复研究所研制了可实现上肢运动的3自由度康复机器人ARM Guide，它具有1个主动自由度，通过电机驱动直线导轨来带动大臂实现屈伸等运动，如图7-32所示。

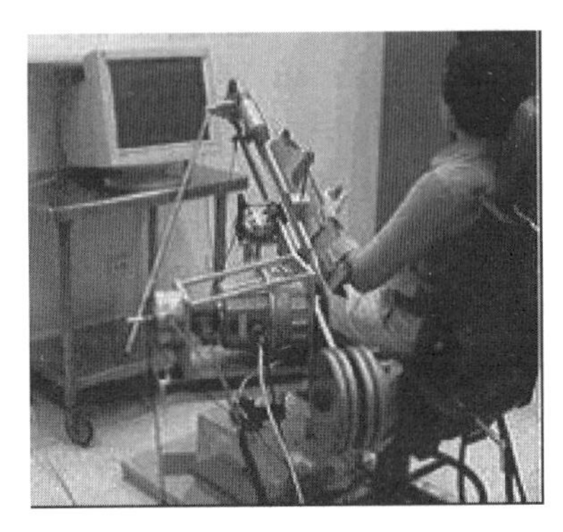

图7-32 ARM Guide上肢康复机器人

以英国雷丁大学为首的欧洲跨国组合联合开发的上肢康复机器人GENTLE/S，使用绳索悬臂，减轻手臂重量对机器人产生的阻力，由Haptic MASTER工业机器人驱动，主要对肩关节与肘关节进行训练，如图7-33所示。意大利帕多瓦大学的Patton等人设计的3自由度的NeReBot和MariBot上肢康复机器人系统，由绳索驱动，既实现了上肢康复训练，又减轻了手臂自重对治疗的影响，现已开始人体试验，如图7-34所示。英国利兹大学Kemna

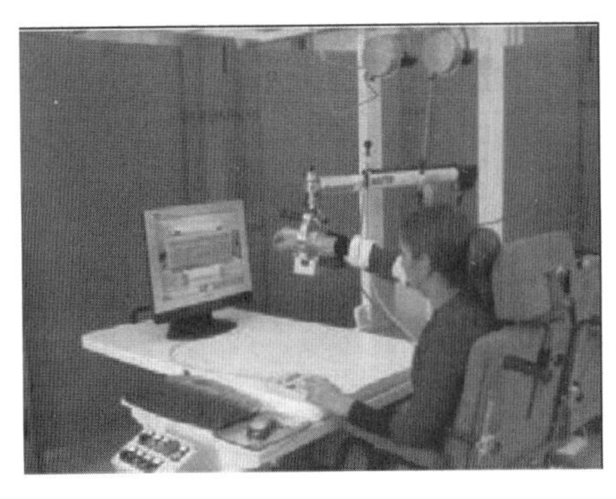

图7-33 GENTLE/S康复机器人

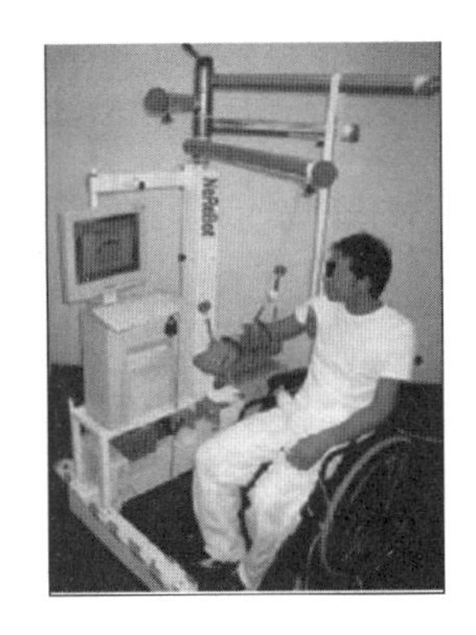

图7-34 意大利NeReBot康复机器人系统

等人研制了一款名为iPAM(intelligent pneumatic arm movement)的末端牵引式双臂机器人，由2个各3自由度的机器臂分别牵引患者的前臂和上臂完成肩、肘复合运动。加拿大多伦多大学的Mihailidis等人研制了一种2自由度上肢平面康复机器人系统，通过平面的2自由度运动训练与虚拟现实技术相结合，对肩、肘训练，并与加拿大多伦多康复研究所合作，开始了人体实验研究。新西兰的Delft大学也进行了此类机器人的研究，设计了一种基于4连杆机构的用于移动座椅的康复机器人辅助运动系统。它使用拉簧的简单弹性支撑系统，通过牵引前臂，实现前肢运动。德国开发的BI Manu Track双手康复机器人已应用于病例试验。

日本大阪大学也曾研发过3自由度康复机器人EMUL，其通过电流变液制动器来改变康复阻力大小。以此为基础，通过增加3自由度腕关节康复模块，EMUL被扩展为6自由度末端牵引式上肢康复机器人系统Robotherapist，后又开发了基于平面2自由度五连杆机构的无独立驱动的康复机器人系统PLEMO-1，通过关节的制动扭簧来驱动，电流变液制动器改变训练阻力。上述系统均实现了与虚拟现实技术的结合，如图7-35所示。

我国较早从事康复机器人研究的清华大学，开发出了2自由度末端牵引式上肢康复机器人系统，该系统具备被动训练、辅助主动训练及约束阻抗训练等多种功能。东南大学宋爱国等人研制了基于远程控制的复合3自由度末端牵引式康复机器人系统，不但可以以两种模式进行上肢康复训练，而且也能进行下肢康复训练。哈尔滨工业大学、哈尔滨工程大学、北京工业大学、台湾成功大学等也展开了类似研究。

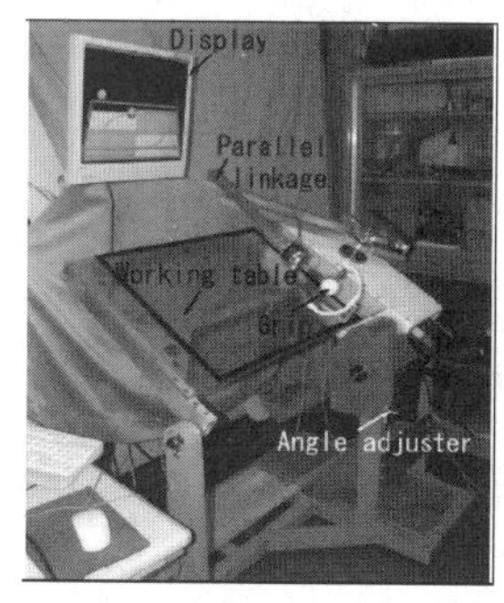

图7-35 大阪大学开发的不同自由度数的上肢康复机器人

真正的上肢康复训练有时是整个手臂，有时是前臂或大臂，有时是腕关节，运动复杂，肩、肘、腕、手等具有多个自由度. 使用末端牵引式康复机器人的康复运动对整个臂是适合的，但具体到不同部位时，它的训练功能就无法达到要求，会引入不需要的康复运动，或造成需要的康复运动无法完全实现。为解决上述问题，科学家们又研制了外骨骼上肢康复机器人系统。

英国的南安普顿大学研制了著名的5自由度上肢康复机器人SAIL，它由人工气动肌肉驱动，由装在两肩、肘转动关节处的扭簧弹性辅助支撑系统，通过将虚拟现实技术与电信号刺激臂部肌肉技术相结合，完成对肩、肘、腕部的训练，已取得了不错的康复疗效。美国亚利桑那大学的He等人研发了基于人工气动肌肉驱动的4自由度、5自由度上肢康复机器人RUPERT，如图7-36所示。其中4自由度为肩关节屈/伸运动、肘屈/伸、前臂转动、腕内/外摆动，主要完成肩、肘、腕部运动，通过增加大臂的旋内/外运动可扩展为5自由度机器人，增大了工作空间。其优点是动作方式、工作特性等与人的肌肉功能相似，整个机器人系统运动特征与人手臂相似，具有其他驱动方式没有的柔顺性。

华盛顿大学的Perry等人开发一种7自由度上肢康复机器人CADEN-7，如图7-37所示。其中，7自由度分别为肩部的屈/伸、旋内/外、大臂旋转、肘屈/伸、前臂转动、腕关节屈/伸及外展/内收。该系统除了大臂、小臂的转动外，其他都采用绳驱动方式，将绝大部分驱动器与减速装置放在肩部，可以实现远距离传递，使得机器人结构简单、轻巧方便，大幅度减小了齿轮传动带来的冲击与摩擦，同时多自由度的存在使得模拟上肢的运动更逼真，可以实现整个手臂、肩、肘、腕的多部位康复训练。其缺点是整个驱动系统复杂，易发生弹性滑动，而且为保证运动往返连续性，绳在运动中要始终与绳轮接触并处于张紧状态，需要复杂的绳缠绕装置，运动精度不高。Yu和Rosen在此基础上研发了双臂同时康复训练的EXO-UL7系统，每个臂各由一台CADEN-7机器人驱动。

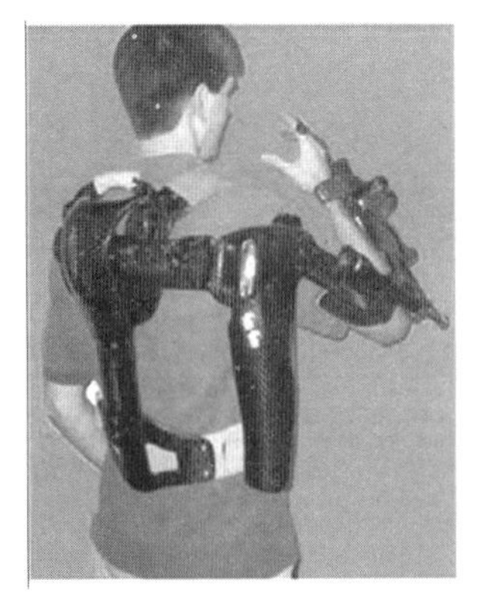

图7-36 人工气动肌肉驱动的RUPERT

图7-37 7自由度的上肢康复机器人CADEN-7

加州大学欧文分校开发了 5 自由度康复机器人 T-WREX 和 Pneu-WREX，主要用于肩、肘训练上肢康复训练，如图 7-38 所示。其中 T-WREX 没有驱动装置，适于患者的主动训练与运动参数测定，Pneu-WREX 采用气动驱动，更适于患者被动康复训练，两者均可实现肩部的屈/伸、旋内/外、肘屈/伸，以及前臂伸缩运动；Pneu-WREX 还采用了弹簧来支撑重力，其驱动气缸也可以实现自动力平衡，从而降低了重力对康复机器人系统运动性能的影响。美国莱斯大学开发了一种基于混联机构的五自由度前臂康复机器人 MAHI Exo II，如图 7-39 所示。其前面为 3 自由度的 3-RPS 并联机构，可以完成腕关节屈/伸、外展/内收、臂伸缩功能，后面串联的 2 个转动自由度，实现前臂转动及肘的屈/伸运动，在肘转动副处还设计有一个克服臂部重量的配重。美国西北大学的 Zhang 与芝加哥康复研究所合作研究出了一种 10 自由度上肢康复机器人 IntelliArm，其可由电机驱动实现整机的上下运动、肩关节屈/伸及旋内/外、大臂转动、肘转动实现肘屈/伸及转动、腕关节外展/内收、手的抓/放等 8 个主动康复训练动作，以及整机在水平面的 2 自由度被动水平移动。

图 7-38　气动驱动 Pneu-WREX 康复机器人

图 7-39　5-DOF 康复机器人 MAHI Exo II

加拿大皇后（Queen）大学开发了绳驱动的 6 自由度上肢康复机器人 MEDARM，其中胸锁关节为 2 自由度，肩关节为 3 自由度，肘关节为一个自由度，可以完成肩、肘复合运动，如图 7-40 所示。加拿大高等技术学院与麦吉尔大学合作开发了一种 7 自由度上肢康复机器人系统 ETS-MARSE，可实现肩屈/伸及旋内/外、大臂转动、肘屈/伸、前臂转动、腕关节屈/伸及外展/内收运动，所有驱动均由 Maxon 电机实现，可完成肩、大臂、肘、前臂、腕的康复训练。日本佐贺大学研制了一种 7 自由度上肢康复机器人系统，采用基于表面肌电信号的控制方法，在机器人转动的基座上安装图像识别系统，可自动识别左右训练臂。意大利比萨大学研制了电机驱动的 5 自由度上肢康复机器人 L-EXOS，其中 4 自由度的主动运动分别是肩关节屈/伸及旋内/外，肘屈/伸、前臂转动，一个被动运动是腕关节屈/伸。韩国研制了一种6自由度全身康复机器人。斯洛文尼亚的Oblak等人设计了一种2自由度腕、臂康复机器人系统。

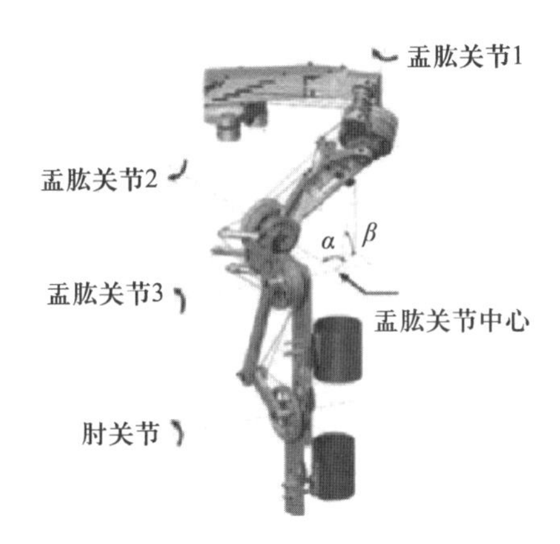

图7-40　加拿大皇后大学MEDARM机器人系统

瑞士皇家理工学院与英国布里斯托大学附属医院合作开发了著名的6自由度上肢康复机器人系统ARMin，如图7-41所示。该系统可实现整机上下平动、肩旋内/外、大臂转动、肘屈/伸等4自由度的主动运动，以及肩部屈/伸和前臂转动等2自由度的被动运动；随后又与斯洛文尼亚的卢布尔雅那大学合作研制了上肢康复机器人ARMin II，如图7-42所示。该机器人共有7自由度，可实现整机上下平动、肩部屈/伸及旋内/外、大臂转动、肘部屈/伸、前臂转动、腕关节屈/伸运动，并为患肢提供重力补偿，协助患肢的肩关节、肘关节进行复合运动，全部驱动均采用DC电机驱动实现。

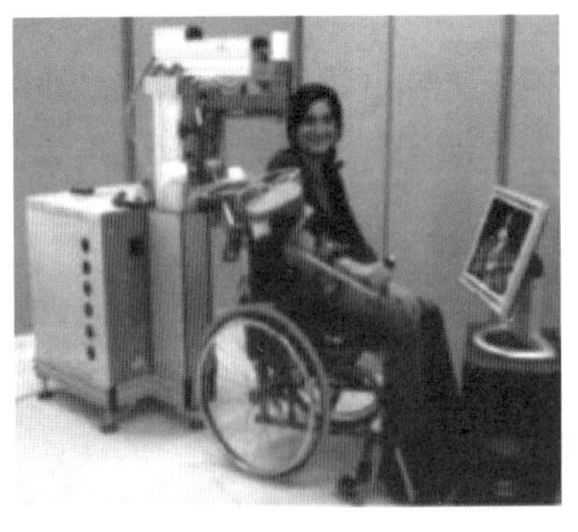

图7-41　康复机器人ARMin

图7-42　康复机器人ARMin II

(2) 外骨骼式上肢康复机器人。哈尔滨工业大学与华中科技大学是国内较早展开外骨骼式上肢康复机器人研究的单位。哈尔滨工业大学设计了一种5自由度外骨骼式上肢康复机器人系统，可以实现肩部屈/伸及旋内/外、肘屈/伸、腕关节屈/伸及外展/内收运动，肩肘处的驱动器是3个Panasonic AC伺服电机，腕处为2个Maxon DC伺服电机，采用基于表面肌电图(surface electromyography，sEMG)的控制方法，可完成肩、肘、腕康复训练。华中科技大学系统研究了人工气动肌肉驱动的2自由度手腕康复机器人、四自由度手臂康复机器人、9自由度(8个主动运动，1个被动运动)的上肢康复机器人。

4. 下肢康复机器人

下肢康复机器人是指能够辅助下肢运动功能受损的瘫痪患者自动或半自动完成康复训练的机电一体化设备，它主要通过对患肢实施运动训练和功能性电刺激的方法，刺激损伤神经的再生或者未损伤神经对损伤功能的代偿，达到运动功能康复的目的。根据患者在康复训练中的身体姿态，下肢康复机器人大致分为坐卧式机器人、直立式机器人、辅助起立式机器人和多体位式机器人等四类，分别适用于不同的人群。

(1) 坐队式机器人。由于在康复训练过程中，患者姿态为坐立、斜躺或平躺，无须下肢为身体提供支撑，使得坐卧式下肢康复机器人适用于运动功能完全丧失的瘫痪患者，根据其与患肢之间相互作用方式的不同，又分为末端式和外骨骼式两种。其中，末端式下肢康复机器人通常采用一对脚踏板与患者的双足相接触，除此之外机构和患者之间再无其他的相互作用点。这类机器人成本较低，易于操作使用；但只能实现相对简单的训练策略和末端运动轨迹，属于下肢康复机器人中的低端设备，多用于缓解瘫痪带来的关节僵硬、肌肉萎缩等并发症，康复效果非常有限。

电动踏车是目前最常使用的一种末端式下肢康复机器人，具有结构简单、单自由度驱动的特点。在运动训练过程中，患者的双足放置于脚踏板上，进行固定轨迹的圆周运动，完成循环往复的踏车训练。目前有很多家公司都生产了相类似的踏车设备，如北京宝达华的PT-2-AXG型自动康复机、美国Restorative Therapies的RT300 Leg和德国RECK-Technik GmbH & Co. KG的MOTOmed等。后两种设备不仅可以完成踏车训练，而且还集成了功能性电刺激(functional electrical stimulation，FES)，实现了运动与FES相结合的康复策略。

除了常见的踏车之外，一些研究机构还开发了其他不同形式的多自由度末端式下肢康复机器人。哈尔滨工程大学研制了一款平躺式的下肢康复设备，它采用并联式的机械结构，共包含3个自由度：1个滑动关节实现两条腿循环往复的协调联动，2个旋转自由度用于调整运动训练过程中踝关节的角度。与踏车设备相比较，该机器人在脚踏板处增加了2个独立驱动的旋转关节，实现了对踝关节角度的控制，但是下肢末端(脚踝处)的运动轨迹依然是固定的，并且目前只具备被动的康复训练策略。瑞士洛桑联邦理工学院开发了末端式下肢康复机器人Lambda，它采用左右两侧对称的并联机构，每侧机构均具有3自由度，包括2个平移关节和1个旋转关节，如图7-43所示。它是目前末端式下肢康复机器人中自由度最多的设备，能够实现下肢髋膝踝关节在矢状面内的运动，末端轨迹可以在机器人工作空间内自由规划；其缺点是只能完成被动的运动训练，尚不具备主动康复训练的功能。

外骨骼式下肢康复机器人的执行机构一般由两条机械腿组成，其结构类似于人体下肢，既可以方便地实现单关节的运动，也能够完成多关节协调的训练，运动轨迹在工作空间内自由可编程，并具备多种主被动康复训练策略。在康复训练过程中，下肢沿着机械腿并列进行安放固定，除了脚踏板与双足相接触外，在腿部也可能存在多处肢体与机构之间的交互点。

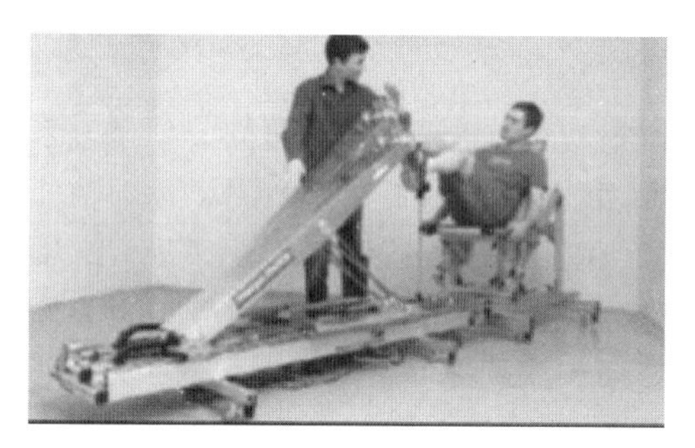

图7-43　Lambda

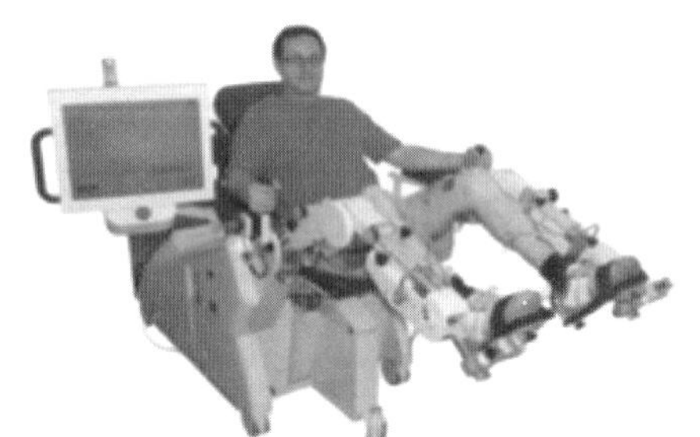

图7-44　MotionMaker

土耳其耶尔德兹技术大学研制了一款外骨骼式下肢康复机器人Physiotherabot，它由一张躺椅和两条3自由度的机械腿组成，能够完成下肢髋关节的展收和髋膝关节的屈伸。在进行康复训练时，足部、踝关节上部以及膝关节上部分别固定在机械腿上，其中后两处还安装有力传感器，用以检测两者之间的交互作用。瑞士洛桑联邦理工学院研制了外骨骼下肢康复机器人MotionMaker，并由瑞士公司Swortec产品化后推向市场，如图7-44所示。该系统由一张倾斜度可调的躺椅和两条3自由度的机械腿组成，可以完成下肢髋膝踝关节的屈伸运动在训练过程中，患者仅有足部与脚踏板相接触，以模拟自然情况下地面与双足的相互作用。其最大特点是集成了闭环控制的FES设备，能够实现运动训练与FES相结合的康复策略。

(2) 直立式机器人。相对于坐卧式康复训练，患者在使用直立式下肢康复机器人进行康复运动时采用站立的姿态，这更加贴近于日常生活中下肢的活动方式，有利于激发患者自主地为身体提供支撑，对于恢复患肢的步行功能有很大的帮助，主要适用于轻度损伤患者。根据体重支撑方式的不同，直立式机器人又可分为悬吊减重式步态训练机器人和独立可穿戴式机器人两类。

步态训练对于下肢运动功能障碍是非常重要且有效的康复运动手段，传统减重步态训练（body weight-supported treadmill training，BWSTT）使用悬吊机构和挽具支撑患者的部分体重，将其直立于跑步机上，理疗师手动操控患者的下肢配合跑步机的运动节奏完成步行训练，该过程费时费力。悬吊减重式步态训练机器人通过穿戴于患者腰胸部的挽具以及连接挽具和头顶上方支架的绳索，以提拉躯干的方式实现体重支撑，保持患者的直立姿态，进而利用特定的介质与患者的双足相互作用，完成下肢的交替康复运动。与传统方法相比，悬吊减重式步态训练机器人可以大幅降低理疗师的人员需求和体力消耗，同时确保与传统手段相当的康复效果。

德国柏林自由大学研制了悬吊减重式步态康复机器人 Gait Trainer GTI，并由柏林康复设备公司 Reha-Stim 完成了产品化，如图 7-45 所示。该设备集成了 FES 系统，能够根据下肢的运动状态循环有序地刺激下肢肌肉，辅助患者完成步态训练。由于其采用脚踏板与患者双足进行交互，下肢得到的力反馈较弱，故与自然行走的感觉相差较大。此外，该机器人的步态训练策略主要强调重复连续的被动运动，而忽略了患者主动参与的重要性。临床应用结果显示，该系统的康复效果至少与传统的 BWSTT 方式等同，但却显著降低了理疗师的体力消耗，节省了康复医疗资源。

瑞士苏黎世大学医学院、Hocoma 公司、苏黎世联邦理工学院以及德国 Woodway 公司联合开发了步态训练机器人 Lokomat，最终由 Hocoma 公司成功实现了商业化，如图 7-46 所示。它由一对步态矫形器、跑步机和悬吊减重系统三部分组成，其中每条步态矫形器包含两个独立驱动的旋转自由度，对应于髋膝关节的屈伸运动，通过矫形器和跑步机的同步配合，实现了下肢的步态训练。相比脚踏板的作用方式，Lokoma 利用跑步机与患者的双足进行交互，下肢可以得到更接近于自然行走的体验。此外，步态矫形器的设计考虑到了下肢的个体差异，可以针对不同的患者进行结构调整，优化了运动过程中二者之间的配合。Lokomat 实现了多种主被动训练策略，满足了不同患者的康复需求，也成为在临床试验研究中应用最为广泛的步态训练机器人。与之相类似，美国康复医疗公司 HealthSouth 研制了步态训练机器人 ReoAmbulator，并由 Motorika 公司实现了商业化，在美国市场上的产品名称是 AutoAmbulator。其结构也由一对下肢矫形器、跑步机和悬吊减重系统三部分组成，通过下肢矫形器和跑步机的同步运动，辅助患者完成自然协调的步态康复训练。LokoHelp 是由德国 LokoHelp 公司开发并生产的步态训练机器人，由腿部矫形器装置、跑步机和悬吊减重系统三部分组成。它除了能够实现基本的步态康复训练，还可以协助患者完成上下坡练习，其特点是采用了高度模块化的设计方法，易于组装、拆卸和调整，可以满足不同坡度的康复运动训练要求。

图 7-45　Gait Trainer GTI

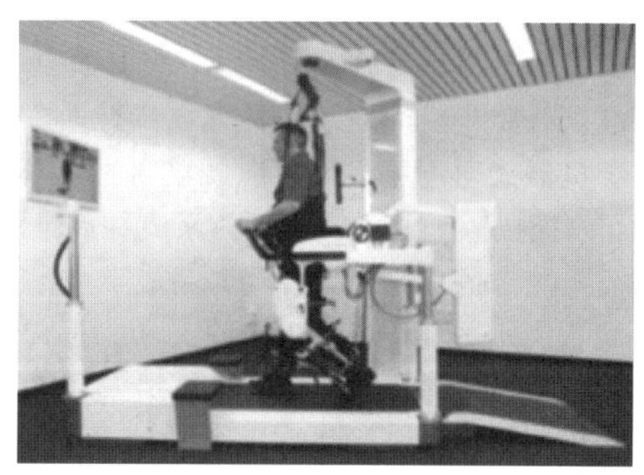

图 7-46　Lokomat

WalkTrainer 是由瑞士洛桑联邦理工学院单独研制的步态训练机器人，与 MotionMaker 同为 Cyberthosis 康复工程的一部分，并同样由瑞士 Swortec 公司进行了商业化，如图 7-47 所示。它主要由可全方位移动的支架平台、盆骨矫形器、悬吊减重系统、腿部矫形器以及可实时控制的 FES 系统等五个模块组成，其步态训练中还结合了 FES，刺激下肢肌肉规律有序地收缩，使其参与康复运动。在此过程中，患者的足部直接与地面相作用，相比于脚踏板和跑步机，这种方式提供给下肢的力反馈最接近于真实自然的步行。KineAssist 是由美国埃文斯顿的 Kinea Design 公司生产的步态训练机器人，由可全方位移动的基座支架和为患者提供体重支撑的悬吊减重系统两部分组成。与 WalkTrainer 相类似，该设备同样通过地面与下肢足部进行交互，可以提供患者一个自然的行走体验，其特点是同时兼具七种不同的工作模式，分别适用于患者特定的步态或平衡训练要求。

在所有的下肢康复设备中，独立可穿戴式康复机器人通常具备与人腿结构相类似的机械矫形器，可穿戴于患者下肢，通过帮助患者完成日常活动来实现下肢的康复训练，例如直立行走、上下楼梯和上下坡等，其特点是既可以方便患者的日常生活，又能达到康复训练目标。如图 7-48 所示，ReWalk 是美国 Argo Medical Technologies 公司开发生产的可穿戴式下肢康复机器人，由一套轻便的支撑骨架、可充电电池、传感器阵列以及安放在背包中的一套电脑控制系统组成，可以为脊髓损伤患者提供运动训练。其中，支撑骨架是指左右两条对称的2自由度下肢矫形器，两个旋转关节分别对应髋膝的屈伸运动，同时通过倾角传感器检测患者上身所处的姿态，判断下肢的运动状态，具备辅助患者完成步行和上下楼梯等活动的能力。HAL是日本筑波大学研制的可穿戴式下肢康复机器人，并由日本公司Cyberdyne实现了商业化。该设备最初的设计目的是辅助下肢运动功能障碍患者完成直立行走、起立、坐下以及上下楼梯等日常活动，目前已经发展到了第五代产品，可同时辅助上下肢的运动，应用范围也从单纯的康复训练延伸到肢体力量及功能的加强拓展。此外，HAL还分别针对偏瘫和儿童患者研制了单腿和小尺寸版本的产品。

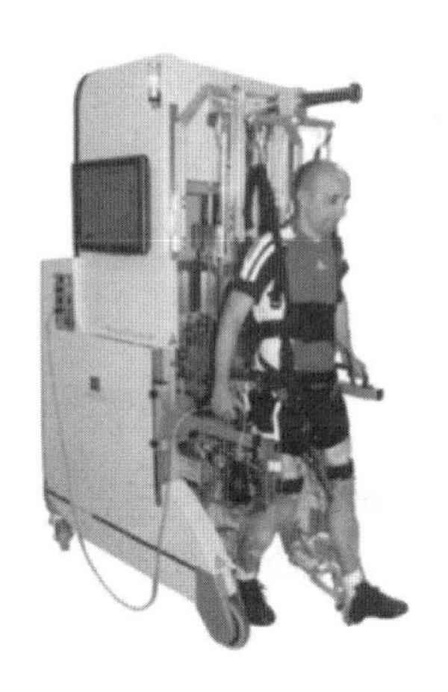

图7-47　WalkTrainer

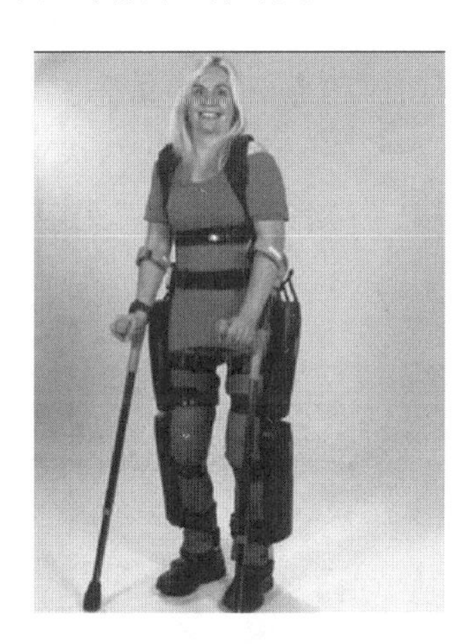

图7-48　ReWalk

(3) 辅助起立式下肢康复机器人。这种机器人主要是在患者起立或坐下的运动过程中提供支撑并保持平衡，训练下肢由坐到站或者由站到坐的运动功能。由于单纯的起立训练对于下肢运动功能康复的意义并不大，因此关于该类设备的研究开发比较少。日本高知工科大学开发了一款单纯的辅助起立式下肢康复设备，它采用了一种双绳索机构，通过提拉患者躯干的方式，帮助其自然地完成由坐到站的运动过程，该机构中的前后两根绳索由两个独立的直流伺服电机进行驱动，分别控制训练过程中患者的位姿以及机构对患者的提拉力度。该系统能够根据力和运动传感器信号，识别出患者的主动运动意图，从而为其提供必要的支撑，相对集中地训练起立过程中最为薄弱的环节，以达到更好的康复效果。MONIMAD是法国的巴黎第六大学开发的辅助起立式下肢康复机器人，由一对单自由度的机械扶手和可移动的基座平台两部分组成，不仅可以辅助下肢运动功能障碍患者完成起立运动，而且还能够实现缓慢的地面步行训练。其缺点是仅使用一对扶手作为体重支撑机构，参加训练的患者必须要有足够的上下肢力量来维持身体的平衡，因此 MONIMAD 适用范围相当有限。

(4) 多体位式下肢康复机器人。这种机器人可以为患者提供不同体位的运动训练。以融合了坐卧式和直立式特点的机器人设备为例，在训练过程中，根据具体的需要，患者既可以采用坐姿、斜躺或平躺的姿态，也可以处于站立的状态。因此，该类设备既能为下肢力量薄弱的患者提供训练，又能辅助轻度损伤的病人完成康复运动，进而可以针对不同患者制定出全面的渐进式训练策略。Flexbot 是上海璟和技创机器人有限公司开发生产的一款多体位式下肢康复系统，主要由一张床、一对 2 自由度的机械下肢以及一套显示系统等三部分组成，如图 7-49 所示。它集合了坐卧式和直立式机器人的功能特点，可以帮助患者实现身体姿态从平躺到站立的康复运动训练，适用于不同程度的下肢运动功能障碍患者，以及处于不同康复阶段的瘫痪病人。

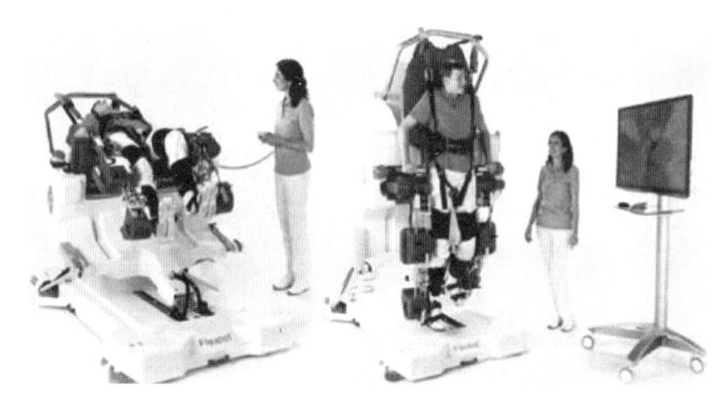

图 7-49　Flexbot

7.4　其他医疗机器人

在日常生活中，我们所接触和应用的一些机器人并没有在临床得到应用，但却实实在在地承担了一些具有医学性质的任务，如救援机器人、医学教学机器人、护理机器人等，因此我们有必要认识一下这些未来医院中医护人员不可或缺的帮手。

1. 护理机器人

护理机器人是一种半自主或全自主工作的机器人，主要功能是帮助患者完成各种运动功能，用于分担医护人员繁重琐碎的护理工作，如确认病人的身份，检查病人体温，准确无误地分发所需药品，患者的过床搬运及护送，清理病房，甚至传输视频帮助医生及时了解病人病情等。

日本机械工程研究所开发的护理机器人 MELKONG 可以轻松平稳地将病人从床上托起，并将其送往卫生间、浴室、餐厅或功能检查科室等地。美国运输研究会研制的 Help-Mate 机器人不但能 24 小时在医院内完成点对点运送食品和药品的工作，而且可以基于传感器和路径规划算法实现自主行走，发现并避开障碍物，目前已在多家医院得到实际使用。英国的 PAM 机器人可以用来移动或运送瘫痪和行动不便的病人。iRobot 和 InToch Heath 公司联合研发了远程医疗机器人 RP-7，它与听诊器、耳镜和超声扫描仪相连接，还有一个相机和一个屏幕，使患者和远方的医生都能看到对方，从而使医生可以最大限度地像亲临现场一样进行诊疗，如图 7-50 所示。日本物理与化学研究所研发的护理机器人 Ri-Man 不仅具有视觉、听觉、嗅觉等，而且还能搬运和照顾老年人，如图 7-51 所示。

图 7-50　RP-7

图 7-51　Ri-Man

在护理机器人家族中，最为出名的可能是 RIBA 了，该机器人由日本名古屋物理化学研究所研制，迄今已有 3 名成员。图 7-52 所示为第一代 RIBA 机器人，于 2009 年研制成功。它高约为 140 厘米，重约 180 千克，能将病人从病床上举起移至轮椅上或将轮椅上的病人举起移至病床上。除了能够对语言指令响应外，RIBA 还能够从周围环境中得到的视觉、声音数据，来辨别护士，识别邻近位置，对环境变化灵活响应，该机器人配备的电机声音很小，所安装的万向轮能够帮助机器人到医院的每一个角落。遗憾的是，由于部分功能的不足，第一代 RIBA 未能商业化。2011 年体重 230 千克的 RIBA-Ⅱ问世，在其基座和背部安装的新关节，使它能够弯腰举起躺在地板上重达 80 千克的病人，如图 7-53 所示。这种任务对一般的护理人员来说是一件困难而又消耗体力的工作，对第一代护理机器人 RIBA 来说也是不可能完成的任务。

2015年3月，日本科学家又研究出一款护理机器人Robear(参见图7-54)，该机器人体重140千克，能够完成照顾患者的一些工作，比如将患者从床上抬到轮椅上，为需要帮助才能站立的病人提供帮助等。

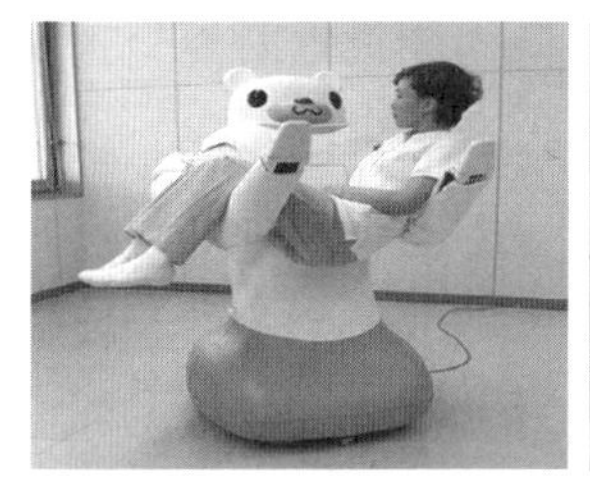

图7-52　RIBA

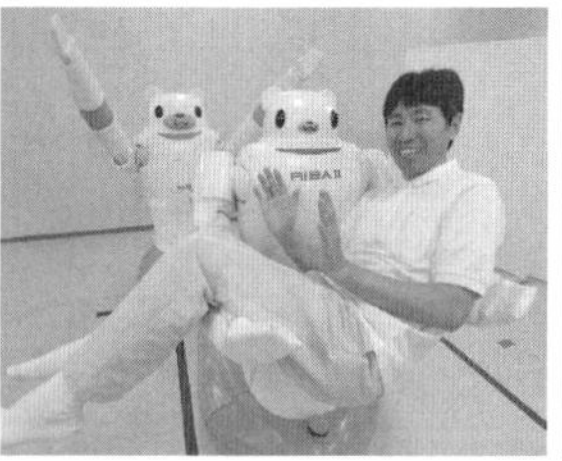

图7-53　RIBA-Ⅱ

图7-54　Robear

2. 救援机器人

救援机器人主要承担危险条件(如地震、火灾、战场等)下的救援工作，要求能迅速安全地将伤员救出。救援机器人集多种传感器于一身，在没有人为指令和引导的情况下，能对伤员是否具备生命体征进行判断，并做出正确的选择。因工作环境复杂危险，救援机器人具有结构简单紧凑、运动灵活、能量损耗低、可规避障碍和自主导航等特点。2003年国际救援系统研究所在日本政府的资助下开发了一批可以在废墟上爬行和跳跃的救援机器人，它们装备有短波摄像头及感应器。2004年国际救援系统研究所研制出了大型救援机器人T-52Enryu，它能轻松地清理变形的汽车和坍塌的建筑等障碍物，如图7-55所示。2007年美国Vecna公司研制出了战场救援机器人BEAR，如图7-56所示。BEAR躯干部分采用液压伸缩装置，底部采用履带式驱动系统，其装备的测速仪和螺旋仪能够监控机身移动和探测机身平衡，电脑控制的连杆机构能够随时调整下肢动作，从而有效防止在执行任务时摔倒。

图7-55　救援机器人T-52Enryu

3. 理疗机器人

按摩理疗是人们缓解疲劳、调理身心、治疗慢性疾病的一种常用手段。对中医按摩情有独钟的大有人在，但往往又找不到合适的按摩师傅，那怎么办呢？答案是找机器人。2012 年，北京航空航天大学在工业博览会现场展示了一款中医按摩机器人，没有超炫和拟人的外形，但是主打中医卖点，如图 7-57 所示。该中医按摩机器人吸收了中医穴位经络的手法，通过变化按摩力量的刺激，提高人体的免疫力。操作者只要了解患者的信息，设置按摩方案并观摩按摩过程，按照不同的按摩手法切换手部姿态，患者就能舒舒服服地接受约 15 分钟惬意的治疗过程。图 7-58 所示为以色列 DreamBots 公司研制的 WheeMe 智能按摩机器人。该机器人大小仅为 3.9 英寸×3.5 英寸×2.3 英寸(1 英寸＝ 2.54 厘米)，重量不足 1 磅(1 磅＝ 0.45 千克)，能够以每秒 4.5 厘米的速度运行，采用倾斜传感器技术，使用“专利指法”轻轻抚摸用户肌肉，是玩具汽车与橡胶履带车相结合的产物。它的最大特点是非常小巧便携，只有一个手掌大小，可以在你的身体上缓缓移动，轻轻按摩，可以说是居家必备的按摩选择。

图 7-56　战场救援机器人 BEAR

图 7-57　中医按摩机器人

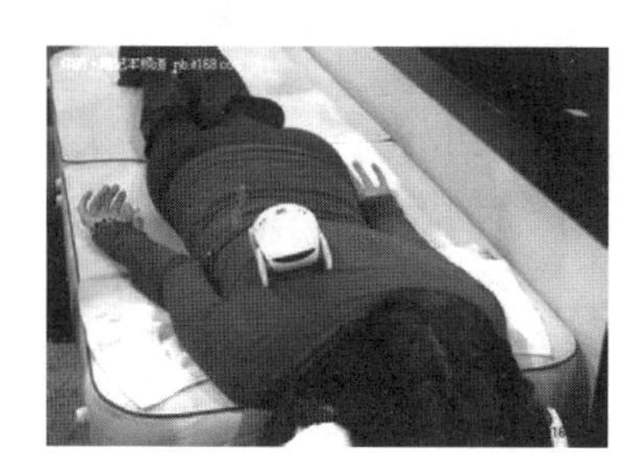

图 7-58　WheeMe 智能按摩机器人

4. 医疗教学机器人

医疗教学机器人是一种基于虚拟现实技术的理想教学工具，区别于虚拟现实的“看得见，摸不着”，医疗教学机器人可以让培训者有视觉和触觉的直观感受。如美国的“诺埃尔”教学机器人可以模拟即将生产的孕妇，它会说话甚至尖叫。此类模拟接生的培训，有助于提高妇产科医护人员的手术配合和临场反应。

“平时接生时，手术室有很多人，有时会发生混乱，这对病人非常危险。这时，高效的沟通和冷静的指挥至关重要。”奥古斯特医生说。“我们不可能在真人身上反复试验，因此‘诺埃尔’是一件了不起的教具。”护士艾伦说。

2007 年 1 月 5 日，韩国庆熙大学医学院学生在产科医师课程中使用了机器人婴儿。这种机器人婴儿与真人相似，使学生能够逼真地了解分娩过程，如图 7-59 所示。

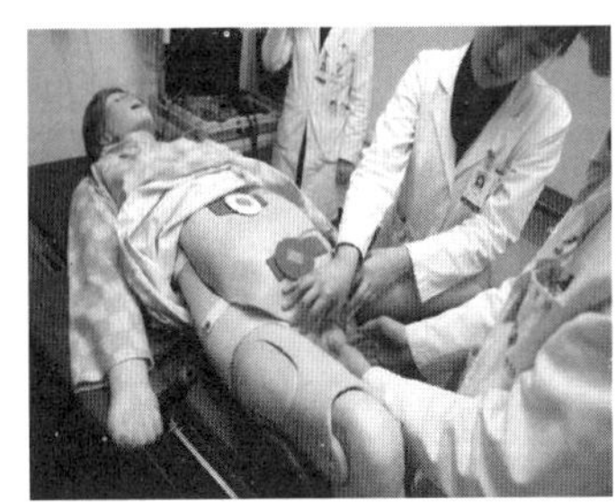

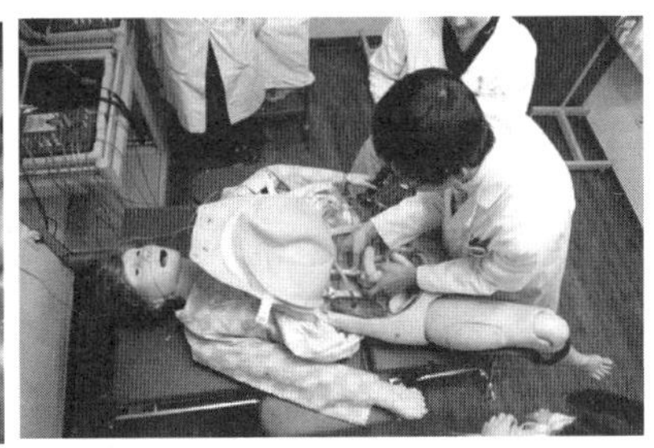

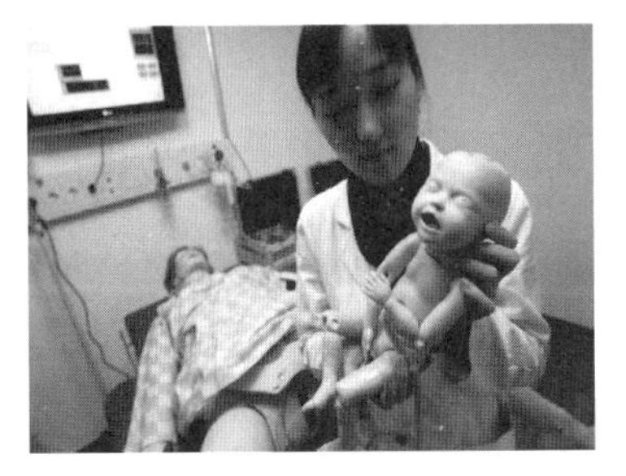

图 7-59　韩国庆熙大学医学院学生在产科医师课程中使用机器人婴儿

2009 年 9 月 1 日，重庆新桥医院从挪威引进的医疗实验机器人 simMan3G 正式投入使用，医生将用其进行临床医学试验。它会说话，会眨眼，会呼吸，有心跳，有脉搏……输入数据后，它能模拟患心脏病、高血压，甚至甲流感的症状。据了解，机器人右臂下有一个智能识别装置，在给它用药时，它能自动识别药物成分、浓度和用量，然后再根据用药的情况进行实时反馈。如果药物选择不正确，用药浓度、剂量不对，则机器人“病情”就将加重或死亡，以达到临床模拟效果。

昭和花子二号是东京昭和大学开发的牙科训练模拟机器人，相比前辈昭和花子一号，它的头部驱动机构由液压改成了马达，同时也将 PVC 外皮换成了更拟真的硅胶外皮，如图7-60所示。除了会张嘴秀一口白牙之外，花子二号还能识别语音，并且做出许多超拟真的动作，包括眨眼、吞咽口水、打喷嚏、咳嗽，甚至是噎到，来模拟出病患的不舒服反应。昭和花子二号可以让牙医更了解病患的反应，确实是一个相当实用的机器人。昭和花子二号可以作为牙科学生的演练工具，也可以用来测验和评估牙科学生的技能水平。

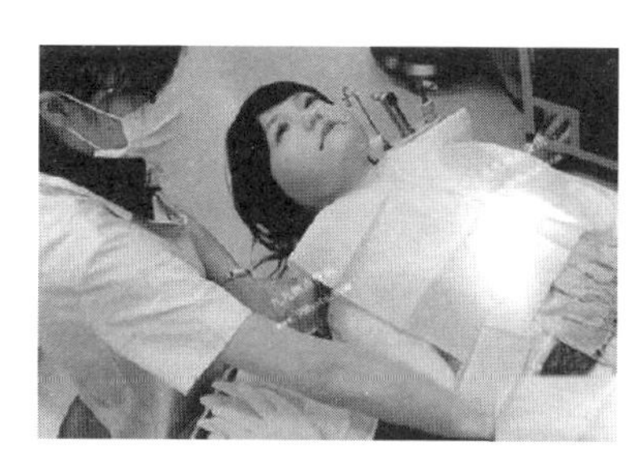
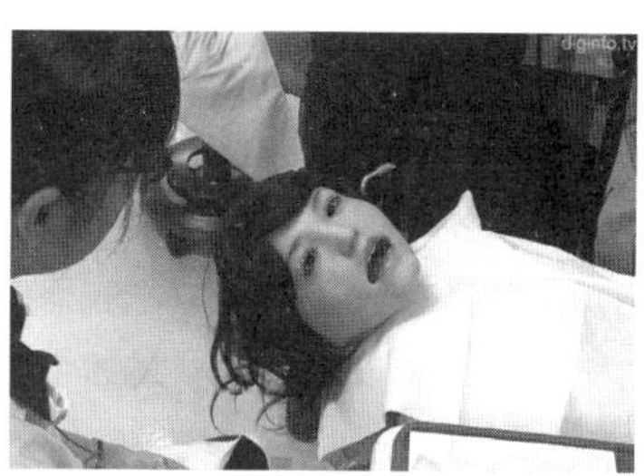

图7-60　“昭和花子二号”牙科训练模拟机器人

我国许多医学教学单位和医院在培训医护人员时，已采用多种具备某一特定功能的简单机器人模型，如分娩、胸外按摩、各类窥镜插管、注射及各种腔镜训练模型等，来增强医护人员的专业技能技巧。2012年由北京航空航天大学领衔，第三军医大学、南方医科大学、上海交通大学和北京协和医院等五家单位参与的“可交互人体器官数字模型和虚拟手术研究”获得国家自然科学基金重大项目支持。该研究围绕人体器官及手术现象的逼真表现与绘制的理论方法、人体器官几何形态建模与矢量化、面向可交互人体器官数字模型和虚拟手术的物理与生理建模、手术虚拟仿真与手术评价的基础理论和关键技术、虚拟手术支撑平台以及经皮冠状动脉成形术模拟训练原型系统等五个主题展开研究，将数字化人体和数字医学技术应用于临床医疗模拟训练系统的研发，有望开发出具有个性化特征的医疗教学机器人。

在医学领域，还有一些服务型机器人。例如，可代替护士做送饭、送病例和化验单等工作的运送药品机器人，较为著名的有美国TRC公司的Help Mate机器人。美国宾州丹维尔的盖辛格医疗中心采用嵌入式射频识别(radio frequency identification，RFID)机器人，不仅可以确保药剂确实运送到各设施单位，还可即时传送影像。运送药品机器人的应用使得医疗中心减少了许多人工作业，有效增加了四、五成的工作效率，尤其在人力不足的夜班，因此，它们是不可多得的好帮手。2009年12月1日至今，RFID机器人Tug已运送过49 435次药品，共行走了5471千米；每日平均运送30.9次，行走5千米，最远单程运送467米。此外，还有煎药机器人，用人工智能和机器人相结合的现代技术去煮有千年历史的中药。

随着老龄社会的到来、人类寿命的延长以及对生活质量期望的提升，功能更全面、更智能且服务更人性化的医疗机器人将改变人们的认识，为医疗行业带来一次新的革命。

思考题

1. 医疗机器人的出现有助于解决医患矛盾吗？

2. 医疗机器人与我们的生活息息相关，在机器人医疗的世界中，你认为医生的角色会有哪些改变？试分析其利弊。

3. 通过查阅资料，谈谈你对医疗机器人领域的看法。

4. 以达·芬奇系统为代表的手术机器人系统对传统内窥镜技术的改进主要体现在哪些方面？

5. 康复机器人主要分哪几类？谈谈你对它们的看法。

第 8 章　多才多艺的娱乐机器人

教学目标

✧ 了解娱乐机器人的分类及应用领域

✧ 了解类人机器人与高仿真机器人发展现状

✧ 了解其他娱乐机器人及机器人主题公园

思维导图

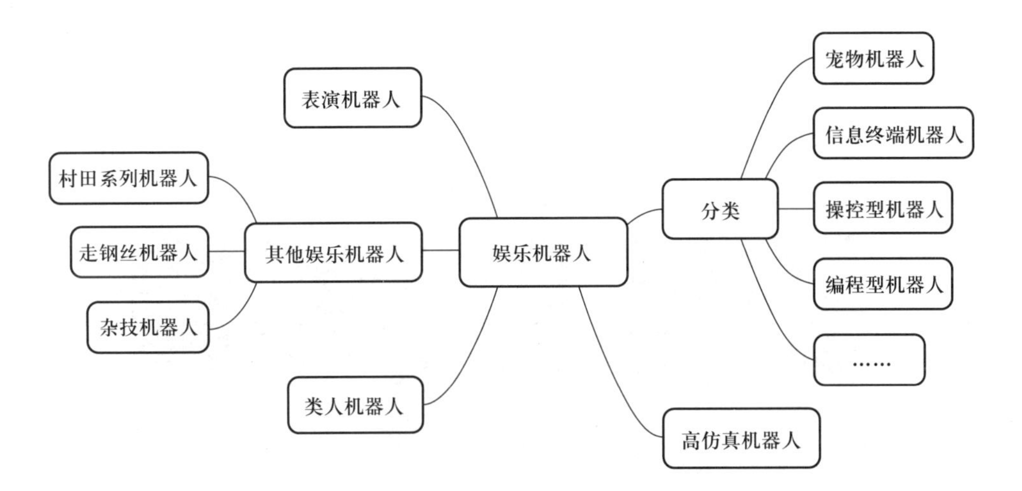

娱乐机器人就是通过对一般的机器人进行拟人化的外形改造及硬件设计，同时运用相关的娱乐形式进行其软件开发而得到的一种用途广泛、老少皆宜的服务型机器人。它们以供人观赏、娱乐为目的，可以像人，像某种动物，像童话或科幻小说中的人物等，同时也具有行走能力、语言能力和一定的感知能力，能够与适宜人群进行良好互动，带给人们精神层面的愉悦。

娱乐机器人的起步较晚，但发展非常迅速。由于其设计以与人互动为归宿，很少涉及安全问题，这就在很大程度上释放了科研人员的设计才华。各种具有表演“天赋”的机器人相继开发成功。它们中有的可以引吭高歌，有的可以翩翩起舞，有的会演奏优美的乐曲，有的能作高难度的杂技表演。娱乐机器人的出现不仅给普通大众带来了欢声笑语，而且也为科研人员和机器人爱好者提供了学习和实验的平台，增长了人们的见识和能力，正在成为人们生活中不可或缺的一员。

8.1 娱乐机器人掠影

“机器人”一词的出现和世界上第一台工业机器人的问世都是近几十年的事，然而人们对机器人的幻想与追求却已有3000多年的历史。西周时期，我国的能工巧匠偃师就研制出了能歌善舞的伶人，这是我国最早记载的机器人。1662年日本的竹田近江利用钟表技术发明了自动机器玩偶，并在大阪的道顿堀演出。1738年法国天才技师杰克·戴·瓦克逊发明了一只机器鸭，它会嘎嘎叫，会游泳和喝水，还会进食和排泄。在这些发明家当中，最杰出的要数瑞士的钟表匠杰克·道罗斯和他的儿子利·路易·道罗斯。1773年他们连续推出了自动书写玩偶(参见图8-1)、自动演奏玩偶(参见图8-2)等，这些自动玩偶是利用齿轮和发条原理而制成的，它们有的拿着画笔和颜色绘画，有的拿着鹅毛蘸墨水写字，结构巧妙，服装华丽，在欧洲风靡一时。留存至今的最古老的机器人是瑞士努萨蒂尔历史博物馆里的少女玩偶，它制作于200年前，两只手的十个手指可以按动风琴的琴键弹奏出音乐，现在还在定期演奏供参观者欣赏，展示着古人的智慧。

图8-1 自动书写玩偶

图8-2 自动演奏玩偶

3000年来，古人在创造机器人方面进行了很多探索，也积累了丰富的经验，现代科学家和艺术家仍然在不断努力，试图赋予机器人以人的外形，希望从它身上看到人的表情和反应。科学家们也在不断开发更智能的软件，使机器人能和人交流并具备学习能力。从某种角度说，类人机器人的研究才是对人类智慧的真正考验。

世界上第一台现代意义上的类人娱乐机器人出现在日本。日本的娱乐机器人是从一个"传单机器人"开始发展起来的。它利用真空吸引器的负压，把传单吸到这种机器人的手里。当某个行人从它手里拿走传单时，它就会说一声"谢谢您"，然后机器人又会很快地吸上另一张传单。虽然它的设计非常简单，声音也是由录音机发出的，但由于它的动作和语言滑稽可笑，所以取得了不错的效果，如图 8-3 所示。

1978 年日本南谷有限公司设计和修建了一个富丽堂皇的环形天棚机器人游艺场。场内各式各样的娱乐机器人应有尽有。例如，"走钢索的独轮机器人"，它的轮子沿着钢索向前滑动，依靠一块重 30 千克的铁块控制平衡，能表演许多惊险动作；悬在空中的"招待应酬机器人"，它配置了简单的视觉系统，笑容可掬，感情真切，能向它们看到的客人频频点头、打招呼，如图 8-4 所示；"大力士机器人"，它们力大无比，能举起非常笨重的哑铃；还有一种"丑角机器人"，它们滑稽可笑，丑态百出，骑在一个琵琶桶上前后来回滚动，精彩表演令人捧腹大笑。这一切让人觉得好像来到一个梦幻般的欢乐世界。

20 世纪 80 年代初，电控技术和传感技术的结合使娱乐机器人发展到了一个新阶段，出现了具有综合性能的娱乐机器人，其中最典型的要算"阿托马Ⅲ"型娱乐机器人。它既有语言功能，又有辨别声音的功能，不但能听懂 14 种不同的指令，并且能用合成语言一一做出正确的回答，甚至具有与人谈话的能力。除此以外，它还会模仿童声唱歌。也就是说，它是第一款使我们实现"与机器人谈话"梦想的机器人。

图 8-3　传单机器人

图 8-4　招待应酬机器人

此后不久，一种能适应周围环境的独立智能机器人问世了，它名叫"奈亚科"。"奈亚科"装有 5 个超声传感器，传感器与机载微型电脑中 3 个微处理芯片组成的中心环路相连，因此，它能不断地对迷宫所设的逃脱控制、行为控制和语言合成控制做出反应，从而胜利地走出弯弯曲曲、到处布满陷阱的迷宫。之后，"奈亚科"又得到进一步改进，它被制成更加紧凑结实、重量更轻、速度更快的机器人，并改名为“梅比”。“梅比”的脚底下装了8个光敏元件，由2个小电机驱动，为了增加速度和防止超越边界，它的重量不到4.3千克。在它的记忆装置中，储存着整个迷宫图，因此它能在面积3米×3米且每条路宽仅18厘米的迷宫中轻松自如地越过障碍，绕过圈套，走出迷宫。

随着语言合成、声音辨认、图像识别和高性能传感器等技术在机器人领域的应用，再加上大容量信息资料存储器的出现和资料处理速度的提高，人们不断地研制出了许多更先进和更完善的娱乐机器人。例如，从2000年开始两年内，索尼公司就成功研制出了双足行走娱乐机器人“SDR-3X”和“SDR-4X”。

我国两足步行机器人的研究起步较晚，始于20世纪80年代中期。1987年12月31日，我国的两足步行机器人，伴着新年的礼炮，在国防科技大学走出了颤颤巍巍的第一步。1989年开始，国防科技大学针对双手协调、神经网络、生理视觉等一系列类人机器人关键技术展开攻关，并于2000年年底研制成功了中国第一台类人型机器人“先行者”，如图8-5所示。该机器人具有和人一样的躯干、脖子、头颅、眼睛、双臂和双足，并具备了一定的语言功能，其行走频率为2步/秒，不但能快速自如地行走，还能够在小偏差、不确定的环境中行走，实现了多项关键技术的突破，取得了机器人神经网络系统、生理视觉系统、双手协调系统、手指控制系统等多项重大研究成果。2005年中科院自动化所推出的机器人“飞飞”(见图8-6)除了能与人进行语音聊天、知识问答、特殊技能展示等功能外，还能根据人的指令模仿出喜悦、愤怒、惊奇、厌恶、悲伤、畏惧等各种表情。安装在“飞飞”头部的12个可自由运动的关节是它能够模仿人类表情，并做出常人所没有的特异表情(如对眼、斜歪嘴等)的关键。目前，“飞飞”总共可以完成约40种神态各异的表情动作。此外，在“飞飞”的每只手臂上还安装了5个能够自由运动的关节，科研人员设计了“自动舞蹈”和语音命令“动作欣赏”两类舞蹈动作，使之成为一款能跳舞的机器人。

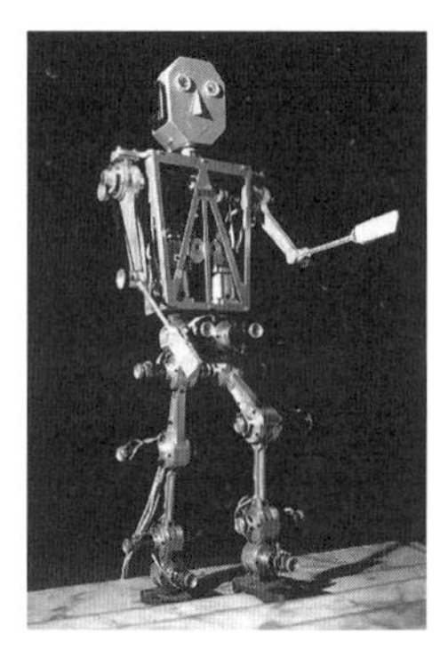

图8-5 先行者

图8-6 飞飞

其中，前者是指“飞飞”能够在程序控制下，伴随音乐节奏完成规定的舞蹈动作；后者是指“飞飞”在接受了观众发出的动作命令后，完成相应的组合动作，如扩胸运动、敬礼、举哑铃、鼓掌欢迎等。

2008年年末，中国推出了一款桌面型娱乐机器人iTa，如图8-7所示。iTa拥有丰富的传感器系统，如触摸传感器、图像传感器、声音传感器以及动作传感器，可以玩出非常多样的交互动作，还能通过电脑上的编程界面自定义灯光和动作。此外，在iTa的设计中还应用了时下非常流行的元素，比如宠物养成、PC控制以及Internet互联等技术，使得它成为一款交互功能强大的娱乐机器人，有望成为一款受人欢迎的产品。

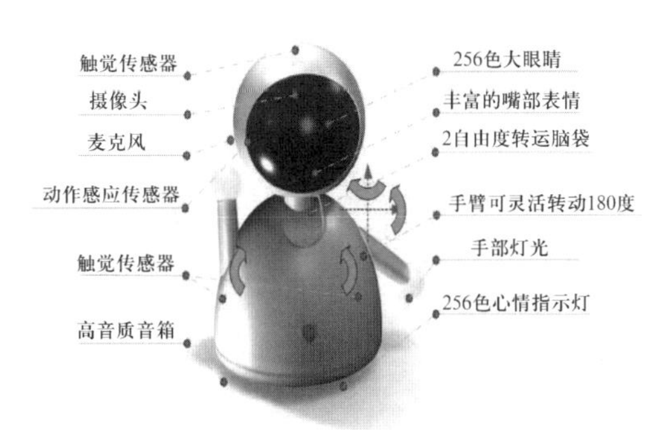

图8-7　iTa机器人硬件配置图

娱乐机器人种类繁多，形态各异，但都是抱着成为人类伙伴的愿望降临人间，下面将简要地介绍它们中的一些成员。

8.2　娱乐机器人分类

1. 宠物机器人

1999年索尼公司在美国发布了其最新的娱乐机器人AIBO，它的形状像一条宠物狗，如图8-8所示。AIBO具有语音识别能力，主要用于与人进行交流和互动，成为人的宠物或伙伴。与传统的工业机器人、危险作业机器人、护理机器人相比，AIBO开拓了机器人应用的一个新方向。

小狗AIBO的每条腿都有3自由度，头部具有3自由度，口部具有1自由度，尾部具有2自由度，共计有18个自由度，体内搭载了彩色CCD摄像头、立体声扬声器、三轴加速度计、角速度传感器、安装在多个部位的接触传感器，以及100MIPS的CPU、图像处理器、特制的声音处理用大规模集成电路(LSI)等设备。通过科研人员的精心设计，它不仅具备追击彩球、搔首弄姿、伴随音乐跳舞等功能，还能够根据拟定的行为规范，对人类的情感和需求进行分析，进而选择自身与人或环境交互时的行为表现，堪称贴心！在后续版本中，AIBO 还增加了声音辨识功能，并利用 PC 插卡等硬件扩展方式建立起无线 LAN，成为一个功能强大的表演家。

图 8-8 娱乐机器人 AIBO

2001 年市场上出现了一个不会行走、全身长满可爱绒毛的机器猫，叫作“宠物猫咪”，其设计理念是通过触觉满足交流的愿望。宠物猫咪的面部表情和姿态凝聚了设计者的许多心血，以求达到与实物神似的境界，如图 8-9 所示。同样地，海豹机器人 PARO 也是一款以触觉为主，用以慰藉主人心灵的宠物机器人，如图 8-10 所示。

图 8-9 宠物猫咪

图 8-10 海豹机器人 PARO

上述娱乐机器人的研究初衷是想给人类增添一些伙伴，特别是对于空巢老人、智障人士、少年儿童等特殊人群，它们可以成为很好的辅助交流对象，成为一个好伙伴。例如，孤寡老人一旦将机器小狗 AIBO 作为他的宠物，不但能够消除他的孤独，而且还能收到医疗机构和福利部门所不能做到的照顾效果，避免由于毛皮等诱发的过敏问题，同时监控老人的身体状况。在紧急状况下，这些机器宠物还能通过互联网将家中的场景实时发送给老人的亲属或监护人员，并拨打电话报警！

在不远的将来，我们有理由期待这些娱乐机器人发挥更为重要的作用。

图8-11　自主机器人PAPERO

2. 信息终端机器人

2001年日本电气股份有限公司(NEC)推出了一款娱乐机器人PAPERO，如图8-11所示。它通过轮式机构进行移动，具有基于声音辨识和与人会话交流的功能，由于其控制器完全内嵌在自身体内，因此可以完全独立自主地进行工作。PAPERO是一个身高约为40厘米、质量为5千克的小家伙，不仅会帮你开关家里的电器，收发邮件，还能陪你聊天，和你一起玩猜谜等游戏！看到这里，你是不是很想拥有这样一个聪明伶俐的小伙伴？

3. 操纵型机器人

遥控汽车、飞机、直升机以及计算机游戏等都是传统的、耳熟能详的操纵类娱乐项目，深受人们的喜爱。当然了，大多数计算机游戏是以机器人为主角，其中的大部分都是益智的，吸引了众多的青少年。事情的另一面却有些残酷，由于很多青少年迷恋网络游戏，并深陷其中不能自拔，给很多家庭带来了很大的困扰。要控制青少年花在网络游戏上的时间，除了家庭教育之外，还需这类软件娱乐机器人的开发商做出更多的努力。

还有一种是临场感研究，其特点是操作者和被操作的机器人通过虚拟场景联系在一起，操作者的指令通过上位机发送给现场的机器人，现场机器人执行指令并把现场情况实时传输到虚拟场景中，并反馈相关参数，供操作者下一时刻参考。为了增加人的参与程度，人们正在研究以压觉、力觉、滑觉等触觉的反馈信号为基础发送指令，届时身处两地的操作人员和机器人就可以实现连续可靠的互动了。当然，还有一种有趣的形式，即通过人-机交互技术，实现人和虚拟环境中场景的互动，这已经在我们的生活中出现了，如人们可以穿上体感设备，与电视机中的软件机器人在客厅里打一场网球！既可以锻炼身体，又不会打扰别人，对于生活在快节奏中的我们，也不失为一个很好的选择。

4. 编程型机器人

编程型机器人是教育机器人领域中种类最多的一种，其核心理念是寓教于乐。通常情况下，它们以机器人组装套件的形式出现，要求人们自己动手制作机器人，并编程实现自己期望的功能。为了降低编程的难度，编程过程都被简化为搭积木的方式，通过不同函数模块的组合，即可实现机器人功能的定制。这种机器人一般用于大、中、小学程序设计和机器人课程的教学器材，如图 8-12 所示。

编程型机器人厂家往往不但开放 API，甚至连系统源代码都毫无保留地公之于世，以推进技术的共享和进步，这与 Linux 等软件企业所采取的开放战略如出一辙。

5. 比赛娱乐机器人

1997 年借国际人工智能学会名古屋大会(IJCAI-97)的机会，RoboCup 举办了第一届比赛，此后每年举办一次。作为世界性人工智能领域盛会，它具有很浓的学术色彩，不仅仅是一个机器人竞赛，而且还举办各种形式的专题讨论会，从不同的学术层面出发开展交流。涉及的比赛项目也多针对前沿学术问题提出，如机器人足球的小型组、中型组、4 足组和拟人组等，不仅涵盖了个体机器人设计领域的众多核心和共性问题，也开展了机器人群体中的协作与竞争策略的研究，是群体智能研究的重要组成部分，如图 8-13 所示。如果你对机器人竞赛感兴趣，可以翻阅本书第 11 章的内容。

图 8-12　编程型机器人

图 8-13　足球比赛机器人

6. 再现表演机器人

我们都有留恋过去，想留住一些美好瞬间的经历，再现表演机器人可以帮你做到这一点，比如模仿恐龙、小鸟、人类等的言行举止，然后定时或按需予以再现某些特定场景。此类机器人在展览馆、主题公园等已找到了一席之地。它们的动作往往被设计得非常精巧，人们又在制作它们的材质上下了不少功夫，表演堪称惟妙惟肖。

大型表演机器人多采用压缩空气、液压、水压来提供动力。不过，它们大多并不能行走，要想使其移动还必须在其他机构上多费些心思。

7. 模拟驾驶

1990 年媒体曝出一套引人入胜的马术训练系统，该系统通过巧妙的图像搭配，有效利用人的视觉动感，将荧幕上播放的动画与运动座椅巧妙结合，使人产生身临其境的骑马体验。这是较早见诸报端的模拟驾驶系统，可视为娱乐机器人的延伸。

模拟驾驶系统更关注人们的认知机理，研究重点在于如何产生逼真的幻觉。在效果上，它的临场感更加逼真，这样的娱乐机器人系统预计今后会继续受到人们的青睐。

8. 媒体机器人

媒体机器人与再现表演机器人有类似之处，不过它是特别为家庭娱乐量身打造的。小型拟人机器人 QRIO SDR-4X 就是其中的一种，如图 8-14 所示。SDR-4X 身高约为 60 厘米，被称为动作表演娱乐机器人，它能在音乐伴奏下翩翩起舞，甚至多台机器人可以在没有伴奏的情况下边舞边唱，上演各种自助表演。由此，我们不但可以预见具有主题的再现表演机器人即将进入家庭，它的影响甚至可能更加深远。人们已经习惯在电视和手机上观看音乐和舞蹈表演，现在看来机器人也可以做到这一点，如图 8-15 所示。

图 8-14　小型拟人机器人 QRIO SDR-4X

图 8-15　媒体机器人和它的伙伴

8.3 类人机器人

类人机器人是指形态特征与人类似的机器人，它们不仅仅是外部的形状像人，有人的模样，还能像人一样运动，甚至会笑、会愤怒、会烦恼、会思考、有智慧……如果有一天，有这样一款机器人成为家庭的一员，任劳任怨地为你洗衣、做饭、扫地，或者在街道上跟你并肩而行，你是不是会感到特别惊讶？事实上，这一场景是机器人科学家的梦想之一，在不远的将来一定会成为现实。

类人机器人是机器人领域开发难度最高的机器人之一，其开发目标是不仅使其具有类似人的运动能力，还要能够通过丰富的面部表情表达类似于人的情绪，实现与人之间的良好交流并具备学习能力。这也就意味着，它的功能远不限于娱乐，还能帮我们做很多其他的事情，会成为人类真正的伙伴！

随着人工智能的发展，类人机器人的思维方式和行为方式也将越来越接近人，它能够通过与环境的交互不断获得新知识，而且还会主动适应非结构化的、动态的环境，以人想象不到的方式去完成各种任务。曾几何时，我们不得不适应我们自己发明的机器，以便更好地完成各种分配给我们的工作，推进社会的进步，维系工业社会的正常运转。而在不远的将来，机器将会更加主动地适应人类，为人类提供更好的服务！

类人机器人代表着国家高科技的实力和发展水平，因此世界发达国家都不惜投入巨资进行开发研究，其中日本的表现最为突出。由前可知，世界上第一台类人娱乐机器人——“传单机器人”诞生于日本，开启了娱乐机器人研究的先河；1969 年日本早稻田大学加藤一郎实验室研发出第一台以双脚走路的类人机器人，由此开启了类人机器人研究的大幕。加藤一郎也因其在仿人机器人领域的卓越贡献被后人誉为“类人机器人之父”。

前面已述及若干重要而有趣的类人机器人，此处仅介绍日本本田 ASIMO 及索尼 QRIO 这两种典型的类人机器人，由此我们可以窥见这神奇领域之一斑。

1. 本田的 ASIMO

ASIMO 是日本本田公司研发的具备人类双足行走能力的类人机器人，以其憨厚可爱的造型博得许多人的喜爱，其众多的类人功能也不断地冲击着人们的想象。它不但能跑能走、上下阶梯，还会踢足球、开瓶、倒茶倒水，动作十分灵巧，如图 8-16 所示。ASIMO 除了能像人一样正常行走外，还具有非凡的调节能力，例如行走过程中碰到一定坡度的路面或路面上的障碍物时，或者被人推搡时，ASIMO 都能快速地调整姿态，以保证不摔倒，同时快速调整到正常行走的状态。除非你很了解机器人学，否则你很难想象出让 ASIMO 像人类这样行走是多么的困难，而 ASIMO 又是如何令人难以置信地达到了这个程度的。

ASIMO 诞生于 1997 年，自问世以来，ASIMO 便始终处于镁光灯之下，是一个不折不扣的明星。2000 年 11 月 ASIMO 在横滨国际和平会议中心举行的机器人展示会上首次亮相，它具有 26 个自由度，分散在身体的不同部位，其中脖子有 2 个自由度，每条手臂有 6 个自由度，每条腿也有 6 个自由度。2004 年 12 月第二代 ASIMO 增加了关节和马达，能以 3 千米/小时的速度小跑，身高由最初的 1.1 米提高到 1.3 米，体型犹如一个 8 岁小男孩，自由度数也增加到了 34 个。2011 年推出的第三代 ASIMO 又多了一些新花样，奔跑速度能达到 8 千米/小时，手指更加灵活，上下楼梯更加自如，而且能实现单脚起跳落地，自由度数增加到了 57 个。2012 年新版的 ASIMO，除具备了行走功能与各种人类肢体动作之外，更具备了人工智能，可以预先设定动作，还能依据人类的声音、手势等指令，完成相应动作，此外，它还具备了基本的记忆与辨识能力。2013 年本田公司展示了 ASIMO 的最新功能，通过与天花板上的无线传感器交互，ASIMO 可以瞬间把握周围观众的位置和动作，并可以在周围的观众中挑选出第一个举手的人来向它提问问题。2014 年推出的 ASIMO，外表是白色套装和头盔，高 1.3 米，重 50 千克，看起来就像一个迷你宇航员，灵活性和平衡性有明显提高，能以 9 千米/小时的速度奔跑。

本田公司正在努力去除 ASIMO 中一些非人的、令人毛骨悚然的元素。做到这一点很重要，也很困难。例如，2014 版的 ASIMO 在给人倒热饮时，会先停止动作，“看”一下对方，然后放置杯子。这一简单的拟人动作让 ASIMO 看起来更友好、更自然。此外，它还会尝试友好地与陌生人握手。

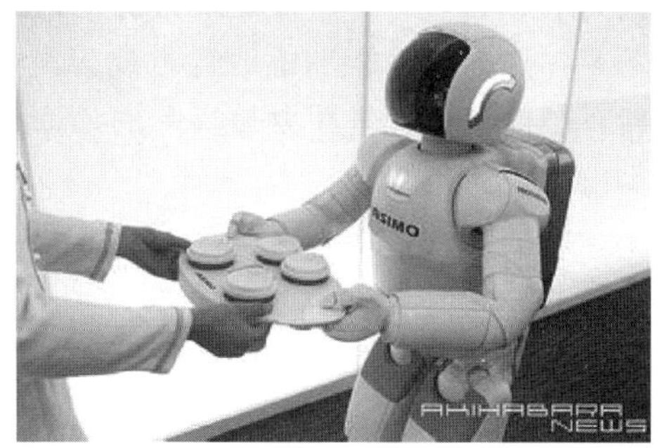

图 8-16　本田 ASIMO 机器人

在 ASIMO 研制初期，为了更好地设计其行走步态，科研人员花了大量时间研究昆虫、哺乳动物的腿部移动，甚至登山运动员在爬山时的腿部运动方式，以了解在行走过程中发生的一切。特别是关节处的运动，如在行走的时候会移动我们的重心，为了保持身体平衡，我们的双手会前后摆动，同时脚趾也会产生相应的运动。这些工作的成果构成了ASIMO行走的基本方式，其脚趾也做了仿生设计，还使用了吸震材料来吸收行走过程中产生的对关节的冲击力，就像人类关节的软组织一样。正是这些努力，使得最终完成的ASIMO具有了髋关节、膝关节和足关节，与人体的结构非常类似。事实上，为了让ASIMO能像人类一样活动，需要解决的关键科学问题可不止这一个。

首先，为了实现机器人的奔跑，需要合理地吸收飞跃和着陆时的冲击，以及防止高速带来的旋转和打滑。因为机器人奔跑时，在极短的周期内需要无间歇地反复进行足部的踢腿、迈步、着地等动作，足部在不断与地面接触的过程中，会产生很大的瞬间冲击！与此同时，在足部离开地面之前的瞬间和离开地面之后，由于足底和地面间的压力很小，很容易发生旋转和打滑，这些问题不仅给机器人的姿态保持带来了很大困难，也严重制约着机器人奔跑速度的提高。为此，科研人员利用高速运算处理电路、高速应答/高功率马达驱动装置、轻型/高刚性的脚部构造等，设计并开发出了高精度/高速应答硬件，并在其独创的双足步行控制理论的基础上，积极地运用上半身的弯曲和旋转，提出了既能防止打滑又能平稳奔跑的新型控制理论，很好地解决了这些难题。

具备以上基础之后，ASIMO能否像人类一样奔跑呢？众所周知，要完成这一任务是极其困难的。首先，ASIMO的工程师们还必须考虑ASIMO在行走中产生的惯性力。当机器人行走时，它将受到由地球引力、加速或减速行进所引起的惯性力的影响，以及当机器人的脚与地面接触时受到的来自地面反作用力的影响。如果在行走或奔跑的过程中，机器人所受的这些外力之和始终为零，那么它就能平稳地行走或奔跑。此外，当机器人行走在不平坦的地面时，轴向目标总惯性力与实际的地面反作用力将会错位，产生造成机器人摔倒的力矩。

幸运的是，科学家们利用零力矩点理论(zero moment point，ZMP)，设计了一种能够实时保持合力为零的位姿控制方法，成功解决了第一个问题。为了解决机器人失去平衡有可能跌倒的第二个问题，他们又设计了地面反作用力控制、目标ZMP控制以及落脚点控制系统。其中，当需要控制脚底适应不平整的地面，以及使ASIMO保持稳定的站姿时，地面反作用力控制系统发挥作用；当由于种种原因造成ASIMO无法站立，并开始倾倒的时候，需要控制它的上肢反方向运动来避免即将产生的摔跤，同时还要加快步速来平衡身体，目标ZMP控制系统发挥作用；最后当目标ZMP控制被激活的时候，

ASIMO需要调节每步的间距来满足当时身体的位置、速度和步长之间的关系，这一任务由落脚点控制系统来完成。这三个控制系统密切配合，使ASIMO不会轻易摔倒。

经过艰辛的努力，ASIMO终于实现了像人类一样的奔跑，其时速高达6千米/小时，而且步行速度也由原来的1.6千米/小时提高到了2.7千米/小时，迈步周期为0.36秒，双足悬空时间(跳跃时间)为0.05秒。与之相比，人类的迈步周期为0.2～0.4秒，跳跃时间为0.05～0.1秒。也就是说，ASIMO已经能够像人类一样进行慢跑了，如图8-17所示。

图8-17　本田ASIMO-Ⅲ机器人

在ASIMO拥有这些基本本领之后，科学家们又给它配备了功能强大的传感器系统，使之拥有360°全方位感应能力，可以辨认附近的人和物体，并与人们进行友好的交互。其中，视觉感应器先通过眼部摄影机连续拍摄图片，再与数据库内容进行比较，然后通过轮廓特征可以识别人类及辨别来者身份，甚至可以通过阅读人类身上的识别卡片，认出从背后走过来的人，真正做到眼观六路。当 ASIMO 识别出合法人员后，还可以自动转身，与之并肩牵手前进，在行进中 ASIMO 还能自动调节步行速度配合同行者。水平感应器采用了由红外线感应器和 CCD 摄像机构成的 sensymg 系统，可避开障碍物。超声波感应器能够测量声波 3 米范围内的物体，具备在毫无灯光的黑暗中行进的能力。利用手腕上的力量感应器，ASIMO 和人握手时能够测试人手的力量强度和方向，随时按照人类的动作变化做出调整，避免用力太大而捏伤对方。

腕部力量感应器与眼球运动记录器相配合，使得端盘子、送咖啡等动作根本难不倒它。放下盘子的时候，它会先测试桌子的高度，然后再双腿弯曲把盘子准确地放在桌子上。当然，受到身高和手臂弯曲角度限制，ASIMO 无法把盘子放到过高的地方。如果在搬运的过程中受到冲撞，ASIMO 会启动全身的震动防护系统，避免盘子跌落。万一真的跌落，依据手部传感器测试的悬挂重量，它也可以作出判断，立即停止步行，防止踩到盘子。

在推手推车时，ASIMO 可以在力量传感器的帮助下，调整用力的方向，还能自由地减速、转向、向正侧面和斜向移动，它甚至可以沿着一定路线来推车。但是它的力气很小，只能推动约 10 千克的小车，指望它作为残疾人的助手，暂时还不现实。但由于 ASIMO 已经具有相当的智能和多种活动能力，作为展馆的导游，与小朋友一起玩耍，在娱乐场合表演体操和跳舞等，还是绰绰有余的，如图 8-18 所示。

图 8-18　本田的 ASIMO 机器人

2. 索尼的 QRIO

索尼的 QRIO 机器人是世界上第一台会“跑”的机器人，它于 2000 年发布，2003 年正式命名，名字源于“Quest for Curiosity”，是一款集科技与娱乐于一身的梦幻机器人。更多意义上，我们说机器人具有奔跑能力，实际上是指机器人始终有一只脚与地面相接触的情况，像人类竞走那样的状态，与真正的奔跑还是存在一定的差距。

QRIO 身高 58 厘米，体重 7 千克，具有 38 个关节，会跳舞、唱歌、踢足球，具备实时调整姿势适应各种环境的能力，如图 8-19(a)所示。“奔跑”时会出现双足同时离开地面的非接触状态，大约能持续 20 毫秒左右。当它跳跃时，不接触地面的时间可达40毫秒。它正常行走时，速度大约为2.5千米/小时，看上去给人以慢慢跑步的感觉。更为贴心的是，它还拥有面部识别能力，能够认出自己的主人。

这款世界上仅有100部的珍藏版机器人还可以完成许多令人拍案叫绝的日常工作任务。例如，QRIO一旦感到自己马上就要摔倒的时候，它会自己快速移动身体来调整平衡，以避免摔倒；如果需要调整的幅度范围超过了它的掌控限度，QRIO会在倒下前伸出胳膊来保护自己的头部。最为有趣的还要算QRIO强大的AI功能，一旦你在它面前表现得不友好，它将以其人之道还治其人之身，会拒绝做那些你向它提出、但是不存在于其记忆程序中的要求，甚至它还会向你发泄它的不满。看来它还真够AI啊！2012年11月发布的新版QRIO机器人如图8-19(b)所示，其身高、体重没怎么改变，只是额头上又配备了一台照相机取景器，使得它能够同时看到好几个人，并把焦点对准其中之一。

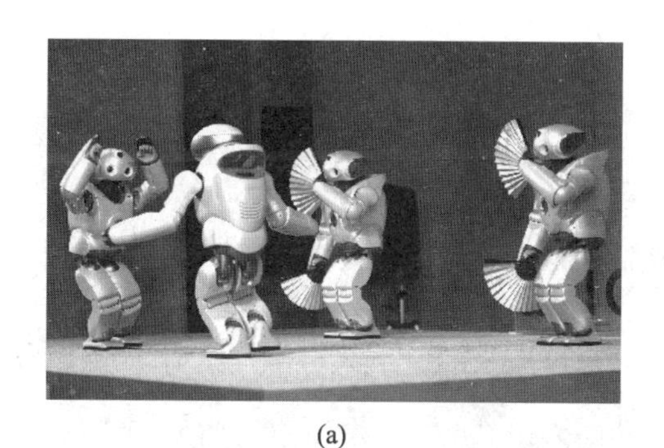

(a)

(b)

图8-19　索尼的QRIO机器人

8.4　高仿真机器人

"替身"一词估计大家都不陌生，虽然在现实生活中很少有人体验到这一点。更多的是娱乐节目中的模仿秀，模仿者通过模仿那些和自己形似或神似的名流或公众人物，获得大家认同。你是否也想拥有一个替身呢？高仿真机器人可以帮你做到这一点。

高仿真机器人是一种兼具服务、娱乐与趣味性于一体的机器人，它以真人为模型制作而成，能够复现真人的很多形体和功能特征，可以看作是真人的替身。通俗地说，它不仅具有与真人完全一样的外形、身高、毛发、肌肤，而且也具有和真人一样的语言、语气、口形、表情；它不仅具有真人一样的五官外貌，而且头、颈、腰、臂、手等身体主要部分均能如真人一样摆出多种姿势和动作；更有甚者，它还具有人类的部分智能，甚至拥有超出真人的一些能力。当你与它相处时，你无法仅从外表区别它是真人还是机器人。这样的场景也许只在电影或科幻小说中见过，但在一些特殊的场合，我们确实需要这样的机器人。唯有如此，人与机器人之间的交往才能接近于人与人之间的交流，它所提供的导购、导游、问询、陪护等服务，才能更好地为人们所接受。

2011 年 2 月 17 日央视 2011 年元宵晚会上，两个李咏同时出现在舞台上，一起与周涛表演主持人秀，真假难辨，令观众惊讶不已，如图 8-20 所示。假李咏不仅能点头、眨眼，跷着二郎腿的脚还如真人一般晃动，令人忍俊不禁！据称，假李咏是由西安曲江超人文化创意有限公司按照李咏本人 1∶1 比例制造的仿真硅像机器人！假李咏是通过采集李咏身体上的 100 多个特征数据后制成的，全身共有 19 个自由度，表情组合多达 255 种，其声音由李咏本人亲自录制，确实能够做到以假乱真！

图 8-20　真假李咏“闹元宵”

制造假李咏的西安曲江超人文化创意有限公司隶属于西安超人集团，其创始人邹人倜被誉为中国高仿真机器人的开拓者，如图 8-21 所示。西安超人集团的西安超人雕塑研究院是中国第一家、也是规模最大的以仿真硅像为创作主体的专业单位，其仿真硅像填补了超级写实主义雕塑在中国的艺术空白，艺术及工艺水准达到世界先进水平。西安超人每一件作品的诞生，都引起一片惊呼与赞叹声，赚足了社会各界的目光。《造假高手的造人行动》《西安高仿真机器人在美国大放异彩》《西安超人“点亮”世博会》《漂亮美女导购竟是机器人》《真假李咏“闹元宵”》《邹人倜》《乔布斯》(参见图 8-22)等都出自其手。

西安超人还将仿真硅像艺术和机器人技术有机结合，研发出惟妙惟肖、具备简单动作和语言表达功能的高仿真表演机器人，其中的《邹人倜》被美国时代周刊评为 2006 年度世界最佳发明，并受到时任中共中央政治局常委李长

图 8-21　邹人倜和他的高仿真机器人

春的嘉许。也就是从这一年起，他们的事业进入了一个辉煌时期。2007 年西安超人先后赴美国参加“国际机器人展览会”和“美国当代科技电子成果展”。当时美国 30 多家主流媒体聚焦于西安超人，同世界分享了他们的辉煌，这是他们作为中国唯一参展代表的荣耀，也是国家的荣耀。

图 8-22　仿真硅像《乔布斯》

日新月异的高仿真机器人技术为人们带来了很多颇具匠心的作品，其中不乏国外艺术家的作品。下面介绍的一些代表性成果，足以让我们领略到它们绚丽的风采。

先看看我们的近邻日本。作为机器人大国，日本在高仿真机器人领域也开发出了一系列作品。日本科学家石黑浩研制了一款高仿真女机器人 Geminoid TMF，它采用一种动作捕捉系统，能够完成微笑、咧嘴大笑和皱眉等动作，如图 8-23 所示。由于机器人的点头和微笑能让与之接触的人们感到安慰，因此 Geminoid TMF 有望在老人、病人的陪护等领域获得广泛的应用。图 8-24 所示为石黑浩团队研发的又一款可以进行新闻播报的安卓系统机器人，其外表酷似少女，栩栩如生，其幽默的谈吐展现了完美的语言能力。在展示现场，机器人当场播报了两则新闻，还对创造者石黑浩开起玩笑说“你越来越像机器人了!”让人震惊不已。

图 8-23　高仿真女机器人 Geminoid TMF

图 8-24　高仿真安卓系统机器人

不仅如此，石黑浩还研制了一个和他本人一模一样的机器人吉米诺德，它皮肤看上去和摸起来都与人脸肤质一样，头发则接种了石黑浩教授的真头发，脸部内置了 50 多个传感器，这让它连眨起眼睛来都与真人没有两样，如图 8-25 所示。更为奇妙的是，吉米诺德配有嘴唇传感器，能与石黑浩的声音同步传输，甚至能模拟石黑浩的原声说话。吉米诺德不仅可以替代石黑浩教授出席会议，还能进行远程授课，简直就像他的分身一样。

2014 年全球移动互联网大会(GMIC)上，石黑浩与智能机器人的现场对

图 8-25　吉米诺德

话成为一大亮点，他还发表了《智能机器人：如何改变生活》的演讲。石黑浩表示，对于机器人来说，情感是非常难以模拟的，但情感是人与人之间交流非常重要的一种手段。他认为除了感情之外，机器人在交流时的逻辑也非常重要，因为拥有逻辑能力会使机器人更加接近人的思维。值得注意的是，如果社会上真的出现大量的高仿真机器人，那就意味着我们迈入了人与机器人共存的社会。在全面接受高仿真机器人之前，任何人都会反思什么是人，而机器人是否有人性。也就是说，通过技术螺旋式的进步，我们又回到了阿西莫夫的机器人三定律，站在这一原点上，思考人与机器共处时代的伦理问题。就如昨日一样，似乎这个伦理问题从未离开过。

2015 年全球移动互联网大会(GMIC)上，石黑浩教授把以中国学者宋博士为原型制造的高仿真机器人阳扬带到了现场，如图 8-26 所示。阳扬有着与真人相近的面容、肌肤、体态和声音，不仅可以模仿人的动作、表情，还可

图 8-26　高仿真机器人阳扬

以与人会话，在说话、唱歌、表演时还可以表现出喜怒哀乐各种情绪，它在现场演唱了一段歌曲《女人花》。在这次会议上，石黑浩教授表示，机器人社会即将形成，随之而来的难题是如何重新对“人”做出新的定义，“在两三百年前，如果一个人没有胳膊、没有腿，可能他就不会被社会接受，但是今天我们可以接受这样的人。也许这个人安装了假肢，我们也还是会接受他，意味着人的物理身体对于定义人类本身来说并不重要，机器人，特别是高仿真机器人的出现在事实上确实改变了人的定义。”

2015年年初东芝公司在拉斯维加斯CES会议上推出了一款令人毛骨悚然的人形机器人ChihiraAico，其目标是通过与人类相似的面部表情展开真正触动人心的交流，如图8-27所示。东芝公司表示，这款机器人是该公司的人类智能社区理念的一部分，拥有全球最高级的面部表达能力，除了会演唱约翰·丹佛(John Denver)的歌曲，还可以通过43个气压传动装置提供安静、迅速、流畅的肢体运动，其中有15个位于面部、4个位于躯干、24个位于肩膀和胳膊中。未来，ChihiraAico或许可以充当医疗专家，为老人或残疾人提供帮助；或许成为服务专家，为用户端盘上菜；甚至可以扮演拉拉队长的角色。有朝一日，它甚至会真的抢走人类的工作。

图8-27　东芝高仿真机器人ChihiraAico

在高仿真机器人领域，美国与日本相比也毫不逊色。2013年1月，美国汉森机器人公司以1岁大的婴幼儿为原型，为加州大学实验室研发了一款高仿真机器人，如图8-28所示。该机器人能够表达许多婴幼儿的表情，包括微笑、扮鬼脸和皱眉等，甚至还会像孩子一样咬着下嘴唇，眼泪即将夺眶而出。

2013年10月一批美国工程师成功研制出了会呼吸、说话和走路的逼真生化电子人，它在纽约国际动漫展公开亮相，身高1.98米，具有人类60%～70%的功能，如拥有一颗能正常跳动的心脏，通过电子泵驱动，携带氧气的

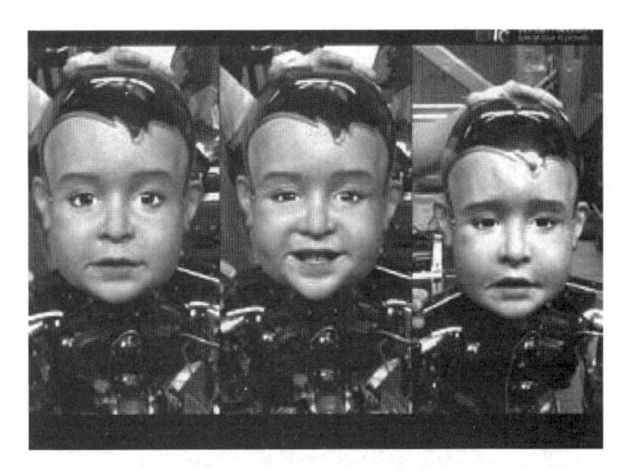

图 8-28　高仿真机器婴幼儿

人造血液可在体内循环使用，所配置的人造可植入肾脏具备现代透析设备的功能。该高仿真生化电子人能够行走、坐下和站立，图 8-29 为瑞士苏黎世大学社会心理学家梅尔与以他为蓝本的生化电子人在纽约市的合影。

图 8-29　梅尔与以他为蓝本的生化电子人合影

2015 年 5 月在钛媒体(TMTpost)联合《商业价值》举办的中国规格最高的中美尖峰创新者交流盛会——钛-边缘创新大会(T-Edge Innovation Conference)夏季峰会上，由美国公司 Hanson Robotics 打造的首款女机器人索菲亚全球首发，如图 8-30 所示。索菲亚的皮肤是使用仿生皮肤材料 Frubber 制成的，脸上甚至有 4～40 纳米(10^{-9}米)的毛孔，几乎跟人类一模一样。

欧美其他国家也研制出了一些类似的高仿真机器人。例如，2009 年加拿

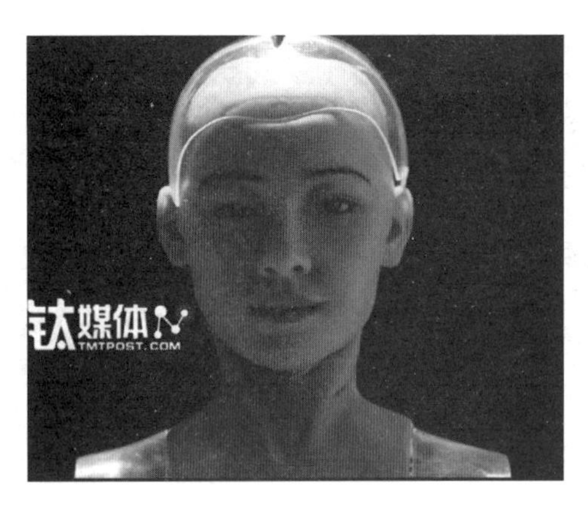

图 8-30　美国造的女机器人索菲亚

大发明家宗黎(LeTrung)研制的机器人女友 Aiko，它约 20 岁，具有魔鬼身材，不但能记下宗黎的嗜好，更是数学高手，还可处理会计事务或做一些简单的家务，如图 8-31 所示。宗黎计划在今后不断对 Aiko 进行改进，提高它的技能，并使它的外表看起来更加完美。

图 8-31　宗黎的机器人女友 Aiko

8.5　机器人的吹拉弹唱及表演

你幻想过拥有一支机器人乐队吗？自从有了人类以来，人们或幻想或制作了具有类似功能的机器人，如古希腊的机器人剧场、中国古代偃师制造的机器乐人，等等。千百年来，人们一直没有放弃这样一个梦想。那么现在我们离这个梦想还有多远？

说起重金属乐队，你可能会想起U2、邦乔维和枪炮玫瑰等知名乐队，但是当你看到一支由机器人组成的真正的“金属乐队”时，会不会惊呆呢？2013年一支崭新的德国机器人重金属乐队Compressorhead在澳大利亚进行巡回演出，这支乐队共有3位成员：4条手臂的鼓手“棍子男孩”(Stickboy)、78根指头的吉他手“手指头”（Fingers)以及有史以来最精确的贝斯手“骨头”(Bones)，如图8-32所示。这几个机器人在进行演奏的时候，头部会像真正的重金属歌手一样跟着节拍疯狂地摇摆，身体也不是始终保持直立，而是会像真人一样来回晃动。2014年5月由它们演奏的*Ace of Spades*在YouTube的点击量已经突破了630万次。

图8-32　Compressorhead乐队正在演奏*Ace of Spades*

很快，德国的机器人重金属乐队Compressorhead就有了竞争对手。据英国《每日邮报》2013年11月3日报道，史无前例的摇滚乐队Z-Machine亮相东京艺术技术展，如图8-33所示。吉他手、鼓手、键盘手个个都是身怀绝技的

图8-33　日本的Z-Machine机器人乐队

未来派机器人，它们独特的表演让东京艺术节“摇滚”了起来。该机器人乐队由东京大学研制，乐队成员包括拥有78根手指的吉他手马赫，拥有21根鼓槌和6只胳膊的鼓手阿舒拉，以及眼睛可以发射激光束的键盘手科斯莫。机器人带来了不同寻常的表演。吉他手马赫头部用线缆与电脑相连，其头部来回晃动，看起来酷似飘飘长发。令人惊讶的是，马赫每分钟可演奏1184个节拍，鼓手演奏速度比人类快4倍，键盘手的激光眼也给人超自然的音乐体验。

美国佐治亚理工学院音乐技术中心的博士生Mason Bretan创立了一支包含木琴演奏的机器人伴奏乐队，它们可以配合Bretan进行即兴爵士演奏。Mason Bretan专攻音乐机器人方向，他致力于将“机器即兴演奏、路径规划、身体认知”的功能最大化。这支乐队由3个Shimi机器人和1个Shimon机器人组成，如图8-34所示。这两类机器人中，小一些的是Shimi机器人，它们负责分析音乐，判断移动方向；大一些的是Shimon机器人，负责创立算法，合成高级音乐参数和物理限制，预先为即兴演奏构成和弦，同时作为木琴手，能与人进行愉悦的音乐互动，创造新颖有趣的体验经历。2015年Bretan将自己与机器人爵士乐队的表演视频*What You Say*上传到网上，引起了大众的广泛关注。虽然机器人乐队已经不是什么新鲜事，但是这支能够即兴表演的机器人乐队确属首创。

图8-34 Mason Bretan的机器人伴奏乐队

Bretan为Shimi机器人开发了数个应用，主要针对音乐查询方法、物理手势和表达以及自然语言处理。他希望通过这样的尝试，能让“听音乐”突破桌面或是 iTunes 上音乐列表的限制，转移到人与机器人的互动之中，这是一种新的音乐交互形式。

清华大学未来实验室打造的新版中国风机器人乐队墨甲完成首演，并且引发了大家的关注。墨甲展现出了一种与众不同的艺术表现形式，不仅让人们更好地思考自己与机器人的关系，也让科技与中国传统艺术进行了一次有趣的碰撞。

除了机器人乐队之外，具有吹拉弹唱功能的机器人演员也备受人们青睐。2004 年 3 月，丰田公司发布了一款双足行走机器人，这款机器人从舞台左侧阔步走到舞台中央，在向观众招手致意后，进行了小号现场演奏，如图 8-35 所示。演奏过程中，机器人身体随着音乐节奏扭动，显得十分投入。为了能演奏小号，该机器人配备了类似于人类肺部及嘴唇的设备，其“肺部”利用气泵进行驱动，“嘴唇”所采用的制动器使其口腔中的高分子膜产生振动，成功模拟了人的嘴唇的功能，即不仅能吹送气流使小号发出声音，而且还能像人的嘴唇一样振动。

图 8-35　吹号机器人

图 8-36　拉小提琴机器人

除了吹号机器人，丰田公司还研制了一款拉小提琴机器人，和吹号机器人是天生一对，如图 8-36 所示。该机器人高 1.5 米，重 56 千克，其双手和双腕内共设计有 17 个关节，可协调手指和手腕做出与人类相同的细腻动作，在演奏小提琴时能与真人一样细腻地操控琴弦和力度。这款机器人真的是一位很好的小提琴手，它甚至可以演奏颤音，主要用于缓解病人的情绪并提供娱乐。2015年退休工程师Seth Goldstein研制出了小提琴演奏机器人Ro-Bow，如图8-37所示。该机器人构造相当复杂，各种传动装置和电脑芯片能够尽可能地模仿人手真实的演奏动作。虽然Ro-Bow的演奏水平还没达到让专业小提琴艺术家失业的程度，但是也足以让人眼前一亮。

图8-37　小提琴演奏机器人Ro-Bow

图8-38　弹钢琴机器人Teotronico

2011年意大利发明家马特奥-苏兹研制了首个会弹钢琴的机器人Teotronico，如图8-38所示。这款机器人有19根手指，能一边弹琴，一边唱歌，并能通过安装在眼睛里的摄像头观察观众的反应，还可通过活动头、嘴、眼睛、眼皮和眉毛等部位与人互动。Teotronico不仅演奏速度超过任何人类，而且还能区分琴键变化速度，演奏不同的曲调。在边弹琴边唱歌的机器人里，它也是头一个！

除了会弹钢琴之外，Teotronico还具有很多神奇的本领。例如，它能跟上任何一种语言的讲话速度，并记录下讲话的内容；配音时能够与和它交谈的人展开互动，甚至当有人靠近时，它会立即转头看看是谁走了过来；Teotronico还可以回答观众提出的问题，在“镜像演奏”模式下，与专业钢琴家进行合奏，以及演奏迷人的古老自动钢琴卷轴乐曲！Teotronico的这些功能极大地提升了观众的接受度，因其独特的舞台表现方式，甫一出世便成为耀眼的明星！

家住意大利伊莫拉的苏兹表示，他花了四年时间研制Teotronico，花费超过3000英镑(约合4735美元)。这位年轻的发明家说，Teotronico的左手负责低音键，右手负责旋律线，左右手均有额外的手指。它的手指数量几乎是人类的两倍，能够向琴键施加更大的压力，是一名出色的钢琴演奏家。正如我们看到的那样，它的系统中存储了一系列歌曲，能够利用语音识别系统和面部表情与观众互动。

在Teotronico的基础上，苏兹又研制了一款弹钢琴机器人Teo，如图8-39所示。Teo拥有53根手指，身子笔直，腿部由履带制成，如果走近看看，它那水晶般透明的手指连在一起，敲击键盘时的样子和人类的手指像极了。和它的前辈类似，Teo的眼睛里也装有摄像头，能看见周围人的反应并同他们用嘴巴进行语言交流，眉毛也会随着情绪抖动。

图8-39 弹钢琴机器人Teo

显然Teotronico与Teo是一种新颖、有效的音乐教育和欣赏工具。它有趣的形象可以吸引年轻观众，用即时、生动、有趣的方式，将音乐语言的基本元素介绍给各个年级的学生。

2010年日本产业技术综合研究所开发出一款可以学习和模仿人类唱歌的美女机器人HRP-4，如图8-40所示。其体形和真人大小相当，身高150厘米，重39千克，不仅能够像人类歌手那样唱出优美动听的歌声，而且还可以细腻地模仿出人类歌手丰富的面部表情。研制人员后藤正孝说，“在声音合成方面，HRP-4采用了‘歌唱收听者’技术，利用电脑直接合成歌唱声音，就如同模仿真正歌手的歌声；在面部表情方面，采用了‘观察者’技术，即通过分析歌手歌唱时的视频，从而产生自然的表情。”为了更好地实现对人类的模仿，研究所甚至专门聘请了真正的歌手作为模特，并录下她唱歌时的每一个动作供 HRP-4 模仿。

图 8-40　唱歌机器人 HRP-4

HRP-4 的升级版 HRP-4C 做了很大的改进。它身高 158 厘米，体重 43 千克，包括脸盘大小、体形和关节位置等，都与日本 19～29 岁女孩体格参数的平均值接近。其头部安装了语音识别系统，体内安装了 30 个电机，其中面部的 8 个电机赋予它愤怒、惊讶等表情，其余的则帮助它实现行走和挥舞手臂。其步态是通过对时尚模特的行动数据进行分析而设计的，使得它的各项形态动作都非常接近人类。HRP-4C 已经具备了边看边学歌手唱歌的能力，甚至能将歌手演唱时的嘴型记录下来，模仿其唱歌时的种种表情、呼吸体态，并能与观众进行语言交互。这些非凡的本领使其一鸣惊人，获得头彩。

除此之外，科学家们还开发了一系列其他的音乐机器人，如丰田公司开发的会用小提琴演奏《茉莉花》的智能伙伴机器人、会演奏披头士歌曲的 Hubos 机器人，中国开发的会演奏古典乐器(如葫芦丝)的机器人，以及基于一些机器人平台(如 Nao 机器人等)开发的一些娱乐机器人等，这里不再一一赘述。

8.6　其他娱乐机器人

想必你已经有点眼花缭乱了吧？机器人竟然能做如此之多的事情，而且都与我们的生活息息相关。将来如果有机器人的帮助，我们的工作和生活会变得更轻松，更自由。当有了更多的私人空间之后，人们是否也期待机器人能够陪他们一起娱乐？一起玩呢？答案是肯定的。为此，机器人专家已经研制出了多款可以和我们一起运动的机器人，让我们见识一下它们之中的杰出代表吧。

1. 村田系列

机器人骑自行车？是不是有点匪夷所思！不错，村田制作所研制了一系列这样的机器人，其骑车技能甚至超过了人类。2005 年村田顽童率先被发布，如图 8-41 所示。该机器人身高 50 厘米，体重约 5 千克。别看它个子小，骑行在与车轮同样宽度的平衡木坡道上，即使停止也不会倒下，此外还拥有许多独门绝活儿，如可以超慢速直行、自动躲避障碍物、向后倒退，等等。这一成果被《时代周刊》评为 2006 年度的世界最佳发明。

图 8-41　村田顽童

是什么技术让村田顽童能做到这些连大人都做不到的事情呢？秘密就在于安装在其身体上的陀螺仪传感器、超声波传感器以及振动传感器。通过陀螺仪传感器测量水平方向的角速度和左右方向的角速度，计算出当前位置和倾斜度，就可在停止时用惯性轮的惯性力来避免摔倒；当发现前方有障碍物时，超声波传感器能够发现并回避障碍物，该技术也被应用于汽车的倒车雷达等领域；当碰到凹凸不平的路面时，振动传感器将通过车身的振动来检测路面情况，帮助自行车慢速通过，这一技术也被用于笔记本电脑硬盘的保护。

2009 年日本高新技术博览会上，村田顽童的妹妹村田婉童骑着独轮车完成了首次亮相，如图 8-42 所示。村田婉童身高 50 厘米，体重 5 千克，速度为 5 厘米/秒，在左右方向(摇晃)上通过转动机器人体内配备的惯性轮来保持平衡，在前后方向(齿距)上通过类似倒立摆的原理转动独轮车的车轮来保持平衡。此外，它还配备了用来检测障碍物的超声波传感器、用来收发控制指令的蓝牙模块，其控制器芯片中集成了村田制作所研发的陶瓷电容器、陶瓷振荡器、检测温度的 NTC 热敏电阻等元器件，这就使得村田婉童在骑独轮车时非常稳定。

图 8-42　村田婉童

2014 年 9 月村田制作所与京都大学合作开发出新型机器人村田制作所拉拉队，如图 8-43 所示。这组机器人每个机器人高约 36 厘米，上半身为人形，下半身呈球状，可进行全方位行走；每个机器人都配有保持平衡的陀螺仪传感器、把握相互位置的红外线传感器以及控制动作的无线通信系统等，可集体完成同步性动作。发布会上 10 台机器人登台表演，机器人之间未出现相互碰撞等情况，整齐划一地完成了舞蹈动作。村田制作所拉拉队是继 2009 年独轮车型机器人村田婉童后村田制作所推出的第 4 代机器人。

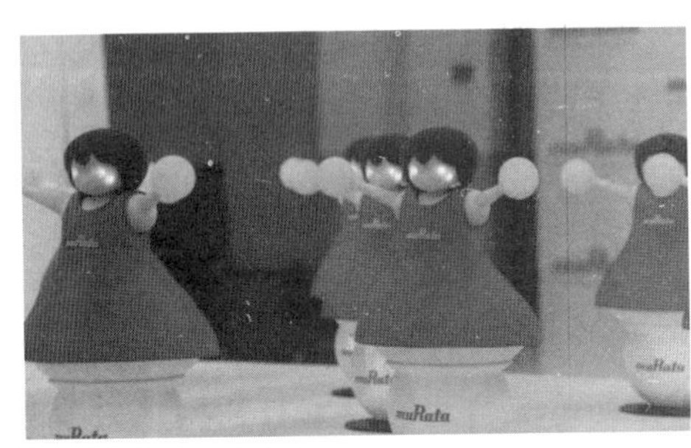

图 8-43　村田制作所拉拉队

村田制作所拉拉队队员们不再使用车轮协助移动，而是站在圆球上，并且能在圆球移动时保持平衡。拉拉队跳舞时，看似要倒却不会倒，看似要撞却不会撞，还能整齐划一地摆出 12 种列队造型，这些主要归功于最新的反向钟摆控制技术、超声波位置测量技术及群控技术。

运用反向钟摆控制技术，拉拉队便可以做到看似要倒却不会倒。在每个拉拉队队员的内部都配有 3 个陀螺仪传感器，它们可以敏锐地捕捉到相应队员身体的倾斜方向，及时提醒同伴们朝正确的方向移动。陀螺仪传感器保持平衡的这项技术最早是在研发村田顽童时开发并得到应用的。在生活中，陀螺仪传感器的应用也并不陌生。该技术已被广泛应用于手机、数码相机的防手抖功能，同时也可被应用于汽车导航系统、防滑装置等领域，今后在汽车电子领域将是不可或缺的技术。

超声波位置测量技术可以使村田拉拉队做到看似要撞却不会撞。每个拉拉队队员都配有5个超声波麦克、4个红外线传感器及通信模块。通过接收舞台外侧两台发信机发出的超声波和红外线，拉拉队队员们可以实时、准确地把握所在的位置，同时通过通信模块把测算好的定位信息实时传输给控制系统，这样便可以使每一个拉拉队队员都按照控制系统发出的指令行动。据现场工程师介绍，此技术在生活中可应用在GPS信号无法覆盖的商业大楼内，以此来确定建筑内物体的位置，日后还可能应用到医疗健康等领域。

群控技术可以使村田拉拉队整齐划一地摆出12种列队造型。该项技术是村田与京都大学的研究员们共同研发而成，可以使拉拉队队员之间整齐、高效、美观地完成各个动作指令。未来群控技术可以在高层建筑物电梯的运行、交通管制系统等领域得到应用。同时，该项技术的突破使得未来统一指挥救灾机器人在极端环境下能更有效率地进行救援成为可能。

村田拉拉队的闪亮登场成为喜发明、爱创新的村田制作所又一代表力作。村田制作所在全球23个国家有101个子公司，拥有员工人数超过48000名，村田制作所一直以来秉承“电子行业创新者”(Innovator in Electronics)的理念，不断涉足新领域，不懈发明新技术，希望能赋予世界各地的人们更高品质的生活。

2. 走钢丝机器人

现在的机器人不仅能踢足球，还能成为舞伴，甚至还可以通过表情卖萌。下面将要出场的这款机器人也是萌点满满，它可以在没有帮助的情况下，自己走过钢丝绳！

2012年日本机器人专家Dr. Guero向外界展示了会走钢丝的机器人Primer V4，如图8-44所示。据悉，Primer系列机器人是Dr. Guero以Kondo KHR-3HV双足机器人为蓝本开发的衍生作品，其主要用于研究和展示双足机器人在平衡领域所取得的成果。其中，Primer V1机器人能够手脚协调地利用高跷行进，Primer V2则以骑mini自行车见长，而Primer V3能够在四肢悬挂重物的情况下保持单脚站立的姿势，如图8-45所示。Dr. Guero表示，Primer V4与之前的作品相比精简了机械组件，双臂通过遵照“倾斜感应器”所发出的信号向不同的方向摆动来保持整体的平衡，同时在脚底也做了一些修改，添加了一个凹槽，使得在走钢丝绳的时候，Primer V4可通过脚底凹槽与

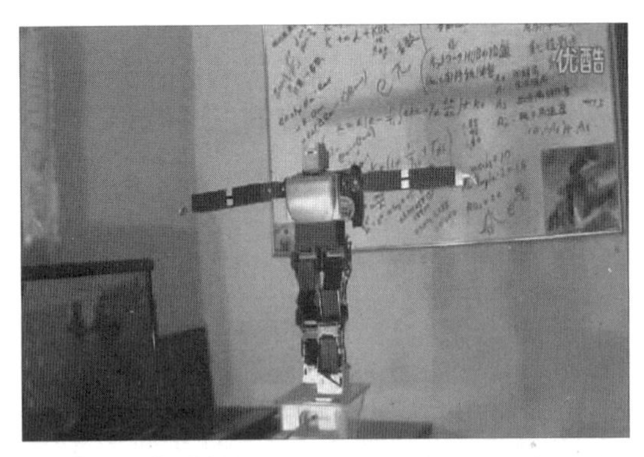

图 8-44 走钢丝机器人 Primer V4

钢丝绳镶嵌并向前滑动。通过这些改进，Primer V4 实现了在直径 4 毫米钢丝上的平稳前行。

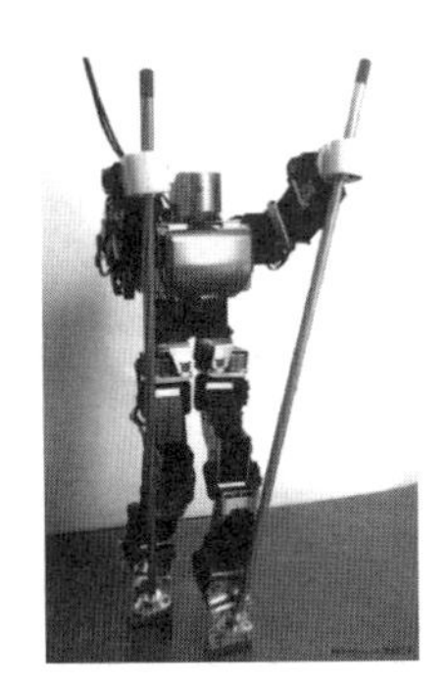

图 8-45 从左至右依次为：Primer V1，Primer V2，Primer V3

3. 杂技机器人

2011 年 10 月在中国科学技术大学承办的第十一届 Robogame 机器人大赛

上，海绵宝宝抖起了空竹，美猴王头顶转盘，独轮车走上了平衡木，飞碟在空中玩起了特技表演……18 组杂技机器人使出浑身解数，行、转、飞、跳。好戏轮番上演，惹得现场观众阵阵惊呼。这只是杂技机器人的冰山一角，留待大家慢慢发现它们中的其他成员。

8.7　机器人主题公园

主题公园是许多游客的首选之地，从过去全球各大著名主题公园的演进可以看出，如果说：第一代主题乐园是以迪斯尼(Disneyland)为代表，以动画和漫画为主题；第二代是以海洋世界(Sea World)为代表，以动物和自然为主题；第三代是以奥兰多市的明日世界(Epcot Center)为代表，以高科技为主题；那么，韩国的机器人大陆(Robot Land)则是以机器人与人类共存的未来为主题，期待它能创建出集幻想和文化于一体的第四代主题公园。

这个全球首座以机器人为主题的游乐园坐落于韩国的仁川市(Incheon)经济自由区，占地面积 76.7 万平方米，以机器人大陆(Robot Land)为主题，由机器人研究所、机器人产业支援中心等产业振兴设施及商业综合设施构成。建成后，园内拥有主题设施、公益设施、娱乐设施等多区域。在主题设施领域内，包含各类机器人主题馆、水族馆、游览车、瞭望台等项目，从而打造出了集展示场、机器人体验、娱乐设施等一体的主题公园。该项目于 2007 年开始运作，经过很多波折，预计在 2016 年建成运营，其规划如图 8-46 所示。这给了中国余姚一个拔得头筹的机会，在 2015 年举办中国机器人峰会期间，位于宁波余姚四明湖畔的中国大陆首个以机器人为主题的公园已率先开放。

法国南特有一家不一样的主题乐园，这家以机器动物为主题的游乐园，位于罗亚尔河的小岛上，以前是个破旧的船坞区，现在则改造为一座机器动物的“梦工厂”——梦幻机械动物园。该主题乐园出自 La Machine 公司的构想，他们曾在 2008 年为英国利物浦的文化庆祝活动，创作了一只 15 米高的蜘蛛在街上爬行。

这座梦幻机械动物园邀请了许多艺术家前来创作大型的机械动物，从天上飞的鸟到机械旋转木马，还有深海的生物，这些奇奇怪怪的大型机械动物，其复杂程度远超小孩子们的玩具，如图 8-47 所示。25 米高的海洋世界旋转木马是游乐园最新推出的游乐设施，这个像乌贼一样会上下扭动的旋转机器人，灵感来源于出生于南特的科幻小说家凡尔纳的作品；12 米高的机器大象，灵感也来自凡尔纳的小说《蒸汽屋》，小说中以蒸汽为动力的大象会拖着一间有轮子的房子移动，主题公园中的机械大象由再生材料制造，总重量 48 吨，高 12 米，宽 8 米，最多可搭载 49 名乘客！机械大象拥有钢骨支架再配上木造的

图 8-46　韩国的机器人大陆(Robot Land)主题公园

身体外观和皮制的大耳朵，眼睛会向下眨，长鼻子还会朝游客喷水，这头庞然大物由功率高达 331 千瓦的 60 个汽缸进行驱动，速度可达 3 千米/小时。

图 8-47　法国的梦幻机械动物园主题公园

日本阿贝拉机器人乐园位于北京鸟巢，面积 1500 平方米，是展示日本机器人技术的人机互动场馆。参与展示的是 15 个当今最先进、最逼真的高仿真机器人，包括木户小姐、达尔文、狮子舞、四人机器人乐队、机器人版对话猩猩、仿真版对话猩猩、大黄蜂、大蝗虫、螳螂、飞龙、人猿、鳄鱼、变色龙、蝎子、蜘蛛等，如图 8-48 所示。园区安排了合理的游览通道，能让游客最大限度地观赏到每一个机器人的魅力。

以幻影机器人庄园命名的机器人主题乐园位于上海宝山区的上海机器人产业园，一期占地 4000 平方米，分为机器人餐厅、机器人游乐场、机器人培训学校、机器人赛事活动等 4 大主题区。主题公园以机器人作为主要员工，如机器人餐厅将有 30 多名机器人各司其职，分别提供迎宾、炒菜、送餐等服务；游乐场里 100 多名机器人不仅会演舞台剧、唱京戏，还能踢足球、打拳

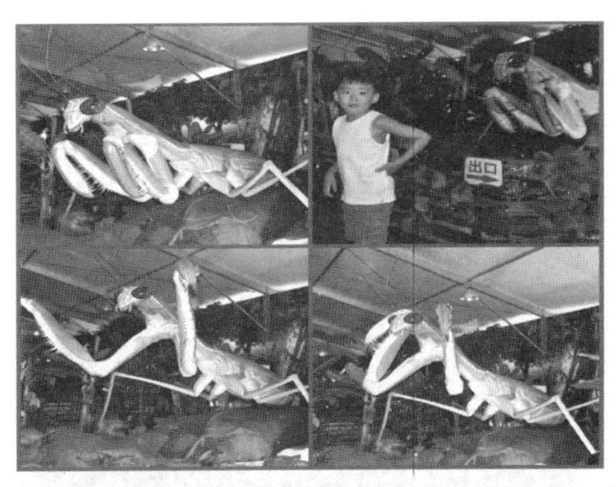

图 8-48　日本阿贝拉机器人乐园

击。而培训学校、赛事活动区域将为机器人爱好者提供与机器人亲密接触的机会，鼓励机器人爱好者制作出属于自己的机器人。

乐高创办于丹麦，商标“LEGO”的使用始于 1934 年，来自丹麦语“Leg godt”，意为“Play well”。乐高迅速成为优质玩具的代名词，在 130 多个国家里占有市场，拥有乐高积木的儿童在 3 亿以上，平均每年玩乐高的时间为 50 亿小时。

乐高公司目前在全球拥有 6 家主题公园，分别是丹麦巴隆乐高乐园（Legoland Billund）、美国加州乐高乐园（Legoland California）、德国冈兹堡乐高乐园（Legoland Deutschland）、美国佛罗里达州乐高乐园（Legoland Florida）、英国温莎乐高乐园（Legoland Windsor）、马来西亚柔佛州新山乐高乐园（Legoland Malaysia）。因分布于不同国家，在内容上也各具地方特色。比如 1968 年在丹麦巴隆建成的首家乐高公园，有一个“海盗冒险区”，相当符合古老的维京传奇。此外，所有乐高主题公园都有的“迷你世界”，那里多以荷兰、德国、挪威、瑞典和丹麦等北欧国家的风景为主，如图 8-49 所示。

图 8-49　乐高机器人主题公园(丹麦)

思 考 题

1. 娱乐机器人的初衷是给人们找一个好伙伴，你想要的机器人伙伴是什么样的？为什么？

2. 你去过机器人主题公园吗？你最喜欢的与机器人交流的方式是什么？

3. 你家里需不需要一个机器人？如果需要，你对它最大的期望是什么？

4. 本章给出了很多新颖而又充满创造力的作品，你最喜欢哪一款机器人？

第9章　以自然为师的仿生机器人

教学目标

✧ 掌握水中机器人的定义
✧ 了解仿生机器人的分类及发展情况
✧ 了解仿生机器人群体效应

思维导图

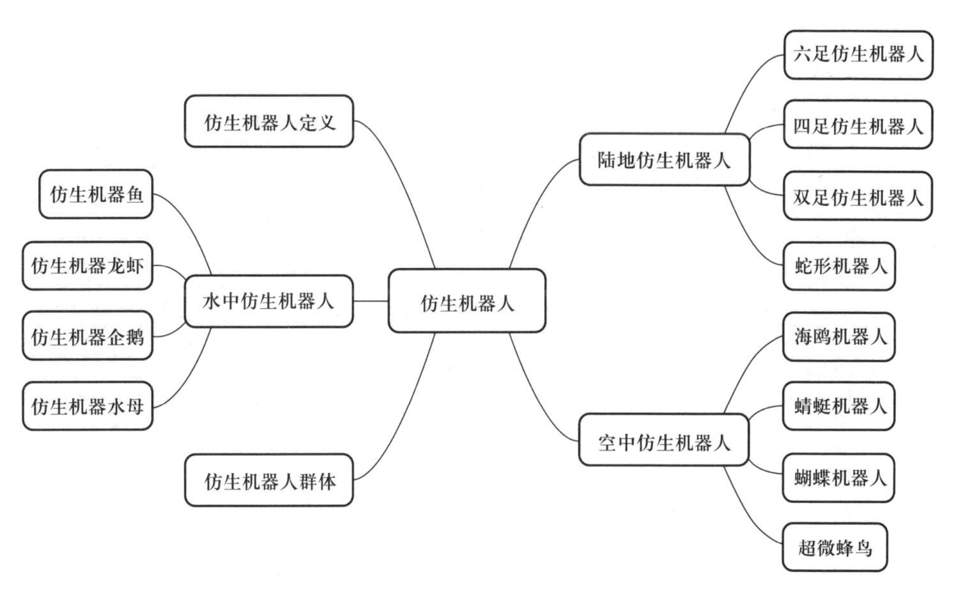

自古以来，自然界就是人类各种技术思想、工程原理及重大发明的源泉。在35亿年的进化过程中，生物体进化出了灵巧的运动机构和机敏的运动模式，在结构、功能执行、信息处理、环境适应、自主学习等方面具有高度的合理性、科学性和先进性。它们进化得如此完美，以至于在机器人设计中处处可见它们的踪迹，成为机器人发展取之不尽的知识源泉。

1960年美国科学家斯蒂尔经过长期的观察研究，创立了仿生学——生物科学与工程技术相结合的一门边缘学科，通过学习、模仿、复制和再造生物系统的结构、功能、工作原理及控制机制，来改进现有或创造新的机械、仪器、建筑和工艺过程。仿生学在机器人科学中的应用，推动了机器人的适应能力向非结构化、未知的环境方向发展。科学家们通过向生物学习，创造出了众多高性能的仿生机器人。

9.1 什么是仿生机器人

自然界的生物经过了长期的自然选择进化而来的，在结构、功能执行、环境适应、信息处理、自主学习、能耗等方面具有高度的合理性和科学性。通过研究、学习、模仿来复制和再造某些生物特性和功能，制造出能够代替人类完成恶劣环境下工作任务的仿生机器人，是很多机器人学家的梦想。以下给出几个仿生机器人研究的典型案例，一窥其中奥妙！

1. 苍蝇与仿生

苍蝇是声名狼藉的“逐臭之夫”，从表面上看，令人望而生厌的苍蝇无论如何也不能与现代科学技术联系起来，但仿生学却把它们紧紧地联系在一起了。

一只灰色的苍蝇停在桌面上，当你用手去捕捉它时，你会发现你的手还未落下，它早已飞离了这块“是非之地”。这一切是怎样发生的呢？科学家通过对苍蝇眼睛的研究发现，苍蝇的眼睛是由许多六角形的视觉单位(即小眼)构成的复眼。这种复眼具有很高的时间分辨率，它能把运动的物体分成连续的单个镜头，并由各个小眼轮流“值班”。人们根据苍蝇复眼的构造，仿制了“蝇眼”照相机，其镜头由1329块小透镜黏合而成，每厘米的分辨率达400条线，可用于显微电路的复制。根据苍蝇眼睛判断物体距离的原理，人们仿制了光学测速仪。更为神奇的是，苍蝇的眼睛能够看见紫外线，而人和其他热敏元件却做不到这一点。基于这一原理，人们又仿制了在国防上有重要作用的“紫外眼”。你大概从未想到，苍蝇竟然拥有这么多神奇的本领，其实还有更神奇的呢！

前面说到，苍蝇在危急时刻能很快脱离危险。科学家们研究后，发现原来是翅棒在起作用。翅棒位于苍蝇的后翅位置，是后翅退化后形成的，形状与哑铃有些相似，它能使苍蝇往后“开倒车”，很快飞离“危险区”。它还能为身体导航，保持飞行方向，不至于在原地兜圈子。人们根据这个原理仿制了振动陀螺仪，该装置广泛应用于高速飞行的火箭和飞机，提高了它们的运动稳定性。由此可见，令人望而生厌的苍蝇，确实具有人类所不具备的很多能力，值得我们深入地去研究它，学习它。

2. 蝴蝶与仿生

五颜六色的蝴蝶锦色斑斓，如重月纹凤蝶、褐脉金斑蝶、荧光翼凤蝶等，特别是荧光翼凤蝶，其后翅在阳光下时而金黄，时而翠绿，有时还由紫变蓝，好看极了。科学家们对蝴蝶色彩的研究，对军事防御技术的发展大有裨益。二战期间德军包围了列宁格勒，企图用轰炸机摧毁苏军的军事目标和其他防御设施。苏联昆虫学家施万维奇根据当时人们对伪装缺乏认识的情况，提出利用蝴蝶的色彩在花丛中不易被发现的道理，在军事设施上覆盖蝴蝶花纹般的伪装。因此，尽管德军费尽心机，但列宁格勒的军事基地仍安然无恙，为赢得最后的胜利奠定了坚实的基础。根据同样的原理，后来人们还生产出了迷彩服，大大减少了战斗中的人员伤亡。

由于在太空中位置的不断变化，人造卫星的温度处于剧烈的变化之中，有时温差可高达两三百度，严重影响着许多仪器的正常工作。研究发现，蝴蝶体温的调节是通过鳞片随阳光照射角度不同而自动变换方向实现的。受此启发，科学家们将人造卫星的温控系统设计成了正反两面辐射能力、散热能力相差很大的百叶窗样式，在每扇窗的转动位置安装了温度敏感的金属丝，随温度变化调节百叶窗的开合程度，从而保持了人造卫星内部温度的恒定，解决了航天事业中的一大难题。

3. 甲虫与仿生

气步甲炮虫自卫时，可喷射出具有恶臭的高温液体"炮弹"，以迷惑、刺激和惊吓敌害。科学家们将其解剖后发现甲虫体内有三个小室，分别储有二元酚溶液、过氧化氢和生物酶，二元酚和过氧化氢流到第三小室与生物酶混合发生化学反应，瞬间就成为100℃的毒液，并迅速射出。二战期间，德国纳粹为了实现其称霸世界的野心，根据这一原理制造出了一种功率极大且性能安全可靠的新型发动机，安装在飞航式导弹上，使之飞行速度加快，安全稳定，命中率提高。这种飞弹在德军轰炸英国伦敦时大量使用，使英国蒙受了巨大的损失。美国军事专家受此启发研制出了先进的二元化武器，这种武器将两种或多种能产生毒剂的化学物质分装在两个隔开的容器中，炮弹发射后隔膜破裂，两种毒剂中间体在弹体飞行的8～10秒内混合并发生反应，在到达目标的瞬间生成致命的毒剂以杀伤敌人。

4. 蜻蜓与仿生

蜻蜓通过翅膀振动可产生不同于周围大气的局部不稳定气流，并利用气流产生的涡流来使自己上升。蜻蜓能在很小的推力下翱翔，不但可向前飞行，还能向后和左右两侧飞行，其向前飞行速度可达72千米/小时。此外，蜻蜓的飞行行为简单，仅靠两对翅膀不停地拍打即可完成所有飞行动作，并依靠加重的翅痣在高速飞行时安然无恙。受此启发，科学家们成功研制了直升机，并仿效蜻蜓在飞机的两翼加上了平衡重锤，解决了飞机高速飞行时的剧烈振动问题。

师法自然中蕴藏着深刻的哲理，在中华文明的浩渺之海中随处可见，仿生机器人的设计与制作仅是其中小小的一滴，却给我们带来了无尽的奇思妙想，成为机器人领域方兴未艾、蓬勃发展的一支。面对千姿百态的生物，科学家们设计出了功能不同、形状各异、种类繁多的仿生机器人。通常，根据仿生形态可分为仿人类、仿动物类以及生物机器混合系统，根据工作环境可分为空中仿生机器人、陆地仿生机器人和水下仿生机器人、两栖类仿生机器人；此外，还可以根据仿生机器人模仿的运动机理、感知机理、控制机理、能量代谢方式及材料组成等进行分类，如图 9-1 所示。

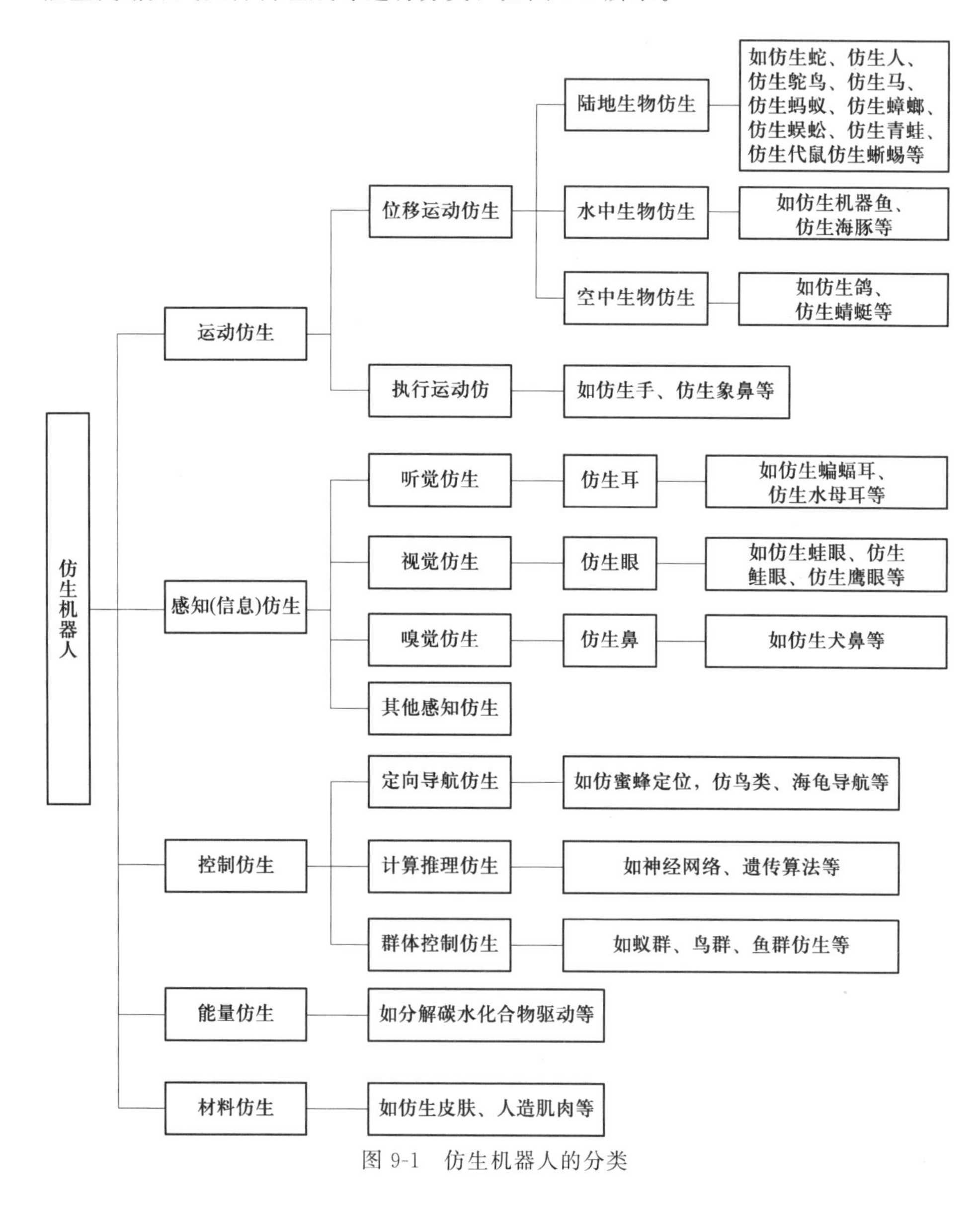

图 9-1　仿生机器人的分类

9.2　陆地仿生机器人

近年来，谷歌、百度等研发的无人驾驶车辆时时成为新闻报道的焦点，它们就是典型的陆地移动机器人，也是移动机器人中最常见的一种。这类移动机器人通常是由现代车辆发展而来，有履带式和轮式两种。前者因与地面接触面积大而较平稳，能更好地适应松软的地形，例如沙地、泥地，缺点是对高低落差较大的地形无能为力；而后者更适合平坦的路面，特别是马路，且能高速移动，但容易打滑，不平稳，对复杂地形无能为力。除此之外，仿生运动机器人也属于移动机器人家族，按其移动方式分为足式、蠕动式、蛇行等多种。足式机器人是研究最多的一类运动仿生机器人，包括一足、双足、四足、六足、八足等系列。对大于八足的研究很少，其优点是几乎可以适应各种复杂地形，能够跨越障碍；缺点是行进速度较低，且由于重心原因容易侧翻，不太稳定。下面给出几个六足、双足、四足仿生机器人的典型代表，看看科学家究竟是怎么设计它们的。首先介绍六足仿生机器人的几个典型代表：

1. 仿生蟑螂 Phasma

2010 年以斯坦福大学研制的 iSprawl 机器人为原型，日本 Takram 公司研制了一款仿生机器蟑螂 Phasma。该仿生机器人共有六只机械足，每边各有三只，由发动机进行动力供给，如图 9-2(a)所示。这款机器人采用了仿蟑螂的机械结构，行走设计上采用了典型的三角步态行走法，即 Phasma 无论什么时间都会由三条腿支撑着，其重心始终位于三个支撑脚构成的三角形之内，从而保证其在快速移动的过程中始终处于一个稳定的状态，如图 9-2(b)所示。

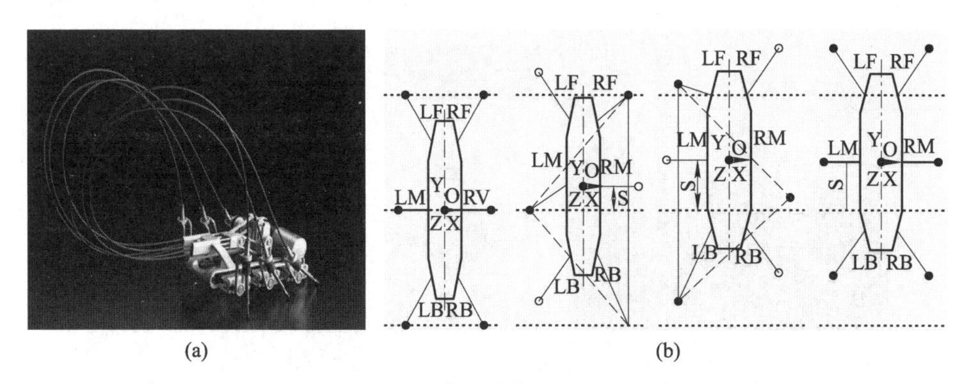

图 9-2　仿生蟑螂 Phasma

2. X-RHex Lite 六足机器人

X-RHex Lite (XRL)是美国宾夕法尼亚大学开发的六足机器人。它的身体长度约为 51 厘米，体重 6.7 千克，设计人员为其准备了一系列不同的跳跃模式，以适应不同的情况。XRL 懂得如何利用助跑加速跳跃翻越壕沟，用后脚起跳翻身，上台阶，攀爬矮墙，或者是 180°跳跃翻身等，也可以二足跳跃、四足跳跃、六足跳跃，还可以连续跳跃，非常灵活。如果用 XRL 来做间谍机器人的话，估计除了大门以外是没什么障碍能够阻挡它的脚步了，如图 9-3 所示。

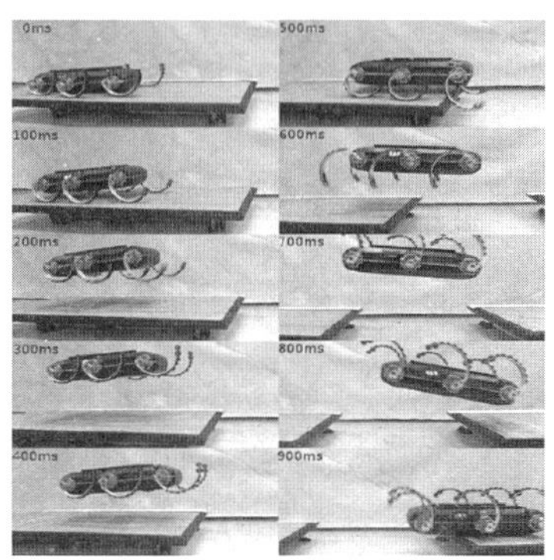

图 9-3　六足机器人 X-RHex Lite (XRL)

3. 上海交通大学的“六爪章鱼”

2013 年 10 月由上海交通大学研发的“六爪章鱼”救援机器人进行了载人试验。这是一款高约 1 米，最大伸展尺寸可达 2 米×2 米，由 18 个电机驱动，通过远程遥控使用的仿生机器人。其体形宛如一个巨大的章鱼，能够背负 200 千克的重物，以 1.2 千米/小时的速度灵活地沿各个方向稳定行走，如图 9-4 所示。

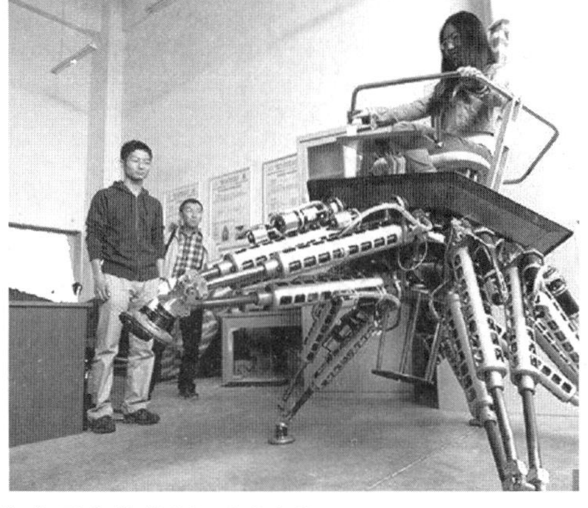

图 9-4　上海交通大学的“六爪章鱼”

“六爪章鱼”可不仅仅是外形引人注目，由于它具备深入复杂危险环境的工作能力，可在化学污染、水下和火灾等环境下完成探测、搜索和救援等任务，这也是设计这款机器人的初衷。

世界上有一款最大的六足机器人 Mantin，可以模仿昆虫行走。德国 Festo 公司也研制了一款 Festo 蚂蚁机器人。

4. 四足仿生机器人

以上 3 种仿生机器人均以六足生物作为仿生对象。与此相类似，曾长期作为人类主要交通工具的马、牛、驴、骆驼等四足动物因其优越的野外行走能力和负载能力，也成为足式机器人研究的重点仿生对象。事实上，若从稳定性、控制难易程度以及制造成本等方面考虑，四足机器人是足式机器人仿生的最佳选择。接下来介绍四足仿生机器人的几个典型代表：

(1) “大狗”。美国波士顿动力公司(Boston Dynamics)研制的“大狗”(BigDog)也许是世界上最著名的四足仿生机器人。BigDog 由动力系统、驱动系统、传感器系统、控制系统和通信系统组成，具有极为丰富的运动行为模式，它能够站立、蹲下，一次仅依靠一条腿地爬行，对角线脚一起动的慢跑，包括有一个腾空过程的小跑，以及像马一样地飞驰。这些卓越的运动能力使得它一经推出，便成为耀眼的明星！BigDog 自重约 109 千克，身高 1 米，体长 1.1 米，宽 0.3 米，在实验中能以 0.2 米/秒的速度爬行，1.6 米/秒的速度慢跑，2 米/秒的速度腾空小跑，以及 3.1 米/秒的速度飞驰，能够跃起 1.1 米，在泥泞、雪地、倾斜地面，包括车辙、岩石和松散碎石等环境中都能够稳定地行走，很少摔倒，即便摔倒也能很快自己站立起来！除此之外，BigDog 还是个大力士，通常能够携带 50 千克的负载，在地势平坦的地方却可以携带 154 千克负载，甚至还耗时 2.5 小时完成了 10 千米的徒步旅行，如图 9-5 所示。这款功能强大的机器人据称是为美国军方研制的。毫无疑问，BigDog 已经具备了执行一些特殊任务的能力。

图 9-5　大狗 (BigDog)机器人

(2)“野猫”。2013 年 10 月波士顿动力公司继“大狗”之后，又缔造了一只“野猫”。如图 9-6 所示，这台被称为“野猫”的机器人，由两冲程卡丁车引擎驱动，油量可以支持它跑 5 分钟。启动的瞬间伴随着电锯和发动机的巨响，“野猫”慢慢地像动物一般站立起来，随即在工作人员的操控下，无视任何障碍地追逐各种目标。最令人毛骨悚然的，是经常无法辨别这个“无头怪”是正在向前还是向后跑。波士顿动力公司称，这只“野猫”在跳跃或奔跑时速度可以达到 30 千米/小时。

图 9-6 “野猫”机器人

(3)“猎豹”。2012 年 3 月波士顿动力公司推出的另一款四足机器人“猎豹”创造了 29 千米/小时的奔跑记录，而该机器人最新的奔跑记录则达到了惊人的 45.549 千米/小时，这一速度已经超过了奥运会冠军牙买加飞人博尔特创造的 100 米短跑记录，博尔特的百米速度约合 44.71 千米/小时。除此之外，“猎豹”机器人还能够冲刺，急转弯，并能突然急刹停止，如图 9-7 所示。波士顿动力公司总裁马克·莱伯特介绍说，“猎豹在飞驰。这是我们第一次看到能够飞驰的机器人。”不过，将来“猎豹”还可以奔跑得更快，波士顿动力公司希望猎豹的速度能达到 113 千米/小时。

图 9-7 “猎豹”机器人

据称这款机器人将服役于美国军队，不知这是人类的福音，还是人类的悲哀？

(4) MIT的机器豹。2014年10月，美国麻省理工学院研究团队仿照真实的猎豹，根据它们的行为模式、动作等，研制出一只名为"Robotic Cheetah"的机器豹，如图9-8所示。这只机器豹采用了高转矩密度的电动马达，不仅仅拥有48千米/小时的奔跑速度，还能自动避开障碍物，完美地跳跃而过！美国麻省理工学院研究团队表示，机器猎豹已经通过了对路径和障碍物进行识别和避让的训练，它也是首个能够自主跳跃障碍的四足机器人。它的身上装载了可以绘制地形数据的激光雷达系统，然后通过控制算法来决定下一时刻的行动。算法的第一部分是帮助机器人识别即将撞上的障碍物，并确定其距离和大小；第二部分则是确定从哪个点起跳，并落在最佳的安全位置。最让人感到吃惊的是，机器猎豹的跑跳是完全动态的行为，也就是说，不论障碍物高低、大小、位置如何，机器猎豹都能实时计算应该跳跃的距离和高度，并同时发出具体动作的指令。

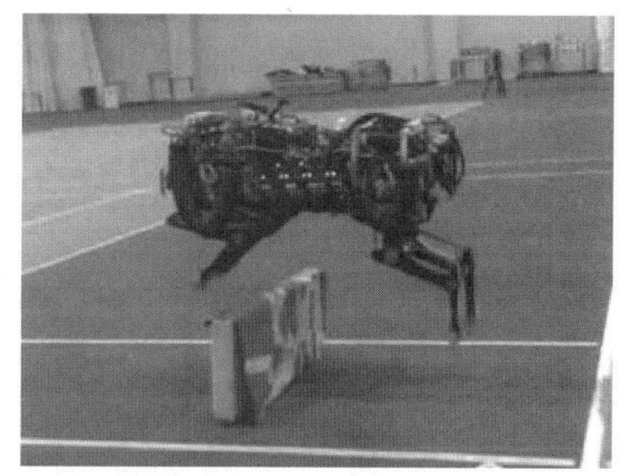

图9-8　机器猎豹 Robotic Cheetah

(5) 仿生壁虎。小蝌蚪找妈妈，小壁虎找尾巴……相信大家都还记得这些充满童趣的故事。事实上，壁虎虽小，本领可不小，它能灵活自如地在地面、陡壁、天花板等不同法向面运动，是爬壁机器人仿生的绝佳对象。2006年美国斯坦福大学开发出一种仿壁虎机器人，称为Stickybot，如图9-9所示。Stickybot从吸附原理、运动形式、机器人外形上都比较接近真实的壁虎，它具有四只黏性脚足，每个脚足有四个脚趾，趾底长着数百万个极其微小的用于黏附的人造毛发，每个脚趾都有脚筋，脚筋可以实现脚趾的外翻与展平。每个脚足上的四个脚筋可以联动，从而轻松实现脚足与附着面的最大接触以及脚足黏附材料与附着面的吸附、脱附。

我国南京航空航天大学的仿生物实验室成功研制了一款壁虎机器人，如

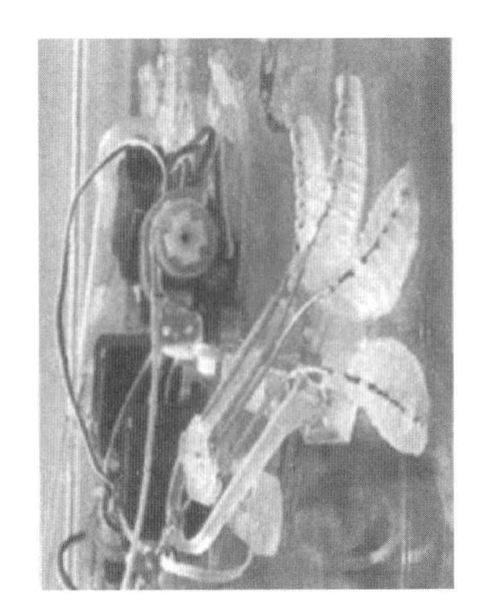

图 9-9　仿生壁虎 Stickybot 及其脚趾

图 9-10 所示。该壁虎机器人不包括尾巴的体长为 150 毫米，体宽 50 毫米左右，去除电池的体重为 250 克，由白色铝合金制成。研究人员介绍，该款壁虎机器人采用可充电锂电池提供电源，通过芯片进行控制，可以实现在垂直 90°的平面上自由爬行。

图 9-10　南航研制的壁虎机器人

(6) 其他四足机器人。从 20 世纪 80 年代起，我国上海交通大学、清华大学等也展开了四足机器人的研制工作。清华大学的四足步行机器人采用了开环关节连杆机构作为步行机构，通过模拟动物的运动机理，实现了比较稳定的节律运动，可以自主应对复杂的地形条件，完成上下坡行走、越障等功能。其不足之处是腿部运动的协调控制比较复杂，而且承载能力较小。

5. 双足仿生机器人

在所有的足式机器人中，双足行走机器人稳定性最差、难度最大，是仿人机器人研究的重要组成部分，也是研究的难点所在。下面介绍几种典型的双足仿生机器人，有些我们在娱乐机器人一章中已经见过了，为了完整起见，这儿我们再重温一下它们的故事。

(1) 仿人机器人 WABOT 系列。1973 年日本早稻田大学加藤一郎教授成功研制出第一台真正意义上的仿人机器人 WABOT-1，如图 9-11 所示。WABOT-1 由足、手、视觉、声音应答等四个系统组成，它不仅能够通过人造嘴与人进行简单的对话，通过人造耳和人造眼识别对象、测定距离和方向，以双足步行方式进行移动，还具有触觉，能用双手抓握和移动物体。1985 年加藤研究室在日本筑波科学博览会上公开展示了会演奏钢琴的仿人机器人 WABOT-2，如图 9-12 所示。该机器人可以与人进行对话，能够利用眼睛扫描乐谱，并演奏键盘乐器。由于在仿人机器人研究领域的杰出贡献，加藤一郎被誉为“仿人机器人之父”。

图 9-11　仿人机器人 WABOT-1

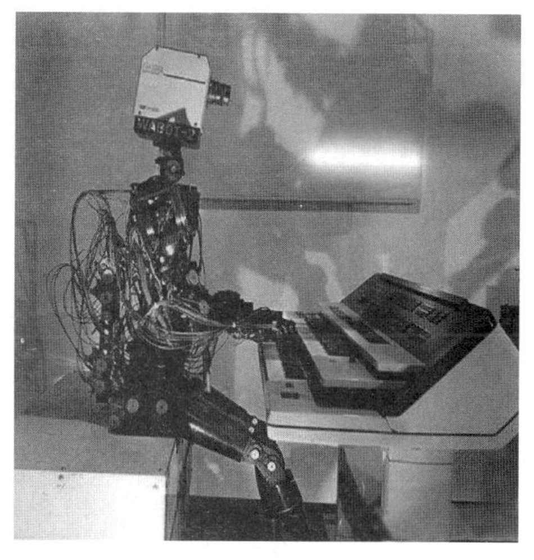

图 9-12　仿人机器人 WABOT-2

(2) 本田的 ASIMO。从 1986 年开始，日本本田公司相继推出了三种 P 系列的仿人机器人，这是 ASIMO 仿人机器人的早期版本，如图 9-13 所示。P1 是本田公司最初研制的步行机器人，其目的主要是对双足步行机器人进行基础性的研究。P2 是 1996 年 12 月推出的步行机器人，它更加类人化，它的问世将双足步行机器人的研究推向了高潮，使本田公司在此领域里处于世界绝对领先地位。1997 年 12 月本田公司又推出了 P3，它使用新型的镁材料，实现了小型轻量化。2000年11月本田公司推出了新型双脚步行机器人ASIMO，如图9-14所示。ASIMO与P3相比，其体形更容易适应人类的生活空间，通过提高双脚步行技术，其步态更接近人类的步行方式。P3和ASIMO的推出，将仿人机器人的研究工作推上了一个新的台阶，使仿人机器人的研制和生产正式走向实用化、工程化和市场化。后来，ASIMO在功能上又获得了极大的进展，它可以完成上下楼梯、奔跑、抓举茶杯、倒茶等动作，越来越接近于人类期望的那个机器人伙伴。2018年，该机器人停止研发，只在商业展览上取悦观众，从未有实用产品。

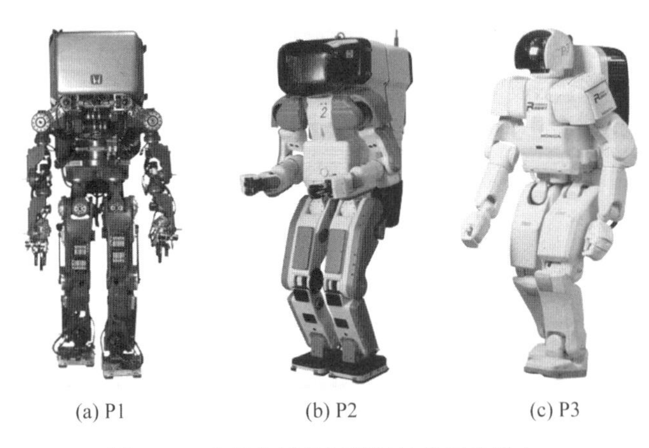

(a) P1　　(b) P2　　(c) P3

图9-13　本田公司最初研制的步行机器人

图9-14　仿人机器人ASIMO

(3) 荷兰的"Flame"。2007年荷兰代尔夫特理工大学研制出一款全新先进的类人行走机器人。正如其头部炫目的造型设计一样，这款机器人有个很酷的名字"火焰"(Flame)，如图9-15所示。"火焰"成功展现出一个机器人的动作既可以高度节能，又可以保持高度稳定性。它之所以能做到这一点，得益于其开发者Daan Hobbelen提出的新方法，该方法可以测量和保持人类行走时的稳定性。"火焰"使用了7个电动马达、1个保持平衡的元件以及各种保证机器人行走高度平衡的运算法则。行走时"火焰"能够利用平衡元件提供的信息稍微调整双腿之间的跨度，以防自己意外摔倒。据Daan Hobbelen介绍，"火焰"是目前世界上最先进的行走机器人，或者说，在以"像人类一样行走"作为基本原则的仿人机器人研发当中，"火焰"的表现绝对是出类拔萃的。它的出现是仿人机器人研究的重大进展之一。

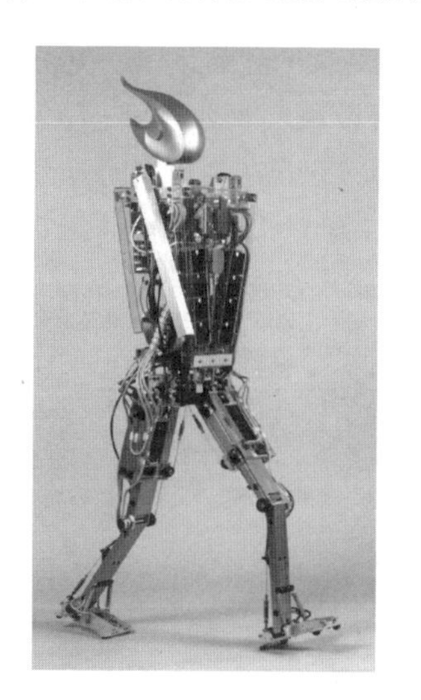
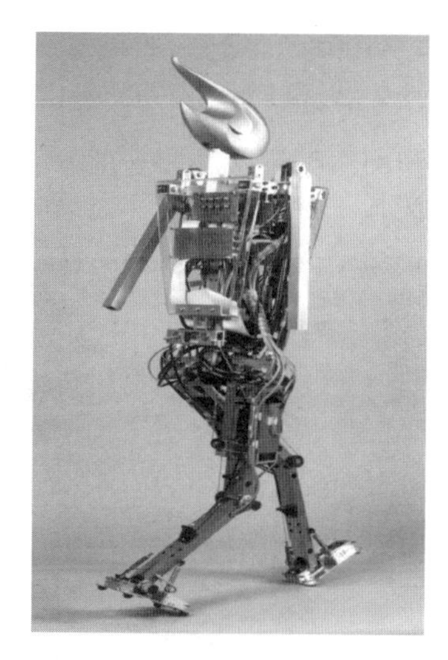

图9-15 仿人机器人Flame(荷兰)

(4) 阿特拉斯(Atlas)。美国波士顿动力公司不仅在四足仿生机器人领域成果突出，在双足仿人机器人研制方面也成绩斐然。2013年7月公司发布了双足仿人机器人阿特拉斯，如图9-16所示。之所以给它取了个与古希腊神话中大力神一样的名字，是因为机器人阿特拉斯身高1.9米，体重150千克，具有2个立体感应器制成的双眼和灵巧的双手，与科幻电影中的"终结者"一样，它能像人类一样用双腿直立行走，可在危险的环境下完成艰巨的任务，能够在实时遥控下穿越比较复杂地形，以及应付从不同方向飞来的动态障碍物而不至于摔倒在地！当然了，它还是个大力士，所有这些构成了机器人阿特拉斯的全部。目前看来它还是对得起这个响亮名字的。

图 9-16　仿人机器人阿特拉斯(Atlas)

(5) 机器人梅布尔。2014 年 8 月美国密歇根大学宣称研制出一款可以像人类一样奔跑的人形机器人梅布尔，其体重 65 千克，奔跑时动作非常优美，脚部可腾空离地 7.6～10 厘米，时速可达 11 千米/小时，如图 9-17 所示。截至目前，它仍然是世界上奔跑最快且带有膝盖的双足机器人。

图 9-17　人形机器人梅布尔 (美国密歇根大学)

(6) Nao 机器人。Nao 机器人是人形机器人中商业化运作最好的一款产品，由法国 Aldebaran Robotics 公司研制，如图 9-18 所示。由于上述众多人形机器人并不对外开放，Nao 机器人因此成为众多高等院校、科研机构和相关企事业单位研究相关问题的标准科研平台。坦率地说，Nao 机器人除了拥有讨人喜欢的外形外，还有很多的本领！比如它拥有学习能力，可以通过学习身体语言和表情来推断出人的情感变化，并且随着时间的推移和“认识”人的增多，还能够分辨这些人不同的行为及面孔。再比如，Nao 机器人还能够表现出愤怒、恐惧、悲伤、幸福、兴奋和自豪等各种情绪，当它面对一个不可能应对的紧张状况时，如果没有人与它交流，它甚至还会为此而生气。更有甚者，它还拥有记忆，那些它所经历过的快乐和忧伤，都完好无损地记在它的“脑子”里，时不时地提醒它那些过往，谁曾经跟它在一起！

图 9-18 Nao 机器人

Nao 机器人的研究人员一定是抱着给自己研制一个机器人伙伴的心态来从事他们的工作，要不然，小小的 Nao 怎么会变得如此贴心？更为重要的是，作为一个良好的科研平台，Nao 正在推动着人机系统研究中很多重要的领域向前发展！

此外，还有一些足式陆地机器人，如机器鸵鸟、机器袋鼠、机器壁虎等。两栖机器人有蝾螈、波浪鳍鳐鱼等。

6. 蛇形机器人

看完了激动人心的仿人机器人，我们再来认识一群机器人家族中的新朋友 —— 蛇形机器人。众所周知，蛇的运动方式是典型的无肢运动，它是通过蠕动或蜿蜒运动实现快速移动的。以蛇为仿生对象而研制出的蛇形机器人与我们前面介绍的轮式、腿式或履带式仿生机器人截然不同，它代表了仿生机器人研究中另一个很活跃的分支，至今已有数十种蛇形机器人样机问世。

虽然早在 1973 年日本东京科技大学就研制出了世界上第一个蛇形机器人，但是真正能够代表蛇形机器人研究水平的还是美国科研机构的研究成果。图 9-19 所示为美国宇航局研发的用于火星探测的蛇形机器人，它具有高柔性、高冗余性的特点，已经开发了三代产品。2005 年美国密歇根大学推出了蛇形机器人 OmniTread，如图 9-20 所示。OmniTread 身体表面的 80%用履带包裹，防止了它在粗糙地面上的停顿，使其能够在复杂地形中持续前进。在试验中，OmniTread 能翻越两倍于自身高度的障碍物，跨过宽度相当于自身长度的一半，还能爬楼梯、钻管道，甚至能够将竖直的身体横向变形成支架架在管壁之间，通过电机驱动各节外壁附着的履带产生垂直方向的运动趋势，从而带动整个身体在竖直的管道内向上爬行。

图 9-19 火星探测蛇形机器人　　图 9-20 蛇形机器人 OmniTread

2010 年卡内基-梅隆大学生物机器人实验室研制出了机器蛇“山姆大叔”。它是利用模块化技术分段制造的，每一段内部都包含控制器与传感器，头部配备了一台摄像机。模块化的结构使得它不仅具有自组装、易修复的特点，而且蛇身的长度也可以根据需要进行调整。在实验中，“山姆大叔”很好地模拟了真蛇的运动，能够完成侧向缠绕、扭动以及旋转运动等复杂行为。如图 9-21 所示，它成功地攀爬上了树干，正缠绕在树上张望呢！当然了，在管道内，它也能够沿管道内壁垂直地上下爬行。

日本 HiBot 公司近期推出了一款两栖蛇形机器人 ACM-5，如图 9-22 所示。这款蛇形机器人既能够在地面上爬行，也能够在水中自由游动，非常灵活。国内上海交通大学、中国科学院沈阳自动化研究所、国防科技大学等科研单位也相继研制出了蛇形机器人样机。

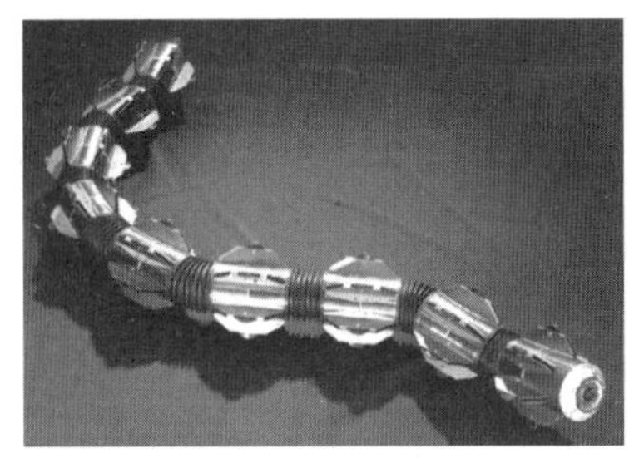

图 9-21 机器蛇“山姆大叔”　　图 9-22 机器蛇 ACM-5

在地震或者其他自然灾害之后，蛇形机器人可用于定位坍塌建筑物中的幸存者，或对桥梁、矿山及任何对于人而言太过密闭的空间进行检测，或拆除炸弹等。相信随着研究的深入，其应用领域还会得到进一步拓展。

9.3　水中仿生机器人

鱼类就像极其出色的流体力学专家，通过恰当地利用流体力学原理，获得了极高的推进效率和机动性能，远高于普通的螺旋桨推进机构。在推进效率方面，金枪鱼在速度高达 80 千米/小时的情况下，推进效率达到 90%；而相比之下，普通螺旋桨推进系统的效率只有 40%～50%。在机动性能方面，启动时鱼类的加速度竟然可以达到 50 倍重力加速度，也是远远高于螺旋桨推进机构。转弯时，鱼类的转弯半径只有体长的 10%～30%；而普通螺旋桨推进系统要达到体长的 3～5 倍。鱼类所展现出的这些优势，为新型水中航行器的研发提供了很好的样本。

早在 20 世纪二三十年代，生物力学家就已经开始探索鱼类的游动机理，但直到 90 年代，才开始设计真正意义上的仿生机器鱼。1994 年麻省理工学院(MIT)研制了一款仿生金枪鱼，名为 Robotuna，如图 9-23 所示。该机器鱼长约 1.25 米，宽 0.21 米，高 0.3 米，由 2843 个零件组成。它由 6 台无刷直流伺服电动机驱动，在处理器控制下，通过摆动躯体和尾鳍，游动速度可达 2 米/秒，推进效率可达 91%。1995 年为了研究仿生鱼的机动性和静止状态下的加速性，麻省理工学院又设计了 Robotuna 的改进版 RoboPike，如图 9-24 所示。该机器鱼体长约 0.81 米，重约 3.6 千克，它的骨架由螺旋形玻璃纤维弹簧构成，这种柔性结构可以使机器鱼抵抗游动时的撞击，而其强度又足以使机器鱼承受水压，具有良好的加速能力。

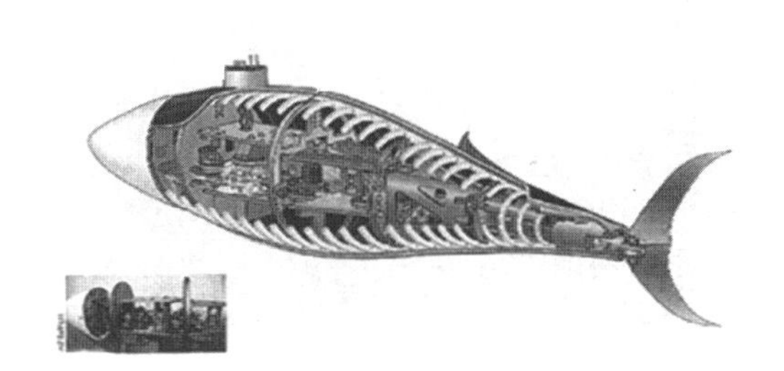

(a) 内部结构

(b) 外形及骨架

图 9-23　MIT 研发的仿生金枪鱼 Robotuna

近期麻省理工发布了仿生金枪鱼的最新版本，如图 9-25 所示。改进后的仿生金枪鱼体内只装有 1 台电机及 6 个移动部件，身体由一整块柔软且透明的聚合体材料制成，能够在更大程度上模拟真鱼的游动。

图 9-24　MIT 的仿生金枪鱼 RoboPike

图 9-25　MIT 的最新仿生金枪鱼

2003 年以来，英国 Essex 大学的机器鱼课题组成功研制了几种仿生机器鱼，分为 G 系列和 MT 系列两大类，主要工作集中在研究仿生机器鱼的游动机理，特别是非稳定游动方面。G 系列仿生机器鱼均采用多电机、多关节结构，通过对多个电机进行协调控制实现游动，其游动姿态和真鱼极其相似，图 9-26 所示为最新版的机器鱼 G9。MT 系列仿生机器鱼则采用单电机、多关节结构，如图 9-27 所示。该机器鱼长约 0.48 米，重约 3.6 千克，平均前进速度约为 0.4 米/秒，通过对 5 个运动学参数的控制实现机器鱼的三维游动。

图 9-26　Essex 大学的 G9 机器鱼

图 9-27　Essex 大学的 MT1 机器鱼

1999 年北京航空航天大学率先在国内开展仿生机器鱼的研究，2002 年推出了第一款仿生机器鱼 SPC-1，如图 9-28 所示。SPC-1 体长约为 1.9 米，重约 156 千克，在频率 2 赫[兹]时最大游速为 1.5 米/秒，最小转弯半径为一倍体长。值得一提的是，SPC-1 在试验中完成了对太湖水质的检测。2003 年北京航空航天大学推出了 SPC-2 仿生机器鱼，相比于 SPC-1，性能有很大提升，并成功地用于郑成功古战船遗址的水下考古探测，如图 9-29 所示。

图 9-28　北航研制的机器鱼 SPC-1

图 9-29　北航研制的机器鱼 SPC-2

自 2001 年以来，北京大学也研制了多款仿生机器鱼，其中采用模块化设计的“游龙”系列机器鱼已成为国际水中机器人大赛的标准平台。该机器鱼体长约为 45 厘米，由 3 个舵机驱动 3 个身体关节，模拟鲹科鱼类进行游动；该机器鱼还能通过单自由度胸鳍改变攻角实现沉浮，并通过所配置的摄像头与压力传感器进行信息采集和行为控制，如图 9-30 所示。

2008 年哈尔滨工程大学攻克了水中微型机器人的核心技术——离子导电聚合物薄膜材料（ionic conducting polymer film，ICPF）的制作工艺，成功研制出生物型驱动器，该驱动器可以像肌肉一样柔性弯曲，同时还具有传感器功能，由此奠定了水下微型仿生机器人的研究开发基础。2011 年哈尔滨工程大学利用 ICPF 研发的微型仿生机器鱼参加了“十一五”国家重大科技成就展，该机器鱼以控制电路板作为骨架，由鱼身、尾鳍、胸鳍等 3 部分组成，长约 9 厘米，宽约 5 厘米，厚约 3 厘米，重约 60 克，非常小巧，可以相当逼真地模拟鱼的游动姿态，如图 9-31 所示。

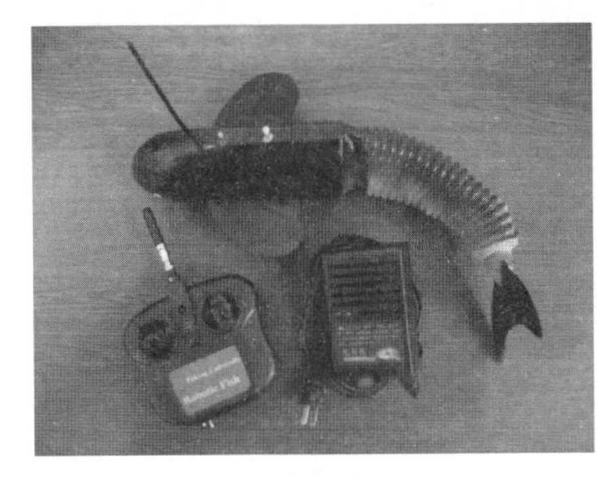

图 9-30　北京大学研制的机器鱼

图 9-31　哈尔滨工程大学研制的微型机器鱼

2000 年美国空军实验室和 IS 机器人公司以螃蟹为仿生对象，研制了一款水陆两栖的新型扫雷机器人，如图 9-32 所示。该仿生机器人具备了螃蟹运动的灵活性、稳定性和高效率，可以轻松地越过障碍和裂缝。当地形环境改变时，通过所配置的多个状态传感器和集成的控制系统，可以迅速调整姿态和运动方式，稳定、快速地到达目标区域。目前，这种机器人已经在美国海军作战中心进行了演示，在陆地和浅水中成功实现了模拟扫雷任务。

2001 年美国东北大学海洋科学中心主任约瑟夫·艾尔斯教授研制了一款机器龙虾，如图 9-33 所示。据介绍，这只仿真龙虾长约 45.72 厘米(含触角)，由一种特制的防水电池提供动力，以半自主方式工作，它头部的两根长须是一种灵敏度极高的防水天线，几只脚上都装配有防水毛传感器，它的大脑则是一台超微型计算机。它能够像真龙虾一样适应不规则的海底，在不同的深度敏捷地行动，并且可以灵巧地应对汹涌的波涛和变化的海流，躲避各式各样的海底礁石。机器龙虾的触角及细毛传感器只有头发丝粗细，是利用美国东北大学的金属微加工工艺制成的，来自触角及细毛的信号经过微处理器大脑的处理，用来控制机器龙虾仿生腿的肌肉。研究人员用镍钛诺丝仿制出龙虾的肌肉，镍钛诺是一种镍钛的形状记忆合金，若将它加热到华氏 150 度，它就会收缩 10%。镍钛诺丝通电加热时肌肉就会缩短，使龙虾的腿向上运动；一旦冷却，它就恢复原来的形状。交替地加热及冷却镍钛诺丝，就可复制龙虾腿部的运动。与采用电动机及齿轮装置的驱动方式相比，这种方式显得更加自然。仿生龙虾在军民领域均可获得应用，据称在发现水雷时会发出声呐警报，还可探测水下资源，等等。

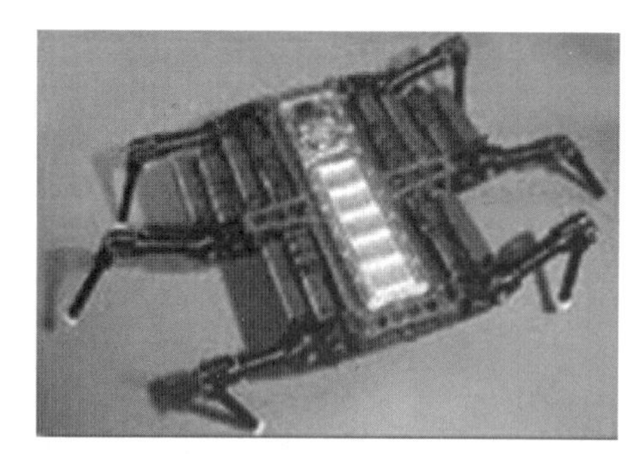

图 9-32　仿生机械蟹

图 9-33　机器龙虾

德国费斯托自动化公司(Festo)也研制了几款水中仿生机器人，如图 9-34 所示的机器企鹅。该机器企鹅可以自主地穿越水池，同时还拥有反向游泳能力。这一点与真实的企鹅截然不同。图 9-35 所示为费斯托公司研制的机器水母，其独到之处在于通过圆顶结构内的 11 个红外发光二极管实现彼此间的通信。据悉，费斯托公司正在研究由多个仿生水母组成的群体系统的控制问题，以期利用多个仿生水母合作完成大型水利工程的检测。

此外，还有众多的水陆两栖仿生机器人，它们就不一一出场了，留个悬念吧！如果特别感兴趣的话，问问“度娘”就知道啦！

图 9-34　机器企鹅

图 9-35　机器水母

9.4　空中仿生机器人

“飞天”始终是人类的梦想，从嫦娥奔月的美丽传说，到留存至今的敦煌“飞天”，无不蕴含着人们翱翔天际的梦想。如今的人类不仅登上了月球，还在向更遥远的太空迈进，让人禁不住赞叹大自然的神奇，人类的伟大！在现实生活中，空中飞行机器人因其活动空间广阔，不受地形限制，运动速度快等特点，已在军事侦察与战争、森林火灾预防、灾难搜救等领域发挥着重要的作用。

现在我们耳熟能详的航空飞行器，无论是中国空军的歼 20、武直 10，美国空军的 F35、阿帕奇、捕食者等军用飞机，还是空客 A320、波音 787、中国商飞 C919 等民用客机，都是以固定翼或旋翼的方式实现飞行的，真正以鸟类方式飞行的航空器并不是很多，且未得到大规模应用。我们把这种模仿鸟类飞行的航空器称为空中仿生机器人，将其飞行方式称为扑翼飞行。简单地说，空中仿生机器人是一种模仿鸟类或昆虫飞行的新型飞行器，其特点是通过一个扑翼系统，综合实现举升、悬停和推进等多项功能，以较少的能量进行远距离飞行。通常情况下，空中仿生机器人具备较强的机动性，在长时间无能源补给及远距离条件下，仍然能够执行任务，因而成为微型飞行机器人研究的重点。

在空中仿生机器人研究领域，德国费斯托自动化公司(Festo)是个中翘楚。每到愚人节前夕，Festo公司就会推出“新鲜出炉”的仿生机器人，2011年推出的是海鸥，2013年是蜻蜓和水母，2014年是袋鼠，2015年是蚂蚁和蝴蝶，当然也包括前面已经提及的仿生企鹅！这些仿生机器人都出自Festo公司的“Bionic(仿生)学习网络”项目，该项目2015年的主题是“加入该网络”，从中可以看到合作办公的蚂蚁和喜欢集群的蝴蝶。空中仿生机器人也是Festo公司的最爱之一，下面介绍他们在该领域的部分研究成果。

1. 海鸥机器人SmartBird

这款机器鸟的设计灵感来源于海鸥，可以非常好地模拟鸟类飞行，具有很高的仿真度，几乎做到以假乱真，如图9-36所示。SmartBird的重量只有450克，在其体内安装了两个轮子，与驱动两侧翅膀的牵引杆相连，通过轮子的旋转带动翅膀上下拍动，通过摆尾和摇头改变飞行方向，能够实现自主启动、飞行和降落等动作，还能通过将翅膀扭转特定的角度，完成一些特技飞行！SmartBird拥有如此出色的空气动力性能和灵敏度，让人叹为观止！这款既可通过无线电遥控飞行，也可实现自主飞行的机器鸟，是一只名副其实的聪明鸟(smart bird)！

2. 蜻蜓机器人BionicOpter

蜻蜓除了是世界上眼睛最多的昆虫之外，还具有很强的飞行能力，飞行速度可达10米/秒，既可突然回转，又可直入云霄，有时还能后退飞行。Festo公司研发的仿生蜻蜓BionicOpter重约175克，翼展可达到0.63米，体长0.44米，其翅膀采用四翼碳纤维折叠翅膀，由9个伺服电动机操控，每秒可拍打20次，每个翅膀能够旋转90°，便于控制冲角使其能够向前、向后和侧面飞行，且每个翅膀的振幅、频率和冲角都单独控制。因为充分借鉴了蜻蜓的飞行方式，BionicOpter能够沿任何方向飞行，执行复杂的飞行策略，并且能够通过机翼的微调保持飞行的稳定性，如图9-37所示。BionicOpter的设

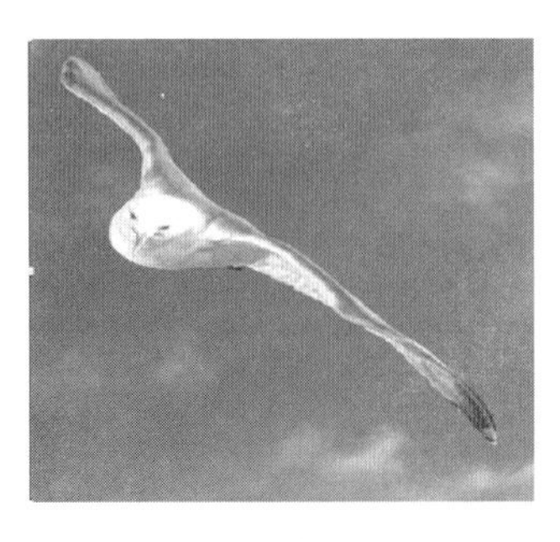

图9-36　机器鸟SmartBird

图9-37　蜻蜓机器人BionicOpter

计者海因里希-弗隆特泽克博士说："其独特飞行功能是由它的轻型结构和整合功能实现的，传感器、制动器、机械零件都安装在开放和闭合环路的控制系统中，非常紧凑，并且能够彼此精确匹配。这意味着 BionicOpter 是能够模拟直升机、有翼飞行器和滑翔机的任何飞行状态的首个机械模型。"

3. 蝴蝶机器人 eMotionButterflie

蝴蝶是自然界中最美的物种之一，也是昆虫进化中的最后一种生物。Festo 公司为了展示自然界中广泛存在的蝴蝶集群效应，研制了仿生蝴蝶机器人 eMotionButterflie，如图 9-38 所示。该机器人重约 32 克，翼展 0.5 米，其两侧的翅膀均由覆盖了很薄一层弹性电容膜的碳纤维骨架制成，并通过两台电动机独立驱动，体内集成了 IMU、加速计、陀螺仪、指南针以及两个 90 毫安的聚合物电池等辅助装置。在飞行时，eMotionButterflie 每秒拍打翅膀 1～2 次，飞行速度可达 2.5 米/秒，并可通过翅膀调整自己的姿态，保持预定的方向飞行。

图 9-38 蝴蝶机器人 eMotionButterflie

4. 超微蜂鸟

前面几种空中仿生机器人均出自德国著名的费斯托自动化公司(Festo)之手，即将登场的这一款超微蜂鸟则是美国 AeroVironment(AV)公司的产品。AV 公司是一家致力于无人机开发的公司，2003 年出现在阿富汗战场的无人驾驶飞机 Raven 就是由他们制造的。2006 年美国国防部先进研究项目局(DARPA)委托 AV 研发一种身体足够小、能飞进一扇开着的窗户的无人驾驶空中飞行器。AV 花费了整整 5 年时间，试用了超过 300 多种的翅膀设计方案，研制出了侦察机器人超微蜂鸟，并在加利福尼亚州完成了首次试验飞行。

超微蜂鸟是一架遥控飞行的扑翼机，重约 18.7 克，身长 18 厘米，翼展 16.5 厘米，翅膀的骨架由中空碳纤竿制成，其表面是网孔纤维，覆盖着一层聚氟乙烯薄膜。它能够像真蜂鸟那样拍打着翅膀在空中盘旋，执行观察拍摄，甚至还能后空翻飞行，并能通过机载计算机对飞行速度和角度进行实时修正，如图 9-39 所示。

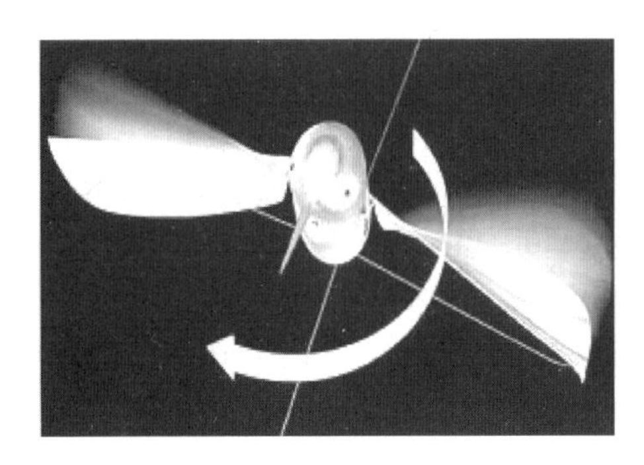

图 9-39　侦察机器人超微蜂鸟

超微蜂鸟的首席研究员马特·肯诺称，这项设计突破了空气动力学设计的限制，灵感来自于蜂鸟，“不过我们并不奢望复制大自然能做到的事，那太难了，令人望而生畏。”他说，“比如，机器人蜂鸟每秒拍打翅膀 20 次，而真正的蜂鸟每秒最多能拍打 80 次。”在试验中，机器人蜂鸟飞行了大约 8 分钟。科研人员希望通过进一步的努力，使之能够实现更长久的飞行，并希望它最终能像真正的蜂鸟一样轻松地栖息在电线上。

9.5　仿生机器人群体

我们已经知道，科研人员通过辛勤的劳作，以大自然为师，创造出了一个个身怀绝技的仿生机器人。但自然界的神奇远不止于此。蚂蚁、蜜蜂、鸟儿、鱼儿等，为了更好地生存，它们结伴而居，群集觅食。在每次群体行动中，它们没有统一的领导者，而是通过相邻个体之间的简单信息传递，以整体、有序的方式完成个体根本完成不了的任务，实现了种群的繁衍和发展！这种个体简单，群体复杂；个体笨拙，但群体却呈现高度智能的现象给了人们极大的启迪，我们能否研制出这种个体简单、弱小，群体复杂、强大得多的机器人系统，通过群体成员之间的“协调”与“合作”，解决单一个体难以处理的复杂问题？答案是肯定的。

哈佛大学的科学家们研发了一个由 1000 多个硬币大小的机器人组成的人造群体，这些冰球状的机器人叫作“Kilobot”。每个机器人配备有一个微型处理器、一个红外传感器，并使用振动式马达来移动，价值大约 20 美元。这个人造的小群体由 1024 个小机器人 Kilobot 组成，在目前所知展示群体行为的试验中是机器人数量最多的。据研究人员介绍，这些小机器人就像小型的“变形金刚”，在没有中央智能控制系统协调和组织的情况下，依据编程植入的一些需要遵守的简单规则，通过和相邻的机器人交换任务信息，改变自身状态，最终完成了群体任务。

以群体行为的实验为例，最初所有的小机器人都随机布置在试验场地上，当四个“种子机器人”被放置在刚才那些小机器人的周围时，小机器人们开始向着种子机器人的边缘移动，并通过红外光与相邻的小机器人交换信息，进而根据环境光的变化和接收到的邻居信息改变自身 LED 灯的颜色状态，最终所有个体的 LED 灯都变成相同的颜色，标志着群体任务的完成。由于事先已经在个体中植入了形成群体行为的简单规则，当所有个体颜色状态一致时，1024 个小机器人已经整齐地排列在一起，如图 9-40 所示。只要得到指令，1024 个 Kilobot 还可以展开分工合作，自行组成五角星、字母以及其他复杂的形状，如图 9-41 所示。以此为基础，未来科学家们甚至有可能研制出可以实现自我组装的变形机器人。在不远的将来，这种不用控制就可以自己合作的小机器人，可望用于海洋石油泄漏清理、深海探索、军事侦察以及行星探测等领域。

图 9-40　多 Kilobot 机器人系统

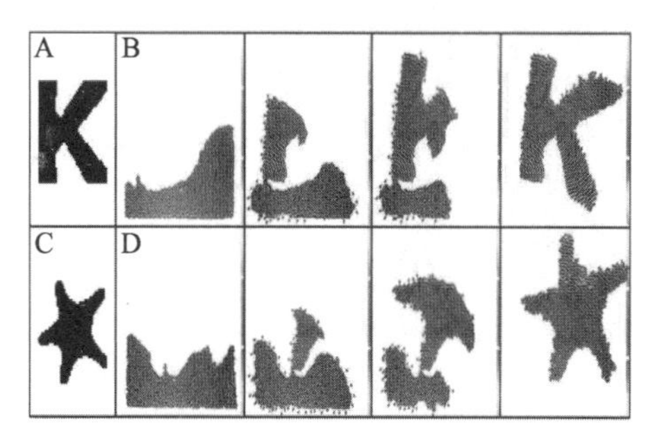

图 9-41　多机器人系统协作算法示例(Nagpal 团队)

Kilobot 的研发被认为是生物智能机器人领域的里程碑，领导该项工作的 R. Nagpal 教授因此入选英国《自然》杂志 2014 年度十大科学人物。

蚂蚁是依靠群体力量延续种群的典型生物，尽管个体非常简单弱小，但其群体向人类展示了其强大的智能！比利时布鲁塞尔自由大学 Marco Dorigo 教授课题组以合力拖动超过它们体重的物体为目标，研发了一群仿生蚂蚁机器人。每个蚂蚁机器人高 19 厘米，有一个抓钳，通过履带与轮子相混合的移动机构交替前行。当以群体方式行动时，蚂蚁机器人互相之间不存在信息交换，仅遵循简单的规则，依据周围的情况自行判断下一步应该采取的行为。唯一的特殊武器是，每个蚂蚁机器人都配备了一个力传感器，用以测量它所承受的外力，并据此调整履带，确保整个团队都在往正确的方向拖曳目标。Dorigo 解释说："在任务场景中它们会搜索红色目标，并用钳子抓住它，这时机器人就会把自己的颜色从蓝转为红，这样随着时间的推移，最终所有的机器人都连成了一串，整个场景中已经没有蓝色物体，这就表明它们已经开始齐心合力地拖动目标了。"

2015 年德国费斯托自动化公司为了展示自然界中的合作行为，发布了一群仿生蚂蚁机器人 BionicANT。每个仿生蚂蚁机器人体长 13.5 厘米，重 105 克，采用激光烧结的 3D 打印技术制作而成，电路裸露在它们的身体外面，通过触角进行充电，其头部配置了 3D 立体摄像头，腿和下颚等移动部件由 20 个"三角压电陶瓷弯曲传感器"制成，能够快速高效地移动，并且可以进入很狭小的空间。同时，蚂蚁机器人底部配置了光学传感器，能够使用地面的红外线标记进行导航。BionicANT 能够像真正的蚂蚁一样，遵循简单的规则设定，自主进行操作。在面对大规模的复杂任务，如作为一个集体搬运比个体大得多的物体时，蚂蚁之间能够相互沟通，并且协调它们的行为和运动方向，如图 9-42 所示。也就是说，BionicANT 能够模仿蚂蚁的"社会规则"，通过相互之间的协调、沟通，协作完成复杂任务！

图 9-42　仿生蚂蚁机器人 BionicANT

仿生是水下机器人集群的重要发展途径之一。海洋生物通过集群协同，可以充分适应复杂海洋环境，有效弥补个体能力的不足，极大提高整体生存能力。如果水下机器人仿照海洋生物的集群协同原理构成仿生集群系统，那么将极大提升水下机器人集群的整体能力。首先，生物的集群行为，既可以对抗捕食者，又可以提高群体的觅食效率。按照进化论，物竞天择，适者生存。海洋生物的集群行为是经过亿万年优化的结果，是最适应当前水环境的，毕竟面对浩瀚的大海，每条鱼的能力非常有限。其次，这个群体中并不存在一个所谓的首领或者上帝掌控大家，每条鱼的地位都是平等的，可以设想这样一个情况：假设在某个时刻某条鱼从群体里瞬时消失。我们会依然发现，鱼群不会受到任何影响，还是按照既定的轨迹游动。还有一个特点是，一个鱼群可以很大很大，少则几百条，多则几万条，但是每条鱼根本不知道所在的群体有多大，也不知道其中每条鱼都在干什么。设想，你是一条鱼，如果把其他几千条鱼的信息都告诉你，估计你根本没有能力处理如此多的信息。那么，这个鱼实际是如何处理信息的呢？其实，它仅和邻近的几个伙伴互动。而就是这样一群没有首领的团伙，并没有变成一盘散沙，整体上还非常有序，非常强大。这里，介绍一个最简单的群体模型——Boid 模型，这是一位计算机图形学家给出的，是集群动力学的典型模型之一，也算是最早的模型，该模型对集群行为提出三条基本法则：分离、靠近、保持一致，如图 9-43 所示。

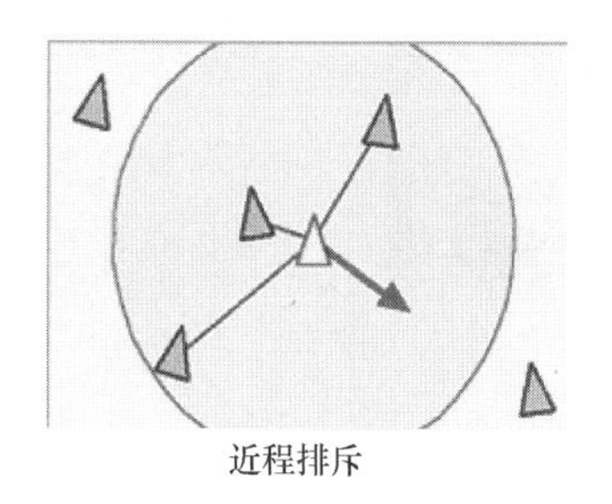

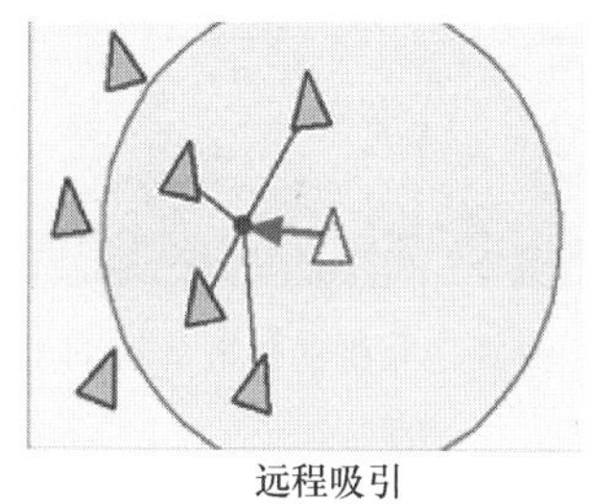

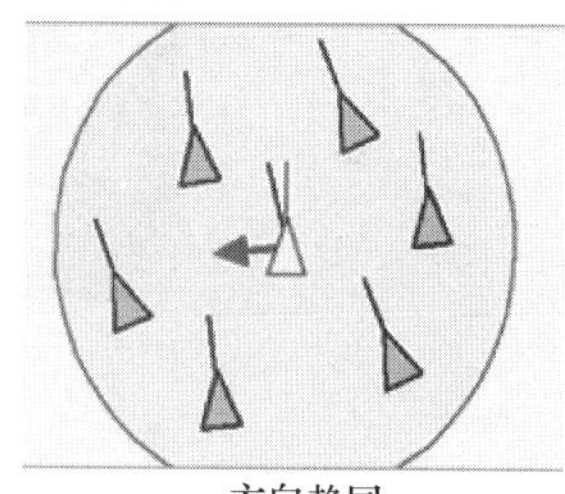

图 9-43　Boid 模型

在不同的模型参数下，couzin 模型能够得到不同的集群效果，并且能够在自然界真实鱼群中找到相对应的集群行为，如图 9-44 所示。图(a)系统呈蜂拥状态(跟随区很小或不存在，吸引区很大)，个体聚集在一起，但是方向比较混乱；图(b)个体形成漩涡状态(跟随区相对较小而吸引区较大)，个体聚集在一起，围绕中心运动形成环状；图(c)个体运动方向一致(跟随区增大)，全部个体近似向同一个方向前进；图(d)个体运动方向一致(跟随区继续增大)，全部个体朝同一方向前进。

我们把相关的算法加载到机器鱼上，也初步实现了机器鱼群的协同游动，

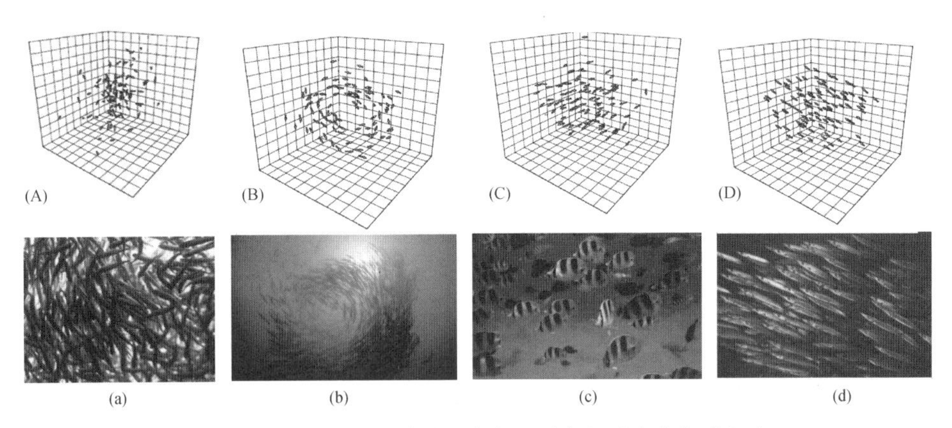

图 9-44　不同的集群效果及真实鱼群中相对应的集群行为

如图 9-45 所示。

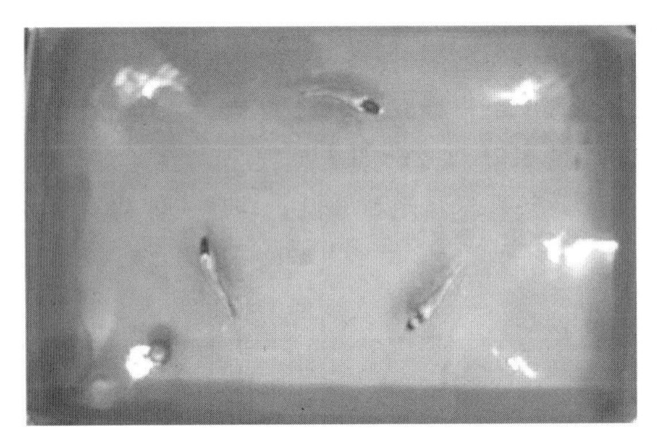

图 9-45　机器鱼群的协同游动

思 考 题

1. 仿生机器人研究给了我们很多的惊奇，也充分展现了人类的智慧，你最喜欢的仿生机器人是什么？为什么？

2. 如何看待多仿生机器人群体？当仿生机器人与其仿生对象组成一个混合系统的时候，会有新的问题出现吗？

3. 有无必要研究利用仿生机器人影响和改变被仿对象生物习性的方法？为什么？

4. 你对仿生机器人了解多少？谈谈你的看法。

第 10 章　颠覆观念的生命机器混合系统

教学目标

✧ 了解赛博格系统定义和应用前景
✧ 了解生物机器混合系统
✧ 了解外骨骼机器人与意念控制的机器人
✧ 了解机器耳与机器眼的原理及应用价值

思维导图

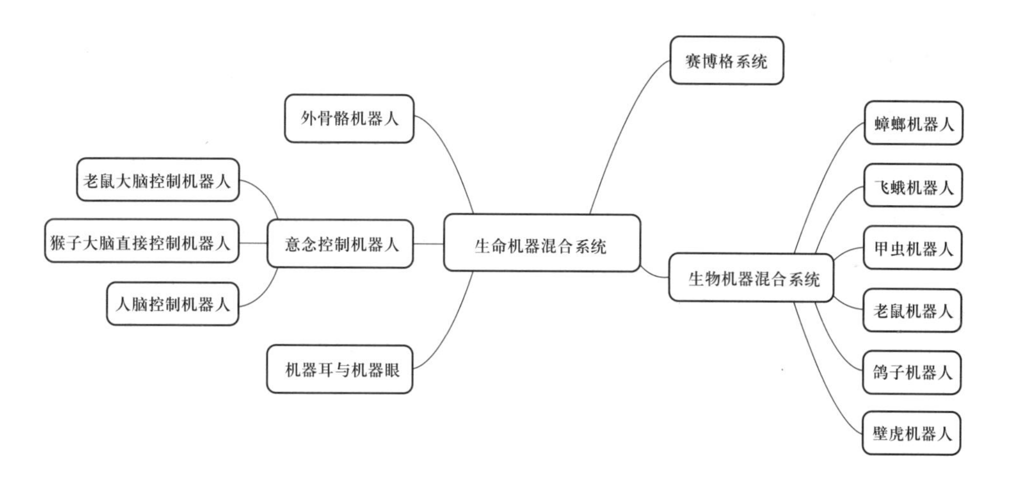

19 世纪以来，科学已成为人类生活中不可或缺的核心部分。对自然规律的不懈探索，带来了日新月异的科学技术，催生了四次技术革命，每次都颠覆性地改变了人们的生活方式。人类已经离不开科学技术，各行各业也都依赖于科学技术，创造科学技术的人类似乎正在被科学技术所奴役。我们已经远离了《瓦尔登湖》中简单澄净的生活，以及陶渊明笔下“采菊东篱下，悠然见南山”的纯粹田园生活，迎接我们的是完全不同的另一种生活方式……

进入 21 世纪以来，我们无时无刻不在享受着信息革命所带来的巨大便利。与此同时，机械、电子、通信、控制、生物等技术领域也达到了前所未有的高度，科学家们正在努力为人们营造更舒适和更便利的生活方式。他们想要创造的产品已不再只是人与自然的中介，而是能彻底消除这种中介，从而彻底改变人类的生活方式！也就是说，将要开发出的新技术不再仅仅是一个工具，而是更多地用来加强人类自身的能力，改造人类，并重建人类的经验世界。这就意味着，机器的功能和性质将会发生深刻的变化，它们将越来越多地应用于我们自身，深刻影响我们的行动和思维，人类和机器之间的界限也因此将越来越模糊！

即将到来的暴风雨，会使我们更像机器，还是使机器更像人？也许这些都不再重要，重要的是不论如何演变，我们都应该努力使科技成果更好地服务于人类自身，而不是相反。

10.1　赛博格系统

“赛博格”一词是英文“Cyborg”的音译，而“Cyborg”则是英文“cybernetic organism”的缩写，指的是有机体与电子器件的混合体。也就是说，赛博格是这样一个存在，它要么是在有机体的体内直接植入了机械电子装置；要么是把有机体的主要器官或部件换成了机械电子装置！不仅如此，有机体大脑与这类机械电子装置还互联互通，并通过微处理器对其进行控制，以满足其生活要求或其他特殊要求。如果你看过电影《未来战警》的话，其中刘德华所饰演的未来战警，其四肢都换成了具有攻击和防御能力的武器，并通过未来战警的意识对它们进行控制。这位未来战警就是一个典型的赛博格。

1960年曼弗雷德·克莱恩斯(Manfred Clynes)和内森·克莱恩(Nathan Kline)在一篇关于人类如何更好地在外太空生存的文章中提出了“赛博格”这个术语。他们认为，通过将人类改造成具有自我调节能力的人-机系统，可以显著提升人类在外太空的生存能力。与通过改变外太空环境使之适应人类居住相比，该方案也许更具优势。他们的基本观点是“人类可以利用移植和药物对自身加以改进，以使人类在没有宇航服的情况下能在太空中生存。”其核心思想就是利用科技来增强人类自身的身体性能，以适应太空环境。后来“赛博格”被定义为“一个人的体能经由机器而扩展并最终超越人体的限制，或一个人在机械电子装置的辅助下对生理过程进行一定程度上的控制。”显然，这两种定义都是在科学技术的限制范围内，也即“控制论意义上的‘赛博格’是一种试验性的产物，它的功能性是有限的，必须受到科学及技术发展的限制。”

1965年哈勒斯(D. S. Halacy)的专著《赛博格：超人的演进》介绍了一个新的疆域，它“不仅仅是空间，更是‘内部空间’与‘外部空间’之间的关系，是精神与物质之间的……桥梁。”哈勒斯认为，如果把赛博格仅仅看作是由于科技的发展而提高了能力的有机体，那一定是过于简单了！

1985年堂娜·哈拉维在《赛博格宣言：20世纪晚期的科学、技术和社会女性主义》对“赛博格”的概念进行了扩展，她认为“赛博格是一种受控的有机体，一种机器与有机体的混合体，它既是社会现实的动物，又是虚构的动物……现代的科学虚构充满了赛博格，它们居住在各种介于自然和人工的模棱两可的世界上。”哈拉维的定义使赛博格突破了科学技术的界限，扩展到虚构物体和想象的世界里，这为电影中的赛博格叙事打开了大门，哈拉维的赛博格是跨界的、模糊的，它是对虚拟与真实的思考。哈拉维从人-机同体这一现象看到了人类主体走向崩溃、赛博格主体必将建构的趋势。

由此可见，赛博格牵涉到科学哲学、技术哲学、科技伦理、科技文化以及文化研究等众多跨学科领域。作为开发脑力的一个途径，赛博格使得针对脑-机接口的研究获得了前所未有的新高度和新方向，这些研究大致可分为四类：

(1) 治疗型。这类研究是指利用电脑、芯片或者机械电子装置，使人体自身无法控制的生理机能得到控制，如心脏起搏器、用于治疗帕金森综合征等疾病的器械等。

(2) 更换功能型。这类研究是指给身体装入机械电子器官组织，替代失去功能的原有器官进行工作，如人工耳蜗、电子眼等。

(3) 重新装配型。这类研究是指借助日常工具辅助和提升人的基本能力，举例来说，如果把人与手机、电子邮件、电话等作为一个人-机系统来看，也属于广义上的赛博格。

(4) 增强型。这类研究是指通过科技装置增强人类自身能力，如科幻小说和电影中的超人，以及后面即将介绍的外骨骼机器人等。

赛博格是通过把机器植入人类的身体，使身体性能得到增强或者改变的技术，在医学、仿生学、人工智能、生物学中有着广泛的应用，如假肢、隐形眼镜、耳蜗灌输术、髋骨更换手术等都是赛博格思想的延伸，即通过人-机一体化来修补人类的缺陷。多少世纪以来，人类不再是那么纯粹自然，我们一直在使用各种工具来代替我们的眼睛、耳朵、双手、双脚甚至是大脑思维，我们已经从制造机器发展到最后到寄生在机器之中，机器是我们每个人的延伸，“来自上帝之手的人体已经和来自人类之手的机器拼接在了一起”。

赛博格在人工智能领域体现得较为明显，如人们更多地通过人-机交互来实现他们的目的，计算机开始变得具有“思维”。更有甚者，人们可以将人类的意识上传到电脑上，并对这些信息进行分析并加以利用。这些新鲜的事物，无处不展示着赛博格系统的魅力。

赛博格在军事领域也有应用。加州大学伯克利分校的计算机及人类工程实验室发明了“伯克利下肢外骨骼”(BLEEX)，这种骨骼其实就是一种机械辅助装备，借助它可以提高士兵的负重能力。哈拉维说，“现代战争是一场由C3I编码的赛博格狂欢。”C3I是美国1984年提出的，是指令-控制-交流-情报(command-control-communication-information)协同系统的缩写。

在科幻小说和科幻电影中，赛博格的形象随处可见，刻画得也可谓淋漓尽致！小说和电影可以毫无顾忌地突破现实科技的束缚，它赋予赛博格以独特的现实感，并且形象也是种类繁多，大多能看到人、机器和自然关系之间的强烈思考，也可以说科幻小说和电影带给我们的是思想的外太空。科幻小说中赛博格的形象是玛丽·雪莱笔下的《弗兰肯斯坦》，是爱伦·坡笔下的《被用光的人》，是简·海尔的《能活在水里的人》、埃蒙德·汉密尔顿的《没有女人生育》和C·L·摩尔的《彗星毁灭》！在电影中，赛博格的形象更是数不胜数，俯首可拾！《终结者》《六百万美元的男人》《第九区》《电子世界争霸战》《黑客帝国》《太空堡垒·卡加》中，都能见到赛博格的身影，好莱坞的绚丽效果完全模糊了现实与虚幻之间的界限！就像《黑客帝国》里说的“欢迎来到真实的荒漠”。“真实的荒漠”以一种形象化的再现方式实现了鲍德里亚意义上的虚拟景观。真实与虚拟成为一个事物的两面，最终融合为一体。当然了，赛博格还会以其他的方式出现在我们的世界里，比如角色扮演类游戏、转基因食品等，如果你留意，你总会发现它们。

赛博格技术，究竟是给人类带来光明的技术，还是不可容忍的人体改造？21世纪，我们所生活的，将是一个怎样的世界呢？人类被视为可以进行改造的精密机器，这到底是福还是祸呢？人类也许永远都无法令人满意地回答这些问题。我们知道的是，医疗福利领域的赛博格技术，可以使人们重获新生，获得人类前所未有的新感觉。如美国田纳西州的男子，因触电事故失去了双臂，如今他装上了能随心所欲活动的人工手臂；完全失明的加拿大男子，把摄影机拍摄的影像，直接传送到大脑内，重新见到了光明。其他，如人工耳蜗的出现，帕金森、美尼尔氏综合征、忧郁症的治疗，如同修理电器一样神奇！瘫痪病人用脑电波指挥电脑发出指令，可以恢复行走功能，重获自由；像控制遥控汽车一样指挥老鼠，等等。这些都是多么地既令人神往，又令人抗拒！如果赛博格被应用到军事领域，导致人类之间无休止的杀伐，那又是多么令人绝望！

10.2 生物机器混合系统

昆虫是自然界中最早获得飞行能力的物种，其运动机理和飞行动力学原理一直是生命科学与工程技术研究人员关注的热点话题。随着神经生物学、信息科学及微机电系统等领域的飞速发展和交叉汇聚，以昆虫为载体，人们采用电刺激、动量重定向、代谢调控等技术控制或扰动载体行为，实现了可静态预设或动态控制的昆虫-机器混合系统，它们不仅继承了载体优越的爬行、跳跃或迁飞能力，而且还可以接收人工控制模块的精确诱导信号，实现人类期望的行为。显然，它们类似于赛博格，也是生命体和机械电子装置的混合体！我们姑且称之为生物机器人或昆虫机器人。

生物机器人的研究始于 20 世纪 90 年代，美国和日本等国的科研人员以蟑螂、甲虫及烟草飞蛾为载体搭建原型，提出了一些昆虫行为控制技术及昆虫-机器接口的初步方案，这些昆虫机器人显示出了独特的能力。由于昆虫机器人不仅具有重要的研究价值，而且应用前景也很广阔，许多国家和地区都投入了大量资金和力量进行研发。下面介绍一些典型的研究案例。

1. 蟑螂机器人

蟑螂的生命力相当顽强，甚至在核爆炸中也有可能存活下来。近年来，科学家们又赋予了它一项新技能，或许有朝一日，它们可在各种灾难中营救受困人员。美国北卡罗来纳州立大学研究人员表示，借鉴蟑螂的适应性，他们研发了一种有助于灾区救援的蟑螂机器人，如图 10-1 所示。这些蟑螂机器人能够潜入灾区的狭小空间，并利用小型传声器接收声音。科研人员利用蟑螂通过尾须感知腹部是否碰到物体这一功能，给蟑螂研制了一款电子背包，并将其与蟑螂尾须连在一起，通过电子信号对尾须的刺激作用，控制蟑螂的爬行方向，达到寻找声源信号的目的。

图 10-1　蟑螂生物机器人

在所设计的电子背包中，一类配置了一套由三个探测声音方向的定向扩音器组成的扩音器阵列，控制蟑螂机器人向正确的方向移动；另一类仅配有一个可从任何方向捕捉声音的扩音器。这些电子背包在实验室的测试中都表现得“十分有效”，为了让它们更好地在灾区工作，科学家们还开发了一种“无形围墙”技术，确保生物机器人的信号传输不受干扰。由于生物机器人能够抵达搜救人员不能到达的位置，并能够实时传输其所收集到的现场信息，因此将来有望成为救灾人员的得力工具。

2. 飞蛾机器人

烟草飞蛾的发育期一般约为49天、翼展10厘米、负载能力约2克，是比较理想的昆虫载体。美国康奈尔大学SonicMEMS实验室将微电极植入飞蛾的触角叶、颈部肌肉、背纵肌和背腹肌等位点，使用方波信号刺激载体产生了起飞、停止和左右转向等行为。

为了减少电极植入对载体的损伤并提高系统可靠性，该研究小组提出了变态早期植入技术。该技术有助于节约载体能量，提高昆虫机器人的飞行距离和运载能力。此外，SonicMEMS实验室的研究人员采用MAV研究中较为成熟的动量重定向技术，在载体尾部安装微型电动悬翼和微位移方向舵，实现了长距离、低能耗的飞行控制。

3. 甲虫机器人

加州大学伯克利分校、密歇根大学和亚利桑那大学的联合研究小组以甲虫为载体，使用神经和肌肉电刺激实现了对起飞、停止、左右转向、振翅频率等飞行行为的准确控制。甲虫机器人是当前控制功能最为齐全、最接近实用的昆虫机器人。然而，对载体运动神经系统刺激信号的传递通路的研究目前还没有明确成果，如何实现更为精确的行为控制仍有待于进一步探索，涉及神经冲动的电刺激诱发机制、神经电传导通路以及飞行肌肉收缩与振翅行为的对应关系等科学问题。另外，植入方式和刺激系统的设计需以降低载体刺激损害、提高刺激精度为研究目标，可从植入操作、器件设计以及刺激方法等多个方面进行突破。

4. 老鼠机器人

据2002年的《自然》杂志报道，在美国DARPA的大力支持下，美国纽约州立大学的Sanjiv Talwar博士领导的科研小组成功实现了人工制导老鼠的各种运动行为，如图10-2所示。科研人员通过在老鼠身体上安装微处理器，在其脑部产生快感的片区和体觉感受皮层植入电极，可在500米外遥控老鼠完成转弯、前行、爬树以及跳跃等动作，甚至可以控制老鼠，使其产生一些有违其习性的运动行为。比如在光线充足的广阔的室外场地执行任务，而且老鼠能够以平均1.3米/秒的速度进行长达1小时的试验。

研究人员还进一步预言，如果在老鼠体上配备GPS、微型摄像机以及传感器等元件，老鼠不但可以帮助营救人员寻找被压在倒塌建筑物下面的遇难者，还可以协助军方扫除地雷、排除潜在危险或充当间谍等。国内山东科技大学苏学成教授、浙江大学郑筱祥教授，以及中国科学院自动化研究所宋卫国等科研团队也针对类似问题进行了研究。

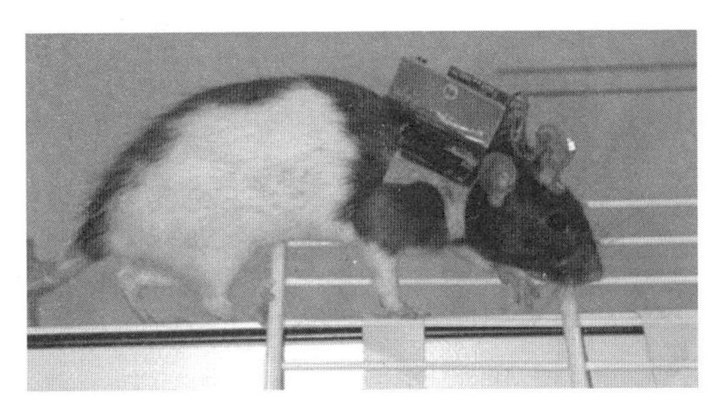

图 10-2　老鼠生物机器人

5. 鸽子机器人

基底神经节是大脑皮层下一些神经核团的总称，是运动调控的中枢，其主要结构是纹状体，而鸟类的纹状体尤为发达。2007 年山东科技大学完成了鸽子机器人的研制。他们用计算机产生具有一定规律的编码信号，通过植入家鸽丘脑腹后外侧核和古纹状体内的数根微电极，对它施加人工干预控制指令，使它在人工诱导下实现了起飞、盘旋、左转、右转、前进等特定动作。鸽子机器人脑袋后面没有线，取而代之的是一个巨大的“瘤子”。研究人员介绍，这是个无线遥控的动物机器人，鸽子脑袋后的铁疙瘩是一个指令接收器，控制着鸽子的行为，这只仿生鸽子在人为控制下，能沿着呈方格的红线前进，到了拐角的地方还会转弯，如图 10-3 所示。

图 10-3　鸽子生物机器人

6. 壁虎机器人

脑干的许多核团和脑区具有重要的运动调控功能。电刺激脑干不同区域，可以诱发动物的攻击、防卫、转圈和逃跑等行为。南京航空航天大学以大壁虎为研究对象，利用自制的大壁虎大脑立体定位仪系统，发现电刺激中脑可以诱导大壁虎的转向运动。进一步的试验表明，通过刺激中脑内相关的核团可以实现对大壁虎转向运动的诱导。以此为基础，近期研究人员还在通道中成功实现了大壁虎8字形运动诱导，如图10-4及10-5所示；据此研制的壁虎生物机器人如图10-6所示。

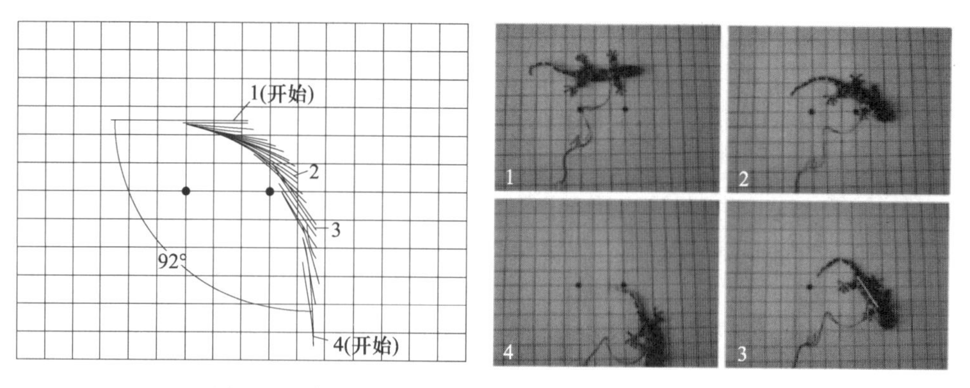

图10-4 清醒状态下电刺激大壁虎中脑诱发左转运动

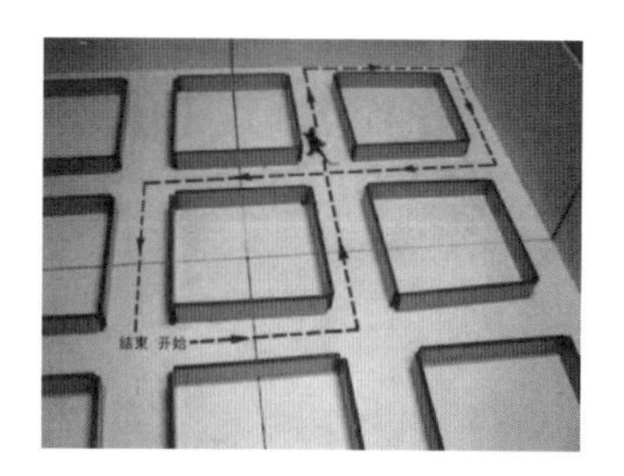

图10-5 大壁虎通道试验中的8字形运动诱导

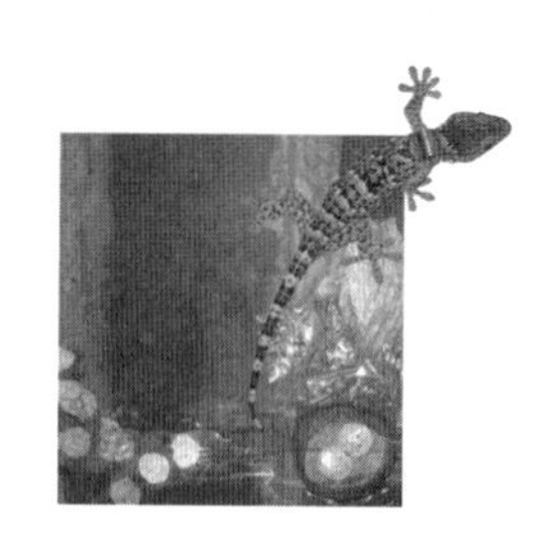

图10-6 壁虎生物机器人

10.3 外骨骼机器人

外骨骼(exoskeleton)一词来源于生物学，是指为生物提供保护和支持的坚硬的外部结构，例如甲壳类和昆虫等节肢动物身上由几丁质和矿化(磷酸钙化)胶原纤维组成的外骨骼，这种体质的优越性在于将支撑、运动、防护等三种功能紧密结合在一起。受此启发，人们开始研制一种操作者可以穿在身上的机械电子装置，称之为外骨骼机器人(exoskeleton robot)。由于此类设备通常是机械、电子、通信、传感、控制、移动计算等学科知识综合应用的产物，不仅可以起到保护和支撑操作者身体的作用，而且能够在操作者的控制下完成一定的任务。由于外骨骼机器人技术能够增强个人在完成某些任务时的能力，外骨骼和操作者组成的人-机系统对环境有更强的适应能力，能够让残障人士变成正常人，正常人变成超人。因此，该领域日益为高等学校和科研机构所关注，单兵军事作战装备、辅助医疗设备、助力机构等已研制成功，并获得了广泛应用，其中以美国和日本的成果最为引人注目。

作为一种可穿戴式的机械电子装置，外骨骼机器人实现了人类智能和机器人的结合，拓展了使用者的能力。根据结构的不同，外骨骼机器人通常可分为上肢外骨骼机器人、下肢外骨骼机器人、全身外骨骼机器人和各类关节矫正或恢复性训练的关节外骨骼机器人；根据功能的不同，又可分为两大类：一类是以辅助和康复治疗为主的外骨骼机器人，如辅助残疾人或老年人行走的外骨骼机器人，以及辅助肢体受损或运动功能部分丧失的患者进行康复治疗、恢复性训练的外骨骼机器人等；另一类是以增强正常人的力量、速度、负重和耐力等机能为目标的增力型外骨骼机器人，如辅助战士携带弹药和作战装备的外骨骼机器人。

2002 年日本筑波大学 Cybernics 实验室的山海嘉之教授研发出世界首款商用外骨骼机器人，并命名为 HAL(hybrid assistive leg，HAL)。HAL 是一款穿戴式的助力机器人，其目标是帮助老年人和残障人士人进行正常的运动。在短短 3 年时间之内，HAL 的第 5 代产品 HAL-5 亮相世博会，并被美国《时代》杂志评为 2005 年最佳发明，如图 10-7 所示。HAL-5 重约 15 千克，可以自我支撑，整个系统可以承受 140～220 千克的重物，其驱动、测量以及动力装置等都集成在一个背包中，结构轻巧紧凑，所配备的角度传感器、肌电传感器、压力传感器等可以实时获取外骨骼人机系统的运动信息，中央处理器会根据这些信息驱动机构进行运动，实现预定功能。HAL-5 不仅可以用于加强正常人体的运动能力，还可以用于辅助有伤病的残障人士进行正常行走，通常只需 30 分钟的“人-机默契”训练即可熟练使用。

2000 年，美国国防部高级研究项目局(defense advanced research projects agency，DARPA)资助加州大学伯克利分校人体工程实验室(Human Engineering Laboratories，HEL)、SARCOS 机器人公司、橡树岭国家实验室(Oak Ridge National Laboratories，ORNL)和 Millennium Jet 公司等开展外骨骼机器人研究。2004 年，美国加州大学伯克利分校研制出了下肢外骨骼机器人 BLEEX，这是美国研制成功的第一款能够负重且带移动电源的外骨骼机器人，如图 10-8 所示。BLEEX 重约 45 千克，由动力设备、背包式支架、2 条仿生机械动力腿组成，采用液压驱动，动力由背包中的液压传动系统和箱式微型空速传感仪提供。在试验中，穿戴该机器人的志愿者携带一个重达 35 千克的背包仍可行走自如，如图 10-9 所示。

图 10-7　穿戴型助力机器人 HAL-5

图 10-8　外骨骼机器人 BLEEX 试验

在 BLEXX 外骨骼机器人基础上，洛克希德·马丁公司和伯克利分校共同开发了另一款下肢外骨骼机器人 HULC，如图 10-10 及图 10-11 所示。HULC 优化设计了 BLEEX 的部分液压传动装置，并在背部配置了托举装置，可帮助使用者完成匍匐前进和下蹲等动作，以及举起通常需要 2 人甚至更多人才能举起的重物。HULC 外骨骼机器人明显地增强了使用者的负重行走能力，且穿戴方便，仅需 30 秒便可脱下。试验中，在 HULC 的帮助下，一名美军士兵行军的最高时速可达 10 英里(约合 16 千米)，最多可携带 200 磅(约合 90 千克)的重物，兑现了洛克希德·马丁公司做出的“更强壮，更快速，更坚固”的承诺。

图 10-9　BLEEX 实验

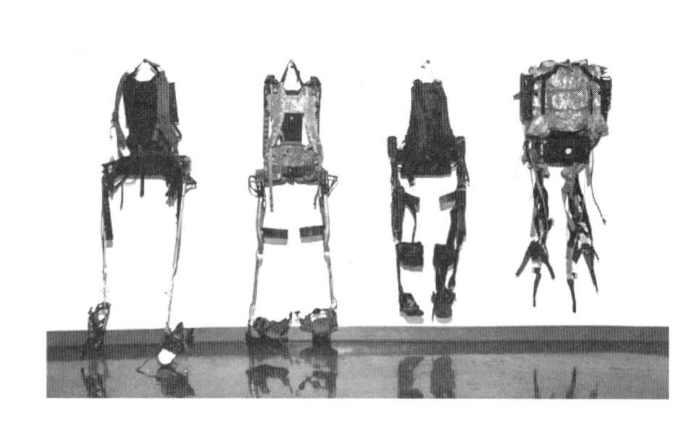

图 10-10　外骨骼机器人 HULC

2010 年 2 月电影《阿凡达》全球热映后，英国皇家空军从影片中得到了灵感，并提出了“阿凡达计划”，以研制用于阿富汗战争的“秘密武器”。根据这项计划，在战争爆发之前，军方首先派“狂风”战斗机对阿富汗战区的地形进行全面俯拍，利用安装在机翼下方的 3D 摄像机获取分辨率极高、立体感极强的 3D 地形图。随后，信息分析人员据此建立精确的地形地貌图，供军事专家对战场环境进行研判，并在战时将这些信息准确无误地传送给正在地面巡逻或作战的英军士兵，使之对周围环境“了如指掌”。举个简单的例子，塔利班武装分子在公路旁安放一颗“路边炸弹”的瞬间也能立刻反映在 3D 立体画面上。更为有用的是，在地面部队与塔利班武装激烈交战时，信息分析人员还能利用 3D 立体图像准确地告诉士兵将要翻越的任何墙壁或障碍物的高度。由此可见，这一计划一旦成功实施，将极大地提高士兵的战场生存能力和作战效能。

事实上，受电影《阿凡达》的影响，美国军方也启动了一系列军事装备研究计划。例如，影片中有“增强机动平台”大型机器人装置使操作人员变成了“大力神”，手提 30 毫米自动大炮参加战斗场景，受此启发，美国军方正在资助开发具有动力装置的“机械战士”，单个士兵穿戴这种装备之后，即可具备携带重型装备参加军事行动、实施救援、工程作业等的能力，甚至有助于受伤康复。上文中提到的 BLEEX 和 HULC，以及在美国五角大楼的国防远景研究计划署资助下雷神公司研发的铝制机器人 XOS 均属此列。XOS 重 150 磅（约合 70 千克），可以穿戴在人的手臂、胳膊和背部，它令使用者在数百次举起约合 90 千克的重物之后，仍能自如地上下楼梯或踢足球，而不会觉得劳累，如图 10-12 所示！与此同时，美国军方还试图研制可用意识控制的“阿凡达”战士，以实现远程操纵他们的“阿凡达”替身在战场上作战的目标。据悉，从 2004 年开始美国五角大楼的国防远景研究计划署已投入巨资，在美国杜克大学的神经工程中心等全美 6 个实验室中进行“思维控制机器人”的研究工作。尽管距“终极目标”的实现尚早，但科学家已经取得了重大突破。2008 年，位于北卡罗来纳州的实验室研究人员让一只猕猴在跑步机上直立行走，并从植入猕猴脑部的电极获取神经信号，通过互联网，将这些信号连同视频一起发给日本的实验室。最终，美国猕猴成功地“用意念控制”日本实验室里的机器人做出同样的动作。

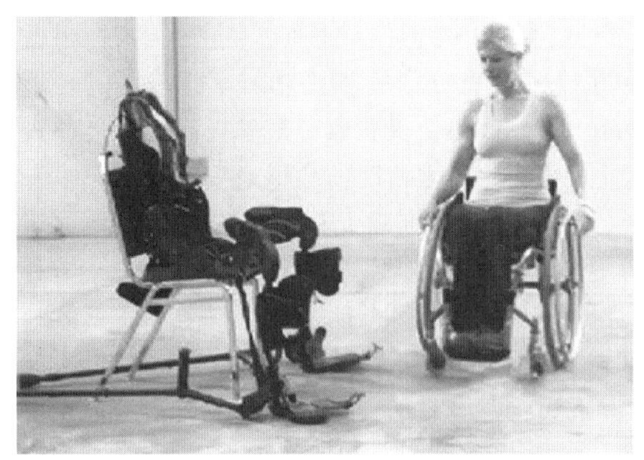

图 10-11　外骨骼机器人 HULC

图 10-12　雷神公司的 XOS

10.4　意念控制机器人

众所周知，我们的一切思想、智慧与行动，归根到底都源于大脑的神经活动。那充满褶皱和沟壑的大脑皮层，是身体的最高指挥机关。而从医学角度看，意念是指人脑产生的做某种动作的神经电信号，它借助大脑神经网络的传输，指导肌肉完成相应的动作。通俗地讲，人类通过特定的脑电信号的指挥完成不同的生理动作。基于这一事实，科学家正在研究脑电信号与机器人之间的通信方式，即脑-机接口技术。通俗地说，这种技术就是筛选和记录人体做出“石头、剪刀、布”等简单动作时对应的脑电信号，并控制机械手做出与之相匹配的动作。之后，当仪器监测到匹配的脑电(即人脑关于石头、剪刀、布等动作意念)时，机械手就可以即时做出相应动作。随着脑-机接口领域研究的深入，机器人在辅助人体恢复丧失的功能之外，还有可能延展和增强人类身体的机能。也就是说，以前仅在科幻小说或动漫中存在的“超级人类”，将很可能真实地出现在我们的生活之中。

1. 老鼠大脑直接控制机器

生化机器人指的是由微电子和生物体组成的机器人，兼具机器人和生物体的优点。通俗地说，生化机器人就是在生物体的基础上以人类科技加以辅助的一种“生物”，称之为“生物”并不过分，因为虽然有机器的参与，但基本上还是以生命系统为主导，机器的部分只是辅助其更好地生存。

生化机器人的倡导者是英国里丁大学工程系统学院凯文·沃维克教授。2002 年他写了一本学术著作《我，生化机器人》(*I*，*Cyborg*)，首先提出了生化机器人(Cyborg)这个概念。沃维克指出，人们身上的一些器官可以更换成由电子设备控制的机器。1998年沃维克就把自己变成了一个生化机器人，他往自己的手臂中植入了一块芯片，从此可以用意念直接控制机械手臂，甚至能通过互联网遥控千里之外的机械手抓握一颗葡萄。2008年沃维克教授宣布，他制造了世界上第一台生物脑控制的机器人——老鼠生化机器人，如图10-13所示。这个鼠脑机器人的"脑"里面，大概也只有5万～10万个从老鼠胚胎中提取出的神经元，而一只真正的老鼠有500万个神经元。因此，它只能在一张餐桌大小的场地上时而前进，时而折返，看起来比街头卖的电动玩具汽车还要粗糙得多，走起路来更像是一只没头的苍蝇。尽管这只鼠脑机器人目前并没有什么实际用途，但它是科学家探索高级生化机器人的一个重要进展。

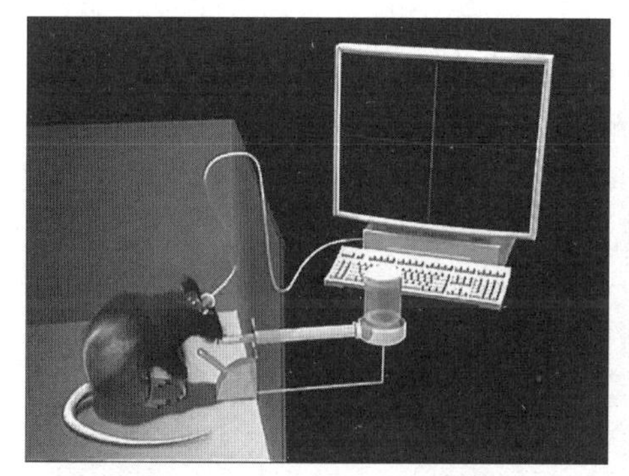
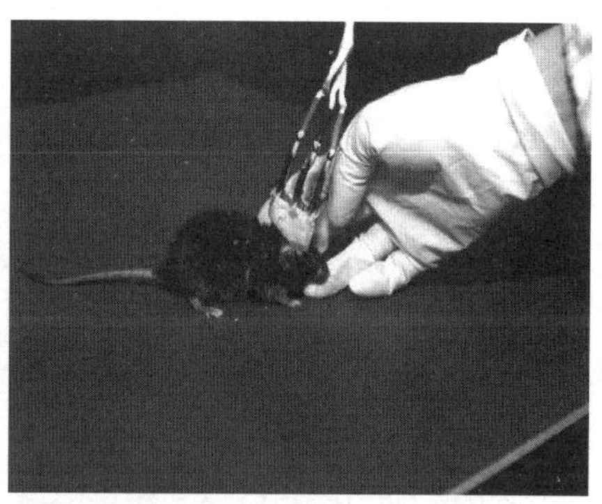

图10-13　生化老鼠机器人

2. 猴子大脑直接控制机器

2000年美国杜克大学医学中心的神经科学家Miguel Nicolelis宣布成功地实现了通过猴子的大脑对机械手臂的控制。2008年美国匹兹堡大学的科学家也宣布实现了通过猴子的"意念"控制机械手臂的运动。2011年10月美国杜克大学医学中心的科学家在《自然》杂志发表文章，宣布他们不仅能够让猴子用意念移动虚拟手掌，还能感受到虚拟手掌触摸物体的触觉信号，如图10-14所示。

2011年美国杜克大学研制了一款重约5.5千克、高约81厘米的猴子生化机器人"艾多亚"，并通过身在美国北卡罗来纳州的"艾多亚"对远在日本的一台重约91千克、高约1.52米的类人机器人进行控制，使之在跑步机上行走。这是人类首次成功实现利用大脑信号对机器人的行为进行控制，具有里程碑式的意义。美国杜克大学的神经科学家尼科乐利斯博士所在实验室是这项试验的设计者和实施者。早在2003年，尼科乐利斯博士的小组就已经证实，猴子能利用其思维来控制一个机器手臂的伸展和抓握，经过近8年的努力，他们终于做到了这一点！不过这仅仅是开发大脑-机器界面的第一步，利用这些成果将来有望使四肢瘫痪患者通过其思维来控制行走工具，达到行走的目的。届时，植入人类大脑中的电极可以将信号输送到患者所穿戴的手机或寻呼机之类的设备上，然后再由此装备将这些信号转播给一对戴在腿上的背带(一种外用的骨架)。借助于此，“当患者想行走时，此背带就会行走。”尼科乐利斯博士说。

2012 年 2 月浙江大学大脑-计算机界面研究组的郑筱祥教授和她的同事们宣称，他们成功地捕获和破译了猴子大脑的信号，通过植入猴子大脑的芯片，将猴子的思维转变成了实时机械手指的移动，如图 10-15 所示。郑筱祥指出，试验猴子“建辉”的脑部植入了两个传感器芯片，虽然仅仅监控了其运动皮质区的 200 个神经元细胞，但已经足以精确解释猴子的移动，并实现了对机械手臂的控制。她说：“手指运动至少与数十万个大脑神经元细胞相关，目前我们仅解析了基于 200 个神经元细胞的简单移动和动作，就可以使‘建辉’大脑发出的简单指令控制机械手，实现一些简单动作。若要实现对机器人更为复杂动作的控制，只有解析了更多的神经元细胞才能够实现。”

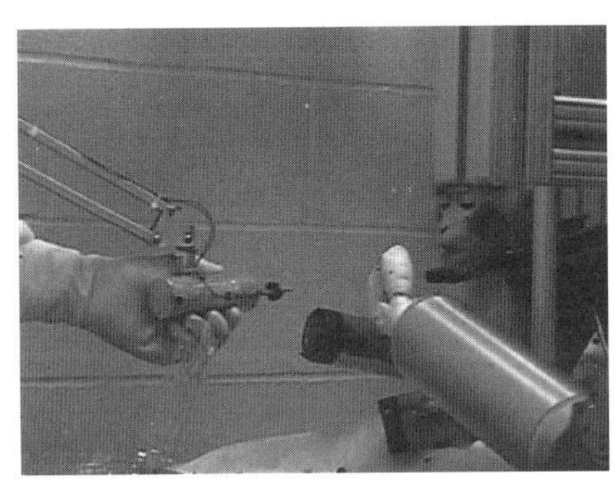

图 10-14　生化猴子机器人试验

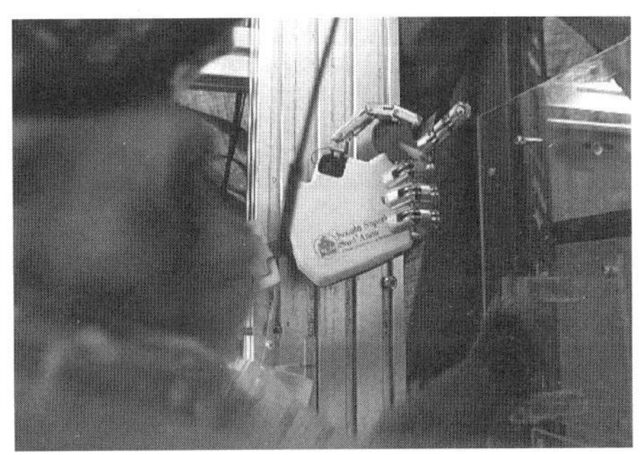

图 10-15　机器猴子“建辉”意念控制机械手

3. 人脑控制机器人

显然脑-机接口技术的研究使得人类使用电极控制假肢成为可能。2012 年 5 月 16 日来自美国布朗大学、退伍军人事务所等单位的研究人员宣称，他们成功地帮助一名瘫痪患者通过其大脑思维控制机械臂。这一成果发表在 5 月 18 日出版的英国《自然》杂志上，并被作为头条新闻进行报道。录像资料显示，时年 58 岁的女子凯茜·哈钦森(Cathy Hutchinson，试验代号 S3)，利用意念驱动面前一只与电脑连接的机械臂，让其抓起桌上一瓶咖啡并递到自己面前。她利用吸管喝到了咖啡，脸上露出兴奋的笑容，如图 10-16 所示。正如前面指出的那样，大脑皮层是身体的最高指挥机关，来自大脑的指令由脊髓负责传送，其他神经末梢负责执行。很多情况下，瘫痪患者的大脑是好的，能够正常发出指令，只是传令通道或最终执行者那里出了问题。哈钦森女士就是这样的一个人，1997 年因为中风瘫痪，无法行动，也不能讲话，日常生活起居都需要别人的照料。在常人看来，用吸管啜饮饮料是一个很简单的任务。但是对她这样一位重度瘫痪的病人来说，15 年来却无法完成。

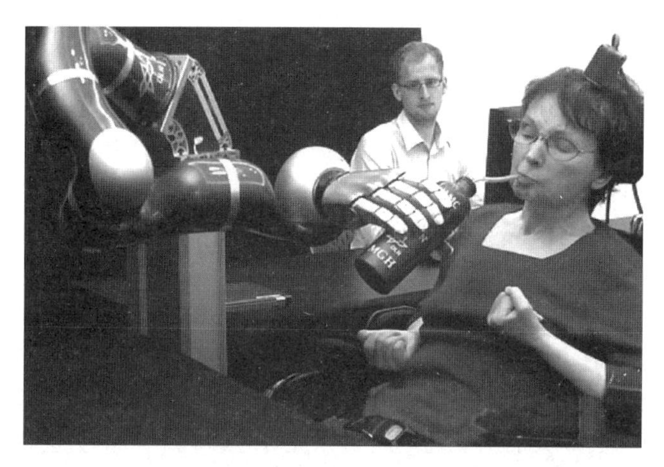

图 10-16　凯茜・哈钦森利用意念驱动机械臂的试验

美国布朗大学脑科学研究所所长、神经科学及工程系教授约翰・多诺霍(John Donoghue)与该校神经生物工程学家利・霍赫贝格(Leigh Hochberg)教授领导了该项研究。对于试验的成功，首席研究员雷・哈奇伯格(Leigh Hochberg)动情地说："哈钦森女士第一次完成这个动作的时刻是一个神奇的时刻。当看到她使用意念控制机械臂拿起那杯咖啡，近 15 年来第一次靠自己喝到咖啡时，真是一个令人难以置信的幸福时刻。"意念驱动机械臂的秘密就在于植入哈钦森大脑中的电极，这些电极只有小药片大小，放置在她大脑的运动皮层上，电极能够接收大脑发出的电信号，再把它发送给电脑，从而让电脑驱动机械臂。研究人员说，试验中用到的人脑-机械交互系统是当前最先进的系统，名为"大脑之门"。哈钦森女士与一名 66 岁的男子罗伯特一起练习用机械臂精确抓取目标。试验中，她对机械臂的控制力远远高于罗伯特。她"说"："练习不太累。最初，我得集中精神，把注意力完全放在想要活动的某块肌肉上……很快我就适应了。"研究人员表示，他们将进一步改良机械臂，让它运动得更顺畅，能完成更多更复杂的动作。但实现这一梦想需要多年时间，不过可能"不会超过 10 年"。

2014 年夏天，在美国约翰斯・霍普金斯大学应用物理实验室，一位来自科罗拉多州的男人实现了一项伟大壮举，他成为第一个佩戴并且能够同时控制一对假肢的双上肢截肢者。他叫 Les Baugh，在 40 年前的一场电气事故中不幸失去了双臂，但是现在，通过短时间的训练，他仅需简单地思考移动上肢，就可以操纵系统完成多项活动，如图 10-17 所示。霍普金斯医院创伤外科医生、医学博士 Albert Chi 解释说："这是一个较新的外科手术，它会重新分配曾经控制手臂和双手的神经。通过重新分配现有的神经，上肢截肢者仅需思考他们要做的动作，就能操纵其假肢装置。"Chi 说："我们使用模式识别算法来确定每个人正在收缩的肌肉，了解这些肌肉之间是如何交流的、它们的幅度和频率又是怎样的，我们提取以上信息，并将它们转译成假肢内的实际动作。" 接着，研究组给 Baugh 量身定做了一个可与其肢体匹配的接受腔，这一接受腔不仅可以给假肢提供支撑，还会与重建神经支配的神经相连接。当接受腔最后一道工序完成时，研究组让 Baugh 在虚拟集成环境中运用肢体系统。当 Baugh 装上接受腔、佩戴好假肢后，他感叹道："我完全进入了一个全新的世界。"他移动了多个物体，将空茶杯从柜台架子上拿起放到一个更高的架子上去，这一任务需要协调八个独立动作才能完成。"这项任务模拟的是家庭日常生活中的普通活动，意义非凡，因为现有的假肢还无法做到这一点。而 Baugh 仅仅在 10 天的训练之后就可以完成这项任务，说明这种假肢的操控具有直观性。"假肢项目主要研究者 Michael Mc Loughlin 说："我认为我们才刚刚起步，就如同互联网的初期。前方的路上还有无限的可能等着我们去探索，我们才刚踏上这条路。并且在我看来，未来的 5～10 年时间，肯定还会有更大的进步。"Mc Loughlin 称，下一步他们将会把 Baugh 送回家，并且送给他一副假肢，以观察假肢如何融入 Baugh 的日常生活。Baugh 表示，自己非常期待那一天，"也许只需一次，我就能将零钱放入自动售货机中，取出我想要的商品，我期望可以做到那些常人根本不放在心上的简单事情。但于我而言，这就是失而复得的功能，也更是难能可贵的。"

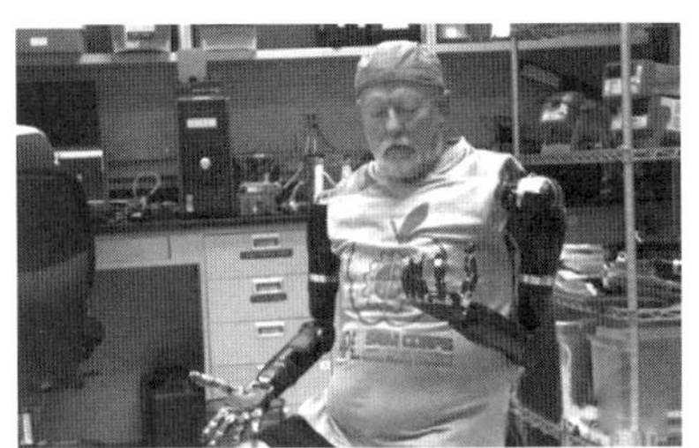

图 10-17　Les Baugh 利用意念驱动一对机械臂实验

2014 年 8 月 24 日是中国意念控制研究史上最值得铭记的一天。浙江大学"脑-机接口临床转化应用"课题组在全国首次成功实现了真正意义上的"用意念操控机械手"人体试验。在浙医二院神经外科病房，志愿者刘某已能熟练地通过连接脑部的"电路"用"意念"控制机械手做出"石头、剪刀、布"等复杂的手部动作，准确率达 80%以上。通过脑部"电线"连接，刘某用意念控制机械手同步做出"布"的动作，机械手延迟不到 0.5 秒，如图 10-18 所示。图 10-19 给出了其工作原理。

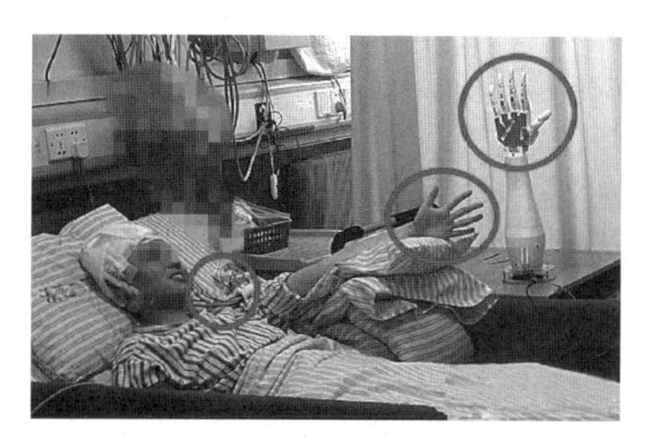

图 10-18　意念控制机器人在医疗中的应用

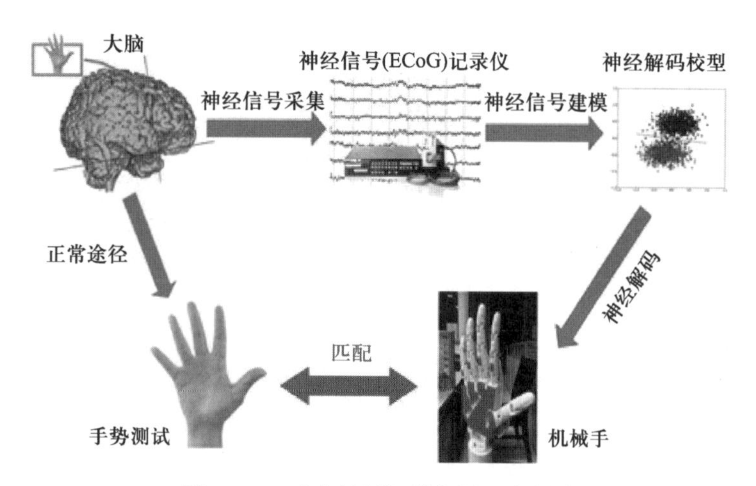

图 10-19　意念控制机器人原理示意图

据了解，浙江大学脑-机接口研究团队自 2006 年开始该课题的研究，成员包括来自浙江大学求是高等研究院和浙医二院神经外科的专家学者。浙江大学求是高等研究院郑筱祥教授介绍，这是继团队 2013 年实现猴子"建辉"用意念控制机械手完成"抓、握、钩、捏"等动作后的又一突破性进展，也是中国脑-机接口研究首次成功地通过颅内植入的电极用意念控制机械手的人体试验，该技术达到了国际先进水平。

10.5 机器耳

耳朵听不见怎么办？那个喧嚣的世界离得开我们，可我们离得开它吗？毋庸置疑，我们都希望一直都能听到这个世界……可确实有失聪的人，不管是先天的，还是后天的，他们都失去了这份幸福。为此，很早很早以前，那些胸有大爱的科学家们就一直在努力，希望能找到帮助失聪人群重新听到这个世界的工具，答案就是人工耳蜗，俗名机器耳。机器耳是一种机械电子装置，通过体外语言处理器将声音转换为一定编码形式的电信号，通过植入体内的电极系统直接兴奋听神经来恢复或重建失聪人员的听觉功能，如图 10-20 所示。

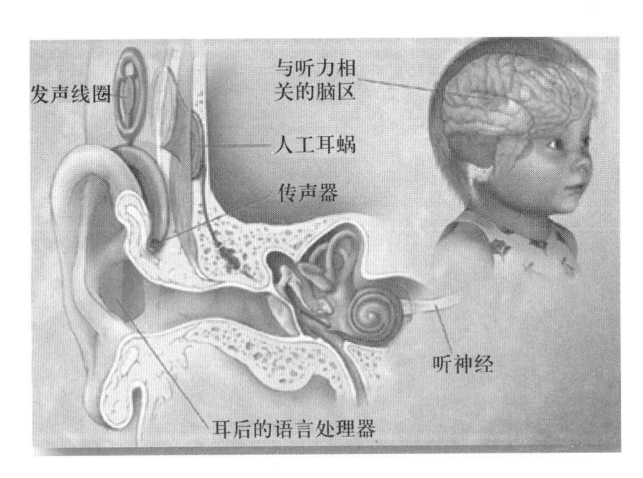

图 10-20 机器耳原理示意图

自从 1800 年意大利 Volta 发现电刺激正常耳可以产生听觉开始，人们就开始了关于人工耳的研究。1957 年，法国科学家 Djourno 和 Eyries 首次将电极植入一个全聋病人的耳蜗内，使病人通过感知环境的声音获得了音感。20 世纪六七十年代，有更多的欧美科学家成功地通过电刺激方法使耳聋病人恢复了听觉，并通过与动物实验的对比研究，确定了人类通过电刺激所诱发出的听觉特点和需要解决的问题，如动态范围窄、响度增长陡峭以及音调识别差等。

1972 年，美国生产的 House-3M 单通道人工耳蜗成为第一代商品化的机器耳；到 20 世纪 80 年代中期，共有 1000 多名患者受益。1982 年，澳大利亚 Nucleus-22 型人工耳蜗通过美国食品及药物监督局认可，成为全世界首先使用的多通道耳蜗装置，其后，澳大利亚的 Cochlear、奥地利的 MedEl 和美国的AB公司先后成为世界上主要的耳蜗公司。到2010年初，全世界已有十几万失聪人员使用了人工耳蜗，其中半数以上的使用者是儿童。1995年，多通道人工耳蜗植入技术进入中国，使我国众多失聪患者重新获得了听力。

目前，人工耳蜗植入技术已经比较成熟，适用人群范围不断扩大。一些特殊耳聋病例的人工耳蜗植入疗效和安全性也得到了证实，如术前完全没有残余听力患者的人工耳蜗植入，内耳畸形和耳蜗骨化病例的人工耳蜗植入，合并慢性中耳炎患者的人工耳蜗植入，小龄耳聋患者的人工耳蜗植入，高龄耳聋患者的人工耳蜗植入等，都取得了不错的治疗效果。

研究表明，语前耳聋患者的最佳植入年龄是五岁之前。这是因为人类获得正常的语言能力不仅需要正常的听力，还需要听觉语言中枢的正常发育，而人类的听觉语言中枢在五岁左右就发育完成。因此，在超过五岁之后，语前耳聋患者的听觉语言中枢就失去了可塑性，即使植入人工耳蜗，他们可以听到声音，但不能听懂语言及讲话，也就无法获得正常的语言，从而导致植入效果不会很理想。

对于成人语后耳聋患者，他们的耳聋原因可能是突发性耳聋、药物性耳聋或先天性内耳畸形基础上的遗传性迟发性耳聋(大前庭导水管综合征)等。由于这些患者在耳聋之前曾经拥有正常的听力，并且获得了正常的语言能力，他们的听觉语言中枢得到了充分的发育，因此成人语后耳聋患者是最佳的人工耳蜗植入群体之一。在接受了人工耳蜗植入后，重新获得的听力能够唤起他们对过去语言的记忆，从而能够在较短时间内恢复语言能力。当然了，植入人工耳蜗的时间越早越好。一旦时间过长，他们适应了安静的世界，淡忘了对于语言的记忆，治疗的效果就会大打折扣！

老年耳聋患者也是人工耳蜗植入的主要人群之一。这类患者多数都是语后耳聋患者，耳聋的原因更多的是由于老年性的渐进性听力减退，直至使用助听器也无法听见。恢复老年人的听觉语言能力，能增进他们的语言交流能力，改善他们的心理状态，使老年人获得自信，大大提高他们的生活质量。一般而言，老年耳聋患者在接受人工耳蜗植入后，能够获得很好的听力语言效果。欧美一些国家很早就开展了老年耳聋患者的人工耳蜗植入工作，如在美国爱荷华大学(UniversityofIowa)医院人工耳蜗中心，相当一部分人工耳蜗植入者是老年耳聋患者，这些老年人工耳蜗植入者的生活自理能力、交流能力得到了大大的提高。一个显著的例子，是在植入人工耳蜗后，这些老人大多能够独自开车去往超市、医院等公共场所。这在植入之前是他们想都不敢想的。

语言处理技术始终是机器耳研发的难点，也是其能否获得广泛应用的关键所在。早在20世纪70年代末，美国犹他大学研发的多通道耳蜗植入装置将声音分成4个不同频道，然后对每个频道输出的模拟信号进行压缩以适应电刺激窄小的动态范围，这种方法被称为模拟压缩(compressedanalog，CA)技术。20世纪80年代，澳大利亚墨尔本大学研发了具有22个蜗内环状电极的Nucleus耳蜗植入装置，其语音处理器的特点是双相脉冲、双极(bipolar)刺激，分时刺激不同电极且刺激频率不超过500Hz，以提取重要的语音特征，如基频和共振峰，然后将其编码后传递到相应电极，获得最终的听力。这一语音处理方案得到了很好的传承，从最初的只提取基频和第二共振峰(F0F2)信息开始，经过了F0F2加上第一共振峰的WSP处理器(F0F1F2)、F0F1F2加上3个高频峰的多峰值(multipeak)处理器，以及只抽取22个分析频带中的任何6个最高能量频率信息的谱峰值(speatralpeak)处理器等多个阶段，疗效得到了显著提升。

与Nucleus的处理方案不同，美国Wilson提出了连续间隔采样(continuous interleaved sampling，CIS)语音处理器。该处理器将语音分成4～8频段，仅提取每个频段上的波形包络信息，再用对数函数进行动态范围压缩，用高频双相脉冲对压缩过的包络信息进行连续采样，最后将带有语音包络信息的脉冲串间隔地送到对应的电极上。从信息含量角度看，CIS和CA处理器基本上一样，但CIS的优点是保存了语音中尽量多的原始信息，且避开了由于同时刺激多个电极带来的电场互扰问题。除此之外，CIS在使用双相脉冲间隔刺激方面也有独到之处：一是CIS的每个电极都用高频(800～2000Hz)脉冲串进行恒速和连续的刺激，即使在无声时也一样，只不过其脉冲幅度降到阈值水平；二是CIS的分析频带和刺激电极的数目一致。这些特点使CIS成为人工耳蜗领域的主流语音处理方案，得到了世界上多数耳蜗植入公司的认可并广泛采用。

现在广泛使用的美国ABC公司推出的S系列处理方案，澳大利亚Nucleus公司推出的CI24M型24通道装置的ACE方案，以及奥地利MEDEL公司推出的快速CIS方案等都是在CIS语音处理方案的基础上通过改进而推出的。

人工耳蜗是失聪患者的福音，已经成为人类治疗重度耳聋至全聋的常规方法。

10.6　机器眼

我们已经见识过了机器耳的神奇，也领略到了它给耳聋患者带来的巨大惊喜，因为对于他们，需要的不是顺风耳，而是接近于正常人的一双耳朵，让他们听到这个世界的声音。当然了，我们也不能忘记，有这么一群人，他们曾经看到过，或者从未看到过这个世界！这是一群失去了视力的人们，他们渴望能像正常人一样仔细端详这个五彩缤纷的世界！

2015 年 8 月 5 日，英国曼彻斯特的外科医生成功实施了一场手术，这是世界首例利用人工仿生机器眼移植治疗老年性视网膜黄斑变性所导致的失明。手术对象是 80 岁的英国男性瑞-弗林(Ray Flynn)；他因干性视网膜黄斑变性而失去了正面视觉。弗林术后可以“看到”眼前的横线、竖线和斜线，能够辨识出人脸，能够在不需要放大镜辅助的情况下阅读报纸。这位老人也因此成为世界上第一个结合生物视力和机械视力的人，如图 10-21 所示。

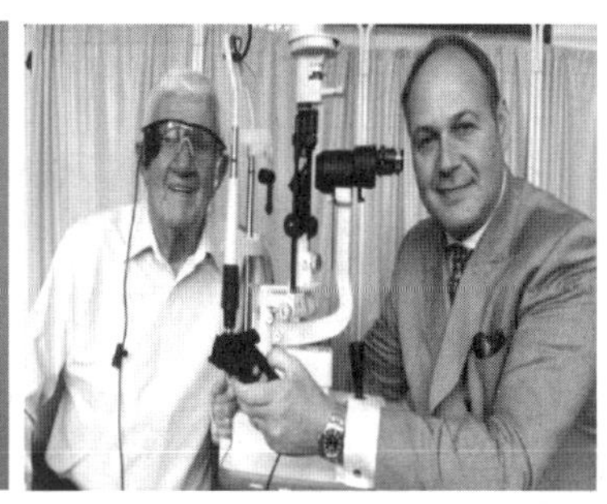

图 10-21　机器眼使得瑞-弗林重见光明

手术成功后，弗林周围的视野是自己的，中央的视野则来自机械设备 Argus II，好玩的是现在他即便闭着眼睛也能看见。可爱的弗林在重见光明后开心地笑了，之前这样的时刻是他想都不敢想的！现在弗林眼睛看到的画面虽然跟以前不一样，可能浮现在他面前的是一个素描的世界……但是，日常生活中有了这双机器眼，许多事情就可以亲力亲为了！

我们期待一个人人都能看见这个美丽星球的时代，期待机器眼的研发取得更加辉煌和灿烂的成果，造福人类！

思考题

1. 通过本章学习，未来的世界有可能是一个人-机共处的世界。你怎么看待这个问题？

2. 通过意念控制机器人让人感到神奇，生物机器人及生化机器人的出现将极大地改变这个世界。你认为这些技术将带来哪些显著的变化？

3. 伦理问题在人-机共处的时代显得尤为突出。你认为机器人三定律在这种复杂的局面下有无重新定义的必要？又该如何定义？为什么？

4. 如果有一天，具有自主能力的机器人群体不再按人的意志活动，甚至出现如电影《机械公敌》(*I*, *Robot*)中的人类与机器人对决的场景。我们该怎么看待我们的发明？在你看来，会不会出现这种情况？如果会，人类该如何面对？

第 11 章　趣味火爆的机器人竞赛

教学目标

✧ 了解机器人竞赛的起源和种类
✧ 了解机器人世界杯及 DARPA 机器人挑战赛
✧ 了解国际水中机器人与空中机器人大赛

思维导图

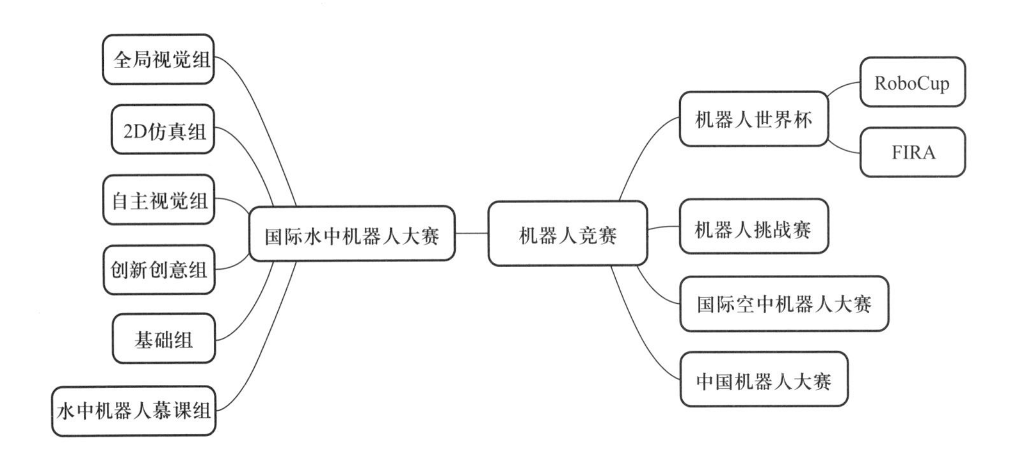

竞技运动是人类社会生活中不可缺少的部分，人们耳熟能详的大型赛事也有很多，如奥林匹克运动会、国际足联世界杯、世界一级方程式锦标赛(F1)、美国职业篮球联赛(NBA)、各个单项运动协会举办的各类锦标赛，等等。几乎每个人都能举出自己喜欢的运动项目，以及与之相关的职业赛事，这些赛事充分地弘扬了人类挑战自我，向更快、更高、更强目标不懈迈进的精神，激励了一代又一代人！无独有偶，科技类竞赛也始终以其独特的方式影响着人们的生活，成为人们了解科学技术的重要窗口，如火如荼的各类机器人竞赛正是其中最耀眼的那一个。

机器人竞赛是以机器人为载体的高科技对抗性或表演性活动，涉及人工智能、自动控制、机械、电子、通信、传感等众多学科领域，融趣味性、观赏性、科普性为一体，不仅吸引了众多的中小学、大专院校、企事业单位参与其中，培养了参与者严谨的科学态度、团队协作精神和创新能力，而且也推动了机器人技术的普及和进步。多年的发展表明，机器人竞赛已经成为激发参与人员潜能、引导他们积极探索未知领域、参与国际性科技活动的良好平台，受到了世界各国越来越多的重视，众多的机器人专项竞赛如雨后春笋般涌现出来，呈现出一派欣欣向荣的喜人景象！

机器人竞赛组织者大都奉行科学研究与教书育人相结合的根本宗旨，并为赛事制定了严格的竞赛规则，以确保竞赛在公平、公正、公开的条件下进行。随着竞技水平的提升，各参赛队伍为了在激烈的竞争中率先完成给定任务，成为最后的优胜者，所设计的参赛机器人不仅要有灵活新颖的机械结构，还要配备具有高速驱动、准确识别、精确定位、多任务实时处理等功能模块，以及抗干扰能力强、功耗低的软硬件系统！为此，参赛队员们都会竭尽所能，创造性地利用各种技术手段提出最佳的解决方案，向同场竞技的其他选手展示最好的自己！而这一切努力正是推动机器人技术进步的力量之源，充分地彰显了开展机器人竞赛的深远意义，也赋予了机器人竞赛无穷的魅力！

面对琳琅满目的机器人竞赛项目，让我们认识其中最有影响力的几个成员，了解设立它们的初衷，它们的历史，它们绚烂的过去和充满希望的未来，细细体味它们带来的别样风景。

11.1　机器人竞赛面面观

随着信息革命的深入发展，以及工业化和信息化的深度融合，似乎距离“家家都有机器人”的梦想已不再遥远。为了更好地普及机器人技术知识，促进机器人产业的快速发展，很多国家和地区纷纷开展了各种类型的机器人竞赛。特别是在西方发达国家，如日本、美国、英国等，他们很早就开始组织机器人竞赛活动，形成了从小学生到大学生、从学校到社会，覆盖各个社会阶层的机器人竞赛体系。

作为机器人竞赛活动的策源地之一，日本每年都举办很多机器人竞赛活动，如走迷宫机器人竞赛（老鼠机器人）、RoboCup 日本公开赛、日本大学生机器人竞赛、机器人格斗竞赛、相扑机器人竞赛，等等。美国发起组织了若干享誉世界的大型机器人赛事，如水下机器人挑战赛、机器人灭火比赛，以及美国国防部高等研究计划署（DARPA）组织的机器人挑战赛（DARPA robotics challenge，DRC）等，这些竞赛的内容与实际应用结合得比较紧密，得到了广泛认同。英国的机器人竞赛活动组织得很有特色，通常是由电视台主办，政府监督，全民参与，最大限度地进行机器人技术的普及，形成了较为完整的机器人竞赛体系。比较知名的竞赛，包括TNN电视台的机器人大擂台(Robot Wars)、BBC电视台的格斗机器人(Techno Games)等以机器人为主角的科普类节目，都曾风靡一时！

极具观赏性的机器人竞赛活动一经推出，立即吸引了众多的参与者，很多国家和地区也相继开展类似活动，形成了世界性的机器人竞赛潮流，机器人世界杯(Robot World Cup，RoboCup)、FIRA机器人足球世界杯、FLL(FIRST LEGO League)机器人世界锦标赛、亚太地区大学生机器人竞赛(ABU－RoboCon)、国际机器人奥林匹克竞赛、迷宫机器人竞赛、灭火机器人竞赛、国际水中机器人大赛、DARPA机器人挑战赛、国际空中机器人大赛、机器人格斗大赛等一大批知名赛事脱颖而出，小型赛事更是数不胜数。这些活动极大地拉近了普通民众与机器人之间的距离，促进了机器人技术的发展。就竞赛主题而言，机器人竞赛大致可以分为以下三类。

1. 机器人足球比赛

足球起源于中国的古老体育运动——“蹴鞠”，迄今已有2300多年的历史。据史料记载，它起源于春秋战国时期的齐国故都临淄，唐宋时期最为繁荣，经常出现“球终日不坠”“球不离足，足不离球，华庭观赏，万人瞻仰”的情景。而现代足球则是十一世纪由英国人发明的，已成为“世界第一运动”，是全球体育界最具影响力的单项体育赛事，深受人们的喜爱。这也是科技工作者选择足球这一运动开展机器人竞赛的主要原因之一。机器人足球赛中，场上的主角是各怀绝技的机器人，竞赛实现了科普与高科技的完美结合！目前国际上最著名的机器人足球赛是RoboCup和FIRA两大足球世界杯赛，分别由日本和韩国的机器人科学家发起举办。它们为众多的机器人爱好者提供了展示自我的舞台。

2. 机器人灭火竞赛

该项赛事是1994年由美国三一学院的Jack Mendelssohn教授等一批国际著名机器人学家发起创办的。比赛模拟了现实家庭中机器人处理火警的过程，要求参赛机器人按照预先编排好的程序，通过传感器和超声波等探测设备对周围环境进行模拟分析搜索，在“房间”里用最快的速度找到代表火源的蜡烛并将其熄灭，谁用时最短谁就获胜。目前，“国际机器人灭火比赛”设有小小机器人专家组、大学组、高中组与初中组等四个级别，已发展成为全球规模最大与普及程度最高的全自主智能机器人大赛之一。每年的总决赛都有来自世界各地的百余支队伍参加，其中不乏著名大学的代表队。

机器人灭火比赛的场地由高30厘米左右的隔板围成，长宽不超过3米，模拟一套四室一厅的住房。比赛要求参赛的机器人在最短的时间内熄灭放置在任意一个房间中的蜡烛，蜡烛的位置通过抽签决定。参赛选手可以选择不同的比赛模式，如在比赛场地方面可以选择设置斜坡或家具障碍，在机器人的控制方面可选择声控和遥控；最后熄灭蜡烛所用的时间最短，选择模式的难度最大，综合扣分最少的选手为冠军。

虽然比赛过程仅有短短几分钟甚至几秒钟的时间，用来灭火的机器人体积也不超过 31 立方厘米，但其中包含了很高的科技含量。机器人装备了数据处理芯片、行走装置、灭火装置以及火焰探测器、光敏探测器、声音探测器、红外探测器和超声波探测器等各种仪器，这些装备使机器人好像长了脑子、眼睛、耳朵和手脚，能够根据场地的不同情况，智能地完成避障、寻火、灭火等任务。在历届比赛中，那些结构简单、其貌不扬的中国机器人以敏捷灵活的动作、可靠的性能给在场的各国选手和观众留下了深刻的印象。

3. 综合类机器人竞赛

上述两类机器人竞赛均是围绕特定主题展开的，综合类竞赛则不同，其主题多样灵活，如国际机器人奥林匹克竞赛和 FLL 机器人世锦赛等，均包含多个门类的机器人竞赛主题，比赛内容更加丰富多彩。

国际机器人奥林匹克大赛(International Robot Olympiad，IRO)是由国际奥林匹克机器人委员会(IROC)和丹麦乐高教育事业公司每年举办一次的国际性机器人比赛。截至 2016 年，该项赛事已经成功举办了 17 届，参赛国家达到 51 个，累计参赛人数超过 10 万人。该项赛事指定乐高 Mindstorms 为竞赛器材，比赛分为竞赛与创意两类：竞赛类比赛中各组别必须建构机器人和编写程序来解决特定题目，创意类比赛中各组针对特定主题自由设计机器人模型并展示。参赛者依据年龄分为小学组、初中组和高中组等三个组别。在过往的比赛中，中国小选手们取得了非常优异的成绩。

FLL 机器人世锦赛是面向 9～16 岁孩子的国际性机器人比赛，1998 年由美国非营利组织 FIRST 联合丹麦乐高公司发起。该项赛事每年围绕一个活动主题组织，竞赛内容包括主题研究和机器人挑战 2 个项目，参赛队可以有 8～10 周的时间准备比赛。每支参赛队伍由 10 名队员组成，队员们需要以团队形式完成场地竞赛、技术答辩、论文撰写和答辩等环节。FIRST 创始人 Dean Kamen 说，“我们需要给孩子们展示设计游戏比玩游戏更有趣。”“参加 FLL 比赛，孩子们发现了他们自己的职业发展方向，并且学会了如何去为社会做出积极的贡献。”

FLL 世锦赛在全球范围内对学生和学校都产生了积极的影响。据统计，2006 年参赛国家达到 42 个，2008 年举办 10 年之际全球参与人数已超过 90 000 名，2016 年仅中国总决赛就有 1000 余人参加。

11.2 机器人世界杯(RoboCup)

1992年加拿大不列颠哥伦比亚大学教授 Alan Mackworth 在论文“On Seeing Robots”中率先提出了训练机器人进行足球比赛的设想。同年10月，在日本东京召开的“关于人工智能领域重大挑战的研讨会”上，与会的研究人员对制造和训练机器人进行足球比赛以促进相关领域研究的有关事宜进行了探讨。1993年6月，一些日本学者决定创办一项机器人比赛，暂时命名为 RoboCup J 联赛(J 联赛是日本足球职业联赛)；一个月之内，他们接到了很多日本以外研究人员的反馈，希望将比赛扩展成一个国际性的项目。创办者于是将这个项目改名为机器人世界杯(Robot World Cup，简称 RoboCup)，并于1996年在日本举办表演赛的同时，发起成立了 RoboCup 国际联合会(官方网站：http：//www.robocup.org)，总部设在日本东京，正式注册地在瑞士伯尔尼。RoboCup 的首次亮相表现惊艳，取得了极大成功！

自成立以来，RoboCup 联合会不断更新各竞赛项目的规则，组织每年一次的 RoboCup 世界杯国际机器人大赛及相关的技术研讨，为人工智能机器人研究提供广泛的技术标准，其最终目标是：到2050年，开发完全自主的仿人机器人队，战胜当时的人类足球世界冠军队。经过二十多年的发展，RoboCup 已经成为世界上级别最高、规模最大、影响最广泛的国际性机器人赛事，由 RoboCup 联合会授权的日本、美国、德国、澳大利亚、中国、伊朗等国的 RoboCup 公开赛，也成为各自区域内最具影响力的机器人赛事之一。

1996年表演赛后，1997年首届 RoboCup 比赛及会议在日本的名古屋举行，共有来自美国、欧洲、澳大利亚、日本等国家的40支队伍参加，5000多名观众观看了比赛，产生了广泛的国际影响，从而为实现机器人足球队击败人类足球世界冠军队的梦想迈出了坚实的第一步。1998年的比赛在巴黎举行，队伍猛增到100多支，此后分别在瑞典斯德哥尔摩、澳大利亚墨尔本、美国西雅图、日本福冈、意大利帕多瓦、葡萄牙里斯本、日本大阪、德国不来梅、美国亚特兰大、中国苏州、奥地利格拉茨、新加坡、土耳其伊斯坦布尔、墨西哥城、荷兰埃因霍温、巴西若昂佩索阿、中国合肥等地举办。截至2015年，RoboCup 的比赛项目已经包括机器人足球、服务机器人、救援机器人3个系列，10余个大项，同时每届比赛还同期举办机器人产品与技术展览、机器人产业峰会、机器人教育科研体验等活动。随着参赛队伍数量、人数和影响力的逐年扩大，RoboCup 已成为人工智能领域名副其实的年度盛事之一。

中国不仅作为东道主举办了两届 RoboCup 国际机器人大赛，而且自参与该项赛事以来表现突出，取得了一系列骄人战绩。2000年在澳大利亚墨尔本大赛中，中国科学技术大学“蓝鹰队”参加了仿真组比赛，成为我国历史上第一支进入 RoboCup 世界杯赛决赛阶段的队伍，被国外媒体称为“中国机器人足球比赛的开拓者”“精彩的表现令人惊叹!”2001 年美国西雅图大赛中，清华大学“风神队”获得仿真组冠军，中国科学技术大学“蓝鹰队”进入仿真组和四足组八强。2006 年德国不来梅大赛中，中国科学技术大学“蓝鹰队”获得 1 项冠军、1 项亚军和 1 项第五名，创造了自 2000 年中国派队参加机器人世界杯赛以来最好成绩。2010 年新加坡大赛中，中国北京信息科技大学“水之队”在中型组比赛中夺冠，这是历史上中国参赛队伍获得的第一个 RoboCup 中型组冠军，在人工智能领域率先圆了中国足球的冠军梦。2011 年土耳其伊斯坦布尔大赛中，中国科学技术大学“蓝鹰队”在传统强项仿真 2D 比赛中以全胜战绩获得冠军，在强手如林的服务机器人比赛中夺得亚军，取得历史性突破，一举改写了我国从未进入世界前五的纪录；此外北京信息科技大学“水之队”在中型组比赛中成功卫冕冠军。2013 年荷兰埃因霍温大赛中，中国北京信息科技大学“水之队”在中型组决赛中以 3∶2 击败东道主埃因霍温科技大学队夺冠，此外，浙江大学代表队获得小型组冠军。2014 年巴西若昂佩索阿大赛中，中国科学技术大学“可佳”智能服务机器人以主体技术评测领先第二名 3600 多分的巨大优势，首次夺得服务机器人比赛冠军，还在多机器人 2D 仿真比赛“自由挑战”赛中夺得冠军；此外，浙江大学卫冕小型组冠军。2015 年中国合肥大赛中，中国科学技术大学代表队在足球仿真 2D 组中获得冠军，在服务机器人组获得亚军；北京信息科技大学代表队在中型组机器人足球项目中获得冠军；同时，在新设的低成本移动平台组的比赛中，中国高校代表包揽前三名，分别是中国科学技术大学、上海交通大学和洛阳理工学院。

RoboCup 的比赛项目通常要求参赛机器人能够处理动态实时的各类信息，能够通过分布式算法进行合作与对抗，能够对带噪声的、非全信息的环境进行建模，能够处理非符号化的环境信息，能够在带宽受限的条件下实现机器人之间、机器人与上位机之间的可靠通信，等等。这些技术要求无一不与 RoboCup 的最高追求 —— 2050 年完全自主的类人的机器人将打败当时的世界足球冠军队——相契合。为了在 RoboCup 竞赛中折桂，参赛人员必须深入学习智能机器人系统、多智能体系统、实时模式识别与行为系统、智能体结构设计、实时规划和推理、基于网络的三维图形交互、传感器技术等大量知识，并创造性地应用它们。由于 RoboCup 比赛项目提供了一个标准问题，具有很好的可比性，只有将问题解决得最好的团队才能最终问鼎！出于对智能机器人技术的热爱，众多高等学校的莘莘学子潜心于此，他们的努力不仅给我们奉献了一场场精彩绝伦的比赛，而且也实实在在地推动了人工智能、智能机器人与智能控制技术的研究和发展。

RoboCup 联合会提出的终极目标是一个 50 年的长远计划。类似的里程碑工程如 Apollo 登月，从 Wright 兄弟的第一次飞行到 Apollo 登月，这中间经过了大约 50 年。另一个比较小的里程碑工程是计算机下国际象棋，从发明计算机到“深蓝”打败卡斯帕罗夫也经过了大约 50 年的时间。2016 年谷歌人工智能围棋软件 AlphaGo 以 4∶1 的悬殊比分轻松击败了韩国著名围棋棋手、世界冠军李世石九段，更是凸显了人工智能领域的惊人进展。因此，虽然今天的机器人踢足球看起来还比较笨拙，但是谁敢肯定地说 2050 年 RoboCup 的梦想不会实现?

11.3　机器人足球世界杯(FIRA)

1995 年，韩国高等技术研究院(KAIST)的金钟焕(Jong-Hwan Kim)教授提出了成立国际机器人足球联合会(Federation of International Robot-Soccer Association，FIRA)的倡议，并在韩国政府支持下，于 1996 年在韩国大田举办了首届微型机器人足球比赛(MiroSot96)。1997 年在举办第二届微型机器人足球比赛(MiroSot97)期间，FIRA 正式成立，并将之后的比赛命名为机器人足球世界杯(FIRA Robot-Soccer World Cup，FIRA RSW)，每年举办一次。值得一提的是，FIRA 比赛同期还举办机器人足球专题的国际学术会议(FIRA Congress)，供参赛者交流他们在机器人足球研究方面的经验和技术。迄今为止，FIRA 已发展成为与 RoboCup 齐名的国际机器人赛事，项目包括拟人式机器人足球赛(HuroSot)、自主机器人足球赛(KheperaSot)、微型机器人足球赛(MiroSot)、超微型机器人足球赛(NaroSot)、小型机器人足球赛(RoboSot)、仿真机器人足球赛(SimuroSot)等六个大项，先后在韩国、法国、巴西、澳大利亚等国举办，并授权中国等国家和地区开展区域性竞赛，先后有 40 多个国家和地区参与其中，成为人工智能领域的标志性活动之一。

与 RoboCup 相比，FIRA 比赛的国际学术会议办得很有特色，也在一定程度上促进了智能机器人技术的发展。例如在韩国召开的 2002 FIRA Robot World Congress，就录用了来自 26 个国家的 142 篇论文。这些论文集中介绍了与机器人足球相关的视觉系统、运动规划、动作设计、策略选择等领域的最新研究成果，这些成果均以 FIRA 提供的标准平台为验证工具，并应用到了现实的竞赛之中，从而极大地提高了比赛的竞技水平，取得了良好的效果。

我们看看下面这个小例子，就能够理解在举办机器人竞赛的同时，举办相应的学术研讨活动对于推动技术进步的巨大意义。在 1996 年的第一届 MiroSot 比赛中，大多数参赛队使用的视觉系统采集/处理速度仅为 10 帧/秒，机器人速度也不过 50 厘米/秒。仅过两年，来自韩国的 Keys 队，凭借他们高达 60 帧/秒的视频采集/处理速度和机器人 2 米/秒的运动速度，在法国巴黎举行的 FIRA'98 世界锦标赛中一举夺魁，该参赛队足球机器人的表现让人惊叹不已。这些进步除了得益于电子和计算机技术的发展带来的硬件性能飞速提高之外，关于足球机器人动作和策略的研究成果厥功至伟！

此外，FIRA 平台采用了集中式的体系结构，也就是说，参赛队伍的所有机器人都是由统一的控制软件进行规划、调度和控制，总体上一个球队就像是一个完整的人，由一个大脑指挥它的四肢运动。与此相区别，RoboCup 的控制是分布式的，即每一个机器人都有一个独立的客户端程序，可以把客户端程序看成是一个独立机器人的大脑，而机器人只是一个执行机构，每个机器人都独立规划、独立调度和独立控制，而且相互之间的通信也是受限制的不完全通信。从这个意义上说，RoboCup 比赛更加接近于真实环境中的机器人足球比赛，FIRA 与之相比，还是略有欠缺。

RoboCup 和 FIRA 等知名机器人赛事的不俗表现和日益扩大的影响力，使得机器人足球研究也在学术界登堂入室，一些有影响的学术刊物，如 *Journal on Robotics and Autonomous Systems*，*International Journal of Intelligent Automation and Soft Computing* 等都出版过关于机器人足球研究成果的专辑，一些重要的国际学术会议也进行了专题讨论。

11.4　DARPA 机器人挑战赛

DARPA 机器人挑战赛是由美国国防部高级研究计划局（Defense Advanced Research Projects Agency，DARPA）发起的一项国际知名机器人竞赛，具有极强的实际应用背景。1957 年 10 月 4 日苏联在拜科努尔航天中心成功发射了人类历史上的首颗人造卫星——斯普特尼克 1 号（又称“卫星 1 号”，俄语名原意“同行者、旅伴或伴侣”），由于其时正值冷战，斯普特尼克 1 号的发射震撼了整个西方，也开启了美、苏两国之间太空竞赛的大门。1958 年美国成立了 DARPA，专职负责美国国防部重大科技攻关项目的组织、协调、管理和军用高技术的预研等工作，主要针对风险大而潜在军事价值也大的项目进行攻关。自成立以来，DARPA 已为美军成功研发了大量的先进武器系统，同时为美国积累了雄厚的科技资源储备，引领着美国乃至世界军民高技术研发的潮流，为美国保持世界范围内的科技领先优势立下了汗马功劳！

为了促进无人驾驶技术的研发，2004 年 DARPA 举办了首届无人车挑战赛，奖金 100 万美元。参赛车辆都要求实行无人驾驶，凭借自身携带的高科技导航工具，在 10 小时内穿越 222 千米长的崎岖多变的地形，车辆将通过沙漠地带、沼泽地、泥泞的沟壑等。比赛过程中，参赛车的设计者除了可以发布指令让车辆进行紧急停车和重新启动外，不允许在后方进行其他任何遥控性的操作。在该届比赛中，没有人获得成功，最远行驶距离仅为7英里！

在2005年举办的第二届无人车挑战赛中，奖金增加到了200万美元，任务是穿越加利福尼亚州西南部莫哈韦沙漠，全程282千米。这次共有5辆车成功完成了比赛，其中最快的是斯坦福大学设计的Stanley无人车(图11-1)，用时6小时53分58秒，项目组获得了200万美元的奖金。

图11-1　DARPA无人车挑战赛Stanley无人车

2007年DARPA无人车挑战赛的比赛主题是城市挑战(urban challenge)，内容是参赛车辆在一个模拟的城市环境中执行军事补给任务，耗时最短的车辆为最终的优胜者。比赛要求参赛车辆完全自主驾驶，由其自动控制和决策系统自行判断周围环境状况并驾驶车辆行驶，如选择并沿正确道路行进、安全通过十字路口、避开障碍物，等等。经过初赛选拔，共有11支代表队进入决赛，最后卡内基-梅隆大学、斯坦福大学、弗吉尼亚理工大学的三支代表队分获该项赛事的前三名。

2013年受日本福岛核电站灾难的刺激，DARPA发起了为期三年的机器人挑战赛DRC，期望借此计划促进可协助人类进行灾难救援和灾后恢复的先进机器人技术的发展。DRC决赛要求半自主的机器人和人类操作员合作，在模拟的灾难场景中连续完成任务。参赛的机器人五花八门，形状、大小不一，多数为足式机器人，也有少数轮式，还有若干混合式的。

2013年6月17—21日开展的是“虚拟机器人挑战赛”，参赛队伍应用各自设计的软件，在虚拟的灾区环境中尝试完成一系列复杂任务。2013年12月，16个队伍进行实体机器人的预赛，大赛的满分为32分。最终，日本机器人公司SCHAFT生产的HRP-2类人机器人得到了令人难以置信的27分并摘得了预赛冠军，而美国航空航天局(NASA)花了300万美元打造的Valkyrie人形机器人拿到了令人吃惊的0分！

2015 年 6 月，在 DARPA 机器人挑战赛决赛中，来自韩国科学技术院的 KAIST 团队堪称横空出世的一匹黑马，夺得了这项有史以来最引人注目的机器人大赛的冠军，独享高达 200 万美金的大奖。他们使用的机器人 DRC-HUBO 击败了其他来自 5 个国家的 22 台顶尖机器人，其中不乏 Atlas、HRP-2 这种明星机器人。其最大的与众不同之处，也是其成功秘诀之一，当属其“变形能力”——其膝盖和脚踝处装置的轮子可以允许机器人由行走模式切换到轮式移动，如图 11-2 所示。DRC-HUBO 可以通过跪下和起身，自行完成两种运动模式间的切换。许多机器人在完成一些和外界接触的任务时失去平衡倒下，比如开门、使用电钻等；但 DRC-HUBO 不会，它独特的设计让它能够更快地完成任务，同时几乎不会摔倒。“机器人的双足行走还无法做到很稳定，”带队的 KAIST 机械工程吴俊昊(Jun Ho Oh)教授对记者说，“平衡问题上任何一点小差错，结果都是灾难性的。”他说，人形机器人拥有能够灵活地适应人类生活环境的性能，但是他同时希望找到一种能够最小化摔倒风险的设计。“我想过很多种方案，其中最简单的方式就是在腿上加轮子。”

图 11-2　韩国科学技术院的 KAIST 团队的机器人 DRC-HUBO

11.5　国际空中机器人大赛

国际空中机器人大赛是由国际无人机系统协会(Association for Unmanned Vehicles System International，AUVSI)资助，由美国佐治亚理工大学教授 Robert C. Michelson 于 1991 年创办，每年举办一次。该项赛事以空中机器人在无人干预下能够自主完成任务为比赛内容，具有很强的挑战性和趣味性，其特点在于参赛选手的终极目标并非击败或超越对手，而是实现自我突破。赛事通过设置具有挑战性的、实用而有意义的比赛任务来推进空中机器人技术的进步。这些任务在提出时是几乎不可能实现的，而当其最终被空中机器人完成时，世界将受益于所得到的技术进步。二十几年来，全球各顶级学府的精英们共完成了六代从自动到自主控制逐步提高的智能高技术比赛任务。2012年该项赛事首次设立亚太赛区，每年与美国赛区同期举行，两个赛区的比赛规则完全一致，若两赛区都完成任务，则根据完成质量决定最终获胜队伍。仅仅一年之后，清华大学便取得突破，成功完成第六代任务，并斩获累积4年的4万美元奖金。

国际空中机器人大赛的前六代任务分别由美国斯坦福大学、卡内基-梅隆大学、德国柏林工业大学、佐治亚理工学院、麻省理工学院和中国清华大学等完成。第一代任务要求空中机器人完全自主地将金属圆盘从赛场一侧移到另一侧；1995年由美国斯坦福大学完成。第二代任务模拟一个核生化废弃物现场，场内凌乱摆放5个半埋的废料桶，空中机器人需搜索该区域，根据桶上的标志识别桶内物品，并取回一个标志；1997年由美国卡内基-梅隆大学完成。第三代任务要求空中机器人完全自主地飞到灾害现场，从建筑废墟中搜索生还者；2000年由德国柏林理工大学完成。第四代任务构思了三个极富故事性的场景——救援人质、核电厂抢险、古墓夺宝，其中古墓夺宝背景是抢救珍贵资料，派遣空中机器人运送任务机器人进入古墓，拍摄挂毯内容并传回照片；2008年由佐治亚理工学院率先完成。第五代任务延续第四代任务中的第二个场景，一个自主控制的机器人接近一个尚未关闭的反应堆，并派出一架小型自主子飞行器进入反应堆控制室，拍下主控制仪表盘和开关的照片并传送给远处的专家；2009年由美国麻省理工学院完成。2010年起进入第六代任务，代号为“隐秘行动”，背景是潜伏于某情报机构的特工称一份拟破坏全球安全的机密计划书藏匿于位于某偏远小镇的一个安全机构中，该特工已经侦测到该机构有一个安全缺口，计划用一架小型自主飞行器潜入该机构核心部位，窃取相关机密信息，阻止恐怖分子的破坏行动；2013年由中国清华大学完成。第六代任务的设置从一定程度反映了国际同行在无人机控制、自主导航等方面的综合研究实力。清华大学代表队成功夺冠得益于整个团队在视觉导航理论、高动态环境压缩采样与三维重建等基础研究上的成果积累，以及在飞行器室内厘米级自主高精度定位、未知环境感知和控制等方面取得的重要技术突破。

2014年起进入第七代任务——“空中牧羊犬行动”，其内容是一个空中机器人模拟“牧羊犬”，10个圆盘形地面机器人模拟“羊群”，400平方米方形场地的一条边线为“羊圈”。“牧羊犬”用摄像头追踪“羊”，并通过多个“牧羊犬”的自主协同把“羊”赶入自己的“羊圈”，同时要躲避空中的障碍和干扰；以最快的速度赶入“羊”最多者获胜。与前六代任务相比，第七代任务有三个新行为：一是空中机器人与地面移动物体(具体而言是地面自主机器人)的交互行为；二是在一个开敞环境中的无外界导航辅助的导航行为；三是与其他竞争空中机器人的博弈行为。在前六代的任务中，这三个行为是从未被尝试过的。

2014 国际空中机器人大赛(亚太赛区)在山东省烟台市成功举办，由于第七代任务要求实现空中机器人自动管理和控制地面机器人，涉及视觉导航、高动态高精度自动控制和智能决策等自主控制技术，难度极大。仅有几支参赛队伍实现了自主躲避障碍和追踪识别，没有一支队伍能够在 10 分钟内完成既定任务，成为本次比赛的最大遗憾。尽管是一场没有输赢的竞赛，但创新的技术应用、独特的竞技策略和多样的飞行器设计使得比赛精彩纷呈。比赛设置了各种单项奖以鼓励参赛人员的辛勤付出，除新加坡淡马锡理工学院因为飞行器损坏而放弃比赛外，其余 12 支队伍均有所斩获。

2015 年亚太区的大赛在北京航空航天大学举行，除第七代任务外，主办方还增设了多旋翼无人机"牧羊人行动"和"远程穿越"两个附加赛："牧羊人行动"附加赛按照空中机器人大赛第七代任务比赛规则，要求参赛者以第三方视角方式操控多旋翼无人机完成相同比赛任务；"远程穿越"附加赛则要求参赛者以第一视角方式操控多旋翼无人机，竞速穿越室内比赛场地内的限制门和空中隧道。来自北京航空航天大学、厦门大学、哈尔滨工业大学、香港科技大学、印度大学等大学的 10 支常规赛队伍参赛，附加赛的设置还吸引了来自中国、美国、俄罗斯、土耳其、挪威等国家的近百名选手。虽然第七代任务没有获得解决，但比赛真正诠释着同一个赛场、同一种精神的真谛。大赛所设不同等级的奖项，只是对选手们十年磨一剑的付出进行小小的鼓励，正如参赛代表王洪柯所说，"从国际空中机器人大赛引入中国以来，我们一直都在持续关注并积极准备着，和其他参赛选手一样，我们在空中 F1 比赛中也将全力以赴，无关胜负，皆为精彩并享受过程。"

相信不出几年，第七代任务将得到圆满解决！

11.6　国际水中机器人大赛

国际水中机器人大赛是由国际水中机器人联盟(International League of Underwater Robot，ILUR)主办的一项国际机器人赛事，其前身为中国水中机器人大赛，先后在北京(2008)、太原(2009)、济南(2010)、成都(2011)、南京(2012)、宁波(2013)、潮州(2014)、兰州(2015)成功举办了 8 届，比赛同期举办水中机器人技术研讨会。这一赛事由北京大学谢广明教授发起，是唯一由中国人发起创立的国际性机器人赛事，它以智能仿生机器鱼为主体，在水中进行竞速、花样游泳、追逐以及激烈对抗的水球比赛。由于水中环境的不确定性和复杂性，使得比赛具有很强的技术挑战性和很高的艺术观赏性。

目前，该项赛事已经吸引了包括北京大学、清华大学、复旦大学、天津大学、山东大学、西北工业大学、解放军理工大学、陆军航空兵学院等在内的70余所国内院校，以及美国、英国、德国、荷兰、挪威、澳大利亚、日本、韩国、马来西亚等国和中国港澳台地区的10余所高校参与其中，参赛人数每年均在600人以上。大赛总共设置全局视觉组、2D仿真组、自主视觉组、创新创意组、基础组和慕课(MOOC)组等6个大项、15个小项，具体赛项设置如下：

(1) 全局视觉组。该组别的仿生机器鱼通过集中方式进行控制，如图11-3(a)所示。上位机通过比赛水池上方的摄像机获取全局信息，经图像处理后由决策模块根据当前任务计算出机器鱼下一时刻的位姿，并通过无线通信模块发送给机器鱼执行。比赛项目包括水球2Vs2、抢球博弈、水中角力、水中救援、花样游泳等。

(2) 2D仿真组。该组别采用基于微软公司的Robotics Studio平台研发的专门仿真平台，比赛项目类似于实体机器人项目，包括生存挑战、抢球博弈、水中搬运、花样游泳等项目，是最易介入的水中机器人竞赛项目。

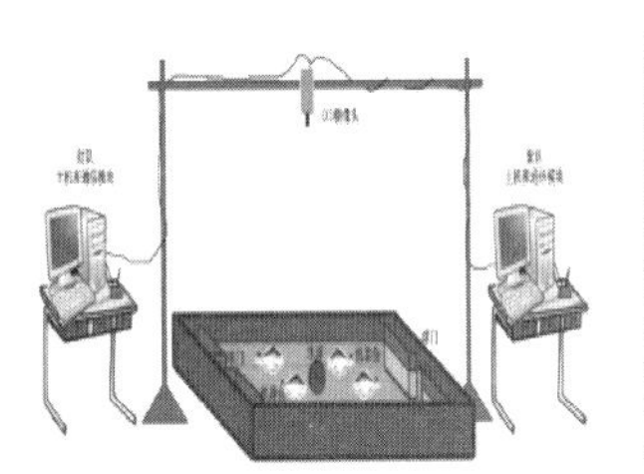
(a) 全局视觉组比赛场景图

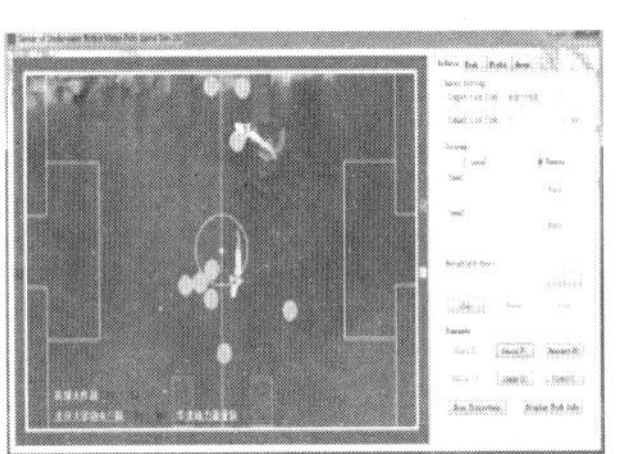
(b) 2D仿真组比赛场景

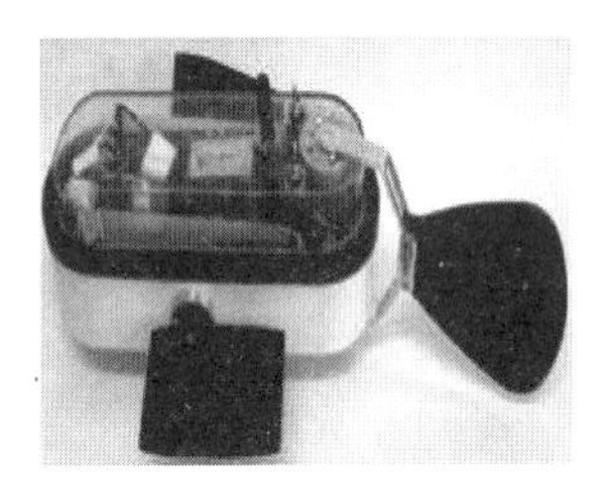
(c) 自主视觉组比赛用机器鱼

图11-3　国际水中机器人大赛

(3) 自主视觉组。该组别机器鱼采用分布式控制方式，每个机器鱼自带摄像头等传感器，自主感知环境，自主定位，自主决策。比赛项目包括水球1Vs1、技术挑战、水中救援等，是难度最大、技术水平最高的水中机器人竞赛项目。

(4) 创新创意组。参赛院校以学生制作的原创性机器人为参赛作品，每所学校限报3项，由专家组打分确定名次。

(5) 基础组(New)。该组别比赛器材为单关节机器鱼，比赛项目包括石油管道巡检等。

(6) 水中机器人慕课组。该组别是针对指导教师设置，主要用于鼓励学校进行智能机器人技术的教学工作，由专家组打分确定名次。

与现有陆地比赛项目相比，水中机器人比赛具有机器鱼体积小，便于携带；场地大小适中，易于实施；技术挑战性强，观赏性高等特点，对于探索智能机器人控制技术、多智能机器人协作控制等前沿技术提供了很好的研究平台，是科研和科普的完美结合。

11.7 中国机器人大赛

中国机器人大赛暨RoboCup中国公开赛是国内最权威、影响力最大的机器人技术大赛和学术大会，自1999年开始到2015年该项赛事一共举办了17届。从2016年开始，根据中国自动化学会对机器人竞赛管理工作的要求，原中国机器人大赛暨RoboCup中国公开赛中RoboCup比赛项目和RoboCup青少年比赛项目合并在一起，成为RoboCup机器人世界杯中国赛(RoboCup China Open)。原中国机器人大赛暨RoboCup中国公开赛中非RoboCup比赛项目继续举办中国机器人大赛。根据2016年1月的中国自动化学会机器人竞赛工作会议精神，学会机器人竞赛与培训部已经开展了中国机器人大赛项目的审查工作，对原有的15个大项79个子项目逐一进行了审查。根据审查结果，将项目设置调整为18个大项37个子项目。在将原有的子项目进行了充分合并的基础上，设置了空中机器人、无人水面舰艇、救援机器人等多项符合机器人发展热点和难点的比赛项目。

除了中国机器人大赛之外，国内比较重要的机器人赛事还包括由中国人工智能学会机器人足球工作委员会(CAAI-RSC)主办的全国机器人锦标赛与国际仿人机器人奥林匹克大赛、中央电视台机器人电视大赛(简称CCTV-ROBOCON)、中国青少年机器人大赛，等等。所有这些活动组成了国内机器人竞赛的宏伟画卷，为众多机器人爱好者和科技工作者提供了交流学习、共同成长的广阔舞台，有力地推动着智能机器人技术的进步。它们将陪伴着我们迈向“家家都有机器人”的美好明天！

思考题

1. 机器人比赛涉及哪些研究领域？机器人比赛的意义是什么？

2. 国际上流行的机器人比赛按照比赛主题可以分为哪几类？

3. RoboCup是什么意思？它的长远目标是什么？你认为能实现吗？FIRA和RoboCup这两大世界杯机器人足球赛的主要区别是什么？

4. 谈谈你所了解的机器人比赛。你喜欢哪种形式或哪一类机器人比赛？为什么？

第 12 章　促进机器人发展的新技术

教学目标

✧ 了解促进机器人发展的新技术
✧ 了解 3D 打印与 4D 打印新技术
✧ 了解智能材料及相关应用领域
✧ 了解脑-机接口与新能源技术

思维导图

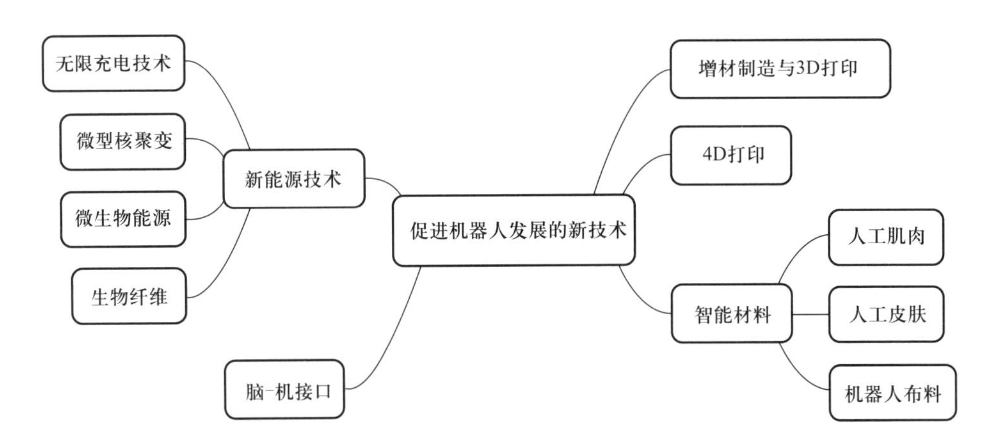

信息技术革命的迅猛发展已彻底改变了我们生存的世界，随着人们生活的个性化、智能化程度日益提高，机器人这一处于庙堂之上的新鲜事物，已悄然走进了千家万户。近年来随着各种新技术持续不断地应用于机器人领域，各种创意层出不穷，令人叹为观止！本章将简略地介绍一些新技术，一窥其中的无尽奥秘。

12.1　增材制造与 3D 打印

增材制造(additive manufacturing，AM)是指采用材料逐渐累加的方法制造实体零件的技术，又名 3D 打印技术。与传统的材料去除加工方式相比，该技术将三维实体加工变为由点到线、由线到面、由面到体的离散堆积成形过程，极大地降低了制造复杂度，在不需要传统的刀具、夹具、模具以及多道加工工序的条件下，能够通过一台设备快速制造出传统工艺难以加工，甚至无法加工的复杂形状及结构特征，实现“自由制造”，其制造过程如图 12-1 所示。3D 打印技术突破了传统制造技术在形状复杂性方面的技术瓶颈，颠覆了人们对于制造业的认识。英国《经济学人》杂志认为，3D 打印技术将与其他数字化生产模式一起改变商品的制造方式，使得每个人都可以成为一个工厂，从而实现社会化制造，并最终改变人类的生产生活方式！

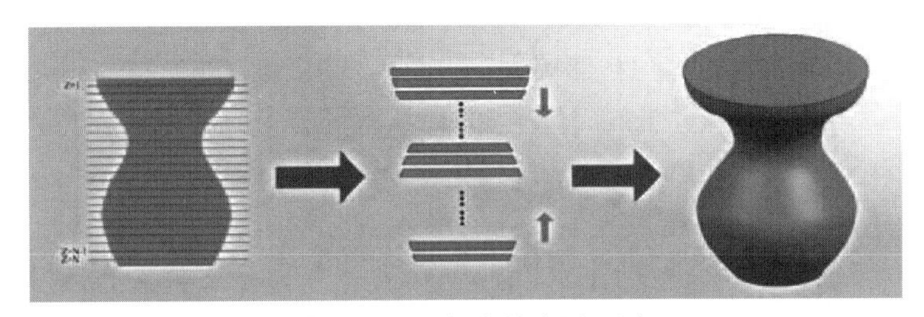

图 12-1 3D 打印技术原理图

1892 年一个立体地形模型制造的美国专利首创了叠层制造原理。在其后的一百年间，类似的叠层制造专利有数百个之多，实践中的技术探索也层出不穷。但是直到 1988 年，随着 CAD 实体模型设计和对其进行分层剖分的软件技术，以及能够控制激光束按任意设定轨迹运动的振镜技术、数控机床或机械手等技术的成熟，美国 3D Systems 公司才生产出了第一台可以工业应用的立体光刻机器 SLA250，这标志着现代 3D 打印技术的真正形成。1991 年美国 Stratasys 公司的熔融沉积制造(fused deposition modeling，FDM)装备、以色列 Cubital 公司的实体平面固化(solid ground curing，SGC)装备和美国 Helisys 公司的叠层实体制造(laminated object manufacturing，LOM)装备都实现了商业化。1992 年美国 DTM 公司(现属于 3D Systems 公司)的激光选区烧结(selective laser sintering，SLS)装备研发成功，开启了 3D 打印技术发展热潮。国内 3D 打印技术的研发始于 20 世纪 90 年代初，以华中科技大学研制的 LOM 装备和 SLS 装备、西安交通大学的光固化成型(stereo lithography，SL)装备、北京航空航天大学的激光快速成型装备以及清华大学的 FDM 装备最具代表性。

经过 20 多年的发展，3D 打印技术已经超越了传统单材均质加工技术的限制，在以下三个方面实现了突破：一是实现了多种材料、功能梯度材料、多色及真彩色表面纹理贴图零件的直接制造；二是实现了从微观结构到宏观结构等多个尺度零件的直接制造；三是可以在一次加工过程中完成功能结构的制造，从而简化甚至省略装配过程。

多色3D打印技术能直接获得产品设计的彩色外观，而不需要后续处理流程，在消费领域、原型手板及教育行业较以往的单色3D打印制件有着巨大优势。多材质的3D打印技术能将不同性能的材料构建于同一零件上，缩短加工流程，减少装配，提高性能。近年来，3D打印技术已经出现多种能够实现多材料、多色打印的技术方法，并开发出商品化装备。

Stratasys公司的3D打印装备Objet500 Connex3（收购自Object Geomatries公司）支持同一部件多材质、多色打印。该系列3D打印装备采用喷射固化成型（Polyjet）技术，由Object Geomatries公司2007年发布，该技术使用阵列式喷头将光固化树脂喷射到基底上然后用紫外光将其固化成形，其层厚可达16微米。Polyjet 3D打印技术最显著的特点是可同时打印多种材料，包括上百种鲜亮颜色的刚性不透明材料、透明材料、着色的半透明色调材料、橡胶类柔韧材料和专业光聚合物，特别适用于牙科、医疗和消费产品行业的3D打印。与该技术原理类似的还有美国3D Systems公司的多喷头打印（multijet printing，MJP）技术，其代表产品为Projet 5500X 3D打印机，可实现两种材料的按比例渐变混合打印。

3D Systems公司的Z-Printer系列3D打印装备（收购自Z Corporation公司）采用彩色喷墨打印（colorjet printing，CJP）技术，该技术通过在粉末床上喷射彩色黏接剂的方法实现彩色技术，由于彩色黏接剂特性与彩色墨水类似，通过混合渐变可实现真彩色制件打印。最新款ZPrinter850配有5个打印头（无色、青色、品红、黄色和黑色），能打印出39万种颜色。Mcor公司的Mcor IRIS真彩色3D打印装备采用LOM技术，配有墨盒，根据每层的颜色用普通彩色打印机将纸张双面打印成彩色，再切出所需轮廓并粘接，能打印出100万种以上的接近真实色彩的3D模型。

以色列火龙理工学院的Studio Under工作室开发了一种彩色陶瓷3D打印技术，将特制的彩色粉末混入陶瓷黏土中，然后用挤出式的3D打印喷头打印出来，从而得到彩色陶瓷制品。BotObjects公司开发的ProDesk3D彩色3D打印装备采用FDM技术，将5种颜色的线材在调色打印头中进行色彩的调配，这种技术还存在很多问题，如线材的控制和混合、喷头内残余材料的去除等。美国麦迪逊大学开发出一种彩色打印转接器Spectrom，该转接器与FDM 3D打印机相兼容，在塑料熔化时加入染色剂，从而打印出不同颜色。意大利的Stick Filament公司提出在棒状线材的两端加上可以相互扣合的连接头，这样不同颜色的PLA线材就可以被连接在一起进行彩色3D打印。

功能梯度材料通过有针对性地改变材料组分的空间分布，来达到优化结构内部应力分布、满足不同部位对材料使用性能的要求，在航天航空、医学等众多领域有巨大应用前景。3D 打印技术是制造非均质零件特别是功能梯度材料零件的一种具有先天优势的重要方法，能克服传统制备方法生产效率低、梯度成分的连续性和精确性难以把握、生产成本较高等缺陷。

美国里海大学的 Liu 等人利用激光近净成型技术(laser engineering net shaping，LENS)制备了 Ti/TiC 功能梯度材料，其组分变化由一边的纯 Ti 变化到另一边 95%的 TiC。美国康涅狄格大学的 Wang 等人采用多层彩色喷墨打印技术制备出 Al_2O_3/ZrO_2 功能梯度材料。国内东北大学董江等人采用同步送粉在铜板上激光熔覆制备了 Co-Ni-Cu 梯度涂层；华中科技大学史玉升等人 2006 年申请了关于一种快速制造功能梯度材料的制备方法的专利。

此外，3D 打印技术是由点到面、由面到体的堆积成形，在获得零件宏观结构的同时，又能控制微观组织结构，可实现多尺度工艺结构的一体化制造，为生物组织器官制造、金属零件定向结晶组织制造、光子晶体制造等多个研究领域提供新途径。

多数 3D 打印技术一般需要添加工艺支撑等结构才可以制造包含悬臂、裙边等特征的制件，为了实现对 3D 制件在重量、结构强度、翘曲变形方面的控制，也需要设计、制造特定的工艺结构。近年来，随着 3D 打印软件及控制技术的不断发展，通过实时精确控制成形过程中的能量、气氛、温度等工艺参数，已经可以直接制造出微观尺度的工艺结构，实现性能-材料-结构的一体化设计制造。

德国马克斯·普朗克(Max Planck)生物物理化学研究所通过研究光子带隙微观结构的激光快速成型方法，制备出了 66 微米和 133 微米的三维网格，这种结构可以控制材料的光学性能。澳大利亚昆士兰大学的 Sercombe 等人研发了铝质零件的快速成型制造方法，其突出特点是在铝粉成形后的烧结工艺中通入氮气，使得铝基体中形成坚硬的氮化铝网架，从而改进了材料的组织性能，并保证了制造的自由性和零件的制造精度。西安交通大学的李涤尘等通过控制激光金属直接成形过程中的工艺参数，如环境温度等，来控制零件内部组织定向结晶组织的形成。

在金属激光 3D 打印成形技术中，由于激光逐层加工金属粉末材料所固有的球化效应及台阶效应，即使采用目前精度最高的 SLM 技术，其 3D 打印制件在表面精度、表面粗糙度等指标上距离直接应用还存在较大差距。解决上述问题的最佳方法，是将激光 3D 打印技术(增材制造)与传统的机加工技术(减材制造)在加工过程中结合起来，在逐层叠加成形的过程中即进行逐层的铣削或磨削加工，这样既可以避免刀具干涉效应，成形件加工完成后又无须后处理即可直接投入使用，是目前复杂金属模具制造的最新发展趋势。日本松浦机械制作所已经研制成功了融 SLM 3D 打印工艺和切削加工于一体的加工装备

LUMEX Advance-25(金属光造型复合加工机)，已开始应用于制作家电模具，有望使传统制作模具时间缩短一半以上。DMG Mori 公司最近推出的 Lasertec 65 混合铣床提供了另外一种将激光 3D 打印(基于涂覆技术)与铣削加工集于一体的方法，可以实现复杂的金属零件制造。上述技术均要求工艺规划软件将 3D 打印工艺与传统工艺相结合，生成协同工作的加工指令并付诸实施。

综上所述，多色、多材料、多尺度工艺结构的 3D 打印技术突破了传统制造技术在面临材料复杂性、层次复杂性和功能复杂性时的瓶颈，消费、生物医学和航天航空等众多领域又有着大量高层次需求，因而成为 3D 打印技术未来发展的主要趋势。特别地，以增材制造文件格式 (additive manufacturing file format，AMF)为代表的实体模型数据交换格式且基于阵列喷射成形技术的 3D 打印工艺是实现多色、多材料、多尺度工艺结构的 3D 打印技术的重要手段。在此基础上展开的实体模型建模技术、全工艺信息 2D 模型切片算法、基于抽象指令控制工艺规划算法也将是未来 3D 打印技术的重要研究方向。在不久的将来，3D 打印或许真的会如人们期待的那样，实现对传统制造模式的变革，形成新的制造体系，如图 12-2 所示。

图 12-2　3D 打印变革传统制造模式形成新型制造体系

我们已经了解了 3D 打印技术的基本原理和发展状况，也知道这一技术将在我们未来的生活中扮演重要的角色，那么人们到底能用 3D 打印技术完成哪些工作呢？

图 12-3 所示为利用非金属材料打印出的一些产品，其中图 12-3(a)为 Stratasys 公司研发了彩色打印技术及材料，通过 14 种基本材料相互调配，形成超过 100 种不同色彩的材料；该公司还研发了一种具有优异的抗折和耐冲击性能的尼龙材料，能够有效解决航空航天、汽车、家用电子领域中耐强烈震动、重复压力及频繁使用的功能零部件制作问题，如图 12-3(b)所示。

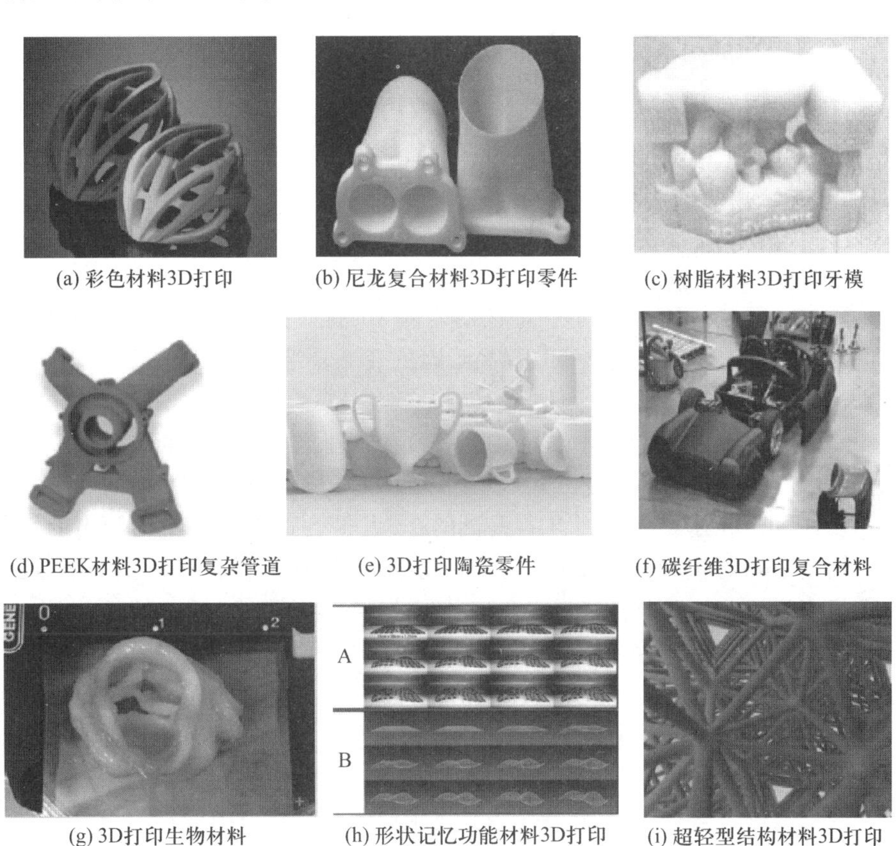

(a) 彩色材料3D打印　(b) 尼龙复合材料3D打印零件　(c) 树脂材料3D打印牙模

(d) PEEK材料3D打印复杂管道　(e) 3D打印陶瓷零件　(f) 碳纤维3D打印复合材料

(g) 3D打印生物材料　(h) 形状记忆功能材料3D打印　(i) 超轻型结构材料3D打印

图 12-3　利用非金属材料 3D 打印的代表性产品(国外)

3D system 公司除了拥有通用型的 3D 打印材料，针对细分市场又针对性地研发了专用材料，如牙模领域的耐高温性树脂材料，如图 12-3(c)所示。德国 EOS 公司研发了以聚醚醚酮材料(PEEK)为代表的高性能材料 3D 打印技术装备及工艺，使用 PEEK 材料制作的 3D 打印零件，如图 12-3(d)所示。其抗拉强度达到 95 兆帕，杨氏模量达到 4400 兆帕；作为动态机械元件，其工作温度高达 180℃，作为静态机械元件，其工作温度高达 240℃，而作为电器元器件，其工作温度更是高达 260℃。

英国布里斯托的西英格兰大学的研究人员开发出了一种改进型的 3D 打印陶瓷技术，如图 12-3(e)所示，可以在 1200℃下对其进行烧制，陶瓷对象可迅速完成上釉和装饰。研究人员声称，他们的材料会使 3D 打印陶瓷对象所需的时间、劳动力和能源减少超过 30%。

德国宝马电动汽车 i3 和其他车厂的碳纤维车身多是采用树脂转移模塑成形技术(RTM)，如图 12-3(f)所示。这种碳纤维等高强纤维复合材料 3D 打印的新车身可使汽车车身减重 40%。英国牛津大学的黑根·贝利教授利用 3D 打印机分层次喷出大量被脂类薄膜包裹的液滴，这些液滴形成网状结构，构成特殊的新材料，如图 12-3(g)所示。这样打印出来的材料其质地与大脑和脂肪组织相似，可做出类似肌肉活动的折叠动作，且具备像神经元那样工作的通信网络结构，可用于修复或增强衰竭的器官，以其为代表的生物材料是 3D 打印材料的一个新的发展方向。

图 12-3(h)所示为具有形状记忆功能的 3D 打印材料，所打印的零件能够响应外部环境的变化，直接呈现材料形态的变形自组装，因此又称作 4D 打印技术。详细介绍见 12.2 小节。

美国劳伦斯· 利弗莫尔国家实验室和麻省理工学院利用面投影微立体光刻技术(3D 打印技术的一种方式)，开发了一种超轻型新材料，如图 2-3(i)所示。该种材料承重量可达到自身重量的 16 万倍，在重量和密度相当的情况下，刚度是气凝胶材料的 1 万倍。毋庸置疑，该种材料将对用于航空航天、汽车工业等领域的轻型、高刚度、高强度材料的生产制造行业产生重大影响。

在非金属 3D 打印领域，国内华中科技大学、西安交通大学、西北工业大学、北京航空航天大学等高校和一些企业也做出了突出的成绩，在此不再赘述。上述部门同样也在金属 3D 打印行业为我国争得了国际领先地位，在此仅举几个例子，以展示它们在金属 3D 打印领域的一些成果，如图 12-4 所示。

西北工业大学于 1995 年在国内首先提出激光立体成形的技术构思，致力于把增材成形原理与送粉式激光熔覆相结合，形成了一种可以获得具有锻件力学性能的复杂结构金属零件的快速自由成形技术。1997 年“金属粉材激光立体成形的熔凝组织与性能研究”获得航空科学基金重点项目资助，是中国金属增材制造第一个正式立项的科研项目。2001 年“多材料任意复合梯度结构材料及其近终成形”项目获得国家“863 计划”资助，其成果于 2005 年应用于我国研制的首台推重比 10 航空发动机轴承后机匣制造。图 12-4(a)所示为该发动机按时装机试车做出了关键贡献：该零件下部为 In961 合金铸件，上部为 GH4169 镍基高温合金激光立体成形件，是以铸件为基材、异种材质增材制

(a) 激光立体成形的航空发动机零件

(b) LSF-III 型激光成形装备

(c)采用LSF 技术制造的C919大型客机中央翼肋上、下缘条

(d)激光增材制造的飞机大型钛合金加强框

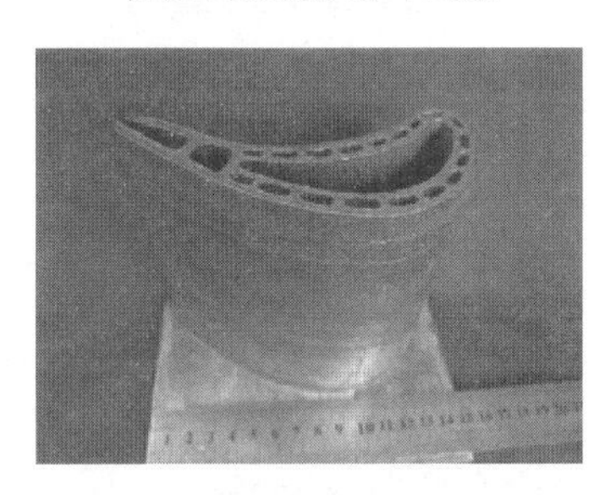

(e) 西安交通大学高温合金空心涡轮叶片

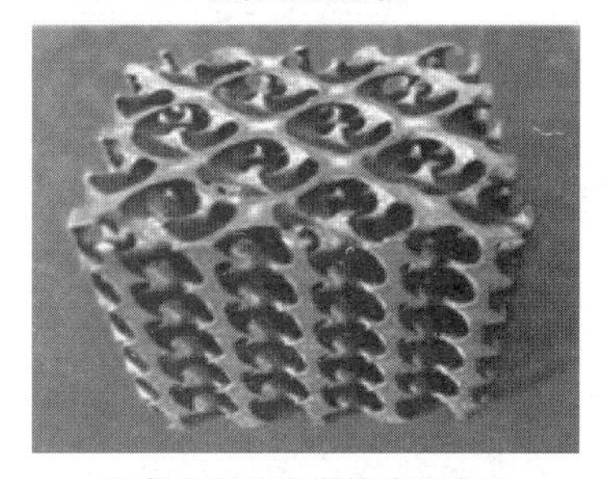

(f) 华中科技大学的蜂窝多孔金属零件

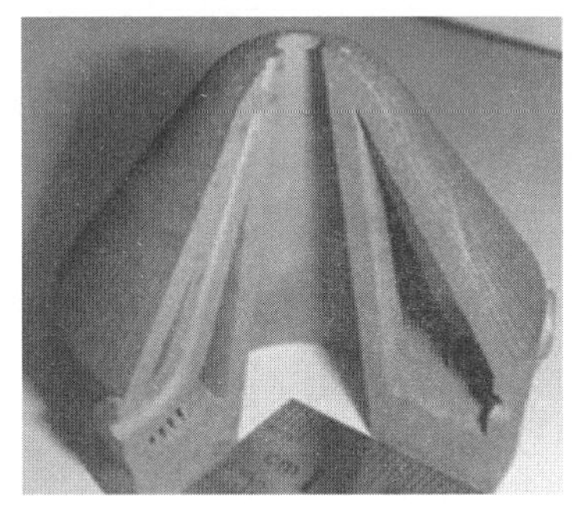

(g)华南理工大学具有复杂水冷与保护气通道喷嘴

(h) 华南理工大学自由曲面耦合设计的齿轮

图 12-4　利用金属材料 3D 打印的代表性产品(国内)

造的首个应用案例。

西北工业大学也是首先实现激光立体成形装备商业化销售的单位，图 12-4(b)是 2006 年销售给航天 306 所的 LSF-Ⅲ型激光成形装备及其工作照片。2011 年 7 月依托西北工业大学增材制造技术成立了西安铂力特激光成形技术有限公司，该公司完成的首个重要科研任务是为中国商飞激光增材制造大型钛合金机翼梁，如图 12-4(c)所示。经过中国商飞公司进行的材料性能测试、结构性能测试、零件取样性能测试和大部件破坏性测试所有环节的力学性能测试，完全满足设计要求，包括疲劳性能在内的综合性能优于锻件，强度一致性优于 2%，远远高于商飞公司 5% 的指标要求。

北京航空航天大学是另一所在金属增材制造上具有重大国际影响的中国大学，重点研究飞机大型钛合金、超高强度钢结构件的送粉式激光 3D 打印技术，为我国军用飞机大型钛合金结构件的激光增材制造做了大量研发工作，并已经在多个型号中获得应用，如图 12-4(d)所示。其"飞机钛合金大型复杂整体构件激光成形技术"获得 2012 年度国家技术发明一等奖，学术带头人王华明教授也于 2015 年当选中国工程院院士，成为继西安交通大学卢秉恒院士之后，国内该领域第二位院士。

北京航空工艺研究所参与了西北工业大学 1997 年的金属增材制造航空科学基金重点项目，也是国内最早一批开展金属增材制造研究的单位。其优势技术是大功率电子束丝材增材制造技术，即美国 Sciaky 公司的 EBF3 技术。该所近年也开展了激光 SLM 成形技术研究。西北有色金属研究院是我国电子束粉末床增材成形技术研究的主要单位，拥有两台先进的 Arcam 公司电子束粉末床增材成形设备。该院也开展了 3D 打印金属粉末制备研究。

我国最早开展激光 SLM 技术研究的还有华南理工大学和华中科技大学，两所大学都自行研发了 SLM 装备：华南理工大学杨永强团队专注于 SLM 技术的医学植入体应用；华中科技大学曾晓雁团队则首先开拓了 SLM 技术的航天应用，史玉升团队在国内率先研制成功了采用半导体泵浦和光纤激光器的商品化 SLM 装备。西安交通大学在金属 3D 打印领域也进行了研究，其相关成果如图 12-4(e)～(h)所示。

12.2 4D 打印

2015 年在美国加州举办的 TED 大会上，麻省理工学院介绍了 4D 打印新技术。4D 看起来只是比 3D 打印多了一个数字，但实际上却是完全不同的概念。如果说 3D 打印就是用相应的材料按照之前预先建模的计划完全复制，那么 4D 打印则是直接将想要的形状输入到材料之中，然后打印出来的物体会自动变形、组合出现，真是既玄妙又神奇。

4D 打印是由 MIT 与 Stratasys 合作提出并首次研发出样品的新技术，其特点是在 3D 的基础上增加了第四个维度——时间，使得人们可以通过软件对实体模型在不同条件下的形状进行设定，初次打印完成的实体模型则会在设定的条件下自动变形成所需要的形状。通俗地说，4D 打印出来的物品更像是一个变形金刚，在触发条件满足的情况下会根据预先设定进行变形。这一神奇功能的实现应归功于具有“记忆”功能的可变形智能材料：这种材料可通过软件对其变形条件进行设置，当条件满足时，在没有任何复杂机电设备辅助的情况下就能按照产品设计要求自动变形甚至自动组装。更为神奇的是，这种智能材料的大小和形状均可变化，这是不是让你想起了那个大闹天宫的猴王孙悟空？

显然智能材料在 4D 打印技术中起着至关重要的作用，其特点是可利用编程方式对其形状进行控制。一般地，4D 打印所用的智能材料是通过将“形状记忆”聚合纤维加入到传统的 3D 打印复合材料中形成的，而其所“记忆”的形状即是设计或使用人员按照实际需求预先编程设定的。触发智能材料进行形变的介质也有很多，如水、空气、重力、磁性、湿度或者温度等，当触发介质发生变化时，4D 打印材料会根据预先的设定自动改变形态做出响应，如在真空中放置的平板受外力刺激后，会自动变形成沙发；地下管道可以随着外部环境的变化扩大或缩小，以调整容量和流量，甚至还能在受损时自行维修或在报废时分解；将一个小型压缩包发射到太空中，进入预定轨道后就能自动变形为一颗具有特定功能的人造卫星……这些似乎只有在动画片中才能见到的魔幻情景，借助 4D 打印技术将变为现实。毋庸置疑，新型智能打印材料的研究进展将决定 4D 打印的未来之路。为了争夺这一领域的制高点，各国必将加大投入，将会有越来越多的研究人员加入到 4D 打印这一充满无限乐趣和挑战的领域中来。下面介绍一些 4D 打印领域已取得的标志性成果，让我们初步领略一下它的风采。

如何使用 4D 打印来建造不需要传统机器人结构（马达、电线和电子设备）的机器？麻省理工学院（MIT）自动组装实验室（SAL）的科学家给出了他们的答案。该实验室研制了一种遇水可以发生膨胀形变（150%）的亲水智能材料，利用 3D 打印技术将硬质的有机聚合物与亲水智能材料同时打印，二者固化结合构成智能结构。3D 打印成型的智能结构在遇水之后，亲水智能材料发生膨胀，带动硬质有机聚合物发生弯曲变形，当硬质有机聚合物遇到相邻同类物质的阻挡时，弯曲变形完成，智能结构达到了新的稳态形状。SAL 制备了一系列由该 4D 打印技术制造的物品原型，其中就包括一种蛇形物，能在注水后折叠出字母“MIT”，还能自动从“MIT”变成“SAL”；还有一种平面结构，可以自行折叠成八面体；还有一种平面圆盘，在接触水时会变成弯曲的折叠结构。

美国弗吉尼亚理工大学的威廉姆研究小组又向前迈进一步，他们将4D打印与纳米材料相结合。在打印出的物体中嵌入纳米材料，就可以制造出能在电磁波(可见光和紫外光)的作用下改变属性的多功能纳米复合材料，例如利用会在不同光照条件下改变颜色的嵌入式纳米材料，该研究小组开发出了全新的传感器，能够植入医疗设备，用于测量血压、胰岛素水平和其他医学指标的极限数值。

2015国际消费类电子产品展览会(CES)上，美国“神经系统”设计工作室推出了一款用4D技术打印出的运动学连衣裙，如图12-5所示。这款连衣裙的3212个“零件”通过4709个“接环”连接在一起，一经推出便引起人们对4D打印技术的关注。据悉，该连衣裙可以变形，身材无论胖瘦都可以穿着得体。

图12-5 4D打印的连衣裙

综上所述，通过增加一个时间维度，4D打印技术呈现出了无限的活力，利用这一技术制造出的产品因其灵活性和可变性而具有广泛的应用前景，相信会有更多的4D打印产品会涌现出来。也许在不久的将来，我们生活中用到的水杯能随温度不同自动变形；桌椅能随人的身高、体重不同而自行调整；汽车掉进河流或遇到水灾能变成一叶轻舟……而这些给我们生活带来更多便利的产品都是拜4D打印技术所赐！如此神奇的4D打印技术，还能在哪些领域获得应用呢？让我们一起来冒昧地揣测一下。

(1) 交通领域。潮汐交通现象指的是早晨进城方向交通流量大，而晚上出城方向交通流量大的现象，一些专家认为如果在相关路段设置潮汐式可变车道，让这条车道在早高峰充当进城方向车道。晚高峰充当出城方向车道，根据需求重新配置道路资源，可以更好应对潮汐交通流；还有些专家提出了可移动护栏装置设计方案。上述方案都涉及路面标示的变换问题。有了4D打印技术，这个问题可迎刃而解，甚至能够实现同一方向在早晚不同时间段内路面宽度的动态调整，从而达到在进出城方向车道不变的条件下，主动适应潮汐车流的动态变化。

(2) 取代 3D 折叠打印技术。3D 折叠打印是指将 3D 打印技术和传统的折纸技术相结合，以实现某些复杂三维形体打印的技术。显然，有了 4D 打印技术，这一问题也能够轻松解决。

(3) 地下管道的自我修复、自我组装。

(4) 变款式衣物。4D 打印的物体具有随时间或外在条件而变形的特性，如图 12-5 所示连衣裙即属此类，我们有理由期待变款式、变颜色衣物的出现。

(5) 个性化、定制食品的打印将更加便捷。

(6) 取代彩色 3D 打印技术。目前彩色 3D 打印技术通常采用多个喷头完成，然后将各颜色的打印部件进行装配，结构复杂且喷头配合动作精度要求高。4D 打印技术有望通过编程控制材料的色彩，进而从根本上解决这一问题。

(7) 军事领域。例如可以利用 4D 打印技术制造智能化迷彩服，使之具有随环境变化而调整颜色的隐身功能、随温度变化而调整衣服厚度的适穿功能以及随外力变化而调整软硬度的防弹功能等，从而提高战士的生存能力和作战效能。再如，利用 4D 打印技术制造具有自行修复能力的飞机零部件，进而改变作战模式，等等。

12.3　智能材料

智能材料(intelligent material)是一种能感知环境刺激，进行分析、处理、判断，并采取一定的措施进行适度响应的新型功能材料，是天然材料、合成高分子材料、人工设计材料之后的第四代材料，属于现代新材料发展的重要方向之一。它的出现使传统意义下的功能材料和结构材料之间的界线逐渐消失，实现了材料的结构功能化、功能多样化。科学家预言，智能材料的研制和大规模应用将导致材料科学发展的重大革命。一般说来，智能材料由基体材料、敏感材料、驱动材料和信息处理器等四部分构成，具有传感、反馈、信息识别与积累、响应、自诊断、自修复、自适应等七种功能，可分为两大类。

(1) 嵌入式智能材料。又称智能材料结构或智能材料系统，是在基体材料中嵌入具有传感、动作和处理功能的三种原始材料。传感元件采集和检测外界环境给予的信息，控制处理器指挥和激励驱动元件，执行相应的动作。

(2) 微观结构本身就具有智能功能的材料。它能够随着环境和时间的变化改变自己的性能，如自滤玻璃、受辐射时性能自衰减的 InP 半导体等。

由于智能材料还在不断的研究和开发之中，因此相继又出现了许多具有智能结构的新型智能材料，如磁致伸缩材料、导电高分子材料、电流变液和磁流变液、导线传感器、人工肌肉、形状记忆合金等，这些材料在军事、医疗、航空、建筑等领域获得了广泛应用。

1. 人工肌肉

作为智能材料的一种，人工肌肉在机器人领域得到了很好的应用，让我们揭开它神秘的面纱吧！

人造肌肉又叫电活性聚合物，是一种新型智能高分子材料，其研究始于20世纪40年代，但直到21世纪前10年，才获得真正的进展。这种材料是根据生物学原理，由缬氨酸、脯氨酸和甘氨酸等按照一定的顺序排列构成，它不仅具有弹性，而且能够在外加电场下或随环境温度和化学成分(如pH)的变化，通过材料内部结构的改变而伸缩、弯曲、束紧或膨胀，和生物肌肉十分相似，因而称为人工肌肉。因为它能模拟活体的生物过程，又称为生物聚合物。

事实上，强大的人工肌肉不仅可以用于机器人，还有多种用途。按照研究人员的设想，仿生肌肉研制成功后，将能完成人类和机器人各自无法独立做到的事情。它能像人类一样到处行动；像自然手臂一样灵活运用；“绑”在“外骨骼”上，使消防员、士兵和宇航员等特殊行业的人拥有超人般的力量。有了它，也许消防员就可用一只手撑起倒塌的建筑材料，而战场上的士兵也可以变成不知疲倦的“超人”。下面介绍几种人工肌肉领域的代表性成果，看看科学家们都创造了哪些有趣且有用的东西。

(1) 新加坡国立大学(NUS)的研究成果

2013年之前，无论机器人多么智能化，都会受其肌肉力量的限制，只能够举起自身重量一半的负载，约相当于人类的平均强度(尽管有些人可以举起超过其体重高达3倍的负载)。早期的人工肌肉在同样的压力下只可以延伸到其原始长度的3倍，而肌肉扩展的程度对于肌肉效率而言是一个有意义的因素，因为这意味着在搬运重物时可以具有更广泛的操作范围。

2013年11月，新加坡国立大学(NUS)工程学院的一个研究团队创建出了高效的人工或“机械”肌肉，可以举起超过其自身体重80倍的重量，并能够在其承载负荷时延展至原来长度的5倍。此外，这种新型人造肌肉可以潜在地转换并储存能量，在短时间的充电后帮助机器人激活自身。显然，这样的发明将为建造超过人类实力和能力的、栩栩如生的机器人夯实基础。

自2012年7月以来，NUS工程学院的阿德里安博士就一直带领一支多学科研究团队，设计和创建新的超级人工肌肉。他介绍说：“我们的材料模仿人类的肌肉，采用快速响应的电脉冲以急动的方式驱动机器人，而不是采用以往的液压技术缓慢地驱动机器人。这种人工肌肉在几分之一秒内的反应是柔韧的、可扩展的，犹如一个人的举动。配备了这样肌肉的机器人将能够以更人性化的方式运作，但在力量上却要胜过人类。”

为了实现这一目标，阿德里安及其团队使用了超伸缩性高分子聚合物，它能延展至超过自身原始长度的 10 倍以上。阿德里安补充说，一个良好的理论基础，在很大程度上是其成功的原因。2012 年他们已经在理论上计算出电脉冲驱动的聚合物肌肉可能有 1000%的应变位移，可举起达自身重量 500 倍的负荷，所以他们一直在朝着这个方向努力。不管当初这听起来有多么的不可思议，这也是他们取得成功的重要原因之一。对于未来，阿德里安说：“这种新型肌肉不只是强壮和反应灵敏，其动作能产生一种副产品——能量！当肌肉收缩和扩张时，能够将机械能转化为电能，由于这一性质，它能够将大量能量蓄积于一个小包裹里。计算显示，如果一个发电机由这些软质材料构建而成，那么一个 10 千克的系统就能够生产出相当于 1 吨电涡轮的能量。”这意味着，所产生的能量可能会导致机器人在短时间内充电后自供电，耗时预计不到一分钟。阿德里安接着说：“未来仍然要在研究中加强这种肌肉，希望在三到五年内能够做出一个机械臂，大约是人类手臂的一半尺寸和重量，能够与人类角力，并且赢得胜利。”该研究小组还计划进一步与来自材料科学、机械工程、电子与计算机工程以及生物工程的研究人员一起，创建在功能和外观上都更酷似人类的机器人。

2013 年 6 月在瑞士苏黎世举行的第三届机电活性聚合物传感器和人工肌肉国际会议上，阿德里安由于其所做的贡献而被授予“前途远大的国际研究员奖”。

(2) 吉林大学的研究成果

2014 年 2 月 21 日，《科学》杂志报道了吉林大学国际团队关于人工肌肉的研究成果——由一根普通的聚乙烯渔线经过卷曲加捻制备而成的新材料，可以提起超过 7 千克的重物进行收缩运动！由于钓鱼线是由聚乙烯或尼龙制成的高强度聚合物纤维，以之为原材料制备的新型人工肌肉，不仅成本低廉、实用、耐用，而且每千克新型人工肌肉可产生 7.1 马力的功率，这相当于一个喷气发动机的功率！从而使新型人工肌肉拥有了超过一般肌肉 100 倍左右的超级力量！

参与该项研究的吉林大学徐秀茹博士介绍说，通过对钓鱼线加捻，可将其转换为一个旋转的肌肉，其转速达到超过 10 000 转/分；之后继续加捻，使其形成卷曲结构的人工肌肉，这种肌肉沿其长度方向在加热时可显著地收缩，并可在冷却时可逆地恢复到原来长度。相反地，如果反方向卷取，这种肌肉在加热时反而会伸长。更令人吃惊的是，天然肌肉的收缩率只有 20%；而这种新型肌肉收缩率可以达到50%，且收缩性能非常稳定——试验中可逆地收缩伸长200万次之后收缩率并无改变。可以看出，通过电、光、化学反应或自然环境寒暑更替等方式主动或被动地改变人工肌肉的温度，就可以驱使它伸长或收缩，从而达到适应环境或完成任务的目标。

“这种人工肌肉的应用空间是巨大的！因为目前最先进的人形机器人、义肢及可穿戴的外骨骼一直受限于马达和液压系统的大小、重量、功率及工作容量，而新型人工肌肉可以解决这些难题。”参与该研究的吉林大学王策教授说，这种新型肌肉将来有望用于航天航空、军事、工农业、医学、科技等多种行业及领域，为人类各种活动的深入研究创造了新的可能性。

(3) 日本东京工业大学的研究成果

2014年10月，利用带动骨骼产生运动的人类肌肉是由大量肌肉纤维结成束状构成的这一原理，日本东京工业大学的铃森康一团队开发出了能像人类肌肉那样伸缩的人工肌肉，该人工肌肉的每根人工纤维都是通过在1.2毫米粗的橡胶软管上覆盖网状结构的高强度合成纤维而制成的。由于新的人工肌肉每根纤维都能活动，因此能灵活控制肌肉整体。在试验中，研究人员分别向约400根这样的软管注入空气，通过收缩运动，重现了大腿后侧和膝盖周边的动作，如图12-6(a)所示。除此之外，他们还在尝试不用压缩空气而是以化学反应使人工肌肉纤维膨胀的方法。

研究人员希望借助这种人工肌肉制造出动作更加灵活的机器人，用于护理和救灾，以及制作出用于动力辅助的服装等。由于所开发的人工肌肉每根纤维都能活动，使得它看起来有能力不辜负研究人员的期望。例如，若二足步行机器以这种人工肌肉作为驱动装置，则有望以轻快的步伐在高低不平的路面上自如行走；若搜索机器人全身都采用这种人工肌肉作为驱动装置，则在地震等灾害发生后，有可能具备绕过建筑废墟或障碍物进行搜寻的能力；若在人们的服装内嵌入人工肌肉纤维，则每当人类利用肢体运动进行劳作时，人工肌肉会从外面补充力量，使人们能以很小的力量完成重体力劳动，从而起到助力的目的，如此等等。

这种能灵活运动的人工肌肉也可用于人形机器人以外的其他领域。如日本电气通信大学教授明爱国等人制作了与大马哈鱼非常形似的游泳机器人，采用通电之后可弯曲的纤维材料作为驱动机构，所设计的机器鱼能够完成前进和后退等基本行为，还具有自由改变方向的能力。显然，我们无法穷尽出所有的应用领域，但有一点是肯定的，以这种可灵活运动的人工肌肉作为驱动装置的各种发明，将会越来越多地出现在我们的生活中。

2. 人工皮肤

人工肌肉的研究部门还有很多，成果报道也层出不穷。让我们转移视线，看看另一种神奇的智能材料——柔性人工皮肤。这是一种模拟人类皮肤的柔软塑料电子传感器件，由敏感度极高的电子感应器(electronic sensors)组成，当感应器连成一片时，就形如“皮肤”，如图 12-6(b)所示。通俗地说，人工皮肤就是由一系列柔性传感器所组成的阵列，它能够感知所接触到的极其微弱的外部信号以及机器人姿态调整所产生的其他信号，从而赋予机器人以“触觉”，并影响机器人的决策和行为。这也是柔性电子技术的一种应用。柔性电子技术是一种将有机或无机材料电子器件制作在柔性或可延性基板上的新兴电子技术。应用该技术可以制造在一定范围内的形变(弯曲、折叠、扭转、压缩或拉伸)条件下仍可工作的电子设备，例如，柔性电子皮肤、柔性显示器、柔性电池等。其中，柔性电子皮肤可以模拟皮肤的多种信息感知功能，具有柔性、轻薄、可变形的特性。

(a) 人工肌肉

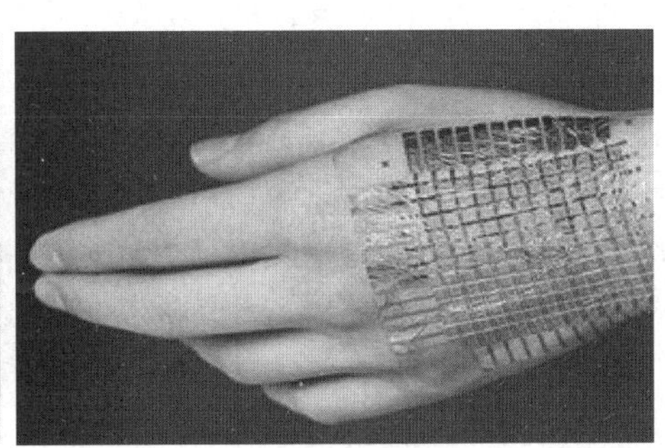

(b) 人工皮肤

图 12-6

2013 年以色列科学家将金纳米粒子附着在 PVC 表面上制成了一种柔性人工皮肤，能够精确检测压力、湿度和温度，甚至能够感知到人们手指弯曲而发生的微小压力，而且只需要极小的电流就可以达到这种精度。这款人工皮肤中采用了一种精度很高但价格低廉的柔性压力传感器，该传感器由普通塑料瓶中所使用的材料(PET)制成，其核心被直径为 5～8 纳米的金粒子保护。其优异的性能主要表现在，与电子皮肤相比，其敏感度提高了 10 倍以上，甚至可以感知到热成像中一个像素的温度差异，而且误差不超过 9%。正是这款具有卓越性能的柔性传感器赋予了人工皮肤神奇的能力。

2010 年 9 月国际著名学术杂志《自然材料》公布了斯坦福大学鲍哲楠课题组的最新成果，即一种能够感知微小压力的人造“皮肤”，它能够分辨一次轻轻的握手和一次紧握之间的不同压力，并产生一种电信号来将这种感官输入信号直接传递给大脑细胞。鲍哲楠解释道：“这是首次成功地让类似皮肤的柔性材料检测压力并把信号传递给神经系统的一部分。”

这项技术的核心是一个双层的塑料结构：顶层具有传感器的功能，底层则作为导电回路传递电信号并把它们转化成能和神经细胞兼容的生化刺激。在这项新成果中，顶层作为重要的传感器，能够检测到和人类皮肤感受范围相同的压力，从手指的一次轻触到一次坚定有力的握手。2005年鲍哲楠研究团队的成员首次描述了，如何通过测量塑料和橡胶分子结构的自然弹性把它们用作压力传感器的。在此之后，他们把这种薄塑料压成网格状，进一步压缩了塑料的分子弹簧，从而提高了对压力的敏感度。为了通过电子方式利用这种感压性能，研究团队将数以亿计的碳纳米管分散在这种网格塑料中。如此这般，若在塑料上施加压力的话，纳米管就会挤压得更紧，并能够导电。这就使得这种塑料传感器能够模仿人类的皮肤，而人类的皮肤能够将压力信息以短的电脉冲形式(与莫尔斯电码相似)传递给大脑。如增大施加在纳米管上的压力，它们就会挤压得更紧，也就能够允许更多电流流过传感器，并且，这些强弱不一的电脉冲会以短脉冲的形式传送给感觉机制；如减轻压力，脉冲就会缓和，表明这是轻微的触碰；如果移除了全部的压力，脉冲就完全消失了。随后，研究团队将这种压力感应机制结合到他们的人造皮肤的第二层——一种柔性电子电路，能够将电脉冲传送到神经细胞。最终获得了能够像人类皮肤那样弯曲和自愈，还能作为传感网络给大脑传递触觉、温度和痛觉信号的智能材料，也才有了《自然材料》所公布的令人称奇的研究成果。

鲍哲楠介绍说："人造皮肤服务于现实生活的前景非常广阔。一开始，我们是希望使机器人有触觉，比如机器人去扶一个人的时候，它会知道手要抓多紧；去拿一个东西的时候，它会知道需要多大的力气。但这只是其应用的一个方面。在日常生活中，这种触觉传感器可应用的方面也有很多。比如，人造皮肤的灵敏传感器可以用在手机和显示屏幕上；还可用于烧伤的病人，在皮肤移植之后，也能恢复触觉；还有一个可用的地方，就是驾驶的转向盘，如果安置了触觉传感器，在驾驶员很累没有扶住转向盘的时候，转向盘可以自动感知驾驶员的非正常行驶，然后发出提醒，这样也能减少交通事故。"

在不远的未来，人类和机器将共存于这个世界之中，人工皮肤是否是人-机和谐共处所不可或缺的重要技术？也许是的。它将会让我们更自然地与机器人共处，而机器人，也会因为拥有灵敏的触觉而能更好地理解人类的意图，更好地服务于人类。

3. 机器人布料

让我们继续神奇的智能材料之旅，认识一下机器人布料这位新朋友。顾名思义，这款布料可以制成特殊的衣物，赋予穿上这件衣服的人或机器以特殊的能力。这些场景是否似曾相识？在我国优美的古代神话与传说中，在那些天马行空的科幻小说里，我们都曾经与它们不期而遇。可喜的是，经过科学家们的努力，它们正在走入我们的生活，真真切切地出现在我们身边。

机器人布料是一种新型的智能材料，是通过在棉质布料中混合柔性聚合物传感器和形状记忆聚合纤维等电子器件和材料制作而成的：柔性聚合物传感器用于感知布料所遇到的外力大小或其本身状态的变化情况，从而使机器人布料成为拥有"触觉"的"衣服"；形状记忆聚合纤维使得这种布料具备了改变硬度的能力，该聚合物在加热后会产生相变，使材料变软，可用于特定部位的医疗固定，此外聚合物表面还覆盖有形状记忆合金，可在通电后升温使聚合材料软化。不同于人工皮肤，机器人布料是可穿戴式装备，也正是由于这一特点，使它具备了一些特殊能力。例如，将机器人布料包裹在泡沫塑料或气球等材料表面后，便可驱动材料向所需方向往复弯曲变形，推动材料像尺蠖一般呈拱形前进；还可通过压缩不同部位，做出蠕动和滑行的动作，如图 12-7 所示；穿上机器人布料制成的外衣，可增强人的力量和耐力；利用机器人布料制作太空服，可减轻飞行员和宇航员航行时受到的冲击力，成为人类探索太空的得力助手，等等。

美国普渡大学丽贝卡·克莱默教授是从事机器人布料研究较早的科学家之一，她的目标是开发一系列将所需功能嵌入到可伸缩机器人布料的"软机器人"，并且计划在机器人布料中嵌入更加灵活、抗震能力更强的电子元件。2014 年他们成功地将驱动与传感集于一体，所开发的机器人布料可用于更多领域，如可进一步改进太空服设计，有效减少宇航员和太空飞船的携带重量；通过将机器人布料覆盖于可变形设备表面，使之能够快速组装成适于星际探索的特定设备以及用于便携式机器人，等等。"我们甚至能为苍蝇设计一套机器服装。"克莱默乐观地表示，"借助外穿式机器'皮肤'，任何物体都能具备变成机器人的潜能。"

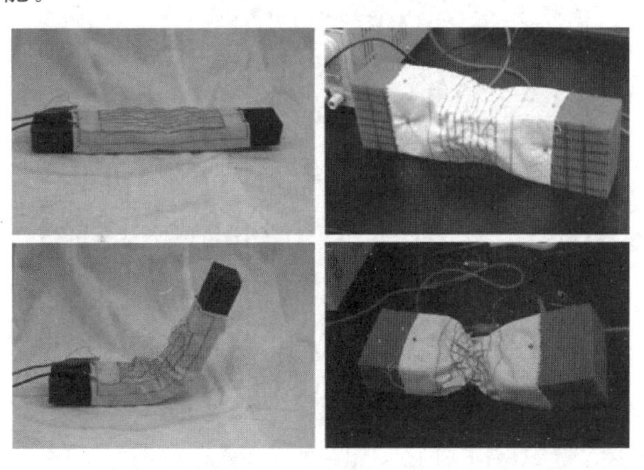

图 12-7　机器人布料

12.4 脑-机接口

脑-机接口(brain-computer interface，BCI)是指通过采集与提取大脑产生的脑电信号来识别人的思想，据此生成控制信号，从而完成大脑与外部设备之间信息传递与控制的通信系统，其特点是不依赖于正常的由外围神经和肌肉组成的输出通路。也就是说，BCI完全不依赖肌肉和外围神经的参与，直接实现大脑和计算机的通信，这对完全没有活动能力的患者(如脑中风、肌萎缩性(脊髓)侧索硬化、脑瘫等)的辅助治疗和语言功能、行为能力的恢复，对特殊环境中外部设备的控制，甚至对娱乐方式的改进都具有非常重要的意义。

神经科学的研究结果表明，在大脑产生动作意识之后和动作执行之前，或者受试主体受到外界刺激之后，其神经系统的电活动会发生相应的改变。神经电活动的这种变化可以通过一定的手段检测出来，并作为动作即将发生的特征信号。通过对这些特征信号进行分类识别，分辨出引发脑电变化的动作意图，再用计算机语言进行编程，把人的思维活动转变成命令信号驱动外部设备，实现大脑在没有肌肉和外围神经直接参与的情况下，对外部环境的控制。

BCI系统的工作正是基于上述原理，一般由输入、输出、信号处理及转换等功能环节组成，如图12-8所示。输入环节的功能是产生、检测包含有某种特性的脑电活动特征信号；信号处理的作用是对源信号进行处理分析，把

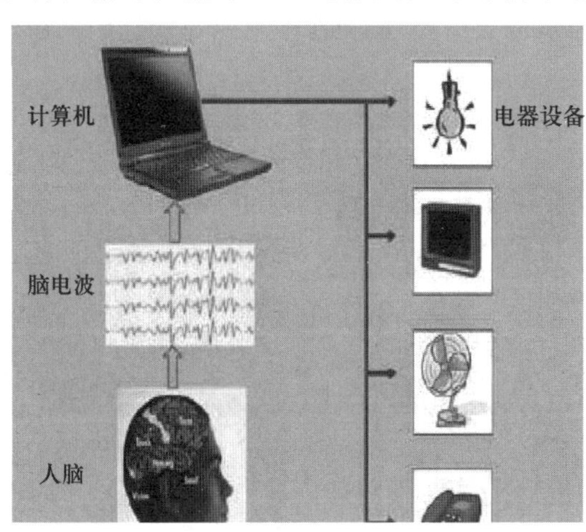

图12-8 脑-机接口示意图

连续的模拟信号转换成用某些特征参数(如幅值、自回归模型的系数等)表示的数字信号，以便于计算机的读取、处理和对这些特征信号进行识别分类，确定其对应的意念活动；信号转换环节是根据信号分析、分类之后得到的特征信号产生驱动或操作命令，对输出装置进行操作，或直接输出表示患者意图的字母或单词，达到与外界交流的目的。作为连接输入和输出的中间环节，信号分析与转换是 BCI 系统的重要组成部分，在训练强度不变的情况下改进信号分析与转换的算法，可以提高分类的准确性，优化 BCI 系统的控制性能。输出装置包括指针运动、字符选择、神经假体的运动以及对其他设备的控制等。

BCI 的研究始于 20 世纪 70 年代，涉及纳米技术、生物技术、信息技术、认知科学、计算机科学、生物医学工程、神经科学和应用数学等多个学科，目前仍处于理论和实验室研究阶段。两次 BCI 国际会议(1999 年和 2002 年)的召开为 BCI 的发展带来了机遇，并引起了多种学科科技工作者的研究兴趣。BCI 技术的最初研究局限于给身体严重残疾的患者提供一种有效的与外界交流的机制，随着技术的逐步成熟和应用需求的提高，出现了应用于拼写、控制指针运动和控制神经假体的各种脑-机接口系统，各种信号处理技术也得到了迅速发展。下面是国际上较有影响的一些研究工作。

1. Wadsworth 中心的研究工作

Wadsworth 中心一直研究如何用从运动感觉皮层测得的 EEG 信号控制指针的一维或二维运动。在信号的特征选择、信号的转化方法、与其他信号特征相结合以及优化人和接口之间的调整配合等方面提出了改进措施，有效地提高了运动的速度和精度。另外，为了便于比较和评估，他们研制了一种 BCI-2000 系统，通过与其他研究机构的合作，开发了 BCI 的简单应用，并对其应用性能进行了测试研究．

2. NSF(Neil Squire Foundation)的研究工作

NSF 是加拿大的一个非营利性组织，该组织从事 BCI 研究的目的是让由于身体残疾而无法与外界交流的患者重新获得与外界交流的能力，其最终目标是设计一种先进的通信设备，使患有严重残疾的人获得一个有效的、方便的控制计算机或神经假体等外部设备的能力。

NSF 的工作开始于十年前，主要研究鲁棒统计信号的处理方法，从一维 EEG 信号中估计自发 EEG，以单次检测的运动相关电位作为检测信号和估计信号之间的差别。近年来，NSF 的工作转到了低频异步开关的设计，以减少信号处理过程中的延迟和提高分类精度，使用的驱动信号是具有自调整功能的运动想象活动产生的神经电信号。

3. GSU(佐治亚州立大学)脑实验室的研究情况

该实验室致力于BCI在现实环境中的应用，探索把通过训练获取的BCI技术转化为控制现实环境的方法。目前研究的课题有用户接口控制参数、主体的训练和生物反馈、创造性表达及应用、辅助交流和环境控制等。

4. Graz-BCI技术的发展现状

奥地利格拉茨技术大学G. Pfurtscheller教授等人基于事件相关去同步/同步电位（event-related desynchronization /synchronization，ERD/ ERS)技术进行了一系列BCI系统的研究，实现了Graz-I和Graz-Ⅱ两个有代表性的BCI系统。Graz-BCI技术利用运动想象和相关感觉运动皮层的脑电信号来实现外围设备控制，在BCI的发展中具有非常重要的地位，其神经生理学基础是肢体的实际运动和想象运动能够在大脑皮层的相同部位产生电位的变化。该团队早期的工作主要集中在参数估计方法和对各种分类器的测试研究，目前研究的重点是时域内两种不同想象运动的分类问题。

5. 高上凯课题组的研究情况

清华大学高上凯教授的项目组在脑-机接口研究中深入分析了稳态视觉诱发电位的特征和提取方法，设计了一种具有高传输速率的基于稳态视觉诱发电位的脑-机接口系统．该系统在识别的正确率和信号传输速度方面取得了重大突破，信号传输的速度达到了68比特/分钟，平均准确率达到了87.5%。

由上可知，BCI领域的研究已经取得了一定的成果，有望在涉及人脑的各个领域中发挥重要的作用，尤其是对于活动能力严重缺失患者的能力恢复和功能训练具有重要意义。目前，对BCI应用的研究主要集中在以下几个方面。

(1) 交流功能。其目标是提高语言功能丧失患者与外界的交流能力。

(2) 环境控制。主要是指基于虚拟现实技术，为训练和调整神经系统活动提供一个安全可靠的环境。通俗地说，受试者大脑发出操作命令，这种命令不是由肌肉和外围神经传出并执行，而是由脑-机接口系统经过检测、分析和识别相应的脑电信号，确定要进行的操作，然后由输出装备在虚拟环境中对目标进行控制。

(3) 运动功能恢复。由脑-机接口系统完成脑电信号的检测和分类识别过程，然后把命令输出给神经假体，完成已经失去功能的外围神经应有的功能，或者把命令信号输出给轮椅上的命令接收系统，完成运动、行走等功能，使四肢完全丧失功能的患者能够在无人照看的情况下自己进行一些简单的活动，或进行功能性的辅助训练。

(4) 其他领域的应用。从理论上讲，只要有神经电活动参与的通信系统，都可以应用脑-机接口技术。例如，适用于残疾人的无人驾驶汽车就是把操作过程中脑电信号的一系列变化，由脑-机接口系统实时地转换成操作命令，从而实现无人直接驾驶的目的。

(5) 伦理问题。关于脑-机接口的伦理学争论尚不活跃，动物保护组织也对这方面的研究关注不多。这主要是因为脑-机接口研究的目标是克服多种残疾，也因为脑-机接口通常给予病人控制外部世界的能力，而不是被动接受外部世界的控制。

可以预见，当脑-机接口技术发展到一定程度后，不但能修复残疾人的受损功能，也能增强正常人的功能。如深部脑刺激、重复经颅磁刺激(repetitive transcranial magnetic stimulation，RTMS)等技术可用于抑郁症和帕金森综合征等神经性疾病的治疗，将来也可用来改变正常人的一些脑功能和个性；再如对于部分记忆受损的患者，海马体神经芯片可代替人脑处理短期记忆与空间学习的部分，从而恢复其损坏的功能，当然未来该芯片也有可能用来增强正常人的记忆。这些随着脑-机接口技术的发展而出现的问题，有可能带来一系列关于“何为人类”“心灵控制”等问题的长久争论。

不管怎样，BCI 系统的初步应用已经表明，它不仅可以作为辅助治疗方案用于残疾人，特别是运动功能或语言功能丧失，但大脑功能保持完好的患者，帮助他们恢复运动能力或语言功能，提高他们的生活质量；还可以在危险的环境或对人有害的环境中(如粉尘污染严重的车间内)，代替人的肢体完成某些操作，从而将人类从危险的环境中解脱出来，等等。BCI 若能持续以这种方式出现在我们的生活当中，无疑是人类的福音，也值得科研人员为此付出艰辛的努力。

12.5　软体机器人

软体机器人由软材料加工而成，自身可连续变形，与刚性机器人相比具有更高的柔顺性、安全性和适应性。在人机交互、复杂易碎品抓持和狭小空间作业等方面具有不可比拟的优势。软体机器人主要由气动、线缆驱动、弹性硅胶与智能材料等方式驱动，更加仿生。2016 年，*Nature* 报道一种软体机器章鱼，采用气动驱动的方式，燃烧过氧化氢释放气体，设计微流体网络，按照一定顺序膨胀，从而产生运动。软体机器人也面临一些挑战，例如，复杂结构对生产工艺要求更高，传统器件与软体机器人的集成问题，以及建模、分析与控制更复杂，等等。

12.6 微纳机器人

微纳操作机器人，属于宏观尺度的机器人，它对微纳尺度的物体进行操作。微纳移动机器人，属于微观尺度的机器人，且在微观尺度移动作业。1959年诺贝尔奖得主理论物理学家理查德·费曼率先提出纳米技术的设想——利用微型机器人治病，他把微纳移动机器人称为“吞下的外科医生”。我国国家纳米研究中心研制出了肿瘤治疗纳米机器人，它是基于DNA纳米技术构建的自动化DNA机器人，采用创新的肿瘤治疗方法——肿瘤血管栓塞治疗法。医生先在纳米机器人内部装载凝血酶，然后在患者患有肿瘤的部位释放纳米机器人，机器人会在肿瘤相关的血管连接处释放凝血酶，形成血栓。阻塞导致肿瘤组织供血不足，逐渐坏死，从而完成肿瘤治疗。微纳机器人之父福田敏男开创了碳纳米管的微纳操纵技术，并开展了纳米传感器和纳米驱动器的研究，提出基于环境扫描电子显微镜的微纳操作机器人系统，可实现单细胞生物特性分析、纳米尺度条件下的原位检测与生物细胞的微纳操作，等等。

12.7 新能源技术

1. 无线充电技术

无线充电技术(wireless charging technology)是利用磁共振、电磁感应线圈、无线电波等方式，在充电器与设备之间的空气中传输电荷，实现电能高效传输的技术，又称作感应充电技术、非接触式感应充电技术等。无线充电方式主要包括电磁感应式、无线电波式、磁场共振式及其他方式(如微波、超声波、激光等)。

(1) 电磁感应式。这是指利用电磁感应原理实现能量从传输端(初级线圈)到接收端(次级线圈)的传输，是目前最为常见的充电解决方案，事实上，这一解决方案在技术实现上并无太多的神秘感，中国比亚迪公司早在2005年12月申请的非接触感应式充电器专利中，就使用了这一技术。

(2) 无线电波式。这是一种发展较为成熟的技术，类似于早期使用的矿石收音机，主要由微波发射装置和微波接收装置组成，可以捕捉到从墙壁弹回的无线电波能量，在随负载做出调整的同时保持稳定的直流电压。此种方式只需一个安装在墙身插头的发送器，以及可以安装在任何低电压产品上的“蚊型”接收器；磁场共振式无线充电装置主要由能量发送和接收装置组成。当发送和接收装置调整到相同频率，或者说在一个特定的频率上共振时，它们就可以交换彼此的能量，实现能量的传输。

早在1890年物理学家兼电气工程师尼古拉·特斯拉(Nikola Tesla)就已经做了无线输电试验，实现了交流发电。磁感应强度的国际单位制也是以他的名字命名的。特斯拉构想的无线输电方法，是把地球作为内导体、地球电离层作为外导体，通过放大发射机以径向电磁波振荡模式，在地球与电离层之间建立起大约8赫兹的低频共振，再利用环绕地球的表面电磁波来传输能量。但因财力不足，特斯拉的大胆构想并没有得到实现。后人虽然从理论上完全证实了这种方案的可行性，但世界还没有实现大同，想要在世界范围内进行能量广播和免费获取也是不可能的。因此，一个伟大的科学设想就这样胎死腹中。

(3) 磁场共振式。2007年6月7日麻省理工学院教授Marin Soljacic的研究团队在美国《科学》杂志的网站上发表了研究成果。研究小组把共振运用到电磁波的传输上而成功“抓住”了电磁波，利用铜制线圈作为电磁共振器，一团线圈缠绕在传送电力方，另一团缠绕在接受电力方。传送方送出的某特定频率的电磁波，经过电磁场扩散到接受方，电力就实现了无线传导。这项被他们称为“无线电力”的技术经过多次试验，已经能成功为一个2米外的60瓦灯泡供电。这项技术的最远输电距离仅为2.7米，且实验中使用的线圈直径达到50厘米，还无法实现商用化，如果要缩小线圈尺寸，接收功率自然也会下降。但研究者们相信，电源已经可以在这范围内为电池充电，而且只需要安装一个电源，就可以为整个屋里的电器供电。

(4) 其他方式。2014年2月电脑厂商戴尔加盟了无线充电三大阵营之一的无线充电联盟(Alliance for Wireless Power，A4WP)阵营。当时阵营相关高层就表示，会对技术进行升级，以支持戴尔等电脑厂商超级本的无线充电。市面上的传统笔记本电脑，大部分电源功率超过了50瓦，不过超级笔记本电脑使用了英特尔的低功耗处理器，将成为第一批用上无线充电的笔记本电脑。在此之前，无线充电技术，一直只与智能手机、小尺寸平板电脑等“小”移动设备有关。不过，A4WP日前宣布，其技术标准已经升级，所支持的充电功率增加到50瓦，意味着笔记本电脑、平板电脑等大功率设备，也可以实现无线充电。

2015年6月底，英国利兹大学发布消息说，该校科学家正与伦敦大学国王学院以及兰卡斯特大学的相关学者一起，开发一种利用微波波束为机器人及其他数字装置实现远程无线充电的新技术。众所周知，距离是制约无线充电普及的一大瓶颈，普通技术无法有效地解决该问题。据了解，该研发团队将使用天线阵列技术来开发相关系统，从而实现利用可控的微波波束远程为设备进行无线充电的目的。该研发团队成员伊恩·罗伯森表示，结合信号处理、无线网络以及微波工程等技术，可控的微波波束能安全地实现远程能量传输，不过尚需面临很多技术壁垒。如果进展成功，未来可应用在国防、环境监控以及智能运输等多个领域。我们在此祝他们好运！

2. 微型核聚变

2014 年 2 月 13 日发表在《自然》杂志上的一篇文章指出，美国科学家使用全世界最强力的激光装置朝一个豆粒大小的目标发射激光，触发了核聚变反应，在不到 1 秒的时间内释放出了巨大的能量。尽管只持续了短暂一瞬，但美国科学家还是重复了太阳制造能量的过程，创造出一颗“微型太阳”。这个实验重新燃起了外界的希望，即核聚变或许有一天能成为地球上一种源源不断的廉价能量来源。试验结果标志着在经历了数年的挫折和失败后，美国在这一项目上终于向前迈出了一步。由于核聚变是任何已知的产生能量过程中最高效的一种，且几乎没有产生有毒副产品或发生核熔毁的风险，加之核聚变燃料比较容易从自然界获得，因此这一技术给未来的商用核聚变反应堆提供了一个可行的模式。当然，也有望为移动机器人的远行提供用之不竭的动力。

2014 年 10 月洛克希德·马丁公司宣布在开发一种基于核聚变技术的能源方面取得技术突破，第一个可安装在卡车后端的小型反应堆有望在十年内诞生。该项目负责人 Tom McGuire 表示，他及其所在团队已秘密专攻聚变能技术四年了，现在公开寻找业内或政府领域的潜在合作伙伴。McGuire 表示，初期研发工作表明，构建一个功率为 100 兆瓦、规格为 7 英尺×10 英尺的反应堆具有技术可行性，新反应堆的规格比目前的反应堆缩小 10 倍，并且可安装在大型卡车的后端。

3. 微生物能源

微生物是生物能源的主要“反应器”，具有清洁、高效、可再生的特点。近年来随着研究的深入，生物能源逐渐显现出替代石化能源的潜力。虽然目前还存在一些技术、市场价值和成本等问题，但是具有巨大的开发潜力和广阔的应用前景。此外，微生物可提高石油开采率和褐煤利用率，在现有的非可再生能源利用上也发挥极大作用，是实现能源可持续发展目标的关键因素之一。

众所周知，20 世纪是石油的时代！但随着对生物能源的研究和利用，越来越多的科学家和经济学家认为 21 世纪将是生物能源的时代。小微生物将扮演能源危机的救星，有望在未来 20 年内取代石油！更让人称奇的是，日本科学家发现以石油为原料制成的树脂、纤维等产品，也可以以微生物为原料制成，例如大肠杆菌分解塑胶废弃物后可做半导体与宝特瓶原料。除此之外，微生物还能生产韧性大于钢铁、铝合金的蛋白质纤维。小小的微生物，竟然蕴藏着如此巨大的潜能，这也是众多科学家为之着迷的原因。

4. 大肠杆菌还原废液

日本一家生物技术公司研究团队过去是以大肠杆菌处理废弃宝特瓶来制作纤维，但过程中留下许多废弃无用的液体，造成处理程序复杂！最近的研究发现，若经过特殊的大肠杆菌分解，这些废液将会变成小分子，可重新作为半导体及宝特瓶的原材料。

大肠杆菌往往给人以“食物中毒菌”的坏印象。事实上，大多种类大肠杆菌对人类是无害的，它通常呈宽约 1/2000 毫米、长约 1/500 毫米的长椭圆形，会自然存在于人体的肠道内。因为是单细胞，故容易进行基因改造，例如上述研究就是利用遗传工程让大肠杆菌具备分解塑胶废液的功能。“未来大肠杆菌将可以用来取代石油。”该研究团队农学博士西达也表示，石化材料的再生循环使用能大幅减少石油的消耗量。举例来说，若该团队大肠杆菌分解塑胶废液的再生法能够达到工业级应用规模，那么现在石油消耗量的 1/10 就可以满足那时人们的需要了。

5. 韧如钢铁的生物纤维

2015 年日本山形县的一个研究机构研发出了一种经过遗传工程改造的微生物，它能生产用于制作纤维的蛋白质。此蛋白质经加工成丝状后，不但轻盈，而且单位重量的韧性竟然是钢铁的 340 倍！铝合金的 300 倍！更是市面上现有的碳纤维复合材料(CFRP)的 20 倍！上述天然蛋白质可取代石化工业生产的许多衣料纤维；通过遗传工程改良，该微生物甚至还能生产出兼具质轻与韧性的火车厢体或航空飞机机身。

人类的生活离不开利用石化工业材料制作的各种产品，而这些材料又都是从石油中提炼而来。以人类现在的使用速度，石油将在四五十年后枯竭，人类的生存将会面临极大的困境！为此，科学家们正不遗余力地为人类寻找可再生的能源，以减少或消除人类对于石油的依赖。利用微生物取代石油的研究即属此列！若上述方法成功工业化，人类将迎来一个能源大革命的时代，从而拯救我们赖以生存的星球，拯救人类自己！

思考题

1. 3D 打印与 4D 打印的区别是什么？各有哪些应用领域？
2. 脑-机接口研究的内容是什么？结合第 10 章意念控制机器人的内容，说说你的看法。
3. 能源系统是机器人维持正常运行的关键，举例说明你所知道的机器人新能源技术。
4. 什么是人造肌肉、人工皮肤、机器人布料？试结合实际情况说明它们在机器人领域的应用前景。

参考文献

[1] 王田苗，陶永，陈阳．服务机器人技术研究现状与发展趋势[J]．中国科学：信息科学，2012，42(09)：1049－1066.

[2] 赵小川，罗庆生，韩宝玲．机器人多传感器信息融合研究综述[J]．传感器与微系统，2008，27(08)：1－4＋11.

[3] 苏卫华，吴航，张西正，等．救援机器人研究起源、发展历程与问题[J]．军事医学，2014，38(11)：981－985.

[4] 美研制出首个人造肌肉动力行走生物机器人[J]．科技创新导报，2014，(20)：3.

[5] 洪杰，秦现生，谭小群，等．脑-机接口技术研究[J]．北京生物医学工程，2014，33(5)：537－544.

[6] 邢丽超．脑-机接口的研究现状[J]．科技创新与应用，2015，(06)：24.

[7] 刘小燮，毕胜．脑-机接口技术的康复应用及研究进展[J]．中国康复医学杂志，2014，29(10)：982－986.

[8] 何斌，王志鹏，唐海峰．软体机器人研究综述[J]．同济大学学报(自然科学版)，2014，42(10)：1596－1603.

[9] 徐方，张希伟，杜振军．我国家庭服务机器人产业发展现状调研报告[J]．机器人技术与应用，2009，(02)：14－19.

[10] 倪自强，王田苗，刘达．医疗机器人技术发展综述[J]．机械工程学报，2015，51(13)：45－52.

[11] 中国首台个人机器人诞生．今日中国：中文版[N]，2006，(06)：67.

[12] 助人类“行走”的机器人[J]．发明与创新综合版，2008，(07)：54.

[13] 徐敏．邹人倜：中国硅像第一人[J]．新西部，2007，(01)：38－40.

[14] 田雯雯，符丹．邹人倜的造“人”计划[J]．村委主任，2010，(15)：52－53.

[15] 伐谋．“护士助手”机器人[J]．机器人技术与应用，1996，(05)：19－20.

[16] “机器人之父”致中国读者的信[J]．机器人技术与应用，1996，(01)：2－3.

[17] 王立权，孟庆鑫，郭黎滨，等．护士助手机器人的研究[J]．中国医疗器械信息，2003，9(4)：21－23.

[18] 王行愚，金晶，张宇，等．脑控：基于脑-机接口的人机融合控制[J]．自动化学报，2013，39(3)：208－221.

[19] 王丽，张秀峰，马岩．脑卒中患者上肢康复机器人及评价方法综述[J]．北京生物医学工程，2015，34(5)：526－532.

[20] 张炜．强化信息通信技术和机器人技术融合[J]．机器人技术与应用，2015，(4)：

20－22.
[21] 全球诞生9款医疗机器人[J]. 中国医疗器械杂志，2010，34(01)：75－75.
[22] 侯小丽，马明所. 医疗机器人的研究与进展[J]. 中国医疗器械信息，2013，(1)：48－50.
[23] 张西正，侍才洪，李瑞欣，等. 医疗机器人的研究与进展[J]. 中国医学装备，2009，(01)：7－12.
[24] 王田苗，张大朋，刘达. 医用机器人的发展方向[J]. 中国医疗器械杂志，2008，32(4)：235－238.
[25] 伏云发，王越超，李洪谊，等. 直接脑控机器人接口技术[J]. 自动化学报，2012，38(8)：1229－1246.
[26] 谢俊祥，张琳. 智能手术机器人及其应用[J]. 中国医疗器械信息，2015，(03)：11－17.
[27] 金振宇. 中国达·芬奇手术机器人临床应用[J]. 中国医疗器械杂志，2014，38(01)：47－49.
[28] 唐雷，李长树，陈瑞新. 走进医学领域的机器人[J]. 科学，2014，66(4)：27－30.
[29] Quinn Y. J. Smithwick，Seibel E J，Reinhall P G，et al. Control aspects of the single——fiber scanning endoscope[J]. Optical Fibers & Sensors for Medical Applications，2001，4253：176－188.
[30] Seibel E J，Johnston R S，Melville C D. A full－color scanning fiberendoscope[J]. Proceedings of SPIE——The International Society for Optical Engineering，2006，6083：608303－608308.
[31] 潘礼庆，沈晓冬. 机器人技术在中医领域中的应用[J]. 机器人技术与应用，2010，(01)：28－30.
[32] 林玉琳. 基于微推进器的遥控释药胶囊系统的研制[D]. 重庆大学，2010.
[33] 戴虹，钱晋武. 内窥诊疗机器人研究进展[J]. 机器人技术与应用，2008，(06)：35－38.
[34] 刘晓征，田晓晓. 人工智能辅助诊疗技术(手术机器人)临床应用调研报告[J]. 中国医学装备，2011，8(8)：20－24.
[35] 何金. 消化道定点施药系统的磁定位软件设计[D]. 重庆大学，2009.
[36] 蔡少川，颜国正，王坤东. 消化道诊疗机器人的研究综述[J]. 三明学院学报，2008，25(2)：161－166.
[37] 刘术，蒋铭敏. 美军机器人手术的研究现状及发展趋势[J]. 中国微创外科杂志，2007，7(6)：567－569.
[38] 郭松，杨明杰，谭军. 手术机器人面临的一大挑战——力触觉反馈[J]. 中国生物医学工程学报，2013，32(4)：499－503.
[39] 嵇武，李宁，黎介寿. 手术机器人在腹部外科应用现状与展望[J]. 中国实用外科杂志，2011，31(2)：171－173.
[40] 嵇武. 微创外科将进入手术机器人的新时代[J]. 中华腔镜外科杂志，2013，6(5)：

15－19.
[41] 嵇武，李宁，黎介寿．我国手术机器人外科面临的机遇和挑战[J]．中国微创外科杂志，2012，12(7)：577－579.
[42] 王树新，丁杰男，负今天．显微外科手术机器人——“妙手”系统的研究[J]．机器人，2006，28(2)：130－135.
[43] 郑民华．NOTES 与单孔腹腔镜技术的发展现状与展望[J]．中国微创外科志，2010，10(1)：18－20.
[44] 梁华钦．单孔腹腔镜技术的发展与展望[J]．岭南现代临床外科，2011，11(4)：288－290.
[45] 孙颖浩．单孔腹腔镜在泌尿外科的发展现状及展望[J]．中国微创外科杂志，2010，10(1)：23－24.
[46] 王伟，王伟东，闫志远，等．腹腔镜外科手术机器人发展概况综述[J]．中国医疗设备，2014，(08)：5－10.
[47] 宋国立，韩建达，赵忆文．骨科手术机器人及其导航技术[J]．科学通报，2013，58(S2)：8－19.
[48] 戴建生，魏国武，李建民．国际微创手术机器人的现状和发展趋势[J]．机器人技术与应用，2012，(04).
[49] 蒋连勇，丁芳宝．机器人辅助心脏手术现状及进展[J]．中国微创外科杂志，2012，12(11)：979－981.
[50] 徐兆红，宋成利，闫士举．机器人在微创外科手术中的应用[J]．中国组织工程研究与临床康复，2011，15(35)：6598－6601.
[51] 韩建达，宋国立，赵忆文，等．脊柱微创手术机器人研究现状[J]．机器人技术与应用，2011，(4)：24－27.
[52] 刘术，蒋铭敏．美军机器人手术的研究现状及发展趋势[J]．中国微创外科杂志，2007，7(06)：567－569.
[53] 红梅．机器琴魔[J]．法治人生，2011，(22)：40－40.
[54] 唱歌的 WALL E 天聆 TL401[J]．电脑迷，2011，(2)：48－48.
[55] 高仿真机器人[J]．发明与创新：综合科技．2010，(04)：52－52.
[56] 机器人“导购小姐”[J]．经济导报，2009，(35)：22－22.
[57] 张毛毛．家庭机器人何时走进百姓家[J]．今日科苑，2013，(13)：44－46.
[58] Zobot. 生命的模仿还是进化——从电子宠物看机器人世界[J]．大众硬件，2003，(02)：145－150.
[59] 徐方，张希伟，杜振军．我国家庭服务机器人产业发展现状调研报告[J]．机器人技术与应用，2009，(02)：14－19.
[60] 叮当，文果．艺术家眼中的机器人——浅述高仿真机器人的研究进展[J]．机器人技术与应用，2008，(6)：23－26.
[61] 意大利研制出会弹钢琴的 19 指机器人 1[J]．少年大世界：初生，2012，(1)：75－75.

[62] 张越．在身边的仿真机器人[J]．中国信息化，2014，(13)：35－36.
[63] 陈香．展示前沿技术，推动机器人事业可持续发展——记2013中国国际机器人展[J]．机器人技术与应用，2013，(04)：9－11.
[64] 申耀武．智能机器人研究初探[J]．机电工程技术，2015，(06)：47－51.
[65] 自动游泳机器人出现会多种泳姿[J]．新科幻：科学阅读版，2013，(10)：11－11.
[66] 孙亮，张永强，乔世权．多移动机器人通信技术综述[J]．中国科技信息，2008，(5)：112－114.
[67] 原魁，李园，房立新．多移动机器人系统研究发展近况[J]．自动化学报，2007，33(8)：785－794.
[68] 王田苗，孟偲，裴葆青，等．仿壁虎机器人研究综述[J]．机器人，2007，29(3)：290－297.
[69] 谢涛，徐建峰，张永学，等．仿人机器人的研究历史，现状及展望[J]．机器人，2002，24(4)：367－374.
[70] 于秀丽，魏世民，廖启征．仿人机器人发展及其技术探索[J]．机械工程学报，2009，45(3)：71－75.
[71] 江雷，张希，刘克松．仿生材料与器件——第45次"双清论坛"综述[J]．中国科学基金，2010，(4)：199－202.
[72] 吉爱红，戴振东，周来水．仿生机器人的研究进展[J]．机器人，2005，27(3)：284－288.
[73] 王丽慧，周华．仿生机器人的研究现状及其发展方向[J]．上海师范大学学报：自然科学版，2008，36(6)：58－62.
[74] 沈惠平，马小蒙，孟庆梅，等．仿生机器人研究进展及仿生机构研究[J]．常州大学学报：自然科学版，2015，27(1)：1－10.
[75] 王国彪，陈殿生，陈科位，等．仿生机器人研究现状与发展趋势[J]．机械工程学报，2015，51(13)：27－44.
[76] 孙久荣，戴振东．仿生学的现状和未来[J]．生物物理学报，2007，23(2)：109－115.
[77] 路光达，张明路，张小俊，等．机器人仿生嗅觉研究现状[J]．天津工业大学学报，2010，29(6)：72－77.
[78] 张秀丽，郑浩峻，陈恳，等．机器人仿生学研究综述[J]．机器人，2002，24(2)：188－192.
[79] 简小刚，王叶锋，杨鹏春．基于蚯蚓蠕动机理的仿生机器人研究进展[J]．中国工程机械学报，2012，10(3)：359－363.
[80] 葛艳红．基于物联网的教育机器人关键技术研究[D]．武汉理工大学，2013.
[81] 黄岩，王启宁，谢广明．具有可控柔性的双足行走机器人研究进展综述[J]．兵工自动化，2012，31(12)：45－52.
[82] 陈兵，骆敏舟，冯宝林，等．类人机器人的研究现状及展望[J]．机器人技术与应用，2013 (4)：25－30.
[83] 杨清海，喻俊志，谭民，等．两栖仿生机器人研究综述[J]．机器人，2007，29(6)：

601－608.
[84] 高诺，鲁守银，张运楚，等．脑-机接口技术的研究现状及发展趋势[J]．机器人技术与应用，2008，(4)：16－19.
[85] 侯宇，方宗德，孔建益，等．扑翼节律运动的产生与控制[J]．中国机械工程，2006，(22)：2411－2415.
[86] 熊举峰．群机器人学[J]．计算机工程与应用，2008，44(31)：39－42.
[87] 郭策，戴振东，孙久荣．生物机器人的研究现状及其未来发展[J]．机器人，2005，27(2)：187－192.
[88] 魏敦文，葛文杰．跳跃机器人研究现状和趋势[J]．机器人，2014，36(4)：503－512.
[89] 刘天．栩栩如生的仿生鸟[J]．少年科学，2014，(7)：24－25.
[90] 常兴华．鱼类游动的非定常数值模拟方法及流动机理研究[D]．中国空气动力研究与发展中心，2012.
[91] 王文波，戴振东．动物机器人的研究现状与发展[J]．机械制造与自动化，2010，39(2)：1－7.
[92] 王东浩．机器人伦理问题研究[D]．南开大学，2014.
[93] 郑能干，陈卫东，胡福良，等．昆虫机器混合系统研究进展[J]．中国科学：生命科学，2011，41(4)：259－272.
[94] 陈静．赛博格：人与机器的隐喻[J]．马克思主义美学研究，2012，(2)：274－282.
[95] 王萍．3D打印及其教育应用初探[J]．中国远程教育，2013，(08)：83－87.
[96] 王栋．4D打印：让世界可编程[J]．厦门科技，2015，(01)：32－34.
[97] 李涤尘，刘佳煜，王延杰，等．4D打印——智能材料的增材制造技术[J]．机电工程技术，2014，43(05)：1－9.
[98] 刘露．4D打印初现光芒[J]．百科知识，2014，(13)：12－13.
[99] 方恩印，葛惊寰，李春梅．4D打印 开启智能新时代[J]．印刷技术，2015，(03)：38－42.
[100] 2014年度国外国防制造技术十大动向[J]．国防制造技术，2015，3(01)：5－19.
[101] 王飞跃．从社会计算到社会制造：一场即将来临的产业革命[J]．中国科学院院刊，2012，27(06)：658－669.
[102] 朱俊．电动汽车的无线充电技术[J]．汽车工程师，2011，(12)：50－52.
[103] 曹玲玲，陈乾宏，任小永，等．电动汽车高效率无线充电技术的研究进展[J]．电工技术学报，2012，27(08)：1－13.
[104] 孙进，张征，周宏甫．基于脑-机接口技术的康复机器人综述[J]．机电工程技术，2010，39(04)：13－16＋111.
[105] 岳宏．基于虚拟现实触觉感知接口技术的研究与进展[J]．机器人，2003，25(05)：475－480.
[106] 孔丽文，薛召军，陈龙，等．基于虚拟现实环境的脑-机接口技术研究进展[J]．电子测量与仪器学报，2015，29(03)：317－327.
[107] 黄达生，黄北京．渐行渐近的无线充电技术[J]．物理通报，2014，(08)：120－122.

[108] 赵剑峰，马智勇，谢德巧，等．金属增材制造技术[J]．南京航空航天大学学报，2014，46(05)：675—683.

[109] 杨立才，李佰敏，李光林，等．脑-机接口技术综述[J]．电子学报，2005，33(07)：1234—1241.

[110] 尧德中．脑-机接口：从神奇到现实转变[J]．中国生物医学工程学报，2014，33(06)：641—643.

[111] 李勃．脑-机接口技术研究综述[J]．数字通信，2013，40(04)：5—8.

[112] 王镓垠，柴磊．刘利彪，等．人体器官 3D 打印的最新进展[J]．机械工程学报，2014，50(23)：119—127.

[113] 董士海．人-机交互的进展及面临的挑战[J]．计算机辅助设计与图形学学报，2004，16(01)：1—13.

[114] 朱胜．柔性增材再制造技术[J]．机械工程学报，2013，49(23)：1—5.

[115] 曾亮华．神奇的 4D 打印技术剖析[J]．机械工程师，2014，(12)：119—120.

[116] 冯东明，李旭光，杨发伦．无线充电：能量传输的革命[N]．解放军报，2012—11—29(012).

[117] 洪枚．无线充电——未来的充电模式[J]．电动自行车，2010，(11)：19—20.

[118] Yves Legrand. 无线充电：在哪里和怎么充电？[J]．电子产品世界，2013，(07)：38—41.

[119] 王任，曲卫迎．无线充电技术及其在电动汽车上的应用初探[J]．科技创新导报，2010，(29)：59.

[120] 马玉祥．无线充电系列关键技术已突破[N]．电子报，2012—06—03(010).

[121] 王洪博，朱铁智，杨军，等．无线供电技术的发展和应用前景[J]．电信技术，2010，(09)：56—59.

[122] 高荣伟．用“记忆合金”实现 4D 打印[J]．学与玩，2014，(11)：16—17.

[123] 陈炳欣．远程无线充电技术逐渐兴起[N]．中国电子报，2014—09—02(012).

[124] 马翠霞，任磊，滕东兴，等．云制造环境下的普适人-机交互技术[J]．计算机集成制造系统，2011，17(03)：504—510.

[125] 卢秉恒，李涤尘．增材制造(3D 打印)技术发展[J]．机械制造与自动化，2013，42(04)：1—4.

[126] 李涤尘，贺健康，田小永，等．增材制造：实现宏微结构一体化制造[J]．机械工程学报，2013，49(06)：129—135.

[127] 曹艳，郑筱祥．植入式脑-机接口发展概况[J]．中国生物医学工程学报，2014，33(06)：659—665.

[128] 奚利飞，郑俊萍，张红磊，等．智能材料的研究现状及展望[J]．材料导报，2003，(17)：235—237.

[129] 张新民．智能材料研究进展[J]．玻璃钢/复合材料，2013，(06)：57—63.

[130] 蒋亚宝．中国机器人产业发展势头良好，能否实现“弯道超车”？[J]．金属加工(冷加工)，2015，(12)：101+1—3.

[131] 赵豫玉．穿戴式下肢康复机器人的研究[D]．哈尔滨工程大学，2009.
[132] 王广志，任宇鹏，季林红，等．机器人辅助运动神经康复的研究现状[J]．机器人技术与应用，2004，(4)：9－14.
[133] 孙进，张征，周宏甫．基于脑-机接口技术的康复机器人综述[J]．机电工程技术，2010，(4)：13－16.
[134] 徐宝国，彭思，宋爱国．基于运动想象脑电的上肢康复机器人[J]．机器人，2011，33(3)：307－313.
[135] 吕广明，孙立宁，彭龙刚．康复机器人技术发展现状及关键技术分析[J]．哈尔滨工业大学学报，2004，36(9)：1224－1227.
[136] 杜志江，孙传杰，陈艳宁．康复机器人研究现状[J]．中国康复医学杂志，2003，18(5)：293－294.
[137] 杨启志，曹电锋，赵金海．上肢康复机器人研究现状的分析[J]．机器人，2013，35(5)：630－640.
[138] 丁敏，李建民，吴庆文，等．下肢步态康复机器人：研究进展及临床应用[J]．中国组织工程研究，2010，14(35)：6604－6607.
[139] 胡进，侯增广，陈翼雄，等．下肢康复机器人及其交互控制方法[J]．自动化学报，2014，40(11)：2377－2390.
[140] 谢欲晓，白伟，张羽．下肢康复训练机器人的研究现状与趋势[J]．中国医疗器械信息，2010，16(2)：5－8.
[141] 王飞跃．机器人的未来发展：从工业自动化到知识自动化[J]．科技导报，2015，33(21)：1－6.
[142] 王田苗，陶永．我国工业机器人技术现状与产业化发展战略[J]．机械工程学报，2014，50(9)：1－12.
[143] 谭民，王硕．机器人技术研究进展[J]．自动化学报，2013，39(7)：963－971.
[144] 何斌，王志鹏，唐海峰．软体机器人研究综述[J]．同济大学学报(自然科学版)，2014，42(10)：1596－1603.
[145] 魏清平，王硕，谭民，王宇．仿生机器鱼研究的进展与分析[J]．系统科学与数学．2012，32(10)：1274－1286.